煤炭高等教育“十四五”规划教材

GIS空间分析（双语版）

GIS Spatial Analysis

赵尚民 主编

中国矿业大学出版社
· 徐州 ·

内 容 提 要

空间分析是 GIS 的精髓，是 GIS 区别于其他信息系统的核心功能。本书为双语教材，兼顾了基础知识与前沿动态。全书中英文对照，分别包括 7 章，第 1 章介绍 GIS 空间分析的相关概念、发展历程、相关软件、分析方法和地理空间问题；第 2 章到第 5 章阐述空间量测、空间分布分析、空间几何关系分析、空间统计分析和三维空间分析等经典内容；第 6 章和第 7 章探讨格网 GIS、地理计算、空间建模、地理大数据分析等前沿学科知识，以提高学生解决复杂问题的能力。

本书可供广大测绘工程、地理信息科学、地理科学和生态学等专业的高年级本科生和研究生作为教材使用，也可供相关学科领域的科研人员参考使用。

图书在版编目(CIP)数据

GIS空间分析：双语版/赵尚民主编. —徐州：中国矿业大学出版社，2024.8

ISBN 978-7-5646-6271-4

Ⅰ. ①G… Ⅱ. ①赵… Ⅲ. ①地理信息系统—高等学校—教材 Ⅳ. ①P208.2

中国国家版本馆 CIP 数据核字(2024)第 108632 号

书　　名 GIS空间分析(双语版)
GIS Kongjian Fenxi(Shuangyu Ban)
主　　编 赵尚民
责任编辑 杨　洋
出版发行 中国矿业大学出版社有限责任公司
(江苏省徐州市解放南路　邮编 221008)
营销热线 (0516)83885370　83884103
出版服务 (0516)83995789　83884920
网　　址 http://www.cumtp.com　**E-mail**:cumtpvip@cumtp.com
印　　刷 江苏淮阴新华印务有限公司
开　　本 787 mm×1092 mm　1/16　**印张** 20.75　**字数** 730 千字
版次印次 2024 年 8 月第 1 版　2024 年 8 月第 1 次印刷
定　　价 48.00 元

《GIS 空间分析(双语版)》
编写委员会

主　编　赵尚民

副主编　苏巧梅　赵云波　胡海斌　郭笑怡
　　　　　王国芳　牛全福　熊俊楠　章诗芳

参　编　王　娇　徐英睿　杜孙稳　郝君明
　　　　　刘博宇　温媛媛　乔慧娇　刘立文

前　言

一切事物都毫无例外地具有与它们相联系的空间特性。空间分析旨在对这些事物的空间特性进行描述、分析和预测，挖掘空间数据中潜在的信息，从而解决复杂的地学应用问题，为科学决策提供支持。空间分析是地理信息系统(GIS)的精髓，是 GIS 区别于其他计算机信息系统的核心功能。

“GIS 空间分析”课程是地理信息科学、测绘工程、地理科学等专业的重要专业课，国内外很早就开始注重该方面的教学，教材不断推出新版本，教学内容不断更新。随着大量国外留学生来华留学，高等教育国际化水平不断提高，越来越多的专业课程要求进行双语甚至全英教学。笔者自 2018 年开始进行 GIS 空间分析课程的双语教学。双语教学要求使用全英或双语教材，通过对比，笔者选择 Michael J de Smith、Michael F Goodchild 和 Paul A Longley 等 2018 年出版的 *Geospatial Analysis* 第 6 版作为课程教材。该教材内容丰富、覆盖面广、紧扣前沿，同时提供了大量的课外阅读材料。这是一本面向美国和其他英语国家高年级本科生或研究生的教材，难度较大，本科生很难适应或理解书中的部分内容。和经典的中文教材相比，一些核心和关键知识也有遗漏。

因此，经过对 GIS 空间分析课程多年的中文和双语教学，笔者计划编写一本融合中外教材优势的 GIS 空间分析双语教材，供不同层次学生使用。考虑到教材的特点，本书抽取中外教材的精华和经典内容进行加工整理，最终形成中英文对照各 7 章内容。第 1 章主要介绍 GIS 空间分析的相关概念、发展历程、相关软件、分析方法和地理空间问题；第 2 章为基本几何参数、地理空间形态和空间分布的量测与计算；第 3 章讲述了经典的空间几何关系，包括邻近分析、叠置分析、拓扑分析、栅格计算和网络与位置分析；第 4 章为空间统计分析的重要内容，包括探索性空间数据分析、空间统计基础、确定性空间插值、地统计学与克里金插值等；第 5 章为三维空间分析，包括数字地学分析、三维 GIS 分析和城市空间三维分析；第 6 章是地理计算与空间建模；第 7 章为地理大数据分析。第 1 章到第 5 章为 GIS 空间分析的传统和经典知识，建议学生掌握；第 6 章和第 7 章为前沿动态知识，学生可以根据自身情况有选择学习。

本书由太原理工大学赵尚民主编，其中中文第 1 章由山西工程科技职业大学胡海斌编写，第 2 章由山西省测绘地理信息院赵云波编写，第 3 章由兰州理工大学牛全福编写，第 4 章由东北师范大学郭笑怡编写，第 5 章由太原理工大学赵尚民编写,第6章由西南石油大学熊俊楠编写,第7章由山西农业大学王国芳编写;英文第1章到第5章由太原理工大学赵尚民编写,第6章和第7章由山西工程科技职业大学章诗芳编写。其他老师在资料查询和章节编写方面做出了重要贡献,研究生刘俊秀、樊晶莹、杜佳慧、李姝贞、薛泽龙、张晓龙、郭立、景熇鑫和李翔宇等则在英文章节翻译和书稿检查方面提供了支持。全书由太原理工大学赵尚民统稿。

在编写本书过程中得到了周成虎院士、张锦教授和程维明研究员的重要指导,太原理工大学矿业工程学院和测绘科学与技术系的各级领导与同事给予了大力支持,在此表示衷心感谢。同时,书中部分图表和文字来自所列参考文献,未作一一标注,对参考文献的作者致以诚挚的感谢。

《GIS空间分析(双语版)》一书虽然从酝酿到出版历时四年多,但受限于客观条件和作者水平等因素,原有的很多设想和内容没有充分展现和表达,挂一漏万之处在所难免,敬请各位专家和读者批评指正,以便日后更正。

编者

2024年8月

目　录

Contents

第 1 章　GIS 空间分析基础

空间分析(spatial analysis),又称为地理空间分析(geospatial analysis),是地理学的精髓。在地理信息系统(geographic information system,GIS)技术的推动下,空间分析已逐渐成为人们认识和理解与地理空间密切相关问题的一种重要手段。

空间分析的对象来自真实的地理世界,经过大脑感知形成人脑中的图像,表现为场和对象,具体可以抽象为点、线、面,最终需要将其测量表达为计算机所识别的空间数据矩阵的形式,而空间分析的具体操作对象便是空间数据矩阵。

近年来,随着地球观测技术、社会经济调查技术、计算机网络技术以及格网技术等的快速发展,空间数据呈现出几何倍数增长的趋势。具有普适性和专用性的(时)空间数据结构,能够应用在具体对象的管理信息系统之中,能够对海量空间数据进行深度加工从而得到高附加值的信息产品。GIS 空间信息分析技术,已经成为地球空间信息的三大研究领域之一。专业化的空间信息分析理论与技术已经在遥感、生态环境、地球科学和社会经济等领域取得了很多成果,显示出了广阔的应用前景。

1.1　空间分析概述

自地图问世以来,人类一直在有意识和无意识地进行着各种各样的空间分析工作。例如,在地图上对各要素之间的距离、面积的测定,以及基于地图进行的战术研究和战略决策等。在现代科技的推动下,尤其是计算机技术引入地图学和地理学,GIS 得到了迅速的发展。以数字形式存在于计算机中的地图,使我们看到了更为广阔的应用领域。利用计算机对地图进行分析、获取相关信息,为空间决策提供支撑,已成为 GIS 中的一项重要研究课题。空间分析作为一个专业术语在该领域中已被广泛使用。

空间分析主要包括了空间对象量测、空间数据处理和空间建模等几个方面,是 GIS 核心价值的体现。GIS 基于计算机实现其功能,而空间分析则是一种基于 GIS 现实分析功能的应用。空间分析是 GIS 的核心与灵魂,也是 GIS 区别于一般信息系统、CAD(计算机辅助设计)和电子地图系统的重要标志之一。空间分析配合空间数据的属性信息,能够提供强大、丰富的空间数据查询功能。

1.1.1　空间分析的概念

空间分析内涵丰富,应用广泛。其概念、提法很多,如地理信息分析、空间信息统计分析、空间统计与建模、空间数据分析、地质统计学等,大致都是表达相同或相近的概念。一般认为,至少存在 4 种相互联系的空间分析概念,分别是:空间数据操作、空间数据分析、空间统计分析和空间建模。

空间数据操作主要是在GIS中基于空间对象几何特征进行的拓扑分析、叠加分析,距离、面积、路径计算,以及基于空间关系的空间查询等;对于属性数据则主要表现为地图可视化操作。

空间数据分析一般指对空间数据的描述性和探索性分析技术和方法。对于大规模数据集,通过将数据图形化或地图化的探索性分析技术,研究数据中潜在的模式、异常等,为后续分析做准备,是所有空间分析过程中重要的一环。

空间统计分析是用统计的方法描述和解释空间数据的性质以及数据对于统计模型是否典型或是否是所期望的。空间数据具有空间自相关性,但这一特性违背了经典统计理论关于数据独立性的假设,因此需要发展专门用于空间数据分析的空间统计方法。

空间建模主要是依据某些理论和假设,建立模型描述空间现象的分布模式和动态过程。实际上,这些术语所指代的方法关联紧密,很难进行严格的区分,它们一起构成了较为完整的空间分析概念。

空间分析的核心在于"空间",而"空间"的本质是"位置"。空间分析是把研究对象的地理空间位置作为重要变量的系统性应用,包括对研究对象地理空间位置的描述、分析和预测。具有与空间位置有关的描述、分析和预测方法是空间分析区别于其他数据分析的重要特征。

为了便于理解,可以把空间分析过程描述成如下函数形式:

$$y=f(x)$$

式中,x 为待分析的地理空间数据,是具有空间结构特征的异质数据集;$f(x)$为空间分析方法,可以是理论思想、逻辑方法,也可以是已经工具化了的计算模型;y 为输出的空间分析结果,揭示了研究对象的空间位置、空间形态、空间格局、空间关系与空间过程等特征,为解决特定空间问题提供了信息和知识。

这样,空间分析就可以理解为是对空间数据进行各种处理计算,从中获得信息和知识的过程。通过空间分析,可以揭示地理空间数据中蕴含的格局、关系与趋势,为决策和规划提供支持。

1.1.2 空间分析的基本任务

空间分析的基本任务是通过获取空间信息来解决空间问题,概括起来包括以下5个方面:位置分析、条件分析、变化趋势分析、模式认知和模拟与预测。

1.1.2.1 位置分析

位置是地理学领域最基本的问题。通过空间分析,可以解决某一事物或现象在什么位置、在特定的位置有什么和是什么等问题。例如,我国距离最长、口径最大的输气管道"西气东输"工程从起点塔里木盆地的轮南到终点上海经过哪些地方?这项工程对这些地方的影响范围有多大?城市或乡镇中的快递收发点布设在哪里比较合适?离事故现场最近的医院在什么地方?这些问题都可以通过位置查询或选址分析得到解决。

1.1.2.2 条件分析

条件分析解决的问题是符合某些条件的地理对象是什么、在哪里等。例如,目前我国哪些城市已成为数字城市？“一带一路”沿线国家有哪些？我国脱贫攻坚战的深度贫困区域有哪些？在GIS中，可以根据地理对象的属性信息、空间位置、相互关系等特征，采用一个条件或多个条件组合进行查询，从而获取满足条件的地理对象。

1.1.2.3　变化趋势分析

变化趋势分析解决某一地理对象随时间变化而变化的问题，其根本目的是预测该对象在未来的可能状况，从而做出科学的决策。例如，怎样对气候要素时间演变序列作趋势与突变分析？我国近十年生态环境的变化趋势是怎样的？在森林防火中，当发现火源时，需要根据风向、植被、地形等因素，确定火灾的蔓延趋势，从而采取适当的抗灾措施；在暴雨之后，需要根据降水量、地形、植被等因素，确定河流水位在未来6 h、12 h等的变化情况，从而进行洪灾预警，减少人员和财产损失。在GIS中，可以根据趋势因子的相关数据，采用叠加分析、缓冲区分析、模型分析等方法来解决此类问题。

1.1.2.4　模式认知

模式是解决某一类问题的方法论。GIS空间分析所能解决的模式问题主要是地理对象实体或现象之间的空间关系模式、地球系统内部各要素之间或各子系统之间的关系模式等，如低碳城市发展模式、全球变化与温室效应模式、城市扩张与耕地保护模式、交通网络模式等。模式的确定通常需要长期的观察，熟悉现有的各种数据，分析已经发生或正在发生事件的相关因素。通过地理信息系统将现有数据整合在一起，便可揭示数据之间的潜在关系。

1.1.2.5　模拟与预测

模拟的主要目标是研究在某个系统具备特定条件时会发生的相关地理事件。通过模拟，可以对高度复杂的地球系统进行研究和试验；可以设定不同方案，观察这些方案对系统结构和行为的影响；可以反映变量间的相互关系，说明哪些变量更重要，它们是如何影响其他变量和整个系统的；可以研究不同时期系统要素之间的动态联系，反映系统行为随时间变化而变化的情况；可以检验模型的假设，改进模型的结构。GIS可以结合元胞自动机、多智能体系统等，创建一个虚拟试验环境，通过模型分析（已给定模型参数或条件）可以对未发生或发生的地理事件、现象、规律进行推演，为复杂地理现象的模拟、预测、调控等提供有效手段，解决诸如城市扩张、土地变化、气候变化、疾病扩散、火灾蔓延、人口迁移、交通控制、紧急事件的人口疏散、环境资源管理、生态安全、公共设施动态选址、城市规划及可持续发展等一系列问题。

1.1.3　空间分析的主要内容

空间分析的研究内容主要包括理论、方法与应用三个方面。

1.1.3.1　空间分析理论

空间分析理论主要是指空间概念、空间描述方法、空间特征等基本理论，同时也包括基于空间思维的解决问题的方法论。空间及其特征的描述是地理信息科学的核心理论问题，也是空间分析的关键理论问题。

1.1.3.2 空间分析方法

空间分析方法主要是指在空间分析理论的指导下,针对空间特征和空间问题建立的分析模拟模型以及开发的分析工具。主要包括:

(1) 基于图形及几何特征的分析方法,空间数据的量算或几何操作,如长度、面积、形状的量测,空间中心(重心)的计算,叠加分析、缓冲区分析、网络分析等。

(2) 空间数据统计分析,如空间点模式分析、地统计分析等;空间模拟与建模包括空间回归模型、地理加权回归、地理模拟与计算模型(如元胞自动机、多智能体系统、神经网络、遗传算法等)。空间分析的模型、工具会随着空间分析理论研究的深入而不断丰富、完善和创新。

1.1.3.3 空间分析应用

空间分析应用以研究如何应用空间分析理论与方法解决实际问题为核心,着重研究如何将复杂、特殊、具体的现实问题抽象为空间问题,并在模型、方法与应用间搭建起桥梁。在实际现实问题中存在着多种求解途经,可以通过各种不同的空间分析方法和工具来实现,其关键在于对实际问题的抽象化。

1.1.4 空间分析的意义

科学研究表明,在人类所接触的信息中,80%是与地理位置相关的。我们所面对的大多数问题都与时间和空间相关,利用计算机手段对海量数据进行组织管理,并进行高效、科学的空间分析,可以找到空间数据中所蕴含的意义,从而能够对目标事物的性质和规律有清晰的认识,进而可以有效解决复杂的地学问题,并进行地学的综合研究。地理学的很多研究成果都来自空间分析,它是从地理空间(geographic space)角度来描述、分析、理解自然与人类社会的空间结构以及它们之间的联系。除地理学之外,空间分析还被广泛应用于交通、农业、城市、军事、生态学、地质学、经济学、流行病学、犯罪学、考古学等诸多领域。

空间分析的目的是从海量数据中发掘出其中所隐含的规律、关系和趋势,为人们解释地理空间特征、解决空间问题提供科学的决策依据。此外,空间分析能够直观地向我们展示出地理信息,使我们对数据的理解更深入、清晰;空间分析能够分析出事物存在的内在机制,例如传染疾病的源头问题;空间分析能够基于对事物的观察,利用数学模型来预测未来状况;空间分析还可以对资源进行分配与调控,如对流域水资源的合理分配问题等。

随着物联网、云计算、人工智能、大数据等新兴技术的快速发展,以云端架构为基础的地理数据的网络化采集、自动化成图、智能化分析与泛在服务正成为一种潮流,GIS与空间分析的发展也面临着新的机遇与挑战。因此,GIS的发展目标与趋势就是要不断完善空间分析理论与方法体系,集成先进的空间分析工具,增强GIS空间分析能力。

1.1.5 空间分析的常用方法

基于GIS的空间分析方法有很多,常用的有以下几类。

1.1.5.1　量算分析

量算分析是最基本的空间分析方法，也是进行其他高层次分析的基础。通过量算，可以了解一些空间特征的几何参数，如位置坐标、距离、长度、面积等。

1.1.5.2　统计分析

统计分析是对空间数据进行分类、统计、综合评价，是探索地理信息的基本方法，包括统计图表分析、描述统计分析、回归分析、趋势面分析等。基于栅格的统计还包括像元统计、邻域统计、分区统计等。

1.1.5.3　空间查询分析

空间查询分析是按照一定的条件，寻找符合条件的空间实体及其相应的属性。实现查询的方法很多，可以基于空间要素、空间属性、图形关系、空间位置等进行查询。

1.1.5.4　叠加分析

叠加分析将同一地区不同地理对象的图层在同一空间参照系下进行叠加，对多个数据图层进行逻辑运算，以产生空间区域属性特征、建立空间对应关系。矢量数据的叠加往往通过图形的切割和属性的继承来体现叠加后要素的空间和属性特征。栅格数据的叠加往往是对同一位置不同图层的像元进行运算，包括简单的算术运算、复杂的模型运算等，最终生成新的像元值。

1.1.5.5　缓冲区分析

缓冲区分析是对一个、一组或一类空间对象（点、线、面等实体）依据一定的缓冲区距离建立邻近区域的过程。其目的是为某项分析或决策提供依据。它用于识别这些实体或主体对邻域所产生的辐射度或影响度。

1.1.5.6　网络分析

网络分析是指优化网状事物（如地理网络、城市基础设施网络等）的建立、运行、资源分配、路径选择等的分析过程.

1.1.5.7　其他分析方法

除以上分析方法外，还包括空间插值、地统计分析、表面分析、三维分析、水文分析、聚合聚类分析等。

1.2　空间分析发展过程

在地理学的研究中，空间分析有着悠久的历史。自古以来，人类就不断地尝试对周边地理事物的空间结构、空间关系进行分析，因此始终进行着各种类型的空间分析。20 世纪 60 年代，随着地理与区域科学的计量革命发展，产生了现代空间分析的概念，起初主要通过统计分析方法对点、线、面的空间分布模式进行定量描述,后期人们越来越重视地理空间自身的特征、空间决策的过程以及复杂空间系统的时空演变过程。新一代空间分析技术的主要目的是从现有数据的空间关系中挖掘新的信息。探测性空间分析方法不仅可以揭示空间数据库中许多非直观的内容,如空间异常点、层次关系、时域变化及空间交互模型,还可以揭示用传统地图不能辨明的数据模式和趋势。随着人们对空间信息需求水平的不断提升以及科学技术的进步,空间分析也不断发展,即从最初的空间问题求解,到地图的应用,到计量地理的出现、GIS的产生,再到机器学习、人工智能的出现,空间分析的方法和技术也在不断地完善和丰富,并得到了广泛的应用。分析推动空间分析发展的一些主要科学技术,不仅可以揭示空间分析的发展历史与趋势,还能更好地认识空间分析的科学本质与技术特点。

1.2.1 地图与空间分析

地图是地理学的第二语言,随着地图的出现,人类的空间分析能力大大增强,空间分析也开始有了图形基础。为使地图有助于空间分析,地理学家试图寻找一种能以形象方式描述数据空间分布的方法,也就是早期的空间统计方法,Lalanne(拉兰纳)和 Tobler(托布勒)分别在1863年提出六边形轨道模式和图像转换方法,以实现对地理空间数据的"自我表述"。地图研究者在研究空间数据表达和归纳的同时,借助统计学等数学方法,尽可能地从地图中探索了更多信息,包括量测各种地理要素之间的距离、方位、面积,利用地图信息叠加与合成获取信息等。随着地图学理论与应用的广泛深入,不断引入物理、数学以及地学各分支学科的概念,传统的空间分析能力大大加强,人们对地图表达空间信息的理解与解译能力显著提高,空间分析由简单的坐标量算、长度量算、高程量算、面积量算等发展得更为复杂。复杂的地图分析包括:研究各现象的分布特点和规律;研究各种现象的相互联系;研究各种现象的动态变化,进行预测预报、开展综合评价、编制区划和规划等。

1.2.2 数量地理学与空间分析

数量地理学(quantitative methods in geography)又称为计量地理学,是一门运用数理统计与电子计算机技术进行地理研究的学科。数量地理学起源于20世纪30年代,60年代以前以一般性的数理统计为主,60年代以后迅速发展,以研究地理系统的数学模型和数学模拟技术、应用计算机和多元分析方法为主要特点,掀起了一场"计量革命",首次把数学方法应用到地理学研究中,空间特征及其关系分析从此由文字描述阶段进入定量刻画阶段。这场"计量革命"的最直接结果,就是促使空间分析作为一个独立的概念提出,而它的显著特征就是在地理空间分析中引入数理方法。

20世纪70年代,计算机技术和多元统计方法在地理研究中得到了广泛的运用,许多复杂的地理学问题都得到了解决。到80年代末,数量地理学的分析方法已经不再局限于概率论和数理统计方法,还运用了运筹学中的规划、决策、网络分析以及数学物理、模糊数学、分形几何、非线性分析等方法,此外还包括计量经济学中的投入产出分析方法。在这个阶段,数量地理学与现代系统科学、地理信息系统等紧密结合,它的理论、方法以及研究手段都在逐渐趋于成熟和完善,使得空间分析的应用领域也变得更加广阔。20世纪90年代以来,随着高性能计算机技术的发展,数量地理学进入一个新的发展时期,新的分析模型和方法如神经网络、遗传算法、元胞自动机、模式参数随机取样模型、模糊逻辑模型、地理加权回归等被引入空间分析，用于解决一些模拟、预测等空间分析问题。进入 21 世纪以来，随着海量的数据、计算能力的不断增强以及新的机器学习方法（如深度学习）的不断涌现，人工智能迎来了一次大规模的爆发，极大地提高了解决更为复杂的空间分析问题的可能性。

1.2.3　空间统计学与空间分析

20 世纪 60 年代，法国统计学家 Matheron（马特隆）在经过大量理论研究后，形成了一门新的统计学分支，即空间统计学。该学科以变异函数为主要工具，对具有地理空间信息特征的事物和现象的空间相互作用和变化规律进行深入研究。其后空间统计学在生物学、空间计量经济学、图像处理、环境学和地球科学、生态学、地理学、流行病学、农学、林业、矿产资源开发等领域有着重要的应用。

由于空间现象之间的相互作用在不同方向和不同距离上并不完全一致，用于描述地理对象或者现象的空间数据已经不能满足传统的统计分析方法对数据的一些基本假设，例如数据的正态分布假设等，因此传统的数理统计方法不能很好地解决空间样本点的选取、空间估值以及两组以上空间数据的关系等问题，空间统计分析方法应运而生。空间统计学理论的基本思路是：在空间上，距离较近的数据往往会比距离较远的数据更相似。因此，研究数据点的空间分布规律，并根据这些规律对未知的数据点进行预测，是空间统计分析的一个重要任务，这一思想最具代表性的应用就是地统计分析和空间插值。

空间统计学与经典统计学既有着紧密的联系，又存在着一定的差异。在经典统计学中，所研究的数据通常都是截面数据和时间序列数据。经典统计学是在概率论与数理统计的基础上，运用回归分析、多元统计分析、时间序列分析等统计分析方法，对数据的内在规律进行研究。而空间统计学则要求对具有地理位置属性的空间数据进行处理，且观测值来自一个空间过程，与随机过程有一定的相似之处。然而，对于大多数空间问题，仅有一组观测资料，且无法获得重复性的观测资料。此外，空间资料之间通常存在着某种空间相关性，并且在不同的解析度下会呈现不同的相关程度。

1.2.4　地理信息系统与空间分析

英国著名的地理学者 Johnston（约翰斯顿）在 1995 年曾提出："计量革命的直接成果是导致了 GIS 革命的到来"。加拿大测量科学家 Tomlinson（汤姆林森）在 20 世纪 60 年代创建了世界上第一个实用的地理信息系统——加拿大地理信息系统（CGIS），并将其应用于自然资源的管理和规划。GIS 是对地理空间数据进行采集、存储、表达、更新、检索、管理、综合分析与输出的计算机应用技术系统。GIS 作为一种将空间实体及其关系进行数字化表达的技术，集成了地图分析与计量地理的思想、方法和模型，具备强大的空间分析和模拟能力，是地理空间数据管理和分析的重要平台。

GIS 将不同来源和不同类型的地理空间数据进行数字化，并将其输入计算机，根据一定的规则对其进行组织和管理，从而构建对客观现实世界进行抽象的数字模型，并在一定比例尺下，对客观事物的分类、分级、空间过程和空间格局进行表达。同时，GIS 也是一种可以对空间数据进行采集、存储、管理、显示与制图的计算机系统和集成工具，不仅可以对描述地理实体空间位置和空间拓扑关系的图形图像信息进行处理，还可以对描述地理实体的属性文字和数字信息等进行处理。因此,GIS具备所有大型数据库管理系统所具有的功能,如对地学空间数据进行的采集、监测、编辑、存储与管理等,可以有效地将大量的数据组织起来,这就为解决复杂的空间问题奠定了一定的基础。GIS也是地理空间数据分析模拟和可视化的技术平台,GIS最具生命力的核心功能就是对数字化的地理空间数据库中的空间数据进行分析与建模,并从中挖掘出有用的空间信息,这也是GIS区别于其他计算机系统的最主要的标志。常用的GIS空间分析包括缓冲区分析、叠加分析、网络分析、拓扑结构分析、三维分析等。此外,在面对复杂的地理空间问题时,GIS还可以为其构建一些空间分析模型如数字地形模型、空间统计模型、人工神经网络模型等,使得复杂的空间分析过程简化,并能够轻松运用几何、逻辑、代数等运算以及各种数理统计方法,从而可以更加科学、有效地分析和解释地理特征之间的相互关系及空间模式。

GIS技术的出现极大地增强了空间分析的功能,使得空间分析成为一门专门学科。基于数字化技术和高性能计算的GIS对空间分析的发展起到了革命性的作用,不仅可以实现以往相当耗时甚至不可能完成的计算任务,将处理海量空间数据的复杂计算变为现实,同时也改变了传统空间分析的思维方式,推动了其在诸多领域的应用。

1.2.5 地理空间数据挖掘与空间分析

数据挖掘(data mining)是一个由数据库、人工智能、数理统计和可视化等多学科与技术交叉、渗透、融合而形成的交叉学科,它试图在庞大的数据库中探索事先并不知道,但潜在有用的、新的结构形态或者关系特征。地理空间数据挖掘(geospatial data mining)本质上指的是从地理空间数据库中挖掘潜在的、有价值的信息、规律和知识的过程,包含了空间模式与特征、空间与非空间数据之间的概要关系等内容。由于地理空间数据挖掘的许多分析都是基于空间位置的,因此其最根本的技术基于事物的空间特性(如拓扑、距离、方位等)。

有学者基于MapInfo平台开发了空间数据挖掘原型系统GeoMiner,集成了空间数据的特征描述、空间比较、空间关联、空间聚类、空间分类等空间分析方法。武汉大学李德仁院士曾提出,在GIS数据库中能够挖掘出包括几何信息、空间关系、几何性质、属性关系以及面向对象等多种知识,从而能够将有限的GIS数据转化为无限的知识。

在地理空间数据挖掘系统中,地理空间数据立方体模块为空间数据挖掘提供了很好的数据基础。该模块基于空间数据库对区域进行复杂的空间分析,能够反映区域在不同时空尺度下的动态变化趋势,为区域决策提供及时准确的信息。

地理空间数据挖掘的几种代表性方法,包括地理空间统计、地理空间聚类、地理空间关联分析、地理空间分类与预测分析、地理空间离群值分析等,正逐渐成为空间分析中的重要内容。随着大数据(big data)概念的诞生与发展,面向地理空间大数据的地理空间数据挖掘成为空间分析的一个重要内容,美国科学院Goodchild(古德柴尔德)院士认为,大数据将会是影响GIS发展的下一个大事件,对GIS的发展产生深远的影响。大数据改变了传统空间数据分析的观念与方法,以非结构化数据代替结构化或半结构化数据,以全体数据代替采样框架下的样本数据,亟待构建新的地理大数据分析理论、方法和技术体系。

1.3 GIS环境下的空间分析

GIS起初仅是一种简单的计算机辅助制图工具，在空间分析为GIS提供了思想精髓后，GIS的主要功能就不再是地图制图，而是以空间分析为核心，从而GIS就发展成为一个真正的信息系统。在GIS诞生以后，学者们快速地将空间分析的方法和手段融入其中，由于有了计算机技术的参与，原本复杂的传统空间分析任务变得简单易行，并且GIS能方便地应用几何、逻辑、代数等运算以及各种数理统计方法，从而能够更科学、高效地对地理特征间的相互关系及空间模式进行分析和解释。目前衡量GIS软件产品性能的一个重要指标就是空间分析能力，GIS为空间分析提供了良好的支撑平台，由于GIS的加成，空间分析得到了更为广泛的应用，基于GIS的空间分析体现在数据输入到数据输出的整个过程中。具体体现在：GIS能够为空间分析获取与编辑数据，为空间分析处理数据并进行数据存储与管理，为空间分析提供常用的空间分析工具以及用于解决特定问题的扩展功能模块，GIS还能够为空间分析结果的呈现与输出提供平台，通过地图制图、报表输出等方式呈现出来。GIS的存在使得空间分析的所有过程（如叠加分析、缓冲区分析等）都变得简单起来，这样空间分析人员才能更多地关注对空间分析方法或模型本身的研究，而其他的事情都由GIS完成，因此，空间分析正是基于GIS才真正进入快速发展和应用阶段。

1.3.1 GIS空间分析方法

在空间分析的研究和实践中，很多在应用领域具有普遍意义的、涉及空间位置的分析手段和方法被总结、提炼出来，形成了在GIS中一些固有的空间分析功能模块，了解GIS的空间分析方法对于进一步掌握复杂的空间分析具有一定的指导意义。Goodchild院士将空间分析分为两大类：一类是"产生式分析（product model）"，即通过空间分析获取新的信息，尤其是综合信息；另一类是"咨询式分析（query model）"，旨在回答用户的一些问题。从GIS的应用角度来看，空间分析可以归纳为两大类：一类是基于点、线、面基本地理要素的空间分析，如通过叠置分析、缓冲区分析、网络分析、地统计分析等基本空间分析方法挖掘出新的有用的信息；另一类是地理问题模拟，解决应用领域对空间数据处理与输出的特殊要求，地理实体和空间关系通过专业模型得到简化和抽象，而系统则通过模型对简化和抽象后的信息进行深入分析。考虑GIS环境下空间分析的易理解性和可操作性，我们可以将GIS环境下的空间分析方法分为如下6个方面。

1.3.1.1 基于传统地图的空间分析

地图作为空间信息表达与分析的工具，已有逾千年的历史，地图分析思想和方法至今仍深刻影响着GIS空间分析。无论是空间查询、空间统计分析，还是网络分析、叠加分析或地图代数等空间分析方法都脱胎于传统地图分析，包括坐标、长度、面积、体积、方位、形状、空间分布等指标的量测、空间拓扑分析、空间要素图形叠加与属性叠加等。从算法来看，基于传统地图的空间分析算法基本上是基于经典数学方法进行建模的，这类GIS空间分析技术已经相对成熟。

1.3.1.2 基于统计方法的空间分析

基于统计方法的空间分析主要包括空间统计分析和探索性空间数据分析(exploratory spatial data analysis,ESDA)。空间统计分析包括空间数据的统计分析及数据的空间统计分析,前者着重于空间物体和现象的非空间特性的统计分析,解决的是如何以数学统计模型来描述和模拟空间现象和过程,即将地理模型转换成数学统计模型,以便进行定量描述和计算机处理,尽管在分析过程中没有考虑数据抽样点的空间位置,但描述的仍是空间过程,揭示的也是空间规律和空间机制。后者则是从空间物体的空间位置、联系等方面出发,研究既具有随机性又具有结构性,或具有空间相关性和依赖性的自然现象。数据的空间统计学研究的基础是空间对象间的相关性和非独立的观测,它们与距离有关,并随着距离的增加而变化。空间统计分析的主要内容包括基本统计量、分级统计分析、空间插值、空间回归、空间分类等。

数据分析包括探索阶段和证实阶段。探索性空间数据分析首先分离出空间数据的模式和特点,再根据空间数据的特点选择合适的模型,其本质上是一种数据驱动的分析方法。广义上讲,ESDA 可以定义为技术的集合,可描述和显示空间分布,识别非典型空间位置(空间表面),发现空间关联模式(空间集群),提出可用的空间结构及空间不稳定性(空间非固定性)的其他模式。ESDA 技术注重研究数据的空间相关性与空间异质性,以发现隐含在数据中的某些特征和规律。相对于传统的统计分析而言,ESDA 技术并不假设数据具有某种分布或某种规律,而是一步步地、试探性地分析数据,逐步认识和理解数据。常用的探索性空间数据分析方法有直方图、QQplot 分布图、方差变异分析工具、Voronoi(沃罗诺伊)图、空间自相关及方向变异等。

1.3.1.3 基于时空数据的空间分析

在现实地理世界中,空间实体的属性、时间和空间是三个相互依存的特性,空间实体的属性、空间关系、几何位置等特性随着时间的变化而不断变化,与其他类型的信息相比,空间信息具有明显的时序特征。传统的空间分析只涉及地理信息的两个方面:空间维和属性维。GIS 从数据维数的角度可分为 2D GIS、3D GIS 和时态 GIS(temporal GIS,TGIS),时态 GIS 是将时间概念引入 GIS,用于反映空间信息随时间变化的 GIS。因此 GIS 能同时处理时间维,模拟和分析空间数据随时间的变化,即 GIS 具有时空数据分析(spatial-temporal data analysis)的能力。时空数据分析是 GIS 空间分析的热点研究问题之一,它不仅可以描述系统在某一时刻、时段的状态,还可以描述系统沿时间维变化的过程,预测未来时刻、时段系统将呈现的状态,以此获得系统变化的趋势,或对过去不同时刻、时段的系统状态进行回放,挖掘系统随时间变化的规律。

时空数据分析的基础是时空数据模型。时空数据模型通常由数据结构、数据操作和完整性约束三部分组成。它是以概念方式对客观世界进行的抽象,是一组由相关关系联系在一起的具有动态特性的实体集,包括几何数据模型和语义数据模型。目前,较典型的时空数据模型概括起来有以下四种:① 把时间作为新的维数;② 面向对象建模;③ 将时间作为属性附加项;④ 基于状态和变化的建模。时空数据模型的主要问题是:现有模型多是从计算机表达的角度出发,而不是面向地学问题的,因此缺少对地理实体的显示定义和基础关系描述，不能在语义层次上实现数据的共享。为此应建立基于地理特征的时空数据模型，加强空间事件的时间标记方法研究，时间标记方法应以尽可能减少冗余数据、提高时间数据检索与分析的效率为目标。

1.3.1.4　基于专业模型与 GIS 工具集成的空间分析

解决某一类地理空间问题时，由于各种应用系统的服务对象、解决问题的类型、复杂程度等方面差异很大，不同的研究对象或专业范畴需要不同的专业模型。专业模型是在对系统所描述的具体对象或过程进行大量专业研究的基础上，模拟或抽象客观规律，将系统数据重新组织，并总结出与研究目标有关的、有序的数据集合的有关规则和公式。专业模型中既有定量模型，又有定性模型；既有结构化模型，又有非结构化模型；还有一些模型如水体动力学模型、大气环流模型及城市空间动力学模型等，这些是进行三维空间分析的重要专业模型。专业模型与 GIS 空间分析工具集成是解决复杂空间问题的有效途径。

目前，通用 GIS 空间分析工具与各种领域专业模型集成主要有以下两种方法。

(1) 基于组件的嵌入式耦合(图 1-1)，即利用组件开发技术，将专业应用模型封装成一个组件，作为 GIS 系统的一部分。GIS 的通用功能组件与应用模型组件具有公共的数据环境和操作平台，并以统一的用户界面与用户进行交互。这种方法的优点是充分利用了 GIS 空间分析功能，支持应用问题的数据集定义、模型定义、模型生成和模型检验等整套过程。

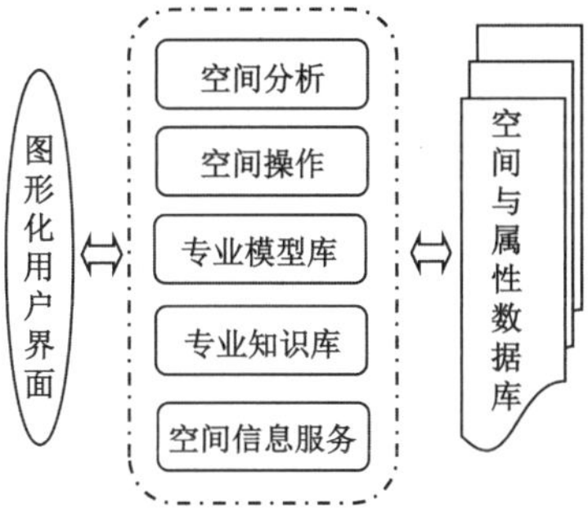

图 1-1　基于组件的嵌入式耦合

(2) 基于数据交换的松散耦合(图 1-2)，即 GIS 工具与专业模型相对独立，专业模型由其他外部软件实现，二者在一定的规范和协议支持下，采用数据通信的方式进行联系。从总体上说，此种结合方式实现简单，技术要求低，但对用户自己定义的专用模型支持程度不高，不能很好地处理复杂问题。

1.3.1.5　基于智能化的空间分析

由于地理对象具有动态性、多重性、复杂性等特点，地理对象的数据表达普遍存在模糊性与不确定性。对于具有模糊性、不确定性的地理空间数据，传统的空间分析方法显得无能为力，将数学、计算机和信息科学领域的人工智能技术引入地学分析，可使许多以前不可能解决的模糊问题找到解决途径。GIS 向智能化方向的革新给空间分析带来了强大的生命力，为地理学研究提供了一个更加科学、有力的分析技术平台。

智能分析可以处理大规模现实世界问题中的模糊性和不确定性，并具有易加工、鲁棒

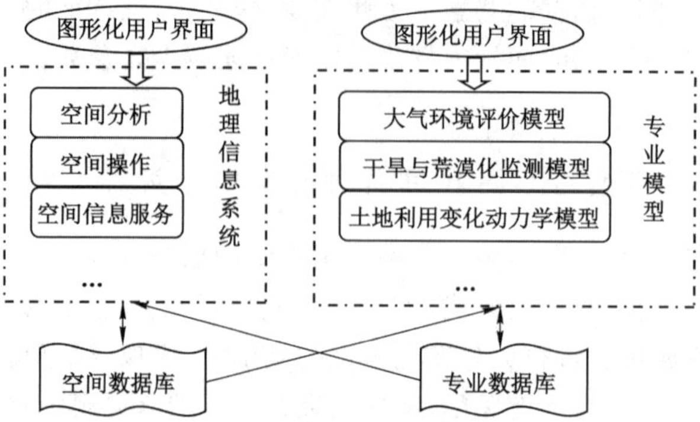

图 1-2　基于数据交换的松散耦合

性、可编程、低成本、快速和精确(与人类操作接近)处理空间数据的能力。智能生命、进化计算和神经网络是计算机智能领域的主要代表。智能生命是一种集成多种进化原则的方法，进化计算在处理优化难题方面具有明显优点，神经网络则有可能成为计算机智能驱动空间数据分析的一个重要组成部分。可见，基于智能计算的 GIS 空间分析技术，不仅能完成大规模并行计算和高效处理信息等任务，还可以通过调整某些参数进行自我学习。

智能化空间分析方法经历了从决策树、基于知识的专家系统到基于智能计算的空间分析方法的发展历程。随着智能计算技术的不断进步，智能化空间分析方法可以解决越来越复杂的地理问题，并使其效率与精度不断提高。将智能计算与空间分析技术有机融合，能够有效地解决客观世界中的不确定性问题和高度复杂问题。

1.3.1.6　基于可视化的空间分析

空间数据的可视化及基于可视化的空间分析是 GIS 空间数据处理的重要手段和关键技术。GIS 可以将空间数据转化为地图，使这些数据所表达的空间关系可视化，从而可以在地图、影像和其他图形中分析它们所表达的各种类型的空间关系。可视化空间分析主要用于分析空间对象的空间分布规律，进行空间对象的空间性质计算，呈现数据的内在复杂结构、关系和规律。可视化空间分析已由静态空间关系的可视化发展到动态系统演变过程的可视化，虚拟现实与增强现实是可视化空间分析的高级方式。

1.3.2　空间分析常用的 GIS 软件

GIS 环境下的空间分析及应用离不开相应的 GIS 软件的支持，迄今为止，各种免费和付费的 GIS 软件估计有数百种之多。GIS 软件往往集成了空间分析的基本模块，功能齐全，如空间几何关系分析、空间统计学分析和地形分析等，提供了一整套解决实际问题所需的常用空间分析工具，目前应用较为广泛的 GIS 软件有美国 ESRI 公司出品的 ArcGIS、北京超图软件股份有限公司出品的 SuperMap、武汉中地数码科技有限公司出品的 MapGIS、武汉吉奥时空信息技术股份有限公司出品的 GeoStar 等。

1.3.2.1　ArcGIS

ArcGIS 系列软件包是目前功能最强大、应用最广泛的 GIS 软件，具有地图制作、空间数据管理、空间分析、空间信息整合、发布与共享等功能。它包含三个组成部分：桌面软件Desktop、数据通路ArcSDE以及网络软件ArcIMS。其中桌面软件Desktop产品的核心功能就是空间分析，该功能通过各种分析模块进行组织，主要包括矢量数据的空间分析、栅格数据的空间分析、网络分析、三维分析、水文分析、地统计分析以及空间建模等模块。空间分析模块基本涵盖了常用的空间分析功能，如距离分析、邻域分析、叠加分析、空间插值和地图代数等。3D分析模块面向带有高程信息的三维地理空间数据的分析与表达，支持的数据模型包括点云、不规则三角网、DEM（数字高程模型）等，具有三维数据管理、三维表面分析、ArcScene三维可视化分析、ArcGlobe三维显示与分析等功能。水文分析模块主要面向流域进行流向分析、水流长度计算、汇流分析、河网分析、流域分析等。地统计分析模块具有较强的专业性，为空间数据探测、数据异常分析、预测优化与结果评估、栅格插值等提供了一套完整的处理流程。ArcGIS10系列产品是全球首款支持云架构的GIS平台，在WEB2.0时代实现了GIS由共享向协同的飞跃；同时具备了真正的3D建模、编辑和分析能力，实现了由三维空间向四维时空的飞跃。

1.3.2.2　SuperMap

SuperMap软件是国产GIS软件中的代表，主要包含四个部分：桌面工具SuperMap Desktop、二次开发组件SuperMap Objects、网络型开发工具SuperMap IS.NET以及嵌入式开发工具eSuperMap。其中，SuperMap Desktop是基于SuperMap核心技术研制开发的一体化的GIS桌面软件，不仅可以轻松地完成对空间数据的浏览、编辑、查询、输出等操作，还能完成拓扑处理、三维建模、空间分析等较高级的GIS功能。

1.3.2.3　MapGIS

MapGIS是武汉中地数码科技有限公司研制的具有自主版权的大型基础地理信息系统软件平台。它是一个集当代先进的图形、图像、地质、地理、遥感、测绘、人工智能、计算机科学于一体的大型智能软件系统，是集数字制图、数据库管理及空间分析为一体的空间信息系统，是进行现代化管理与决策的先进工具。在MapGIS中，将空间分析的对象定义为一系列跟空间位置有关的包括空间坐标和专业属性的数据。该软件中空间分析功能被划分为空间分析子系统、数字地面模型（DTM）子系统和网络管理子系统三大子系统，其中网络管理子系统包括网络编辑和网络分析两个部分，软件空间分析功能结构布局清晰。MapGIS为用户提供了基本的空间分析功能，其中的“三维模型分析（D3M）”和ArcGIS中的“三维分析（3D Analyst）”有所不同。在MapGIS中“三维模型分析”是对某一三维区域的空间数据进行分析，得到一系列确定的三维结构描述，可以提供多层立体图、规则剖面立体图、水平剖面观测值立体图、绘制剖面平面图和绘制剖面立体图等多项功能。同时MapGIS的图件绘制分析模块可以为网格化数据提供“网格立体图绘制”“平面等值线图绘制”以及“彩色等值线立体图绘制”三大功能。

1.3.2.4　GeoStar

GeoStar是武汉吉奥时空信息技术股份有限公司开发的GIS基础软件——吉奥之星系列软件的核心（基本）板块，用于空间数据的输入、显示、编辑、分析、输出和构建与管理大型空间数据库。其主要包括GeoStar、GeoGrid、GeoTIN以及GeoImage四个模块,其中,GeoStar是整个系统的基本模块,可以实现基本的空间分析功能;GeoGrid是数字地形模型和数字正射影像的处理、分析模块;GeoTIN是利用离散高程点建立TIN(不规则三角网)进而插值得到DEM,从而进行相关分析运算和三维曲面生成的模块。

思政融入点 对比国产软件和国外软件,鼓励学生积极投身于中国测绘地理信息事业,培养他们的家国情怀。

1.3.3 空间分析与PPDAC模型

在大多数情况下,空间分析的过程遵循一系列明确定义的(通常是反复的)阶段:问题形式化、编制计划、数据收集、探索性分析、假设表示、建模和测试、验证和评价以及最后的结论报告和应用。执行分析功能的GIS和相关软件工具只处理流程的中间部分,甚至可能采用相对生硬的手段。在实际的空间分析过程中,分析方法远比所总结的步骤复杂和重复。Mitchell(米切尔)在2005年提出的空间数据分析顺序如图1-3(a)所示,这种方法从开始到结束看起来似乎是一个很自然的流程,但多数情况并非如此。在现代分析方法中,Draper(德雷珀)等人采用了如图1-3(b)所示的空间分析方法,这种方法对每一步都进行了清晰描述。

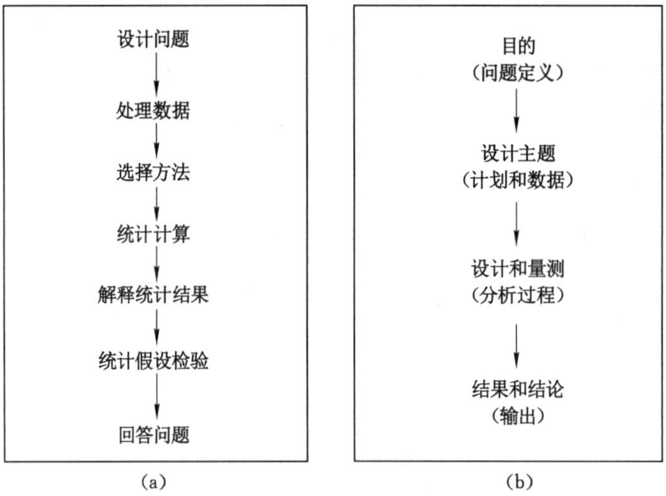

图1-3 空间数据分析顺序

Mackay(麦凯)和Oldford(奥尔福德)提出的作为空间分析之基础的距离决定论,用一系列顺序步骤描述了统计方法,称为PPDAC,即问题(problem)、计划(plan)、数据(data)、分析(analysis)和结论(conclusion),为空间分析相关问题的解决流程提供了一个框架,并强调形式化分析是流程中非常重要的一部分,但是这种方法在解决许多复杂的实际问题时一定程度上缺失探索性和迭代性。Daskin(达斯肯)对该方法进行了修正,更加关注具有明确空间背景的问题,即关注空间关系和空间依赖性、时空关系、空间分析中不符合经典统计准则的现象、空间过程与格局之间的关系、空间数据源及其质量等相关的问题。

修正后的PPDAC迭代过程如图1-4所示。从图1-4中可以看出,虽然顺时针方向(1→

5)作为主要流程，但每一个阶段都可以而且经常需要反馈到前一个阶段。从相反的方向检查该方法也可能是非常有用的，即从问题的定义开始，然后从结论(没有预设结果)的格式和结构检查期望目标，该过程继续一步一步地进行，从逆时针方向(e→a)确定该方法中每一个阶段期望的结论。详细的步骤流程如下。

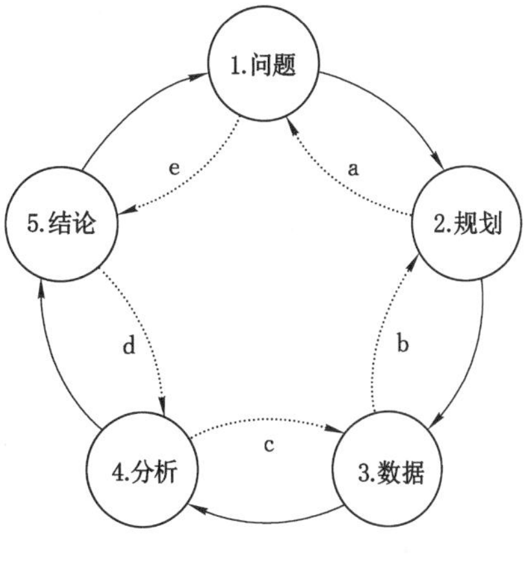

图 1-4　修正后的 PPDAC 迭代过程

1.3.3.1　问题:问题定义

清晰地定义问题、理解将要研究的问题是整个分析过程中的难题，明确用户需求和期待是分析计划取得成功的关键因素之一。这里是否取得成功是由第三方(客户、管理者、雇主)来判断和评估的，因此在问题定义的整个过程中第三方的参与是非常必要的。将问题分解为几个关键部分，并把问题简化，重点关注问题最本质、最重要且相关的部分，通常是很有效的起始步骤。这不仅有助于明确许多待解决的问题，如数据需求、工具和方法，还可以在迭代过程中不断阐明用户的需求和期望。在空间问题研究中，需要特别注意的是空间尺度因子、统计尺度因子、空间组合因子、问题形式化、空间分类数据得到的结论等信息。拟定问题并非总是一次性的工作，当初始的问题定义形成后，在初步研究后技术或商业因素或其他无法预料的事件影响下都有可能改变。

1.3.3.2　计划:形式化方法

在对问题定义达成一致后，下一个阶段就是要形式化一种方法，以尽可能解决问题并得到满足期望的答案的最佳时机。采用的方法需要考虑一些问题，包括问题和项目的本质、成本核算、决策支持工具和方法、公众参与度、研究时间以及技术可行性等内容。在决定设计方法和分析方法时，确定可用数据集，检查数据的质量、优点并对数据子集或样本进行探索性工作以阐明方法的可行性和有效性是至关重要的。这一个阶段总会遇到许多未知因素，但应该尽可能早地最小化这些因子，必要时可基于样本、假设或者模拟数据完成整个过程直到获得结果。

1.3.3.3　数据:数据获取

空间分析在某种程度上是不同寻常的，因为关键数据集通常由第三方提供，因此分析已有的空间数据集并了解它们的质量和来源非常重要。许多情况下，PPDAC 的这个阶段往往涉及从某些可用的数据集中选择一个或几个数据集。实际上，并非所有的数据集都具有相同的质量、成本、使用权限、可用性、完整性、格式、时效性和细节。

从定义上看，几乎没有数据集是完善的。所有数据集都可能包括误差、缺失值，分辨率有限，包含用离散数学形式对真实世界进行建模引起的畸变、测量误差和不确定性以及可能有意或设计的对位置和属性数据的调整。空间分析工具可能会嵌入专门处理一些比较明显因素的功能模块，例如，一些用来处理这些问题的专门 GIS 工具包括:① 边界定义和密度估计;② 为缺失数据以及掩膜无效区设置的编码方案;③ 自动校正拓扑错误和不良匹配数据集或变化分辨率和投影数据集的建模程序;④ 处理分类难题的大量程序;⑤ 用于实现不同类型和范围数据集比较和合并的数据转换、加权和归一化工具;⑥ 通过断线及类似的方法处理缺乏连续性的野外数据;⑦ 可对数据问题进行建模、生成误差界限及置信度范围和备选实现方法的一系列技术。

1.3.3.4 分析:分析方法和工具

在分析阶段之前应该初步选择好方法和工具,选择方法应以简单和节约为原则,即用最简单的工具、模型和最清晰的可视化形式以及合适的问题和目标。选择方法时,应考虑的其他因素包括:工具的可获取性,时间和经费的约束,通过对一致性、灵敏性和质量的内部或外部检验以提供有效性和鲁棒性的测试要求,独立或附加数据集的使用。除了大量的 GIS 软件均可用来进行空间分析,还有许多具有特殊空间分析功能的专门工具也会提供一些 GIS 功能,或者提供 GIS 文件格式的输入和输出。

空间分析本质上是多阶段或动态的,因此,分析阶段可视为一个多方面的过程,即从对数据的收集、处理、输入以产生一致和可用的数据集开始,到纯粹的分析阶段,再到检查分析结果和模型输出阶段。

1.3.3.5 结论:结果发布

PPDAC 方法的最后一个阶段就是根据所做的分析得出结论,并将结果与其他人交流,结论的实施(例如修建一条支线道路,设计一个居住区或实施一个疫苗接种计划)并不作为模型过程的一部分,而是超出了其范围。结论阶段是以简洁的语言报告展示结果,应使用简明的数字汇总和图形演示来阐明结论。

对于许多空间分析问题来说,这一结论足以解决问题。对其他问题来说,结论阶段往往是其他工作的开始:重新回顾问题和重复整个过程或过程的某些部分;开展一个新项目;落实建议;更广泛地咨询;开发帮助理解和解释观测值的模型,指导将来的数据采集,预测分析中未包括的一些位置/时间点上的数值。

思政融入点 除了 GIS 空间分析领域,PPDAC 模型还可以用于解决日常工作和生活中的各种问题,培养学生举一反三的学习能力。

1.4 地理空间问题

空间是对客观世界的一种抽象,通过空间参考系及一系列特征来描述。当描述空间的坐标模型是地理空间参考系统时,这种空间就称为地理空间。除了采用地理空间参考系统之外,地理空间还可以从其空间范围来定义。地球表面上的一切地理现象、地理事件、地理效应、地理过程都发生在以地理空间为背景的基础之上。GIS 中的地理空间一般定义为绝对空间和相对空间两种形式。绝对空间是具有属性描述的空间几何位置的集合,由一系列不同位置的空间坐标组成;相对空间是具有空间属性特征的实体集合,由不同实体之间的空间关系构成。将客观现实问题抽象为一般地理空间问题,是空间分析的前提,也是解决复杂客观问题的基本思路。利用不同功能层次的空间分析方法可以解决关于地理实体和地理现象的各类空间问题(图 1-5)。

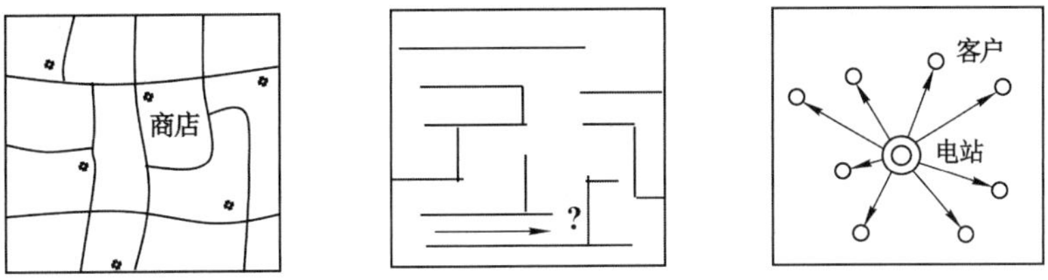

(a) 定位选址　　(b) 路径分析　　(c) 资源配置

图 1-5　地理空间问题实例

GIS 空间分析是地球科学的基本工具,用于分析和解释地理特征间的关系及空间模式。地理空间信息拟解决的重要科学问题包括以下几个方面。

1.4.1　现实世界及其时空变化的多维动态特征描述问题

我们生活的地球及其上的自然和人工构筑物均具有鲜明的三维形态,各种地理空间实体及其关系随时间不断变化,并在不同的尺度背景下呈现出不同的空间形态、结构和细节。对于现实世界及其时空变化的这种多维动态特征,目前尚缺乏科学的分类和形式化的描述方法,存在着诸如能否表征现实世界及其时空变化、尺度是否是另一个维度、用欧几里得空间描述现实世界是否合理、地理实体之间有哪些空间关系、能否用一些元空间关系推出其他空间关系等一系列基本问题。若不能在这些基本概念上形成共识和建立公共模型框架,将不可避免地发生自然语言模型中的歧义,给多源地理空间的信息整合和互操作带来灾难。为此,应深化对现实世界及其时空变化的多维动态特征的认识,加强对时态、动态、尺度等基本概念、多维动态的分类体系、空间关系的描述方法等的研究,建立多维动态地理空间信息的概念体系。

1.4.2　多源地理空间信息的时空定位基准问题

地理现象(或实体)的空间位置与分布是根据国家平面基准、高程基准和重力基准确定的。地球自身在不断地运动,这三种参考框架中的一些基准点或基线会随之发生变化,或者体现参考框架的控制网升级换代,形成了不同的参考系,也会使得同一地理现象(或实体)在不同的时间段上所依赖的定位基准略有差异。为了进行时空对比,必须在理论基准上建立不同时间段上的各种基准之间的关系。其次,由于多种原因,一些城市、矿区采用的平面基准不尽相同,因而难以在统一的参考框架中进行数据整合与综合分析。此外,海洋基准与陆地基准尚未统一,不同海域、海域周边和陆地周边国家的地理空间数据所采用的参考框架不尽一致。为了实现多时相、多分辨率、多类型地理空间信息的有机集成和海量管理,需要研究地理空间参考框架的时空特性,建立多尺度的时空参考框架,为国家信息化提供统一、实用的定位基准。

1.4.3　多维动态空间数据模型及建模方法

迄今为止,人们一直是按照平面图或相关数据模型,将具有鲜明的多维、动态特征的现实空间世界抽象为二维、静态的目标,这种地理基础框架数据在三维实体及其时空变化表达方面存在着很大的局限性,往往不能满足真三维、多时态和多尺度应用的需要。例如,目前人们往往是将二维数字化测图、遥感影像图与DEM叠合构建三维景观模型,这样虽能表达地表起伏,并能进行漫游、缩放、动画等三维显示操作,但难以进行有效的三维测量和分析,尤其在城市三维景观建模时,人们虽然使用了地表建筑物的部分竖向信息和纹理,但由于难以顾及建筑物、道路、桥梁等的内部竖向关系,因而在本质上属于可视化模型。为了构建满足国家信息化所需的多尺度、三维、时态和动态的地理空间数据资源库,应加强对多维动态空间数据模型的理论和建模方法的研究,发展多维动态地理空间框架的构建技术。

1.4.4 地理空间认知与多维动态空间信息作用机理

就本质而言,多维动态地理空间信息反映了空间事物或实体的运动状态(在特定时空中的形状和态势)和运动方式(运动状态随时空变化而改变的式样和规律),是调节和控制地理空间系统中的物质流、能量流、人口流等并使其转移到期望的状态和方式的重要依据。但在如何有效地使用或利用地理空间信息方面,人们往往凭借经验和直觉行事,缺乏符合人类空间认知习惯的信息处理方法和分析模型体系,难以有效地对资源环境系统进行空间形状、依存关系、变化过程、作用规律、调控机理的数字模拟和动态分析。此外,我们对多维动态地理空间信息在国家信息化中的施效模式或作用方式尚缺乏深入的认识,在发展高层次空间决策支持系统和业务运行系统时缺乏必要的理论指导。因此,我们应该加强对地理空间认知方法和多维动态地理空间信息施效机理的研究。

目前,我国已经建成"数字中国"地理空间框架。国家标准《地理空间框架基本规定》(GB/T 30317—2013)指出,地理空间框架是地理信息数据采集、加工、交换、服务所涉及的政策、法规、标准、技术、设施、机制和人力资源的总称,由基础地理信息数据体系、目录与交换体系、公共服务体系、政策法规与标准体系和组织运行体系等构成(图1-6)。其中,基础地理信息数据体系包括测绘基准、基础地理信息数据、面向服务的产品数据、管理系统和支撑环境。目录与交换体系包括目录与元数据、专题数据、交换管理系统和支撑环境。公共服务体系包括离线的地图与数据提供、在线服务系统和支撑环境。政策法规与标准体系、组织运行体系是支撑保障。

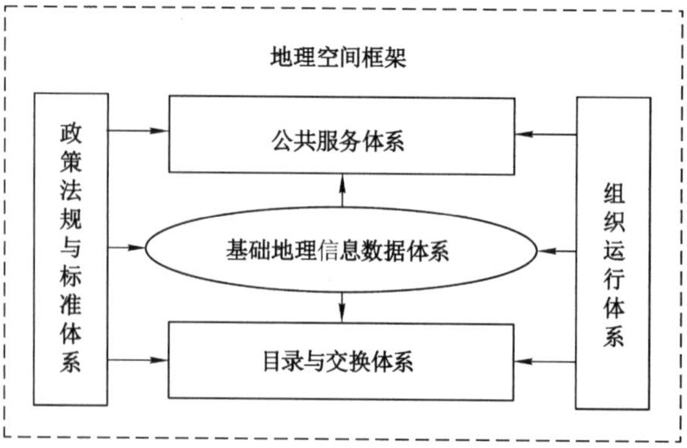

图1-6 地理空间框架

复习思考题

1-1　谈谈你对空间分析的认识。

1-2　空间分析的发展经历了哪些阶段？是什么推动了空间分析的发展？

1-3　请结合空间分析的定义、内容及方法，谈谈空间分析的特征。

1-4　请结合自己的认知，举例说明空间分析的任务。

1-5　空间分析有哪些主要内容？

1-6　空间分析的常用方法有哪些？这些方法可以解决哪些空间问题？

1-7　查询不同GIS平台软件的相关资料，了解这些软件的空间分析功能。

1-8　基于空间特征的地理问题可以归纳为哪几类？

1-9　GIS环境下的空间分析的主要方法有哪些？

1-10　什么是PPDAC模型？它与空间分析有什么关系？

1-11　地理空间信息拟解决的重要科学问题包括哪几个方面？

第 2 章　空间量测与计算

空间量测与计算是指对 GIS 数据库中各种空间目标的基本几何参数,如空间目标的位置、距离、周长、面积、体积、曲率、空间形态以及空间分布等进行量算与分析。空间量测与计算是 GIS 获取地理空间信息的基本方法,所获得的基本空间参数是进行复杂空间分析、模拟与决策制定的基础。

2.1　基本几何参数量算

基本几何参数是了解空间对象、进行高级空间分析以及制定决策的基本信息。基本几何参数量算包括对点、线、面和体等空间目标的位置、中心、重心、长度、面积、体积和曲率等的量测与计算。

2.1.1　位置量测

研究和分析地球空间事物首先要确定空间对象的空间位置。空间位置是所有空间目标物共有的描述参数。空间位置借助空间坐标系来描述空间物体的定位信息,包括绝对位置和相对位置。在空间分析中所需要的是关于点、线、面和体等目标物的绝对位置和相对位置信息。

矢量 GIS 包括点、线、面、体四类地理目标。地理目标的空间位置可以用其特征点的坐标表达和存储。点状目标的位置在 2 维欧氏平面中可以用单独的一对(x,y)坐标表达,在 3 维欧氏空间中可以用(x,y,z)坐标表达;线目标的位置可以用坐标串表达,在 2 维空间中可以用一组离散化实数点对表示为$(x_1,y_1),(x_2,y_2),\cdots,(x_n,y_n)$,在 3 维空间中可以表示为$(x_1,y_1,z_1),(x_2,y_2,z_2),\cdots,(x_n,y_n,z_n)$,其中 n 是大于 1 的整数;面状目标的位置由组成它的线状目标的位置表达;体状目标的位置由组成它的线状目标和面状目标的位置表达。在矢量数据结构中,由于其位置直接由坐标点表示,所以位置是明显的,但属性是隐含的;在栅格数据结构中,每一个位置点都表现为一个单元(cell 或 pixel),所以属性是明显的,而位置是隐含的。

以经纬网为参照确定的位置可以说是一种绝对位置。通常利用角度量测系统,计算赤道以北或以南的纬度,以及本初子午线以东或以西的经度就可以确定地球上任意点的绝对位置,用这种方法比较容易描述任意对象的绝对位置。而且,所得测量值可以随时换算成相应的米、千米等单位。

空间对象的相对位置是空间中某目标物相对于其他目标物的方位。在 GIS 分析中相对位置的量测具有重要的实用价值。例如,在某城市外围修建一个高铁站(图 2-1),要在综合考虑现有城市规划、土地基础、方便乘客出行等各种因素的情况下,选择最佳的高铁站位置。这里，把市区的位置看作绝对位置，以市区为参照点来选取高铁站的相对位置，而不是在任意区域选择基础较好的地段。

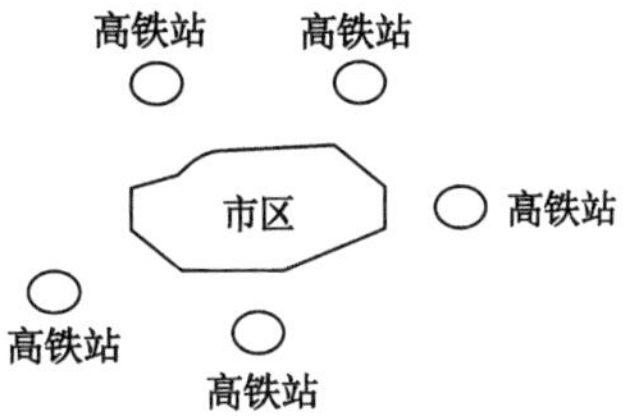

图 2-1　高铁站相对于市区的位置变化

相对位置的确定有很多方法，如在笛卡儿坐标系中，利用两点间距离公式确定一目标物相对于另一目标物的位置；利用绝对格网坐标系统，在已知两个对象间实际距离的前提下通过坐标值相减可确定相对位置。公式如下：

$$d=\sqrt{(x_2-x_1)^2+(y_2-y_1)^2} \tag{2-1}$$

式中，x_2-x_1 为 x 轴方向或经线方向两点间的坐标差；y_2-y_1 为 y 轴方向或纬线方向两点间的坐标差；d 为两点间距离。

2.1.2　中心量测

空间量测的中心多指几何中心，即 1 维、2 维空间目标的几何中心（图 2-2），或由多个点组成的空间目标在空间上的分布中心。中心对空间对象的表达和其他参数的获取具有重要意义。例如，要完成一幅小比例尺中国地图，城市的位置要用点来代替，但是城市是面状对象，面是由无数个点构成的，用不同的内部点来代替面会有不同的效果。在这种以点表示面的情况中，为了精确和表达的需要一般用几何中心来代替面状现象。

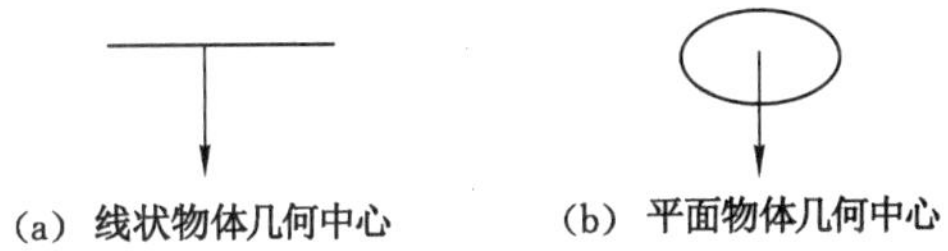

图 2-2　1 维和 2 维目标物的几何中心

对于简单、规则的空间目标，其中心的确定非常简单，如线状物体的中心就是该线状物体的中点；圆的几何中心是圆点；正方形、长方形、正多边形等规则面状物体，其中心是对角线的交点。不规则面状物体的几何中心可利用式(2-2)求得。

$$\begin{cases} C_x=\dfrac{\sum_{i=1}^{n}x_i}{n} \\ C_y=\dfrac{\sum_{i=1}^{n}y_i}{n} \end{cases} \tag{2-2}$$

式中，C_x、C_y 为不规则面状物体几何中心的 x 轴和 y 轴坐标。

对于多空间目标物体空间分布形态中心的确定，应先确定它的分布区域，再将其分布中心的确定转换为单一空间目标物中心的确定。

2.1.3　重心量测

重心是描述地理对象空间分布的一个重要指标。由重心移动的轨迹可以得到空间目标的变化情况和变化速度。重心量测经常用于宏观经济分析、市场区位选择以及跟踪某些空间分布的变化,如人口变迁、土地类型变化等。

线状物体和规则面状物体的重心和中心是等同的,面状物体的重心可以理解为多边形的内部平衡点,如一块均质的木块被悬挂起来的平衡点(图 2-3)。

面状物体的重心可以通过计算梯形重心的平均值得到。将多边形的各个顶点投影到 x 轴上,得到一系列梯形(图 2-4),计算所有梯形重心的平均值就可以确定整个多边形的重心。

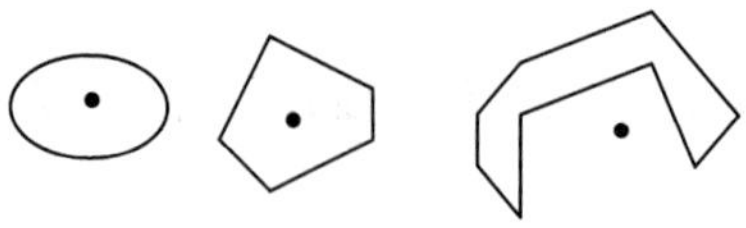

图 2-3　单一多边形的重心位置

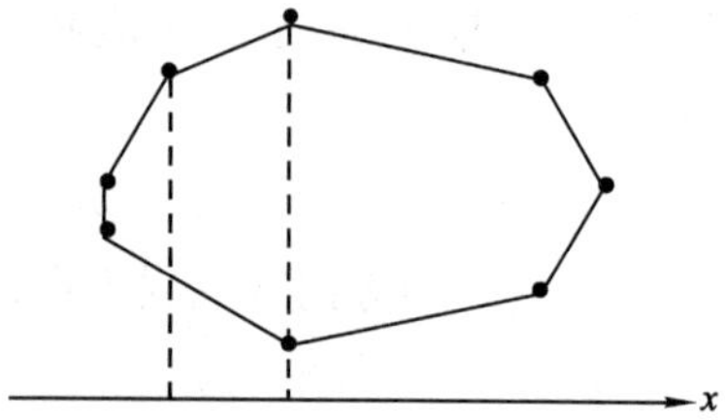

图 2-4　采用梯形计算重心位置

设多边形的顶点序列(x_i, y_i)按顺时针编码,其重心的计算公式为:

$$\begin{cases} X_G = \sum \bar{x}_i A_i / \sum A_i \\ Y_G = \sum \bar{y}_i A_i / \sum A_i \end{cases} \tag{2-3}$$

$$\begin{cases} A_i = (y_{i+1} + y_i)(x_i - x_{i+1})/2 \\ \bar{x}_i A_i = (x_{i+1}^2 + x_{i+1} + x_i^2)(y_{i+1} - y_i)/6 \\ \bar{y}_i A_i = (y_{i+1}^2 + y_{i+1} y_i + y_i^2)(x_i - x_{i+1})/6 \end{cases} \tag{2-4}$$

式中,$\bar{x}_i$,$\bar{y}_i$ 为第 i 个梯形重心的 x 轴坐标和 y 轴坐标;A_i 为梯形面积。

2.1.4　长度量测

长度是空间量测的基本参数,是空间量测的重要内容之一。它的数值可以表示点、线、面、体间的距离,也可以表示线状对象的长度、面和体的周长等。

2.1.4.1　距离

在空间分析中,通常需要进行距离的定量描述,即测出两实体间的实际距离。由于空间目标物属于不同的几何形态——点要素、线要素、面要素,因此其距离的量测方法也有所不同。

(1) 简单距离

① 两点间的距离

在 GIS 中,两点间的距离和方向可以利用笛卡儿坐标系中两点间的距离公式及两点间的相互关系获得。设平面笛卡儿坐标系中的两点 A、B 的坐标分别为(x_1, y_1)和(x_2, y_2),则两点间的距离为:

$$d = |AB| = \sqrt{(x_2 - x_1)^2 + (y_2 - y_1)^2} \tag{2-5}$$

两点间连线与坐标轴夹角方向的余弦和正弦分别为:

$$\begin{cases} \cos\theta = (x_2 - x_1)/|AB| \\ \sin\theta = (y_2 - y_1)/|AB| \end{cases} \tag{2-6}$$

GIS 处理和分析的空间数据大多数具有投影信息。由投影理论可知，具有投影的两点间距离不能以简单的欧氏距离来计算，除了考虑平面坐标两点间的距离外，还要考虑球面上两点间的距离，即大圆距离。如图 2-5 所示，当已知球面半径 R 时，可以计算出 P_1、P_2 两点间的大圆距离。

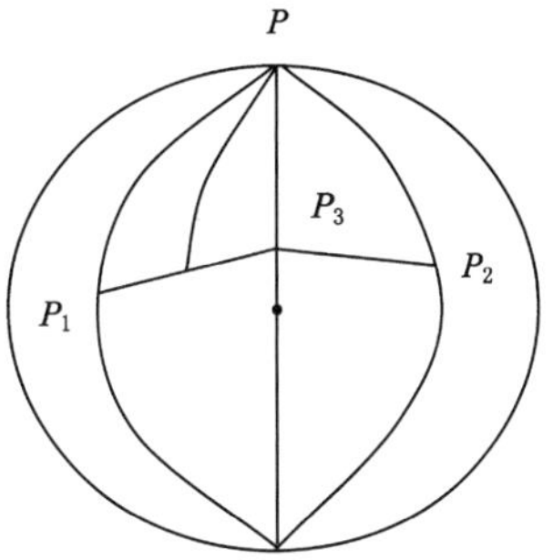

图 2-5　球体表面两点间的距离

设 $P_1(\varphi_1,\lambda_1)$、$P_2(\varphi_2,\lambda_2)$、P 为极点，且球面三角形 PP_1P_2 中有两条边和一个夹角是已知的，即

$$\begin{cases}\widehat{PP_1}=90°-\varphi_1\\ \widehat{PP_2}=90°-\varphi_2\end{cases}\tag{2-7}$$

根据球面三角形的余弦定理：

$$\cos\widehat{P_1P_2}=\cos(90°-\varphi_1)\cos(90°-\varphi_2)+\sin(90°-\varphi_1)\sin(90°-\varphi_2)\cos(\lambda_1-\lambda_2)\tag{2-8}$$

则有：

$$P_1P_2=\cos^{-1}(\widehat{P_1P_2})\cdot R\tag{2-9}$$

从理论上讲，沿大圆航线航行的路径最短、能耗最小、成本最低。因此，球面上两点间距离的量测对于航海、航空等具有重要意义。

② 点到线目标的距离

为求得点到线目标的距离，首先要确定该点到某直线段的距离。设有某直线 L，两端点的坐标分别为(x_A,y_A)和(x_B,y_B)，则另一点 P 的坐标为(x_P,y_P)。则点 P 到直线 L 的线距离为：

$$D=|ax_p+by_p+c|/\sqrt{a^2+b^2}\tag{2-10}$$

当点 P 在一条直线两点之间时，点 P 到直线段的距离如图 2-6 所示，如果点在两端点的外边，即垂足在 AB 两点的延长线上，则只能求得点到直线延长线的距离。在 GIS 中，通常要求点到一条线目标(包含多条折线段)的距离，这时应先求点到各条折线段的距离(而不是延长线上的距离)，然后进行比较，取距离最小的值为点到该线目标的距离，如图 2-7 所示。此外，有时还要求计算点到一个线状目标顶点的距离，如图 2-8 所示。

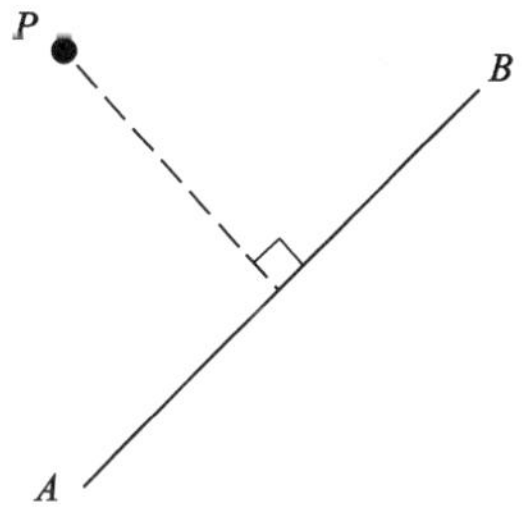

图 2-6　点到直线的距离

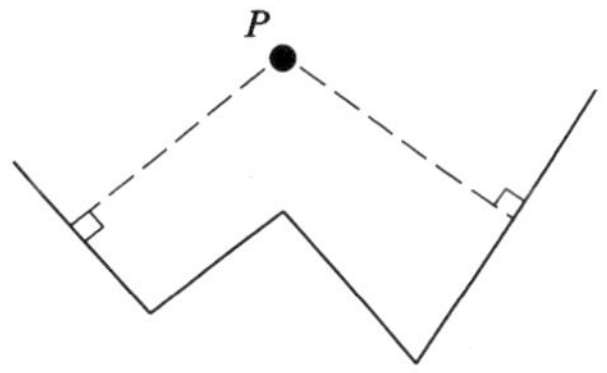

图 2-7　点到折线的距离

③ 点到面状目标的距离

由于面状目标在地理空间上占据一定的范围，由无数个点构成，因此点到面的距离可以

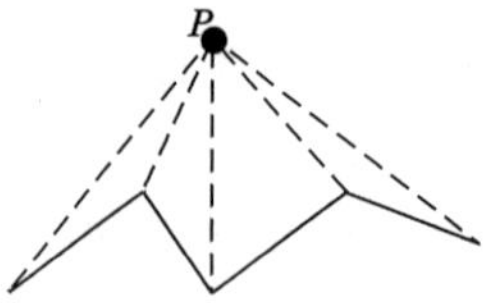

图 2-8　点到线状目标顶点的距离

看作点到面中特征点的距离，点 P 到面状目标 A 的距离大致包括以下几种情况：(a) 点 P 到面 A 中一特定点 P_0(如重心)的距离，称为中心距离[图 2-9(a)]；(b) 点 P 与面 A 中所有点之间最短的距离，称为最短距离[图 2-9(b)]；(c)点 P 到面 A 中所有点之间最大的距离，称为最大距离[图 2-9(c)]。

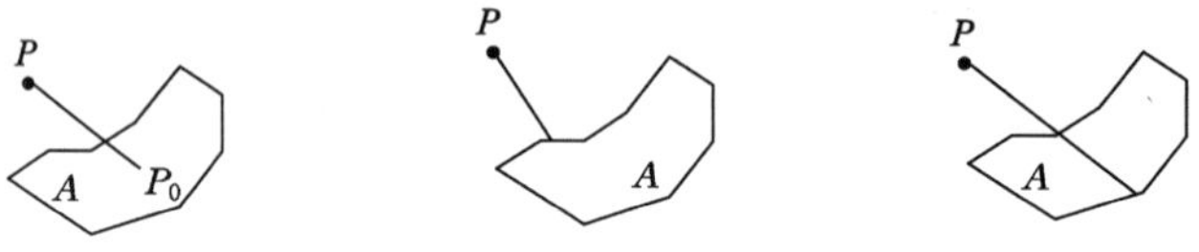

(a) 中心距离　　(b) 最短距离　　(c) 最大距离

图 2-9　点到面状目标的距离

中心距离的计算与两点间距离的计算方法一致，最短距离和最大距离的计算则与点线之间距离的计算方法类似。点面间距离中的最短和最大距离可以用于不同情况，如在森林防火中，任何火源(点)距森林(面)的距离必须大于一个安全临界值，这个值只能用最短距离来描述；在无线电覆盖范围的分析中，为了保证信号能被给定区域内任意点所接收，则必须使用最大距离。

④ 线状物体间的距离

两个线状物体 L_1、L_2 间的距离可以定义为 L_1 上的点 $P_1(x_1, y_1)$与 L_2 上的点 $P_2(x_2, y_2)$间距离的最小值，即

$$d = \min(d_{P_1}, d_{P_2} \mid \forall P_1 \in L_1, \forall P_2 \in L_2) \tag{2-11}$$

在图 2-10 中，L_1、L_2 均为折线，因此对 d 的计算可以先计算出 L_1、L_2 中折线段对之间的距离，然后再从中选出最小值。图 2-10 中给出了 L_1、L_2 两个端点之间的垂线及连线，则 L_1 与 L_2 之间的距离为：

$$d_{12} = \min(\overline{AC}, \overline{AD}, \overline{Aa}, \overline{BC}, \overline{BD}, \overline{Bb}, \overline{Dd}) \tag{2-12}$$

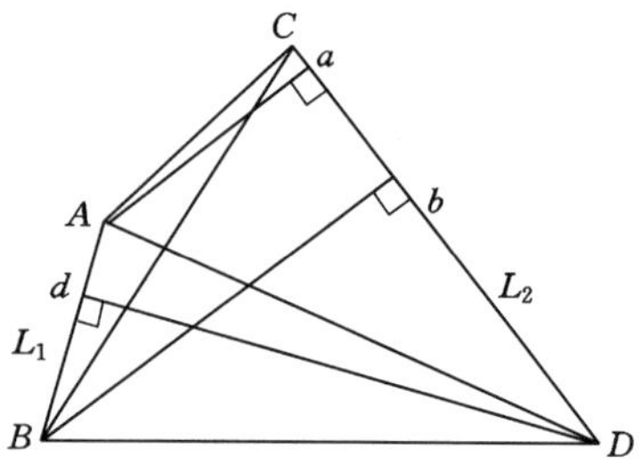

图 2-10　线状物体间的距离

式中，$\overline{AC}$ 为线段 AC 的长度，其余类推。

在这个例子中 $d_{12} = \overline{Aa}$。若 L_1 与 L_2 相交，则 $d_{12} = 0$。

⑤ 面状目标物间的距离

空间两面状目标物间的距离有三种形式：最短距离、最大距离和重心距离。最短距离是两目标物间最接近点的距离；最大距离是两目标物间最远点的距离；重心距离是两目标物的

重心间的距离，如图 2-11 所示。面状物体是以折线序列表示的，在假定计算的目标物间的相互关系均为不相交的情况下，面状目标物间的距离可以仿照线状目标物间距离的计算方法。

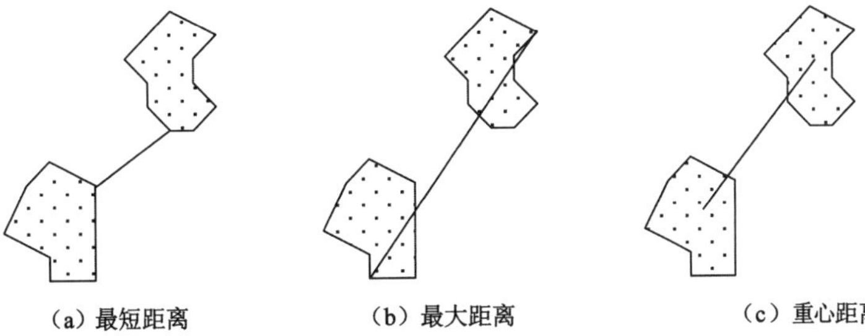

图 2-11　面状目标物间的距离

(2) 函数距离

上述距离的量测都是绝对物理距离量测，中间不考虑任何障碍物的影响。然而，很多实际情况下，两点间的距离不能走直线，两目标物间的距离受很多因素制约，如受到障碍物的影响等。例如，在城市中当病人需要紧急救治时，在其他条件相近的情况下需要选择最近的医院，以确保病人能够得到及时抢救，而病人所在地与医院间的距离并不是笛卡儿坐标系中两点间的距离，而是道路网上的最短距离，如图 2-12 所示。

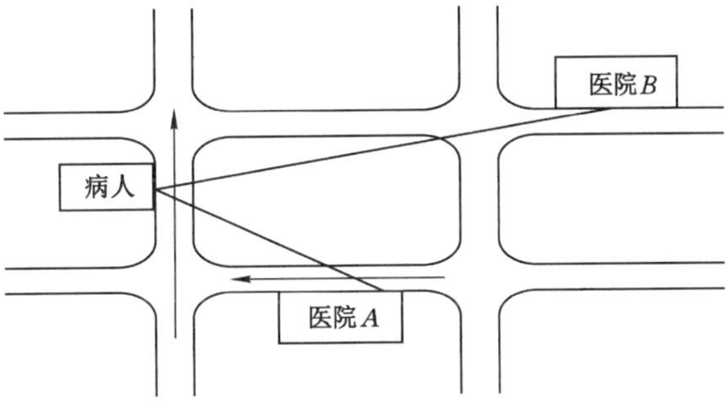

图 2-12　病人与医院 A、B 之间的相对距离

尽管病人离医院 A 的笛卡儿空间距离比医院 B 要更近一些，但是这对病人来说是没有意义的，病人不可能跨过建筑物沿直线到达医院 A，而必须沿着一定的道路网行进，因此更好的选择是道路网上的医院 B，这种情况属于曼哈顿距离问题。曼哈顿距离是指两点在南北方向上的距离加上在东西方向上的距离，即

$$d(i,j)=|x_i-x_j|+|y_i-y_j| \tag{2-13}$$

对于一个具有正南正北、正东正西方向规则布局的城镇街道，从一点到达另外一点的距离正是在南北方向上旅行的距离加上在东西方向上旅行的距离，因此曼哈顿距离又称为出租车距离。曼哈顿距离的度量性质与欧氏距离相似，二者都保持对称性和三角不等式成立；两者不同的是，当讨论空间邻近性时，不同点间距离的排序有很大差异。当坐标轴变动时，点对之间的距离就会改变，因此曼哈顿距离只适用于讨论具有规则布局的城市街道等相关问题。

障碍物分为绝对障碍物和相对障碍物,可以通过阻抗值来描述。若障碍物对空间目标物所产生的阻抗值小于某临界值,则为相对障碍物;若障碍物对空间目标物所产生的阻抗值大于或等于某临界值,则空间目标物的运动被完全阻止,障碍物变为绝对障碍物,如悬崖、禁区、湖泊等。在某范围之内,相对障碍物限制但不完全阻止物体的运动,它可以减缓物体的运动或者消耗额外的能量,如在汽车行进过程中,在地图上显示的从一点到另一点的公路里程要比汽车里程表所显示的里程少,这是因为汽车在行进过程中会受到地表高程的影响,车辆在行驶时经过的路线是起伏的地形表面。如图 2-13 所示,虚线 AB 为地图显示的距离,实线 $A'B'$ 为汽车里程表所显示的距离。在矢量坐标中,相对障碍物引起的路径偏移可采用非欧氏形式,即

$$d_{ij}=[(x_i-x_j)^k+(y_i-y_j)^k]^{1/k} \tag{2-14}$$

式中,平方与平方根的符号已被 k 代替,变量 k 为任何可能值。

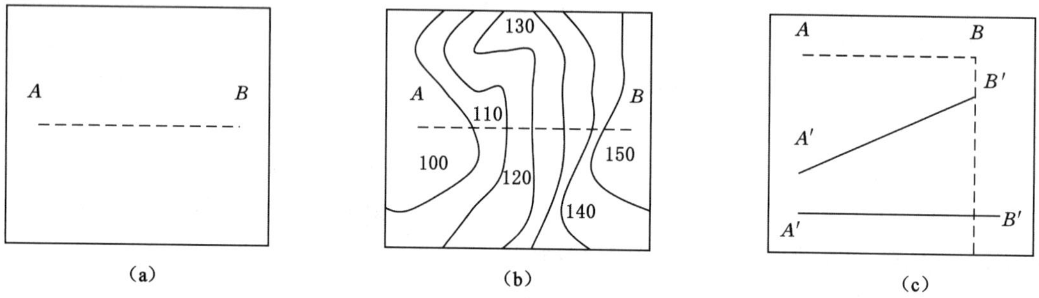

图 2-13 高程的变化与公路里程变化的关系

2.1.4.2 周长

多边形的周长可以围绕多边形相互连接的线段,即封闭绘图模型来进行计算。其中,第一条线段的起点坐标等于最后一条线段的终点坐标,其理论是利用著名的欧几里得距离公式计算每一条线段长度,然后进行累加。周长的计算公式为:

$$L=\sum_{i=1}^{n} d_i \tag{2-15}$$

式中,d_i 为每一条线段的长度。

多边形周长的量测可应用到许多实际问题中,如要在某城市的一个新建公园周围修建围墙,因为修筑围墙的费用与公园外围的周长呈正比关系,所以用修建的围墙总长度乘以单位长度的成本就可以获得修建公园围墙所需的总成本。

2.1.5 面积量测

面积在二维欧氏平面上是指由一组闭合弧段所包围的空间区域。对于简单的图形,如长方形、三角形、圆、平行四边形和梯形以及可以分解成这些简单图形的复合图形,面积的量测比较简单。但地理空间目标的形态通常不是简单的复合图形,如跌宕起伏的山体、形状不规则的湖泊等,其面积计算非常复杂。通常情况下,将多边形边界分解为上下两半,其面积是上半边界中的积分值与下半边界中的积分值之差。设面状物体的边界轮廓由一个点序列

$P_1(x_1,y_1),P_2(x_2,y_2),\cdots,P_n(x_n,y_n)$表示，则其面积为：

$$S=\frac{1}{2}\sum_{i=1}^{n}\begin{vmatrix} x_i & y_i \\ x_{i+1} & y_{i+1} \end{vmatrix} \tag{2-16}$$

在栅格数据结构中，确定某区域的面积是选择具有共同属性的格网单元并计算这一个区域占据的格网单元数量。在实际操作中，只需将覆盖区域内的数据制成表格，并从生成的表格中读取具有指定属性的格网单元总数就可获得该区域的面积，如图 2-14 所示。

2.1.6　体积量测

体积是指空间曲面与某基准平面之间的容积，其计算方法根据空间曲面的不同而不同。形状规则的空间实体体积量测较为容易，如长方体、圆柱体、圆锥体或是一些能分解为简单形体的空间实体。以北方农村常见的平房为例，它的主体一个长方体，房顶可以看作一个三棱体，烟囱可以看作圆柱体，只要将各部分的体积求和就可以算出整座房屋的体积。若空间实体的形状比较复杂，其体积的量测也会相应复杂，如复杂山体的体积计算可以采用等值线法，将空间中高程 Z 值相等的点连接起来组成一维弧段，将多组不同的一维曲面划分为一系列按特定方向展开的剖面，多组剖面可以构成对三维曲面的完备描述，如图 2-15 所示。

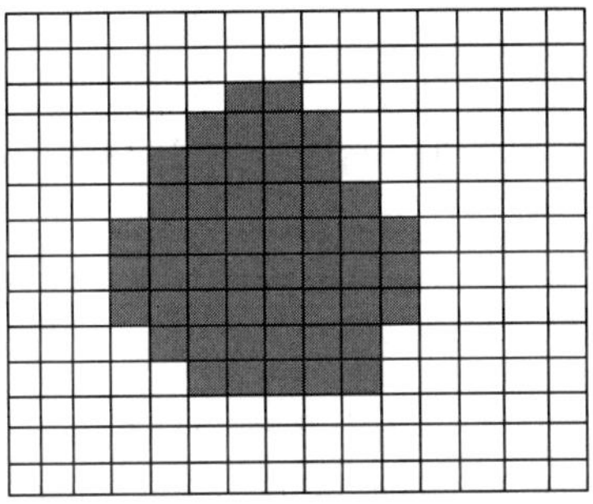

图 2-14　栅格形式的面积表达

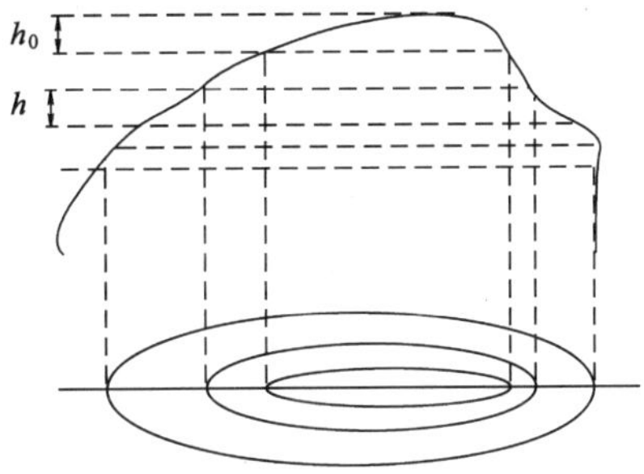

图 2-15　地形体积量算

其基本步骤为：① 生成等值线图；② 量算各条等值线围成的面积，设为 $f_0,f_1,f_2,\cdots,f_n$；③ 设等值线间的距离为 h，则体积为：

$$V=\frac{1}{3}f_0\cdot h_0+\frac{1}{2}\sum[f_0+2f_1+\cdots+2(n-1)\cdot f_n]\cdot h \tag{2-17}$$

式中，f_0,h_0 分别为最上层(或最下层)等高线围成的面积和相应的高程差。

除了利用等值线法外，还可以利用三维欧氏空间中表达的空间曲面，结合曲面高度的平均值来计算体积。其基本思想为：以基准面积(三角形或正方形等)乘以格网点曲面高度的平均值得到基本格网的体积，各个基本格网的体积累加之和就是区域总体积。

(1) 基于三角形格网的体积算法

如图 2-16 所示为基于三角形格网的体积算法，其基本格网的体积为：

$$v=S_A(h_1+h_2+h_3)/3 \tag{2-18}$$

式中，S_A 为基底格网三角形 A 的面积。

(2) 基于正方形格网的体积算法

如图 2-17 所示为基于正方形格网的体积算法，其基本格网的体积为：

$$v = S_A \cdot (h_1 + h_2 + h_3 + h_4)/4 \tag{2-19}$$

式中,S_A 为基底格网正方形 A 的面积。

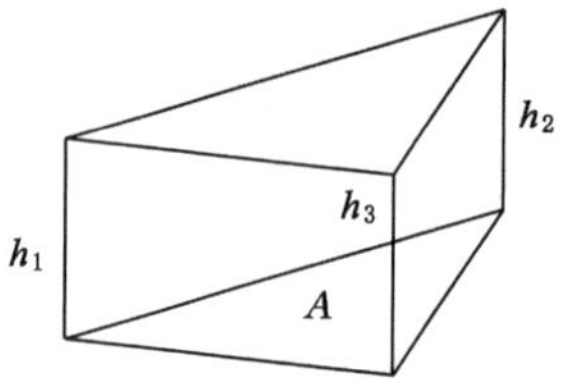

图 2-16 基于三角形格网的体积算法

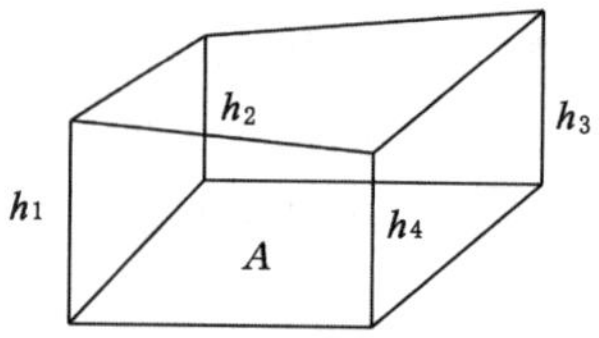

图 2-17 基于正方形格网的体积算法

大多数情况下,基准面是一个水平面,其高度不是固定的。当高度上升时,空间曲面的高度可能低于基准面,此时出现负的体积。在对地形数据进行处理时,当体积为正时,工程上称为“挖方”;体积为负时称为“填方”。

2.2 地理空间形态量测

对于空间目标物的分析,除了需要量测其基本几何参数外,还需要量测其空间形态。点状空间目标是零维空间体,没有任何空间形态;而线、面空间目标作为超零维的空间体,各自具有不同的几何形态,随着空间维数的增加其空间形态也愈加复杂。在空间分析中,需要量测空间目标具体、量化的形态信息,以便反映客观事物的特征,更好地为空间决策服务。

2.2.1 线状地物

在地理空间要素中,很多以线状形态表现。线状物体在形态上表现为直线和曲线两种,其中曲线的形态量测更为重要。曲线的描述通常涉及曲率和弯曲度两个参数。曲率反映的是曲线的局部弯曲特征,线状地物的曲率数学上定义为曲线切线方向角相对于弧长的转动率。设曲线的形式为 $y=f(x)$,则曲线上任意一点的曲率为:

$$K = \frac{y''}{(1+y'^2)^{\frac{3}{2}}} \tag{2-20}$$

为了反映曲线的整体弯曲特征,还需要计算曲线的平均曲率。曲率的应用具有工程和管理等方面的意义,例如,河流的弯曲程度会影响到汛期河道的通畅状况;高速公路的修建需要一定的曲率,曲率会影响汽车的行驶速度和行程距离。

弯曲度(S)是描述曲线弯曲程度的另一个参数,是曲线长度(L)与曲线两端点线段长度(l)之比。计算公式为:

$$S = L/l \tag{2-21}$$

在实际应用中,弯曲度 S 主要用来反映曲线的迂回特性。在交通运输中,这种迂回特性加大了运输成本,降低了运输效率,提高了运输系统的维护难度,成为企业经济研究的一个重点。此外,曲线弯曲度的量测对于减少公路急转弯处的事故也具有重要意义。

2.2.2 面状地物

大多数空间面状物体表现为非规则的复杂形态,如城市、湖泊的形状以及山体的表面形状等，对它们的描述需要从多个角度运用多种手段进行。

2.2.2.1　简单的图形概括

复杂的面状物体有时需要用形状简单的图形对其进行概括描述，这些简单的图形包括最大内切圆、最小外接圆和最小凸包等。

在栅格数据结构中，最大内切圆的计算要比在矢量数据结构中简单。其计算方法为：先对多边形进行栅格化处理，再通过欧氏距离的变换方法对多边形进行变换，具有最大值的栅格即最大内切圆的圆心，栅格的值为内切圆的半径。通常内切圆并不一定唯一，如矩形区域的最大内切圆就有无穷多个。

最小外接圆可以应用于平面点集的分布形态分析。求解最小外接圆，既可以用直接的计算方法，找出多边形的最小外接圆的圆心，也可以基于多边形的外凸壳，计算多边形的紧凑度、紧凑指数、凸度和凹度等指标。

2.2.2.2　空间完整性

大面积的玉米种植区内种植有几小块大豆区，这样就形成了空洞区域，在这片区域内，由于种植了大豆而使得玉米种植区完全分离为小片，该小片称为碎片区域。空间完整性是对面状地物内空洞数和碎片数的度量，通常使用欧拉函数进行量测（图 2-18），计算公式为：

$$欧拉数=空洞数-(碎片数-1) \tag{2-22}$$

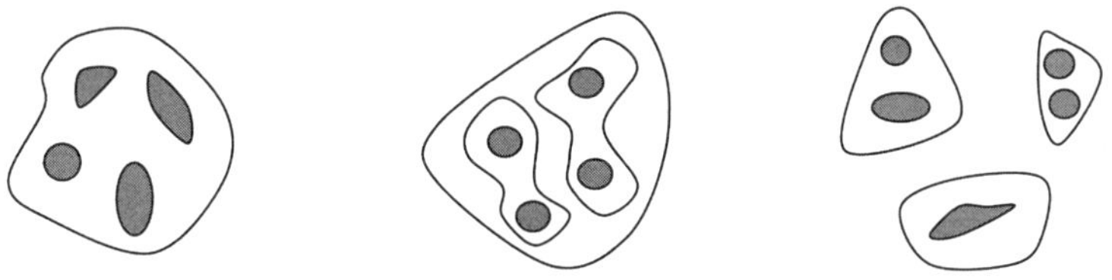

(a) 欧拉数=4　(b) 欧拉数=3　(c) 欧拉数=3

图 2-18　欧拉数

2.3　空间分布计算与分析

在分析空间目标时，除了考虑其几何形态、物体属性外，还要从宏观上研究它们的空间分布特征。空间分布研究内容主要有分布对象和分布区域两个方面。分布对象是指所研究的空间物体和对象，分布区域是指分布对象所占据的空间域和定义域。不同的空间分布对象具有不同的空间分布特征，并且具有相应的空间分布参数。

2.3.1　空间分布类型

根据空间分布对象和空间分布区域的不同组合以及分布对象在区域内分布方式的不同，可以将空间分布的基本类型概括为以下几种（表 2-1）。

表 2-1　空间分布类型划分

分布区域	点		线		面	
	离散	连续	离散	连续	离散	连续
线	江河中的船只,公路上的汽车,路旁分布的加油站	街道两旁的林荫树	河流中的防护堤坝,城市街道的林荫道,公交路线			
面	城镇的分布,火山的分布	降水	河网,交通网,地图上的边界线	污染的扩散,大气运动	湖泊分布,居民区中楼房的分布	人口普查区域,行政区划划分

表 2-1 中的分类将三组要素分别组合并配以例证,可以清晰地看出分类的思路与依据,使分类更加直观。空间分布类型同传统的地图一样,是基于不同用途和使用精度的,因此分布对象存在着不同几何形态的划分。在小区域大比例尺地图中会把城市看作面状要素,在大区域小比例尺地图中,城市被看作点状要素,这是基于用户对所需信息要求的不同而进行划分的。如在中国地图中,太原市表现为一点,在这种比例尺下强调的是太原在全国的地理位置、与其他城市的交通网络关系等信息,而城市的平面形状、面积大小已不重要。

2.3.2　点模式的空间分布

点模式的空间分布是一种比较常见的状态,如不同区域内的城镇、人口、住宅分布等。点模式的描述参数通常有分布密度、分布中心、分布轴线、离散度等。

2.3.2.1　分布密度

分布密度是单位分布区域内分布对象的数量,是一个比值,其分子为分布对象的计量,分母为分布区域的计量。对于分子的计算通常有这样几种可能:① 分布对象的发生频数计算;② 分布对象的几何度量计算,对点要素以频数计算,对线和面要素分别以长度和面积计算;③ 分布对象的某种属性计算,如计算沿河流分布的城市人口数。作为分母的分布区域只能以线状和面状分别计算其长度和面积。

每种点模式都有特定的标准。如果某区域范围内每个较小子区域上的点密度都相等,称此模式为均匀分布模式;如果整个范围内的点都分布在等间隔的网格上,这种均匀分布模式称为规则分布;如果整个研究区内的点在随机位置上散布,称为随机分布;如果点成组地紧密排布,称为簇状分布,如图 2-19 所示。

2.3.2.2　样方分析

样方分析是通过空间上点分布密度的变化探索点空间分布模式。它将研究区域划分为规则的正方形格网,每个格网单元称为研究区的样方,并假设每个样方存在的点数量大致相等。然后计算所有数据点数量与样方数量的比值,得到每个样方内的平均点数量,只要它具备均匀分布特征,这个数值就是期望分布值。用 χ^2 数学检验法对这些数据进行估计,其公式为:

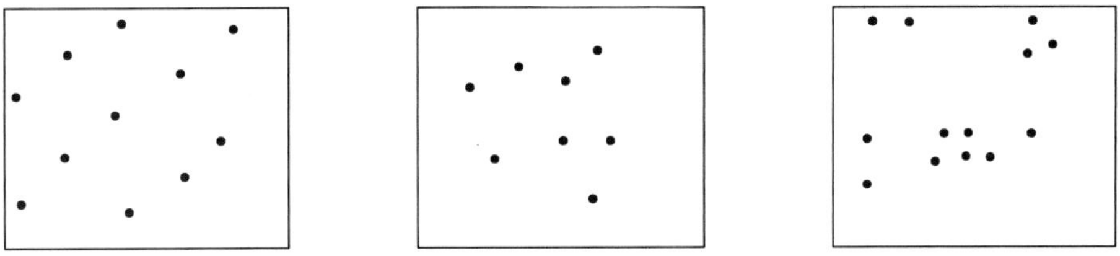

(a) 规则分布　　(b) 随机分布　　(c) 簇状分布

图 2-19　三种点模式分布类型

$$\chi^2 = \sum (Q - E)^2 / E \tag{2-23}$$

式中，Q 为每个样方中的实际点数量；E 为期望分布值。χ^2 值越大，点均匀分布的可能性越小。

方差均值比率(variance-mean ration，VMR)是一种根据样方进行分析的特定方法，是反映子区域变化频率与每一样方内平均点数之间关系的指数，其值等于子区域中点数频率的方差除以子区域中的平均点数。若数值较大，表明呈簇状分布，也就是说，每个子区域中分布的点数与整个研究区域中的子区域点数的平均值相差较大；若数值较小，说明呈均匀分布；若数值适中，则说明分布状态呈随机性。

2.3.2.3　最近邻分析

最近邻分析是先测出每个点与其最近点间的距离，然后将量测值与所测距离的平均值进行比较。由于点对象之间距离太近会产生冲突，因此，最近邻分析在动物个体与种群的活动习性研究中具有很高的利用价值。例如，猴子是一种群居动物，不同群组的猴子都有自己的活动范围，它们的空间绝不允许其他猴群侵犯；老虎、豹子等个体活动的猛兽，也都拥有自己的生活区域，它们在一定的范围内猎食、休息，一般不会去侵犯其他同类的活动区域，也绝不允许被别人干扰。从最近邻分析中提炼出的其他信息将更加有效，比如在样方分析中可以把最近邻点空间指数与规则分布模式、随机分布模式、簇状分布模式进行对照。

2.3.2.4　分布中心

分布中心是描述地理事物空间分布典型特征的一个重要参数，可以概略表示点状分布对象的总体分布特征、中心位置、聚集程度等信息。如在区域经济特征分析中，分布中心对城镇、工商业的位置分析结果有重要的影响。空间分布中心的研究对象可以是几何中心、中位中心、极值中心、加权平均中心等。

2.3.2.5　分布轴线和离散度

分布轴线可以用来表示离散点群在空间的分布趋势或走向。分布轴线是一条拟合直线，描述了离散点群的总体走向，而点群相对于轴线的距离则反映了离散点群在点群走向上的离散程度。分布轴线的确定与点群相对于轴线的离散程度有关，点群相对于轴线的离散程度可以用三种不同的距离来度量：垂直距离 d_v、水平距离 d_h、直交距离 d_p，如图 2-20 所示。

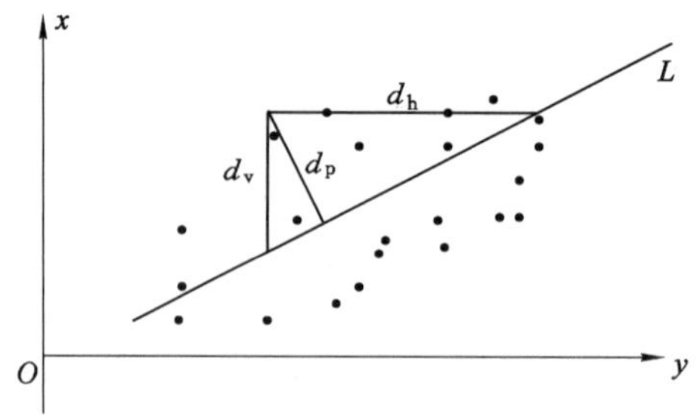

图 2-20　分布轴线与点群的距离关系

离散度是反映分布对象聚集程度的空间分布参数，是分布中心和分布轴线的补充。在具有相同或相近分布中心和分布密度的情况下，可以用不同的离散度来反映空间分布特性。离散度可以用平均距离、标准距离、极值距离、平均邻近距离来度量。但是，当点群不集中分布于某一点（分布中心）时，如规则分布、随机分布或是有几个分布中心，离散度的计算便失去意义。

2.3.3　线模式的空间分布

线要素在空间中的分布，有些是具体分布，如常见的输电线路、供水管道、河流网、道路网等；有些是抽象分布，如表示山体的等高线、表示温度的等温线等。与点要素相比，线要素增加了长度和方向，因此其空间分布较点状要素空间分布复杂，如图 2-21 所示。

图 2-21　线要素的空间表现

2.3.3.1　线密度

用某区域内线的长度之和除以该区域面积总和即可得到该区域的线密度，单位是 m/m^2 或 km/km^2 等。GIS 空间分析中经常用到线密度，如对某一城市道路的发达程度进行分析时，用全市道路总长除以该市的面积即可求得路网密度。在很多情况下，线密度值还用来与不同地区或相同地区不同时期的其他数值进行对比，以得到所需信息。

2.3.3.2　最近邻分析

点的最近邻分析同样适用于线模式的空间分布分析。通常状况下，最近邻分析以线中点的位置来代替线，忽略线的长度，对各中心点进行最近邻统计。但是线要素与点要素的区别在于线要素具有长度，若忽略长度进行分析就失去了线要素的特有意义，不能反映线体本身的真实分布，因此对线要素可以采用线体随机取样分析，然后统计最近邻距离。具体方法为：① 在地图每条线上选一个随机点；② 用直线连接最近邻的两点，如图 2-22 所示；③ 量测这些线段的距离，计算出平均最近邻距离值；④ 进行检验，以判断是否服从随机分布。

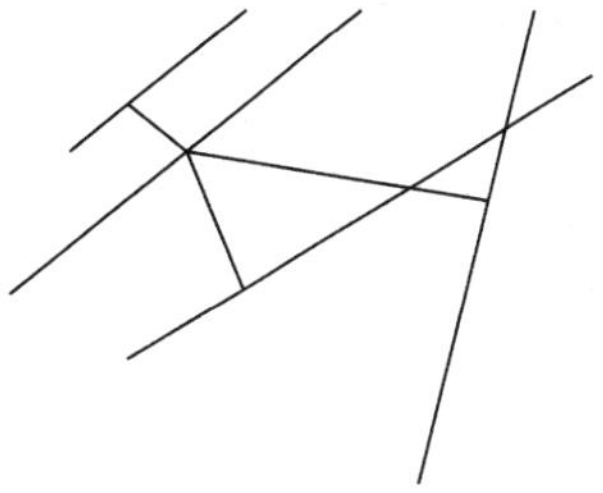

图 2-22　线要素的最近邻距离

如果图层中的线十分弯曲，方向也不断变化，则这种方法不适用。此外，应用这种方法的前提是线长度至少应是线间平均距离的 1.5 倍，如果图层中线划数目非常少，则用于最近邻分析中的密度估计值应乘以权重系数 $(n-1)/n$（n 是这种模式下的线划数目），因此该修正公式可以表示为：

$$\text{密度估计值} = \frac{(n-1)L}{nA} \tag{2-24}$$

式中，L 为各线长度之和；A 为面积。

修正后的线密度值提高了最近邻统计的精度。

2.3.3.3　线状对象的定向

一维的线要素具有方向性，分布在二维和三维空间上的线状要素同样具有方向性。例如，道路、冰川擦痕、防护林等都具有明显的方向性；在对城市道路网进行规划的过程中除了要考虑居民点作业区的分布、商业点的分布外，还要考虑人们的出行方向，这样才能更好地满足人们对道路的需求，尤其是大城市的部分道路会设置一些单行线，使道路上车辆的行驶具有单向性，如图 2-23 所示；农业区的防护林总是逆主要风向种植；冰川的擦痕反映了冰川的运动方向等。对于这些地理要素的空间分析，方向成为一个重要方面并使空间分析具有实用性。

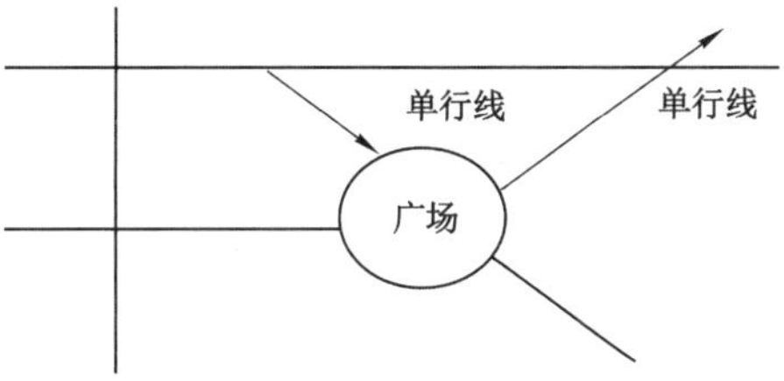

图 2-23　线状要素的方向

线状对象的方向一般用风玫瑰图分析，其基本步骤为：① 确定线要素的分布中心；② 以此中心为圆心画直线代表观测的线要素；③ 进行矢量合成；④ 将合成矢量的坐标值除以线对象的总数。

2.3.3.4　连通度

线状物体在空间中形成网络，因此研究线状物体之间的连通性极为重要。线状物体连通度是指线划要素在构成网络时的连接性以及从一处到另一处的连通程度，是对网络复杂性的一种量度。如在一个旅游区中，从一个旅游景点到另一个旅游景点若不经过第三者就可以直接到达，则该景区的连通度很高；反之，两个旅游景点之间需经过很长的距离，且不是笔直的道路,则该景区连通度相对较低。通常使用 γ 指数和 α 指数来衡量线状物体的连通度。

γ 指数为给定空间网络体节点连线数(L)与可能存在的所有连线数之比,即给定连线数与最大连线数($L_{\max}$)的比值,计算公式为:

$$\gamma = \frac{L}{L_{\max}} \tag{2-25}$$

式中,γ 的取值范围为 0～1,当没有节点连接时取 0,当可能存在的所有节点连线实际都存在时取 1。该算法的关键是确定最大连线数,在矢量 GIS 中容易实现,而在栅格 GIS 中实现较困难。

连通性并不能完全表征网络特征,环路能提供节点之间可替代的路径,为从一点到另一点的路径提供更多的选择。如要穿过一个城市,则该城市环城高速公路的提供可能会避免交通堵塞。α 指数用于衡量环路性能,表示节点被交替路径连接的程度。其值为当前存在的环路数(L)与可能存在的最大环路数($L_{\max}$)之比。计算公式为:

$$\alpha = \frac{L}{L_{\max}} \tag{2-26}$$

式中,α 的取值范围为 0～1,当网络中不存在环路时取 0,当实际环路数与最大环路数相等时取 1,α 指数是衡量连通性的一种替代指数。

γ 指数与 α 指数分别反映网络模式的两个不同方面,将 γ 指数与 α 指数结合起来可提供一个衡量网络复杂性的综合度量值。由于这两个指数建立在拓扑结构基础上,因此在 GIS 中计算 γ 值与 α 值必须基于矢量 GIS 系统。

2.3.4 区域模式的空间分布

区域模式和点模式具有相似性,因此可利用点模式的一些研究方法来研究区域模式。如计算研究区域中多边形密度的方法,一种是与点模式完全相同的多边形数量密度,一种是与点模式稍微有差别的面积密度,它计算的是各类多边形的面积与研究区域总面积的比值,得出的结果是百分比而不是点模式的密度比。区域模式是一个二维空间分布,具有零维和一维空间分布所不具有的信息,其分布模式主要包括离散区域分布和连续区域分布两种模式。

2.3.4.1 离散区域分布模式

离散区域分布模式在地质地矿研究中比较常见,如金属矿、油气带分布图等。离散区域分布,按照离散状态的不同分为簇状、分散状和随机状。扩展邻接法和洛伦兹曲线是研究离散区域分布的重要方法,本书重点介绍扩展邻接法。

扩展邻接法是连接边数的统计方法。由于二进制地图简单常用,且容易与其他类型地图进行转换,所以扩展邻接法主要用于分析二进制多边形地图,但该统计方法不局限于二进制地图。根据定义,一个连接边是指两个多边形共享的边或边界,通过计算多边形模式中连接边的数量并刻画每一个图层的连接结构,进而确定图形的分布状态。对于同质区,按二进制划分的多边形确定多边形的连接边数量;对于异质区,则分别按照同质、异质间的连接边数进行统计,如果同质区多边形间的连接边数大于异质区多边形间的连接边数,则此分布为簇状分布。在矢量 GIS 中，每条公共边很容易被识别，也容易被统计，所以该方法在矢量 GIS 中容易实现。

连接边的期望模式、随机模式的获取和观测值的检验有两种方法：一种是自由取样法；一种是非自由取样法。自由取样法先假设能够确定同类中和两类间连接边的期望频率，然后对这些模式进行比较，观察它们的异同。非自由取样法则不需要假设已知理论，也不以子区域与大区域连接边数的比较为基础，通过对连接边数与多边形随机模式连接边的估计值进行对比来进行检验。

2.3.4.2　连续区域分布模式

连续性意味着空间现象的分布与地面有紧密关联，连续区域分布在地图上常以等值线表示，在地形研究中常用岭、谷和坳等表述。目前，连续区域分布已经涉及所有类型的等值线，如“人口密度面”“土地价值面”“降雨量面”等。有些“面”并不是空间上连续的现象，但在进行空间分析时，可以用连续的等值线近似模拟，以便从各种看起来杂乱的分布中得出一般规律。

在连续区域分析中，高程曲线是一种常用的方法，以一个地区高于或低于不同高度的百分比表示，通常用于分析流域的空间分布状况。如用 Cocker 和 Lathkill 两个流域的等高线按面积计算其在不同高度的百分比，并绘制成纵轴为绝对高度、横轴为累计百分比的统计图（图 2-24）。从图 2-24 中可以看出，Lathkill 有较大的高度，且该流域的绝大多数高度接近最大高度；Cocker 流域则居于无优势的高度。

若把所有的高度都换算成相对高度（以流域最低点为基础），并把它们的值换算成与流域最大高度（绝对高度）的比值，使图中两条线的纵轴取等值，则更便于比较。每条等高线的值由式(2-27)计算：

$$l = (h - b)/(H - b) \tag{2-27}$$

式中，h 为等高线的海拔高度，b 为流域中最低点的海拔高度（Lathkill 是 153 m）；H 是流域最高点的海拔高度（Lathkill 是 305 m）。因此，Lathkill 244 m 等高线表示为：

$$(244 - 155)/(305 - 153) \approx 0.6 \tag{2-28}$$

纵轴取值 0～1；横轴的比例尺是某一等高线以上的流域面积(a)与整个流域面积(A)之比，即 a/A，其取值范围也是 0～1(图 2-25)。

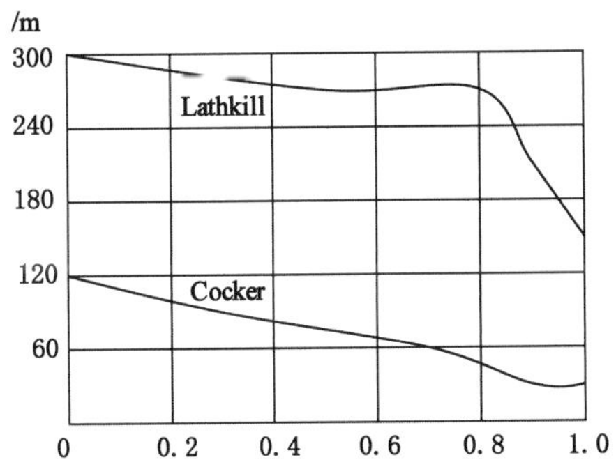

图 2-24　两个流域的高程曲线

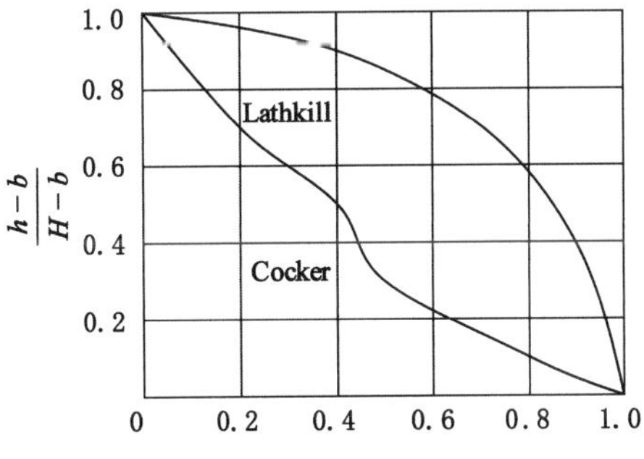

图 2-25　相对高度的高程曲线

Cocker 高程曲线近似一条直线,Lathkill 则是一条外凸曲线。这并不是说后者的坡度都是凸坡,只不过 Lathkill 流域地形与侵蚀基准面比较,没有达到 Cocker 流域那样的发育程度。更进一步,可以对每条高程曲线与坐标轴包围的面积做比较,这就是所谓的高程积分,通常以两坐标轴邻边所划分的小矩形面积之比来表示,每边长度为 10 单位,矩形面积为 100 平方单位。Lathkill 曲线所占面积是 70 平方单位,Cocker 曲线约占 50 平方单位,因此高程积分前者为 0.7,后者为 0.5。高程曲线与高程积分对描述流域综合状况非常有价值,也是对流域地形做比较的图像方法与数量指标。因此,高程曲线可以用来分析流域的发育阶段。

在其他连续区域分布现象分析中,如人口密度、地区平均产值等,也经常用到高程曲线。另外,区域模式空间分布的度量包括隔离多边形的度量、多边形连通的度量、多边形相互作用的度量和多边形分散的度量等。

复习思考题

2-1 如何描述空间对象的空间位置?矢量数据结构和栅格数据结构中的位置描述有何区别?

2-2 举例说明空间对象中心和重心量测的意义。

2-3 空间距离度量有哪些形式?举例说明不同的距离度量适用于哪些情况。

2-4 简述曲线形态描述在实际中的应用。

2-5 面状地物形态描述的参数有哪些?

2-6 如何定义空间分布?空间分布有哪些类型?分别有什么特点?

2-7 点模式和线模式的描述参数有哪些?

2-8 举例说明点模式的空间分布现象。哪些方法可用于描述点模式的空间分布特征?

2-9 简述离散区域和连续区域的空间分布描述方法。

第 3 章　空间几何关系分析

空间几何关系分析主要是对空间目标之间的由位置、形状、方位、连通性和相似性等基本几何特征所引起或决定的关系进行研究，主要包括邻近分析、叠置分析、拓扑分析、栅格计算、网络与位置分析等。

3.1　邻近分析

邻近分析是以空间距离作为主要度量指标，确定地理实体之间的空间相近程度的一种空间分析方法。邻近分析可用于查找地理实体一定距离或行程范围内的其他地理实体，界定地理实体所能提供的服务范围或对周围环境产生的影响范围。

3.1.1　距离度量

距离关系是空间几何关系中内容最丰富的一种关系，邻近分析将距离关系作为衡量地理实体之间邻近程度的基础。距离关系中所使用的距离既包括仅考虑地理要素之间空间位置差异的自然距离，也包括考虑路径结构、通行难度、环境因素的函数距离。例如，常用的自然距离有欧氏距离、街区距离、棋盘距离、球面距离和大地线距离等；常用的函数距离有时间距离、成本距离、条件距离等。

3.1.1.1　欧式距离

欧式距离也称为欧几里得距离，是欧几里得空间中的直线距离。欧氏距离能够保持坐标轴平移或旋转后的不变性。设二维平面上有两点 $A(x_A, y_A)$ 和 $B(x_B, y_B)$，则两点间的欧式距离为：

$$d_E = \sqrt{(x_A - x_B)^2 + (y_A - y_B)^2} \tag{3-1}$$

3.1.1.2　街区距离

街区距离又称为曼哈顿距离，是两点之间沿着街区走向所产生的路径距离。设有两点 $A(x_A, y_A)$ 和 $B(x_B, y_B)$，则两点之间的街区距离为：

$$d_M = |x_A - x_B| + |y_A - y_B| \tag{3-2}$$

3.1.1.3　棋盘距离

棋盘距离又称为切比雪夫距离，是两点坐标在任意坐标维度上的最大差值。二维平面上的棋盘距离可视为国际象棋中任意一处的“王”在向其八个方向移动均记为一步所产生的邻域累计距离。设有两点 $A(x_A, y_A)$ 和 $B(x_B, y_B)$，则两点之间的棋盘距离为：

$$d_C = \max(|x_A - x_B|, |y_A - y_B|) \tag{3-3}$$

3.1.1.4 球面距离

球面距离是球面上两点间大圆弧的长度。设有半径为 R 的球体,球面上分布有以经纬度给出的点 $A_1(\theta_1, \lambda_1)$ 和点 $A_2(\theta_2, \lambda_2)$,则两点在球面上的距离为:

$$D_s = R \cdot \arccos[\sin\theta_1 \cos\theta_2 \cos(\lambda_1 - \lambda_2) \pm \sin\theta_1 \sin\theta_2] \tag{3-4}$$

式中,"±"为当两点位于赤道一侧时取正,位于赤道两侧时取负。

3.1.1.5 大地线距离

大地线也称为测地线或短程线,是旋转椭球面上的一条三维空间曲线。大地线距离也称为大圆距离,是指两个地理实体沿大地线在旋转椭球面上的最短距离。显然,大地线距离不同于欧式距离、街区距离等二维距离,也不同于三维空间中完美球体上的球面距离。它是顾及地球的不规则形状,最为贴近地球形状的空间曲线距离。大地线距离多用于航空、航海等领域的距离计算,当处理小比例尺上的大空间跨度问题时可使用该距离度量。大地线距离公式可参考大地测量学相关书籍,在此不再赘述。

3.1.1.6 时差距离

时差距离是平面上两点 x 轴方向上的距离,当 x 为经度时,该距离代表时差。设有两点 $A(x_A, y_A)$ 和 $B(x_B, y_B)$,则两点间的时差距离为:

$$d_T = |x_A - x_B| \tag{3-5}$$

3.1.1.7 栅格距离

栅格距离是一个栅格单元中心到另一个栅格单元中心的距离,其测量精度受到栅格单元大小的影响。栅格距离可按照数学形态学和地图代数的相关方法进行计算。

思政融入点 针对不同应用,这些距离各有特点,互有优劣,由此培养学生掌握一切从实际出发、实事求是的能力。

3.1.2 邻近查询

地理实体之间的距离可用于分析两组地理实体之间的邻近关系,进而可确定与某些地理实体相邻近的其他地理实体。在邻近要素查找问题中,可按照最近距离或距离区间查找位于该范围内的地理实体。例如,在根据点要素进行最近距离计算时,可以选定某一距离度量指标,设置与地理实体数据相一致的距离单位,并设定用于限定距离区间的最小或最大距离值。邻近分析将按照距离设定的相关信息,获取位于设定的距离范围内的邻近要素(图 3-1)。

将空间点要素扩展为线或面时,邻近分析也可以用于查找与某一类地理要素最近的其他相关地理实体。例如,分析河流邻近的垃圾清运站的分布情况(图 3-2),查找距离一组野生动物观测站最近的河流或距离旅游景区最近的公交车站等。

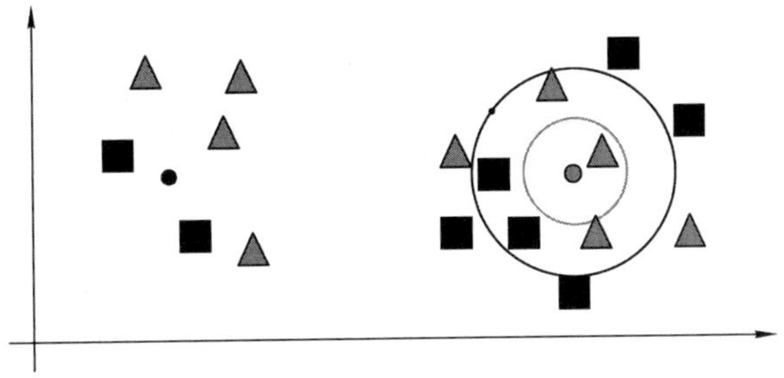

图 3-1　邻近要素查找问题中按最近距离和距离区间所确定的查找范围示意图

图 3-2　邻近分析中查找线要素附近的一定距离内的点要素示意图

3.1.3　缓冲区分析

3.1.3.1　缓冲区分析的概念

缓冲区分析是以距离计算为基础的一种空间分析方法，是围绕一组或多组地理实体建立具有一定大小的邻近多边形作为缓冲区，可用于描述地理实体的影响范围。通过将缓冲区与其他要素进行叠加分析，能够分析不同地理特征的邻近性或空间影响度。从空间构成来看，缓冲区是由以地理要素的边界点为基础，以一定的缓冲区半径形成的等距点轨迹包围形成的区域，缓冲区内部的点到地理实体自身的距离都小于或等于缓冲区半径。因此，缓冲区直观地表示了地理实体的影响或作用范围。需要注意的是，地理实体所建立的缓冲区并不包含地理实体自身，而是环绕其周围的条带状区域。缓冲区分析过程通常包括缓冲区几何图形的生成和在缓冲区内的查询或统计分析。

缓冲区分析通常用于对不同地理实体之间的邻近关系进行分析和建模。借助缓冲区分析可以解答诸如“河流周围哪些区域可能会受到拟开发项目的影响?”或“拟建道路与野生动物保护区之间的距离是多少?”之类的问题。例如，对河流沿岸一定范围内的工厂位置进行缓冲区分析，可获得影响河流水质及流域生态情况的可能污染源情况；在城市道路拓宽改造过程中，运用缓冲区分析可获得哪些单位和居民楼为应搬迁的对象，以及新增道路范围对已有生态群落的影响程度。

按照集合论的形式，缓冲区可定义为由在某一给定的地理空间实体周围一定范围内的

点组成的集合。因此,地理实体 O_i 的缓冲区可定义为:

$$B_i = \{x \mid d(x, O_i) \leqslant R\} \tag{3-6}$$

式中,B_i 为距 O_i 的距离小于或等于 R 的全部点的集合;d 为任一点到地理实体 O_i 的距离;R 为确定缓冲区范围的缓冲区半径。

对于有多个地理实体的缓冲区,其集合形式为各个地理实体缓冲区的并集 B,即

$$B = \bigcup_{i=1}^{n} B_i \tag{3-7}$$

3.1.3.2 缓冲区的几何形态

缓冲区分析通常基于矢量数据中的点、线、面要素进行构建,其基本几何形态一般是围绕要素的带状图形。

点要素的缓冲区是以点要素为圆心,以缓冲距离 R 为半径的圆。当不同点要素的缓冲区出现重叠时,可以选择保留各要素独立的缓冲区或将重叠部分融合(图 3-3)。

线要素的缓冲区是以线要素为轴线,以缓冲距离 R 为平移量向两侧作平行折线,在轴线两端构造两个半圆弧最后形成的圆头缓冲区(图 3-3)。对于不同线要素的缓冲区重合的情况,可以选择保留各个不同的缓冲区或将各个不同的缓冲区做融合处理。

面要素的缓冲区是以面要素的边界线为轴线,以缓冲距离 R 为平移量向边界线的外侧或内侧作平行折线所形成的多边形(图 3-3)。对于不同面要素缓冲区重合的情况,可以对类似点要素和线要素进行融合处理。

图 3-3　点、线、面要素构建的缓冲区几何形态

当缓冲区半径 R 是变量时,则可为点、线、面要素生成的多级缓冲区。例如,在分析可作为点要素的噪声源位置对周边环境的噪声污染程度时,可分别使用不同的缓冲区半径来确定相应的影响等级;水系中河流的干流和支流可使用不同的缓冲区半径,以区分其对流域的滋养能力范围;对自然保护区等面状区域,可以使用相应的缓冲区半径建立不同级别的多级保护范围(图 3-4)。

(a)　　(b)　　(c)

图 3-4　点、线、面要素构建的多级缓冲区

3.1.3.3 缓冲区的建立方法

点要素的缓冲区生成过程是对选定的目标点,根据设定缓冲距离生成圆形缓冲区。常

用的生成方法有两种：一是直接绘圆法，以点目标为中心，以缓冲区距离为半径直接绘圆；二是基于步进拟合的圆弧拟合法，即将圆心角等分为若干等份，用等长的弦来代替圆弧，用直线代替曲线，用以缓冲距离 R 为半径的圆弧上 n 个等间距的离散点来逼近缓冲圆。此外，对于特殊分析问题中的点要素，还可以采用三角形、矩形或扇形等特殊形态生成相应的缓冲区。

线要素和面要素的缓冲区生成过程是缓冲区边界点的生成和多个缓冲区的合并。在某些情况下，还可以指定不同线要素的不同的缓冲区宽度，同一线要素两侧的缓冲区宽度也可以不一样，甚至同一线要素在不同段的缓冲区宽度也可以不一样，从而可以生成双侧对称、双侧不对称或单侧缓冲区。缓冲区边界点的生成有角平分线法和凸角圆弧法等多种算法。

（1）角平分线法

角平分线法的基本思想是在线的两侧按一定的缓冲距离作平行线，并在转折点处根据角平行线确定缓冲区边界线的形状（图 3-5）。基于角平分线的缓冲区生成算法的基本步骤如下：

① 在线要素的起点和终点处分别作构成线要素的线段的垂线，以缓冲距离在垂线上截取得到线要素两侧的缓冲区边界线的起始和终止节点。

② 沿线要素轴线的前进方向，以缓冲距离为偏移量在各线段两侧分别作平行线，并以各平行线的交点作为线要素转折点附近的缓冲区边界点。

③ 连接线要素两侧的两个起始节点，作为线要素起点处缓冲区的边界线，从起始节点开始，按顺序依次连接前进方向上的各个交点直至终止节点，形成线要素两侧的缓冲区边界线；连接线要素两侧的两个终止节点，作为线要素终点处缓冲区的边界线。

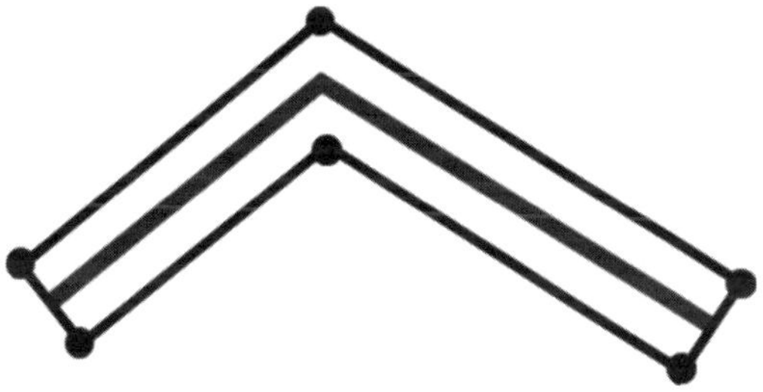

图 3-5　角平分线法生成的线要素缓冲区示意图

角平分线法的缺点是在线要素的转折点处无法保证双线的等宽性。在尖锐转角处，凸侧的角点随着转折角度的变尖会沿着转角的角平分线远离轴线顶点。当在凸角处作平行线出现过长的尖锐转角时，该处将出现超过规定缓冲距离的问题。因此，在实际应用过程中，应除去尖角，以半圆代之。

（2）凸角圆弧法

凸角圆弧法改善了角平分线法的缺陷，最大限度地保障了双线的等宽性（图 3-6）。基于凸角圆弧法的缓冲区生成算法的基本步骤如下：

① 在线要素的两侧用半径为缓冲距离的圆弧拟合。

② 在线要素的各转折点处，首先判断该点的凹凸性，在凸侧用半径为缓冲距离的圆弧拟合，在凹侧用与该点关联的两缓冲线的交点作为对应缓冲点。

③ 顺次连接线要素两侧的各个缓冲点,构成缓冲区的边界线。

该算法的优点是可以保证凸侧的缓冲线与轴线等宽,而凹侧的对应缓冲点位于凹角的角平分线上,因而能最大限度地保证缓冲区边界与轴线的等宽关系。

(3) 栅格缓冲区

栅格形式的缓冲区主要可以分成两种:一是在做完矢量要素缓冲区之后将其栅格化;二是直接在栅格数据上生成缓冲区。矢量缓冲区的优势是可以为要素生成以栅格单元为基本单位,影响程度持续变化的缓冲区。在栅格缓冲区中,缓冲区范围内的栅格单元数值按选定的缓冲距离或随距离变化的函数值确定。栅格缓冲区的精度受栅格单元的大小限制(图 3-7)。

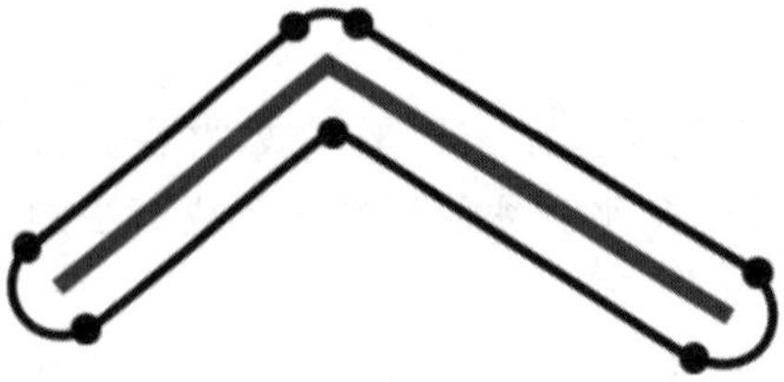

图 3-6 凸角圆弧法生成的线要素缓冲区示意图

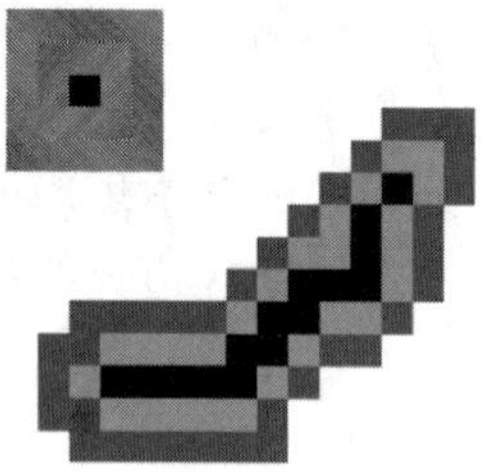

图 3-7 点线的栅格缓冲区示意图

3.1.4 泰森多边形

沃罗诺伊图是由俄罗斯数学家格奥尔基·沃罗诺伊建立的空间分割算法。沃罗诺伊图在地理学、气象学、空间信息学等领域均具有广泛的应用。在气象学应用中,为了能够根据离散分布的气象站降水数据计算某地平均降水量,荷兰气候学家 A·H·Thiessen 于 1911 年提出了一种新的计算方法,即将所有相邻气象站连成三角形,并作三角形各边的垂直平分线,每个气象站周围的若干垂直平分线便围成一个多边形,用这个多边形内所包含的唯一一个气象站的降水强度来表示这个多边形区域内的降水强度,该多边形称为泰森多边形(Thiessen polygons)。因此,泰森多边形是沃罗诺伊图的一个多边形单元。

如图 3-8 所示,泰森多边形是一个凸多边形,多边形中心的点为形成泰森多边形形状的控制点或质心。设有平面上的一个离散点集 $P=\{P_1,P_2,\cdots,P_n\}$,P 为平面上的任意位置点,$V_{(P_i)}$ 为已知点 P_i 所在的多边形,$d(P,P_i)$ 为任意点 P 到已知点 P_i 的距离,则以点集定义的泰森多边形的数学形式为:

$$V_{(P_i)}=\{P \mid d(P,P_i)<d(P,P_j),j\neq i,j=1,\cdots,n\} \tag{3-8}$$

由此定义可知,某个已知点所在的泰森多边形即由到该点的距离小于到其他已知点的距离的所有点组成的集合,相邻的泰森多边形的边界是相邻已知点连线的垂直平分线。

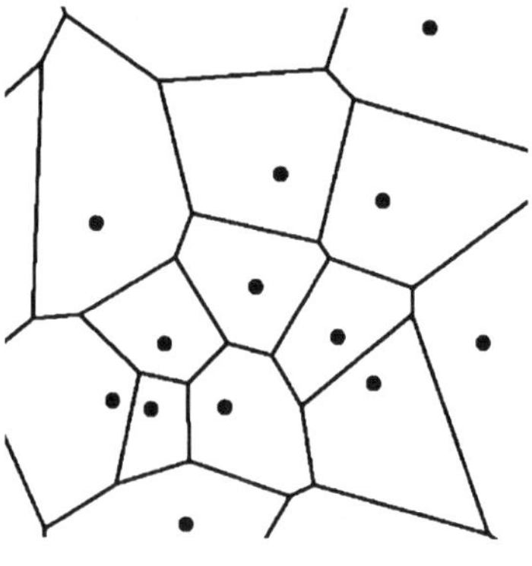

图 3-8 由离散点所建立的沃罗诺伊图

泰森多边形具有以下特点:① 每个泰森多边形内仅含有一个控制点;② 泰森多边形内的点到相应控制

点的距离最近；③ 位于泰森多边形边界上的点到其两侧控制点的距离相等；④ 在判断一个控制点与其他哪些控制点相邻时，可直接根据泰森多边形得出结论，即若泰森多边形是 n 边形，则与 n 个离散点相邻。

泰森多边形可应用于邻近分析和空间统计分析等。例如，当空间中的任何一个未知点的值与离它最近的已知点的值相一致的条件成立时，可采用已知点生成泰森多边形，对位于泰森多边形内部的未知点进行快速赋值；或者基于泰森多边形，以已知点的性质来描述多边形区域的性质，对泰森多边形内部区域进行快速赋值。由于泰森多边形的性质在边界两侧可能存在突变情况，因此对于呈现空间连续分布特征的地理实体的赋值过程，仅使用已知点进行直接赋值的做法是不恰当的。此时可以采用区域插值法对相邻泰森多边形的值以公共边界为中心进行平滑处理，使得相邻区域内的值呈现均匀过渡状态。

3.2 叠置分析

地理信息系统以图层的方式存储和管理不同专题的图形和属性数据。叠置分析是在统一的空间坐标系下，将同一地区的两个或多个地理要素的图层叠置，以在重叠相交区域内产生新的空间和属性特征的空间分析方法。叠置分析要求叠置的多个图层具有相同的地理空间范围、相同的空间参考信息、统一的比例尺或分辨率。

叠置分析可以提取隐含在多层专题数据间的信息，分析多个图层的空间和属性特征的区别和联系。叠置分析中所使用的数据图层，既可以是点、线、面的矢量结构图层，也可以是栅格结构图层。例如，将矢量的气象监测站分布图与行政区划图相叠加，得到一个新的图层，这个新图层既保留了气象监测站的点状图形及属性，又附加了行政区划的信息，据此可以查询气象站点属于哪个行政单元，或者查询某个行政单元内共有多少个气象站点；将某区域的土地利用类型图与土壤 pH 图、地下水埋深图、植被覆盖图等专题地图叠加，生成新的图层后可以按照湿地的定义形成属性判别标准，从而能够判断某区域是否为湿地。

3.2.1 矢量数据的叠置分析

3.2.1.1 点与多边形的叠置

点与多边形的叠置，是将一个含有点的图层叠加到另一个含有多边形的图层之上，以确定每个点落在哪个多边形内。点与多边形的叠置分析在空间上通常是得到一个含有相交点的图层，在属性上得到一张包含点图层和多边形图层原有属性的新的属性表。该属性表一般含有落在哪个多边形的标识。

通过点与多边形的叠置，可以统计出每个多边形内部包含哪些点，以及这些点的属性信息（图 3-9）。例如，将矿井位置点图层与行政区划面图层进行叠置，除了可以得到矿井本身属性外，还可以得到行政区划的标识代码、名称等，进而可以统计出各行政区划内的矿井情况。

3.2.1.2 线与多边形的叠置

线与多边形的叠置，是将线的图层叠加在多边形的图层上，以确定线落在哪个或哪些多

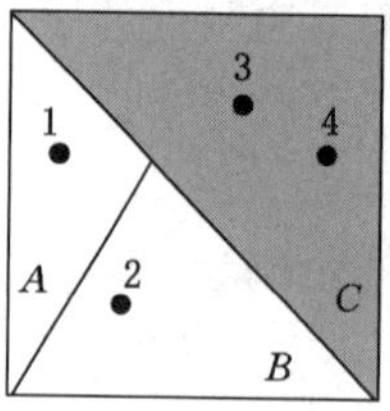

点标识	属性信息
1	区域 *A*
2	区域 *B*
3	区域 *C*
4	区域 *C*

图 3-9　点与多边形的叠置分析结果示意图

边形内。当一条线跨越多个多边形时,可先进行线与多边形边界的求交,利用边界对线进行切割,并对新形成的多条线段重新编号,同时生成一个相应的属性表来记录原线与多边形的属性信息。

如图 3-10 所示,线跨越三个多边形,与两个多边形的边界相交,被切割成三个弧段。根据叠置分析结果可以确定每条弧段落在哪个多边形内,查询某多边形内的弧段长度或数量。例如,将黄河水系图层与国家行政区划图叠置分析,可以确定黄河流经的行政区划,以及各个行政区划内部的河流长度。

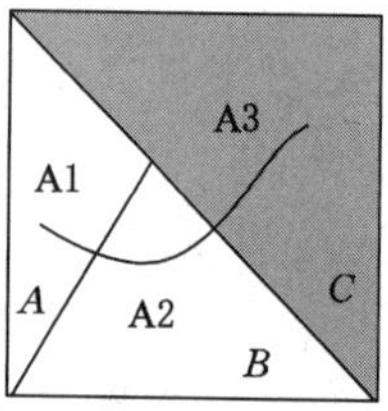

点标识	属性信息
A1	区域 *A*
A2	区域 *B*
A3	区域 *C*

图 3-10　线与多边形的叠置分析结果示意图

3.2.1.3　多边形与多边形的叠置

多边形与多边形的叠置,是首先将两层多边形的边界进行相交,边界互相切割形成新的弧段,然后根据弧段间的空间分布重建拓扑关系,形成新的多边形图层,并综合原有两个多边形图层的属性信息(图 3-11)。

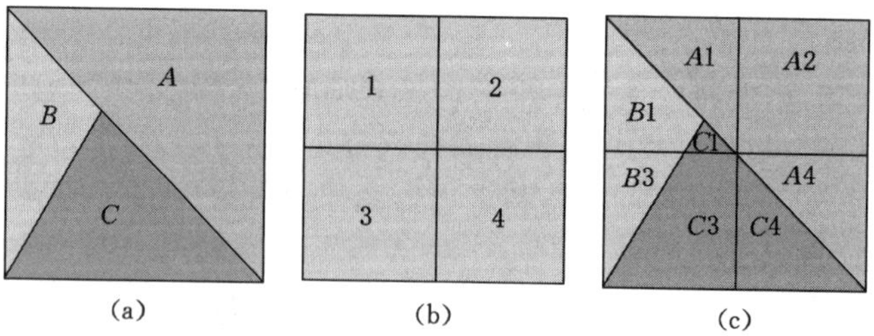

图 3-11　多边形与多边形的叠置分析结果示意图

多边形与多边形的叠置分析可分为几何求交和属性分配两步。其几何求交过程是先求出所有多边形边界线的交点,再根据这些交点重新进行多边形拓扑运算,对新生成的拓扑多边形图层的每个对象赋予唯一的标识码,同时生成一个与新多边形图层一一对应的属性表。对于两个图层中多边形的边界空间位置相近的情况,叠置分析结果可能存在一些由相近的边界弧段重新组合而成的碎屑多边形。这些碎屑多边形往往没有统计意义，可以设置一定的模糊容限值予以消除。

多边形与多边形的叠置分析结果通常包括并、叠和、交三种不同类型(图 3-12)。并是保留两个叠加图层的空间图形和属性信息，往往输入图层的一个多边形被叠加图层中的多边形边界分割成为多个多边形，结果图层综合了两个图层的属性。叠和以输入图层为界，保留边界内输入图层和叠加图层的所有多边形，输入图层分割后的多边形也被赋予叠加图层的属性。交只保留输入图层和叠加图层公共部分的空间图形，并综合两个叠加图层的属性。

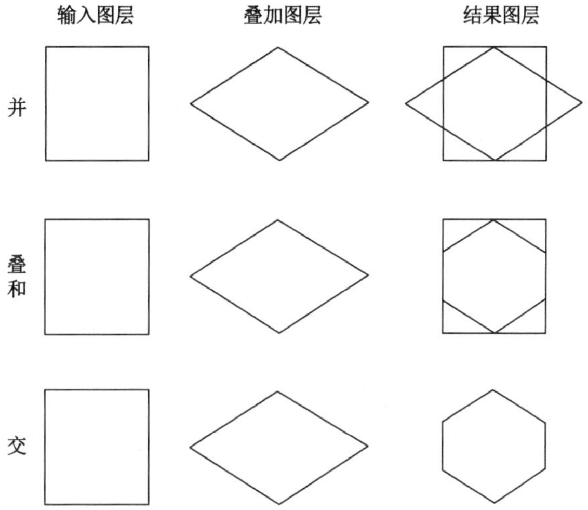

图 3-12　多边形与多边形的叠置分析结果示意图

3.2.2　栅格数据的叠置分析

栅格数据包括遥感影像数据、航空摄影测量数据、航空雷达数据以及数字化和网格化的专题图数据等。栅格数据结构具有属性明显、位置隐含的特点。栅格数据的叠置分析是在确定叠置操作的逻辑表达式后，对栅格数据中的每个栅格单元进行逻辑交、逻辑并、逻辑差运算及组合运算，最后为每个栅格单元赋予运算的结果，得到结果栅格矩阵。通过对不同图层上的对应栅格单元值进行数学运算，能够实现多个栅格图层的复杂叠置操作。

栅格数据的叠置分析可应用于多个方面。例如，将污染源分布图与污染指数分布图叠加，可进行污染的相关性分析；将栅格形式的土壤图与植被图叠加，可得出土壤与植被分布之间的关系；获取的多种物探、化探等离散原始资料，可以利用空间插值将其转换为栅格数据以进行地质综合分析。

3.3　拓扑分析

拓扑学起源于几何学，是现代数学的重要分支。拓扑学研究的是几何图形在连续变形下保持不变的性质。经过连续变形后，几何图形的形状和大小往往会发生变化，而几何图形的连接关系不会发生变化，这些不变的性质即拓扑不变量。将拓扑不变量应用于描述各个地理实体之间的相对位置关系,构成了拓扑关系这一重要的空间关系类型。借助拓扑关系描述模型所给出的拓扑关系类型,可对地理实体之间普遍存在的多种拓扑关系予以建模。

3.3.1 拓扑关系

在地理信息空间认知模型中,地理实体的空间特征可使用点、线和面的形式表达。在拓扑分析中,采用节点、弧段和面域三种拓扑元素替代拓扑关系中的点、线和面状地理实体(图 3-13)。

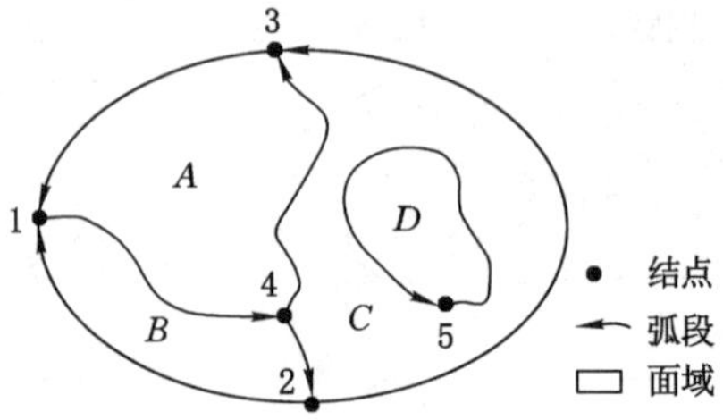

图 3-13 几何图形中的拓扑元素示意图

根据不同的拓扑关系描述模型,拓扑关系的具体类型也有所差别。拓扑邻接、拓扑关联、拓扑包含是三种最基本的拓扑关系;拓扑邻接是指同类元素之间的拓扑关系;拓扑关联是指不同类元素之间的拓扑关系;拓扑包含是指同类不同级元素之间的拓扑关系。复杂的拓扑关系还包括有节点、弧段、面域之间的相邻、相交、相离、包含和重合。因此,在拓扑分析工作中,一是要确定存在于地理实体之间的拓扑关系,二是要运用拓扑关系建立相应的拓扑规则,根据规则对地理实体予以处理。

3.3.2 拓扑规则

拓扑规则可控制同一种地理实体类型中各要素之间、不同地理实体类型中各要素之间以及地理实体的子类型之间的关系。在定义的拓扑规则中,将地理实体表达为点状要素、线状要素和面状要素,将规则表达为这些相同和不同要素之间使用拓扑关系谓词约束的语句。

3.3.2.1 点的拓扑规则

点要素的拓扑规则是指点与其他要素之间在拓扑关系上所要求满足的约束条件。这些要素既可以是点要素,也可以是线要素或面要素。点的拓扑规则可对应现实应用中的多种场景。例如,在地籍管理过程中,要求界址点必须在宗地的边界上,同时必须在界址线上;排污口必须位于排污管线的末端;首都驻地必须位于国家内部;国界标识点必须位于国家边境线上。按照拓扑关系描述模型,点要素与其他要素的拓扑规则如表 3-1 所示。

表 3-1 点要素的拓扑规则

规则	描述
必须重合	点必须与点相重合
必须相离	点必须与点相离

表3-1(续)

规则	描述
必须被端点覆盖	点必须被线的端点覆盖
必须被线覆盖	点必须被线覆盖
必须位于面内	点必须位于面内
必须被边界覆盖	点必须被面的边界覆盖

3.3.2.2　线的拓扑规则

线要素的拓扑规则是指线与其他要素之间在拓扑关系上所要求满足的约束条件。线的拓扑规则用于限制线要素与其他要素之间的拓扑关系(表 3-2)。例如,宗地边界线不能有悬点,必须连接到其他边界线上。除与其他河流合并处外,河流内部不可有伪节点;河流与街道不能相互重叠;多条等高线之间不能相交,同一条等高线自身也不能相交;铁路线之间可以重合,但是不能相交;铁路与道路不能重叠;公交线路必须位于道路线上等。

表 3-2　线要素的拓扑规则

规则	描述
必须不含伪节点	除与其他交线的节点外,线内部必须不含伪节点
必须不含悬点	线的末端必须与线相连接,不含断裂点
必须不自重叠	线自身必须不发生重叠
必须不重叠	线必须与其他线不重叠
必须不自相交	线自身必须不相交
必须不相交	线必须与其他线不相交
必须被覆盖	线必须被其他线覆盖
必须不相交或接触内部	线必须与其他线不相交或内部重叠
必须被边界覆盖	线必须被面的边界线覆盖
必须位于内部	线必须在面的内部
必须是单一部分	线必须仅包含一个部分
端点必须被覆盖	线的端点必须被其他点覆盖

3.3.2.3　面的拓扑规则

面要素的拓扑规则是指面与其他要素之间在拓扑关系上所要求满足的约束条件(表 3-3)。例如,宗地或行政分区不能有重叠;高程等呈现连续分布状态的变量,其面要素内部不能有空洞;学校校区范围必须在教育用地内;同一分类系统下,不同地物类型不能重叠;土壤层范围与地质层范围应该一致;省级边界线上必须有地市级边界等。

表 3-3　面要素的拓扑规则

规则	描述
必须不重叠	面必须与其他面不重叠
必须没有缝隙	面必须不包含空洞
包含点	面必须包含点
包含单点	面必须包含一个点
必须被覆盖	面必须被其他面覆盖
必须被某部分覆盖	面必须被其他面的某部分覆盖
必须不被覆盖	面必须不被其他面覆盖
边界必须被覆盖	面的边界必须被其他线覆盖
边界必须被边界覆盖	面的边界必须被其他面的边界覆盖
必须互相覆盖	面的范围必须被其他面的范围覆盖

3.3.3　拓扑处理

在 GIS 中,地理空间数据拓扑关系的正确建立,是空间数据管理和完整性的关键,决定着空间分析和决策能力。拓扑处理是指根据所建立的拓扑规则对地理实体的点、线、面要素进行拓扑检查,对违反规则的拓扑错误进行处理。

在地理空间数据的采集和编辑过程中,由数据错误所导致的拓扑错误往往非常常见。例如,同一个节点或同一条线被重复数字化;相邻的面状要素本具有公共边界线,但在采集过程中却出现了裂缝或者重叠;由于边界线点编码错误导致的多边形不封闭;多边形的边为悬线等,这些拓扑错误导致了假节点、冗余节点、悬线、重复线等错误数据的产生。因此,对各类要素的拓扑处理是通过编辑引发拓扑错误的空间要素的拓扑元素来实现的。

拓扑处理的主要步骤包括:拓扑规则建立、拓扑检查、错误修复等。其中,拓扑检查是拓扑处理的关键环节。利用拓扑检查可以找到违反拓扑规则的拓扑错误,并指出错误的类型以及所在位置。常见的拓扑错误有:① 悬挂节点,即仅与一个线要素相连的孤立节点。② 伪节点,即两个要素相连或者共享的节点。③ 碎屑多边形,即同一个要素因为多次录入而导致位置不完全一致。④ 不规则多边形,即输入线节点时次序或者位置错误导致。一般而言,拓扑错误修复是对多种类别的错误针对性地采用不同方法进行修复。例如,对于要素之间的重叠错误,可视情况对重叠的要素移动位置或删除点;对于要素发生部分重叠问题,可对要素进行编辑,将重叠部分的边界与原边界打断并删除,并重构拓扑关系;对于点要素与线要素端点不重合的问题,可以设置一定的容差范围自动捕获点要素,然后将其归置到线要素端点处。

3.4　栅格计算

栅格计算是对栅格数据的多层次地图代数计算,包括单一栅格数据层的变换,以及两个或多个栅格数据层的关系分析与计算。计算方法既有数学函数,也有逻辑函数,多数可基于 ArcGIS 的栅格计算器完成。

3.4.1　地图代数

栅格计算通过多种不同的计算方法分析像元之间的和、差等关系。在栅格模型中，地理实体和现象类似代数中的矩阵，代数学定义了一系列的矩阵运算规则，如矩阵的加法、减法、乘法、除法、比较和逻辑运算等，栅格计算将这些矩阵运算规则修正并适应空间数据的运算。栅格计算与代数中的矩阵运算非常相似，因此栅格数据的计算被称为地图代数。地图代数创建了代数学意义上的空间运算规则，并根据地理要素和现象运算的需求建立了很多类型的操作函数，同一般的计算机语言一样，地图代数也有着相应的变量、运算符、运算函数、控制结构等计算机语言所具备的基本要素。

地图代数不仅为栅格数据提供了各种基本的算术运算，还支持布尔运算、关系运算等逻辑运算以及统计计算。算术运算能够实现对栅格图层像元的加、减、乘、除和取模（MOD）等最基本的运算，这些运算符均可以应用于整型和浮点型数值。运算的结果取决于输入栅格图层的数值类型，运算符见表 3-4。

表 3-4　运算符

代数	算术	+	−	*	/	MOD
	累积	+=	=	*=		
逻辑	关系	<	>	==	>=	<=
	布尔	AND	OR	NOT	XOR	

栅格数据中的像元值有时无法用数值型字符来表示，不同专题要素用统一的量化系统表示也比较困难，在这种情况下可以使用逻辑运算，运算示例见表 3-5。二值逻辑叠加是栅格叠加的一种方法，用 0 表示假（不符合条件），1 表示真（符合条件）。对于现实世界中的多种状态，仅用二值描述远远不够，在使用二值逻辑叠加时往往需要建立多个二值图，然后进行各个图层的布尔逻辑运算，最后生成叠加结果图。

表 3-5　布尔逻辑运算示例

A	B	A AND B	A OR B	A NOT B	A XOR B
0	0	0	0	0	0
1	0	0	1	1	1
0	1	0	1	0	1
1	1	1	1	0	0

统计计算依据的是数理统计规则，利用统计函数，可以深入地分析定量和定性数据。在多层局部变换中，统计函数可以用于对应位置的多层像元的属性值统计。在邻域变换中，统计函数可用于邻域内像元属性值的统计计算。表 3-6 列出了常用统计函数的基本用途。

表 3-6　统计函数

统计函数	解释	意义
sum	和	数值的和
max	最大值	最大的数值
min	最小值	最小的数值
mean	平均值	算术平均值
std	标准差	数值的标准差
range	范围	最大值与最小值之差
median	中位数	数值按照大小排列后位于中间的数值
majority	众数	出现频率最高的数值
minority	频数最小值	出现频率最低的数值
variety	变异度/种类	不同数值的个数

这里以垃圾场选址为例,阐述地图代数中的算术运算和逻辑运算模型的构建。

假设某市政府要在辖区范围内选择一个理想地点建立垃圾场,有关垃圾场的选址条件如下:① 区域地表物质应具有低渗透率,以阻止可溶性物质快速渗入地下水中;② 区域与现有市政区域范围应保持一定距离;③ 区域不属于环境敏感区;④ 区域应属于农业区域,而非市政区域或工业区域;⑤ 区域的地表平均坡度平稳,并小于某个极限值;⑥ 区域不发生洪水。当然,对于垃圾处理场所的选择可能还有其他的条件,如是否位于风口、土地价格的高低等。这里仅列举以上条件来说明二值逻辑叠加模型的应用原理。第一步是根据垃圾场选址条件组织有关的图件资料,包括表土渗透性图、城区范围图、生态敏感度分布图、城乡区划图、地表坡度图和洪泛区分布图等。第二步是建立垃圾场选址的模型。该模型将以上图层结合起来进行布尔逻辑运算,结果生成二值图,其中,值为 1 的地点表示满足上述垃圾场选址的全部条件,值为 0 的地点表示不满足垃圾场选址的所有条件。具体步骤如下。

(1) 首先要将各个图层二值化[(TRUE,FALSE)或(1,0)]。根据每层图件的数据分类级别是否满足相应的布尔逻辑条件,将该层数据图转化成二值图,若图件数据的某分类级别满足相应的布尔逻辑条件,则该分类级别为 TRUE(=1),否则为 FALSE(=0)。本例中各层数据的布尔逻辑条件如下:

C1——地表渗透性级别为低级;C2——距离城区边界的距离大于 1 km;C3——生态敏感性为不敏感级别;C4——土地利用类型为农业用地;C5——地表坡度小于 2°;C6——不属于洪泛区范围。

(2) 对各输入数据层的布尔逻辑条件变量进行逻辑与运算,在区域某位置点上如果所有数据层的条件变量都是所要求的值,则结果变量 OUTPUT 为“1”,其他情况下为“0”。

$$OUTPUT = C1\ AND\ C2\ AND\ C3\ AND\ C4\ AND\ C5\ AND\ C6$$

(3) 生成二值图。满足条件的位置就是二值图中值为“1”的地点。

上例中,布尔集合值只包括两类,不是“1”就是“0”。但在实际应用中,很多布尔集合的值不是简单的“0”或“1”,而是介于“0”和“1”之间的其他值。另外,垃圾场选址应用的是二值非权重逻辑叠加模型,在对多层数据的布尔逻辑运算中,当各个数据层的影响程度存在差异时,依据各个数据层的影响程度需要赋予不同的权重级别,二值权重布尔逻辑叠加模型对于每个二值图层都乘以一个权重因子，然后再进行多个图层的二值图的布尔逻辑组合运算。

3.4.2　栅格计算的类型

基于不同的运算形式，栅格计算可以分为局部变换、邻域变换和全局变换三种类型。

3.4.2.1　局部变换

局部变换是像元与像元之间一一对应的运算，每一个像元都是基于自身的运算，不考虑与之相邻的其他像元。在局部变换的过程中，每一个像元经过局部变换后的输出值只与该像元位置的属性值有关，而与该像元位置周围的其他像元属性值无关。局部变换分为单层栅格的局部变换和多层栅格的局部变换。

(1) 单层栅格的局部变换

如果输入单层栅格，局部变换通过输入格网像元值的函数计算输出格网的每个像元值。局部变换的过程很简单，如将像元值乘以常数后作为输出栅格中相应位置的像元值，如图 3-14(a)所示。单层栅格的局部变换不局限于基本的代数运算，如三角函数、指数、对数、幂等运算以及分级函数都可用来定义局部变换的函数关系。局部变换也可以应用取整函数，如将浮点型像元值转换为整型。

输入栅格

2	0	1	1
2	3	0	2
3		2	3
1	1		2

×3=

输出栅格

6	0	3	3
6	9	0	6
9		6	9
3	3		6

(a) 单层局部变换

输入栅格

2	0	1	1
2	3	0	2
3		2	3
1	1		2

×

系数栅格

1	1	2	2
1	2	2	2
2	2	3	3
2	3	3	4

=

输出栅格

2	0	2	2
2	6	0	4
6		6	9
2	3		8

(b) 多层局部变换

图 3-14　局部函数变换

应用分级函数进行局部变换的方法称为重分类或再编码，通过分级函数可以对输入格网中的属性值重新赋值。例如，输入格网数据中的像元值表示高程，将高程范围为 0～50 m 的像元重新赋值为 1，将高程范围为 51～100 m 的像元重新赋值为 2 后就可以得到重分类后的输出格网。重分类通常能达到简化数据的目的，如将输入格网的像元值通过分级函数简化为类型值或顺序值，生成新的栅格数据。

重分类，简单地说就是用输出的新栅格值替换原栅格输入值。输入的数据可以是任何所支持的栅格格式。重分类是局部变换中非常重要的一类应用，可在用户的交互控制下选择用于重新分类的单个栅格或一组栅格，应用重分类的目标概括如下。① 用新的信息替代旧的数据值。例如，某地区的植被分布发生了变化，需要用新的遥感卫星图像对原图像进行更新。② 将某些值组合。例如，对某些局部细分的地物类型进行概括。③ 将数值重分类到一个统一的尺度下。在土壤潜力的评价中需要将各种有机质含量的栅格数据集转化到一个统一的评价尺度上，如 1 表示潜力最差，0 表示潜力最高。④ 将特定的值设置为无值(no data)类型或者将无值类型的栅格设置成一个值。为了满足分析需要，有时需将栅格中的某些值移走，例如，某一土地利用类型有限制因素，则需要对这些像元赋为无值，以在后续分析中排除干扰。而在另外一些情况下,可能需要将无值类型的栅格给定一个值,使其参与后续的计算以获取潜在信息。

(2) 多层栅格的局部变换

前述局部变换方法中作为乘数的常数可用相同地理范围的另一栅格层代替,进行多层栅格之间的运算,这就是多层栅格的局部变换,如图 3-14(b)所示。多层栅格的局部变换与把空间和属性结合起来的矢量数据叠加类似,但效率更高。多层栅格可用以进行更多的局部变换运算,输出栅格层的像元值可由多个输入栅格层的像元值或其频率的量测值得到,基本统计量(包括最大值、最小值、值域、总和、平均值、中值、标准差等)也可以用于栅格像元的测度。例如,用最大值统计量的局部变换运算可以从代表 20 年降水变化的 20 个输入栅格层中计算一个最大降水量数据,这 20 个输入栅格层中的每个像元都以年降水量作为其像元值。

多层栅格的局部变换可以看作是基于栅格数据的叠加分析,是栅格计算的核心,在植被覆盖变化研究、土壤流失、土壤侵蚀及其他生态环境问题中应用广泛。例如,通用土壤流失方程式为:

$$A = f(R, K, L, S, C, P) \tag{3-9}$$

式中,R 为降水强度;K 为土壤侵蚀性;L 为坡长;S 为坡度;C 为作物因素;P 为水保持措施因素;A 为土壤平均流失量。若以每个因素为输入栅格层,通过局部变换运算即可得到土壤平均流失量的输出栅格。

3.4.2.2 邻域变换

邻域变换,也称为焦点操作,是以某像元为中心(称为焦点像元),对其周围像元的值进行计算,计算结果作为该像元的新值。也就是说,邻域变换输出栅格层的像元值与其相邻像元值有关。如果要计算某个像元的值,就将该像元看作一个中心点,一定范围内围绕它的像元可以看作它的辐射范围(邻域),这个中心像元的值取决于邻域的形状及采用何种计算方法将周围像元的值赋给中心像元,其邻域范围可自定义。若输入栅格在进行邻域求和变换时定义了每个像元周围 3×3 个像元的邻域,但是在边缘处的像元无法获得标准的邻域范围,则邻域就减少为 2×2 个格网,如图 3-14 所示。那么,输出栅格的像元值就等于它本身与邻域内的像元值之和。例如,左上角栅格的输出值就等于它和它周围像元值 2、0、2、3 之和,结果为 7;位于第二行、第二列的属性值为 3 的栅格,它周围相邻像元值分别为 2、0、1、0、2、0、3 和 2,则输出栅格层中该像元的值为以上 9 个数字之和,结果为 13。对于中心点的值,除了可以通过求和得出之外,还可以取平均值、标准方差、最大值、最小值、极差频率等统计量。例如,统计中心像元邻域内有多少个不同单元值并将其赋值给中心像元,则得到的输出栅格表示了某种要素(如植被类型、野生物种等)的种类数量。

为了完成一个栅格层的邻域运算,中心点像元是从一个像元移到另一个像元,直至所有像元都被访问。邻域变换中的邻域一般都是规则的矩形范围,也可以是任意大小的圆形、环形和扇形。圆形邻域是以中心点像元为圆心,以指定半径延伸扩展;环形邻域是由一个小圆和一个大圆之间的环形区域组成的;扇形邻域是指以中心点像元为圆心的圆的一部分(图 3-15)。

邻域变换的一个重要用途是平滑数据。例如,滑动平均法可用来减少输入栅格层中像

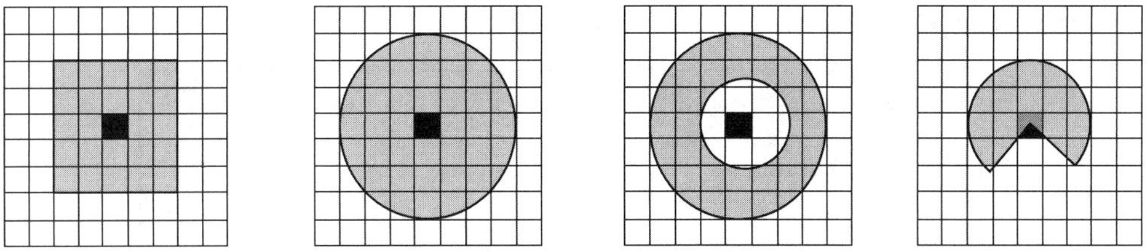

(a) 矩形邻域　(b) 圆形邻域　(c) 环形邻域　(d) 扇形邻域

图 3-15　邻域形状

元值的波动水平，该方法通常用 3×3 或 5×5 作为邻域。随着邻域从一个中心像元移到另一个像元，计算出在邻域内的像元平均值并赋予该中心像元，滑动平均法的输出栅格是对初始单元值的平滑化。地形分析是邻域变换的另一个重要应用，地形分析中所使用的坡度、坡向、表面曲率等的计算都依赖于高程网格的邻域变换。

3.4.2.3　全局变换

全局变换是基于区域内全部栅格的运算，包括距离分析和密度分析。

(1) 距离分析

栅格距离分析用于计算每个像元与源像元(感兴趣的对象)之间的距离，包括直线距离和耗费距离两种，并生成相应的方向栅格和分配栅格，其输出栅格中每一个像元值的运算都是基于全区域内的像元。此外，根据方向栅格和分配栅格，能够分析得到目标地到源的最短路径。栅格距离分析在城市规划、交通旅游、各类管网和线路的设计等领域中具有重要的应用价值。这里，直线距离也称为欧氏距离(图 3-16)，源则是指兴趣目标的位置。在全局变换中，源是指那些具有值的栅格像元，其他非源的像元则没有值。

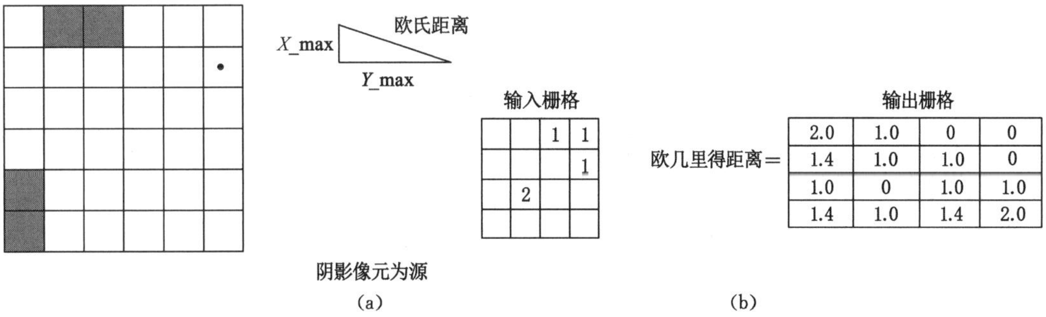

图 3-16　欧式距离运算

(2) 密度分析

密度分析是根据每个位置的观测值及位置的空间关系，将一些已知现象的观测量扩展到整个研究区域的分析方法。密度分析可以根据输入的空间对象及其测量值计算整个区域的数据聚集状况，从而可以生成一个连续的密度表面直观展现和挖掘离散测量值在连续区域内的分布情况。例如,根据某街区每栋楼的入住人数,通过密度分析来计算街区各处的人口分布情况,进而应用于店铺选址决策、犯罪率估算等(图 3-17)。

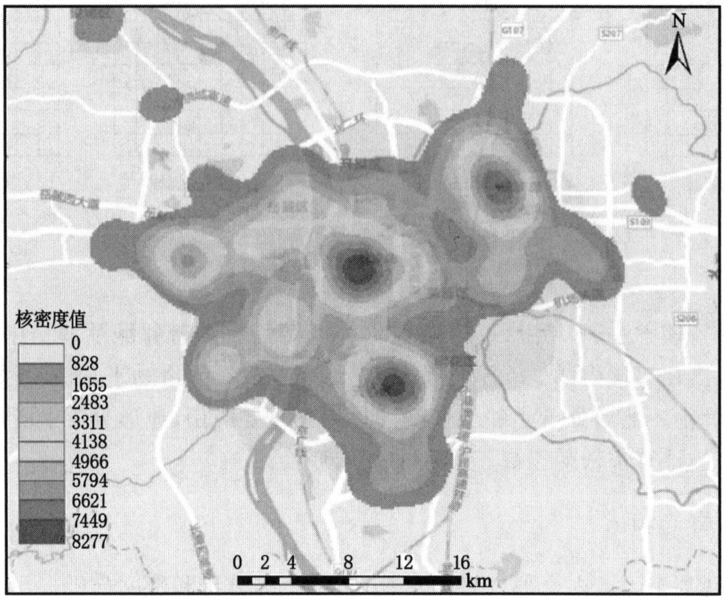

图 3-17　基于核密度函数分析商业区在空间上的聚集性

密度分析主要包括简单密度计算和核密度分析两种方法。简单密度计算是指点特征和线特征的密度计算。核密度分析使用核函数计算点或线邻域范围内的单位面积观测值,以获得中间值大、周边值小的光滑曲面,邻域边界处的值为 0。

3.4.3　线性空间滤波

对比度扩展的辐射增强是通过单个像元的运算从整体上改善图像的质量。而空间滤波则以重点突出图像上的某些特征为目的,如突出边缘或纹理等。空间滤波是根据像元与其周围相邻像元的关系,采用空间域中的邻域处理方法来实现的。

图像卷积运算是在空间域上对图像作局部检测的运算,以实现平滑和锐化的目的。具体做法是选定一个卷积函数,又称为"模板",实际上是一个 $M \times N$ 图像,如图 3-18 所示。二维的卷积运算是在图像中使用模板来实现运算的。运算方法如图 3-18 所示,从图像左上角开始开一个与模板同样大小的活动窗口,图像窗口与模板像元的亮度值对应相乘再相加。假定模板大小为 $M \times N$,窗口为 $\Phi(m,n)$,模板为 $t(m,n)$,则模板运算为:

$$r(i,j) = \sum_{m=1}^{M} \sum_{n=1}^{N} \Phi(m,n) t(m,n) \tag{3-10}$$

将计算结果 $r(i,j)$ 放在窗口中心的像元位置,成为新像元的灰度值。然后活动窗口向右移动一个像元,再按上式与模板做同样的运算,仍旧把计算结果放在移动后的窗口中心位置上,依次进行,逐行扫描,直到全幅图像扫描一遍结束,则新图像生成。

大多数 GIS 软件包均提供简单的格网滤波功能(表 3-7),而那些偏向于图像处理和格网文件处理的软件(如 TNT Mips、Surfer、Idrisi)则提供更广泛的功能。

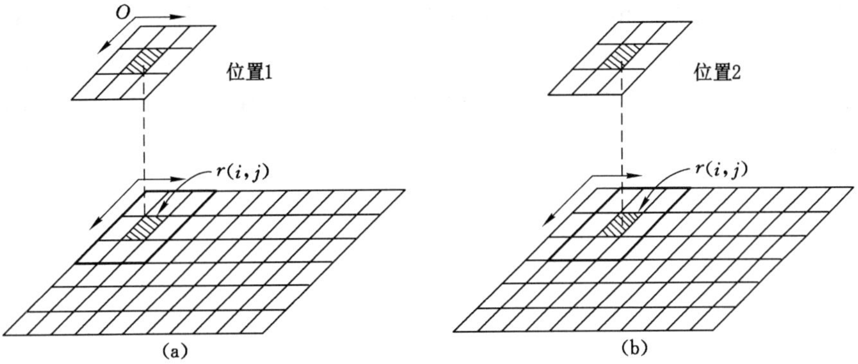

图 3-18　模板移动

表 3-7　空间滤波器

滤波器类型	滤波器	3×3 核示例	描述
低通(对称)	均值	$\begin{bmatrix} a & a & a \\ a & b & a \\ a & a & a \end{bmatrix}, \begin{bmatrix} 0 & a & 0 \\ a & b & a \\ 0 & a & 0 \end{bmatrix}$	平滑、噪声抑制或模糊滤波器(焦点均值)
	高斯	$\begin{bmatrix} c & a & c \\ a & b & a \\ c & a & c \end{bmatrix}$	平滑、噪声抑制或模糊滤波器(焦点加权均值)
高通(对称)	锐化	$\begin{bmatrix} -a & -a & -a \\ -a & +b & -a \\ -a & -a & -a \end{bmatrix}, \begin{bmatrix} 0 & -a & 0 \\ -a & +b & -a \\ 0 & -a & 0 \end{bmatrix}$	平均效应消除/锐化滤波器(焦点和)。提供有限的边界检测。通常元素之和为1,但可能更大。3×3 拉普拉斯核通常加起来为 1。更大的拉普拉斯核(如 7×7)可能更复杂,并且元素之和大于 1
梯度	边缘检测	$\begin{bmatrix} a & b & a \\ 0 & 0 & 0 \\ -a & -b & -a \end{bmatrix}, \begin{bmatrix} -a & 0 & a \\ -b & 0 & b \\ -a & 0 & a \end{bmatrix}$	单独应用或作为双通方法。这些核突出了垂直边缘和水平边缘。当被组合使用时,它们被称为梯度或 1 阶导数滤波器。通常 $a=1$,$b=1$ 或 2,并且元素之和为 0
	浮雕	$\begin{bmatrix} 0 & +a & +a \\ -a & +a & +a \\ -a & -a & 0 \end{bmatrix}$	边界检测滤波器,在所选择的罗盘方向上加强边缘,给出浮雕效应。这里的例子表示北东核
	方向	$\begin{bmatrix} -1 & 1 & 1 \\ -1 & -2 & 1 \\ -1 & 1 & 1 \end{bmatrix}, \begin{bmatrix} 1 & 1 & 1 \\ 1 & -2 & 1 \\ -1 & -1 & -1 \end{bmatrix}$ $\begin{bmatrix} 1 & 2 & 1 \\ 0 & 0 & 0 \\ -1 & -2 & -1 \end{bmatrix}$	这里的前两个例子表示东和北的方向导数。注意,所示的第三个例子相应于北/南分量导数计算。与边界检测滤波比较,这种方法的一个非线性变体是计算所有 8 个值,并选择这些值中的最大绝对值作为输出

最普遍提供的功能是所谓的低通空间滤波器和高通空间滤波器。这些操作由一个核或围绕每个像素和格网位置的 $M \times N$ 邻域确定的焦点函数实现。被核"覆盖"的格网单元与匹配的核元素相乘,然后计算加权平均值并作为中心单元的值 G。一个 3×3 对称核的形式可能如下:

$$\begin{bmatrix} a & a & a \\ a & b & a \\ a & a & a \end{bmatrix}$$

或是:

$$\begin{bmatrix} c & a & c \\ a & b & a \\ c & a & c \end{bmatrix}$$

在第一个例子中,a 和 b 通常是正整数。如果 $a=b=1$,那么核提供了简单的平均或平滑运算,而当 $a=1$ 且 $b=4$ 时,则存在更多权重应用于被滤波的格网单元。在两个例子中,加权平均值都要除以核元素的总和。若核的和等于 0 或 1 时,则不做除法运算。

这一类滤波器有时被称为低通滤波器。例如,均值滤波器:

$$\begin{bmatrix} 1 & 1 & 1 \\ 1 & 4 & 1 \\ 1 & 1 & 1 \end{bmatrix} \text{和格网部分值} \begin{bmatrix} 98 & 176 & 200 \\ 90 & 187 & 188 \\ 124 & 170 & 175 \end{bmatrix}$$

中心格网处的值 $G(2,2)=187$,被它自身(被赋予权重 4)和周围 8 个单元(每个单元被赋予权重 1)的加权平均值所替代,调整后的值舍入后为 164。在高斯滤波中,若 a,b 和 c 都为正值且 $b>a>c$,该核就称为高斯核,且是中心加权对称的。具体例子如下:

$$\begin{bmatrix} 1 & 2 & 1 \\ 2 & 4 & 2 \\ 1 & 2 & 1 \end{bmatrix}$$

使用与上面相同的数据格网,滤波后的值 $G=162$。更一般的,若 $\{C\}$ 是一个 $m=N \times N$ 核矩阵的系数集,$\{P\}$ 是这个核邻域内的目标格网值集,则过滤后的格网值 G 定义为:

$$G = \sum_{i=1}^{m} C_i P_i / \sum_{i=1}^{m} C_i + B$$

附加的 B 通常被设置为 0。它是一个偏移因子,通过把得到的滤波值增加或减少一个固定的值以产生偏移。

高通空间滤波器强调核中心点与其直接邻域值的差。一般来说,这些核元素是一种正负值混合的形式,但元素之和仍然为 1:

$$\begin{bmatrix} -a & -a & -a \\ -a & +b & -a \\ -a & -a & -a \end{bmatrix}$$

在进一步的图像处理之前,经常用这些值来进行图像锐化。表 3-7 给出了例子并概括了 GIS 和图像分析中经常使用的线性空间滤波器。基本的线性图像滤波操作被分为许多类,具体如下。

锐化:核矩阵的元素之和为 1,且该矩阵是对称的。矩阵中的元素是正数、负数和零的混合。

模糊：也被称为平滑、平均或低通滤波，因为这种方法减少或消除了极值。在这种情况下，核矩阵元素之和大于 1，其中各元素通常都是正数，且矩阵是对称的。

边界检测：核矩阵元素之和为 0，且矩阵通常是非对称的。同锐化一样，矩阵中的元素是正数、负数和零的混合。

浮雕：核元素之和同边界检测一样为 0，但该矩阵是非对称的。通常在灰度图像的基础上计算浮雕版本，首先计算波段的平均值，例如每个像元的红(R)、绿(G)、蓝(B)三种成分的平均值 $x=(r+g+b)/3$，然后把所得到的值在范围[0,255]内分配一个灰阶(其中 0 表示黑，255 表示白)。

应该注意到该类滤波器的许多普通特征：

如果格网内数值的允许范围是有限制的(如[0,255]范围内的 RGB 值)，那么必须截去落在这个范围之外的计算值。这在处理时会产生一些计算(与用户定义相反)偏差。多波段影像数据滤波器要分别应用到各波段。例如，应用 RGB 图像的锐化滤波器需要分别应用到 R、G、B 三个分量上。

核的大小可能是任意组合的正方形，但最常用的是 3×3 和 5×5 奇数方阵；偶尔也使用偶数方阵，但这种情况下，核的中心部分是 2×2 格网，而不是一个独立的像元；也可以使用矩形核，但很少用。滤波可以多次进行(单通或多通)，每次对目标格网或影像(层或波段)重新应用同一个或一些滤波器。

在影像或格网边界处，不可能对称地使用核。对于较大的核，这种效应尤其明显，且所有的实例都会出现这种情况。解决边界效应的方法有很多，常见的方法有：保持边界像元不变；边界像元为空白(这将导致格网收缩)；使用不对称(即部分)核，这将导致伪像；镜像，这里核内部的格网值用来代替核外缺失的值。

用户自定义核得到了图像处理和 GIS 软件包的广泛支持。用户可以自己选择一个预定义好的滤波器并按照需要进行修改，或者创建自己的 $N\times N$ 核。非线性滤波在实际应用中也得到了广泛使用。当变换函数为非线性时，即非线性变换。非线性变换的函数有很多，常用的有指数变换和对数变换。指数变换的变换函数是在亮度值较高的部分 x_a 扩大亮度间隔(属于拉伸)，而在亮度值较低的部分缩小亮度间隔(属于压缩)，其数学表达式为：

$$x_b = b\mathrm{e}^{ax_a} + c \tag{3-11}$$

式中，a、b、c 为可调参数，可以改变指数函数曲线的形态，从而实现不同的拉伸比例。

对数变换的变换函数与指数变换相反。它的意义是在亮度值较低的部分拉伸，而在亮度值较高的部分压缩，其数学表达式为：

$$x_b = b\lg(ax_a + 1) + c \tag{3-12}$$

式中，a，b，c 为可调参数，由使用者决定其值。

除了应用在空间域操作的滤波器外，也可以应用单纯频率域的滤波器。频率域滤波器不参考空间模式，可直接对图像内的格网值集进行操作。

3.4.4　非线性空间滤波

对于线性滤波，每个格网位置 G 的值通过使用一个简单的核作为权重矩阵来改变。对于非线性滤波，通常不使用核。相反，G 处的值采用不同于加权平均的其他方法来确定。

例如,G 的值可以由基于 G 的 $N\times N$ 邻域的统计值(不是均值)来确定。$N\times N$ 通常为 5×5 或更大,并且几乎可以用任意的基本统计量。典型的例子可能是邻域中的最小值或邻域中最普遍(出现最多的)的单元值。通常支持的其他统计量包括方差、标准差、变异系数和四分位数间距。每一种情况下的计算都基于所定义的邻域。

ArcGIS 把这种操作称为邻域操作,包括焦点或块统计,对邻域的定义通常比典型的滤波软件常见(如矩形、环形或楔形),许多其他软件坚持使用滤波中的图像处理术语和正方形或矩形邻域。ArcGIS 还提供了一个专门功能,用来在包含另外的空间邻近约束的整数值格网中处理"多数"问题(即众数滤波器)。应用的规则是:在 3×3 邻域中的一半或至少一半的单元值必须相同,并且这些值必须满足 4 个方向或 8 个方向上的邻近约束。

对于非线性滤波,几个非线性滤波器需要检查格网中的局部偏差。除了使用标准统计值外,可以使用中位差和平均阈值。空间滤波属于一种几何增强处理,主要包括平滑和锐化。

3.4.4.1 平滑

图像中出现某些亮度变化过大的区域,或出现不该有的亮点(噪声)时,采用平滑的方法可以减小变化,使亮度平缓或去掉不必要的噪声点。具体方法如下。

(1) 均值平滑

均值平滑是将每个像元在以其为中心的区域内取平均值来代替该像元值,以达到去掉尖锐噪声和平滑图像的目的。区域范围取作 $M\times N$ 时,求均值公式为:

$$r(i,j)=\frac{1}{MN}\sum_{m=1}^{M}\sum_{n=1}^{N}\Phi(m,n) \tag{3-13}$$

具体计算时常用 3×3 的模板作卷积运算,其模板为:

$$t(m,n)=\begin{bmatrix}\frac{1}{9} & \frac{1}{9} & \frac{1}{9}\\ \frac{1}{9} & \frac{1}{9} & \frac{1}{9}\\ \frac{1}{9} & \frac{1}{9} & \frac{1}{9}\end{bmatrix} \quad \text{或} \quad t(m,n)=\begin{bmatrix}\frac{1}{8} & \frac{1}{8} & \frac{1}{8}\\ \frac{1}{8} & 0 & \frac{1}{8}\\ \frac{1}{8} & \frac{1}{8} & \frac{1}{8}\end{bmatrix}$$

(2) 中值滤波

中值滤波是将每个像元在以其为中心的邻域内取中间亮度值来代替该像元值,以达到去掉尖锐噪声和平滑图像的目的。具体计算方法与模板卷积方法类似,仍采用活动窗口的扫描方法。取值时,将窗口内所有像元按亮度值排列,取中间值作为中间像元的值。所以 $M\times N$ 取奇数为好。

3.4.4.2 锐化

为了突出图像的边缘、线状目标或某些亮度变化率大的部分,可采用锐化方法。有时可通过锐化直接提取需要的信息。锐化后的图像已不再具有原遥感图像的特征而成为边缘图像。锐化的方法有很多,在此只介绍常用的几种。

(1) 罗伯特梯度

梯度反映了相邻像元的亮度变化率,也就是说,图像中如果存在边缘,如湖泊或河流的边界、山脉、道路等，则边缘处有较大的梯度值。对于亮度值较平滑的部分，亮度梯度值较小。因此，找到梯度较大的位置，也就找到了边缘，然后再用不同的梯度计算值代替边缘处像元的值，也就突出了边缘，实现了图像的锐化。

罗伯特梯度方法也可以近似地用模板计算，其公式表示为：

$$|\mathbf{grad}\ f| \cong |t_1| + |t_2| \tag{3-14}$$

具体为：

$$|\mathbf{grad}\ f| \cong |f(i,j) - f(i+1,j+1)| + |f(i+1,j) - f(i,j+1)| \tag{3-15}$$

模板有两个，表示为：

$$t_1 = \begin{pmatrix} 1 & 0 \\ 0 & -1 \end{pmatrix}; t_2 = \begin{pmatrix} 0 & -1 \\ 1 & 0 \end{pmatrix}$$

相当于窗口 2×2 大小，用模板 t_1 作卷积计算后取绝对值加上模板 t_2 计算后的绝对值。计算出的梯度值放在左上角的像元 $f(i,j)$的位置，成为 $r(i,j)$。这种算法的意义是用交叉的方法检测出像元与其邻域在上下之间或左右之间或斜方向之间的差异，最终产生一个梯度影像，达到提取边缘信息的目的。有时为了突出主要边缘，需要将图像的其他亮度差异部分模糊掉，故采用设定正阈值的方法，只保留较大的梯度值来改善锐化后的效果。

(2) 索伯尔梯度

索伯尔梯度法是前述方法的改进方法，具体为：

$$t_1 = \begin{bmatrix} 1 & 2 & 1 \\ 0 & 0 & 0 \\ -1 & -2 & -1 \end{bmatrix}; t_2 = \begin{bmatrix} -1 & 0 & 1 \\ -2 & 0 & 2 \\ -1 & 0 & 1 \end{bmatrix}$$

与罗伯特梯度法相比，该方法较多考虑了邻域点的关系，使窗口由 2×2 扩大到 3×3，使检测边界更加精确。

(3) 拉普拉斯算法

在模板卷积运算中，将模板定义为：

$$t(m,n) = \begin{bmatrix} 0 & 1 & 0 \\ 1 & -4 & 1 \\ 0 & 1 & 0 \end{bmatrix}$$

即上下左右 4 个邻点的值相加再减去该像元值的 4 倍，作为这一像元的新值。

拉普拉斯算法的意义与前述两种算法不同，不检测均匀的亮度变化，而是检测变化率的变化率，相当于二阶微分。计算得到的图像更加突出亮度值突变的位置。

有时也用原图像的值减去模板运算结果的整倍数，即

$$r'(i,j) = f(i,j) - kr(i,j) \tag{3-16}$$

式中，$r(i,j)$为拉普拉斯算法运算结果；k 为正整数；$f(i,j)$为原图像；$r'(i,j)$为最后结果。这样的计算结果保留了原图像作为背景，边缘之处加大了对比度，更突出了边界位置。

(4) 定向检测

当有目的地检测某一方向的边、线或纹理特征时，可选择特定的模板卷积运算作定向检测。常用的模板如下。

检测垂直边界时：

$$t(m,n)=\begin{bmatrix}-1 & 0 & 1\\ -1 & 0 & 1\\ -1 & 0 & 1\end{bmatrix} \quad 或 \quad t(m,n)=\begin{bmatrix}-1 & 2 & -1\\ -1 & 2 & -1\\ -1 & 2 & -1\end{bmatrix}$$

检测水平边界时：

$$t(m,n)=\begin{bmatrix}-1 & -1 & -1\\ 0 & 0 & 0\\ 1 & 1 & 1\end{bmatrix} \quad 或 \quad t(m,n)=\begin{bmatrix}-1 & -1 & -1\\ 2 & 2 & 2\\ 1 & 1 & 1\end{bmatrix}$$

检测对角线边界时：

$$t(m,n)=\begin{bmatrix}0 & 1 & 1\\ -1 & 0 & 1\\ -1 & -1 & 0\end{bmatrix},t(m,n)=\begin{bmatrix}1 & 1 & 0\\ 1 & 0 & -1\\ 0 & -1 & -1\end{bmatrix},$$

$$t(m,n)=\begin{bmatrix}-1 & -1 & -2\\ -1 & 2 & -1\\ 2 & -1 & -1\end{bmatrix},t(m,n)=\begin{bmatrix}2 & -1 & -1\\ -1 & 2 & -1\\ -1 & -1 & 2\end{bmatrix}$$

3.4.5 腐蚀和膨胀

在格网操作背景下，腐蚀(erosion)和膨胀(dilation)指的是应用于二值图像和灰度图像的形态学操作。这些名词通常用在图像处理中，在这个背景下，仅有少量的GIS软件包中有这些名词。腐蚀是指边界像素的去除(变化)，例如把二值的1变为0，而膨胀则是相反的过程，是指区域从边界向外增长。缓冲区就是一种膨胀的形式。

这两种方法通常使用被称为结构元素的核来实现。结构元素是一个 $N\times N$ 的核，其中的元素按照某个二值方案分类，通常是0或1。如果所有元素的编码为1，那么结构元素是一个实心的方块，其中心依次叠加源影像的每个像素。在结构元素中，编码为1的像元和源图像中延伸到边界之外的形状形成了扩展或膨胀的元素。结构元素的形状可以进行调整，可以是垂直的条形、水平的条形、十字形或用户定义的一个形状。

我们选取部分DEM数据进行了腐蚀和膨胀操作，结果如图3-19所示。如果先膨胀后腐蚀则称为开操作，如果先腐蚀后膨胀则称为闭操作。这种操作是不对称的，通常是不可逆的。开操作去掉了较小和细微的特征，导致了边界区域的平滑，而闭操作虽然也平滑形状，

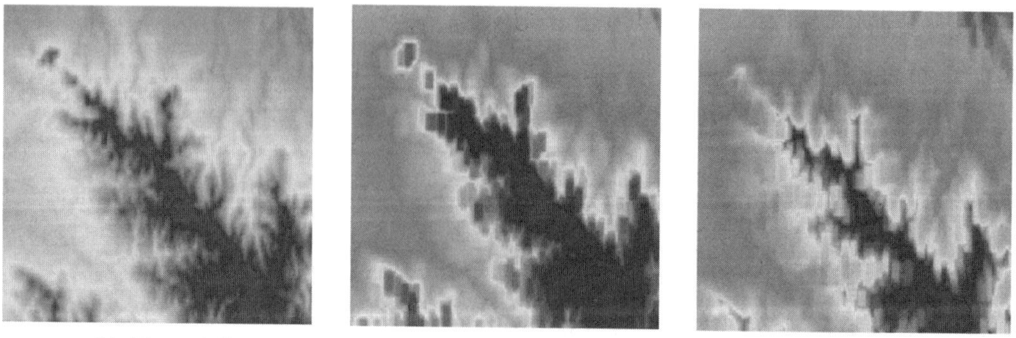

(a) 原DEM部分　(b) 膨胀：9×9 结构元素，9×3 竖条　(c) 腐蚀：9×9 结构元素，9×3 竖条

图3-19　DEM数据的腐蚀和膨胀处理

但放大了细窄的特征并消除了小孔和狭窄的裂隙。这些改变是对源数据文件有意修改的结果。然而,类似的效果也可以在为了其他目的而手工或自动化实施的变换操作结果中看到,如重采样(改变分辨率)、旋转、多层叠置或地图代数操作。

3.5　网络与位置分析

网络与位置是两个不同但又紧密联系的主题。第一个主题涉及与最佳路径相关的问题,包括穿越的物理(运输)网络或者直接连接预先定义的位置。第二个主题主要在已有的网络中涉及满足给定标准的位置和服务区域的选择。

3.5.1　网络分析的基础知识

一组线段或者折线,如一幅道路或者街道图,并不一定能组成一个网络。为了能够实施网络分析,需要确保有一系列明显的节点或者顶点(V),并且在每个顶点上都定义了一个或者多个到其他顶点的链,这些连接称为边(E)。在最简单的层次上,边可以是有向的或者无向的,可以有一个或者多个与其相关的属性(如名称、长度、通过时间或者成本、运输方式)。

表 3-8 列出了一些网络分析中用到的关键定义,这些术语来源于抽象的图论。图论是地理网络表达与分析的重要数学工具。图论最早起源于一些经典的数学游戏,如哥尼斯堡七桥问题以及在民间广泛流传的一些游戏难题,如迷宫问题、博弈问题等。1847 年,图论应用于电路网络的分析,这是图论最早应用于工程科学领域的一个例子。随着科学技术的不断发展,图论的应用领域越来越广泛,涉及物理学、化学、运筹学、计算机科学、信息科学、交通科学、社会科学及经济学等领域。

表 3-8　网络分析术语

术语名称	详述
顶点	一个作为网络节点的点的位置,可以是线或折线的特征点、端点或交点。注意一条折线上的中间点通常不作为顶点
边	两个直接连接的点之间有向或无向的链称为边。无向边由一组无序的顶点序列确定,如(3,8)和(8,3)是一样的。然而对于有向边,顺序是很重要的,如(3,8)表示的是从 3 到 8 的边。间接链(通过一个或多个顶点)不是一条边。边有时候表示成链或者弧段
度(顶点的度)	在无向图中,度通常是指汇聚于一个顶点的边的数量。在有向图中,通常指指向顶点的边数(入度)减去从顶点指出的边数(出度)
图	顶点和边的一个集合组成图。有向图是指包括一条或者多条有向边的图。如果一个图中所有的边都是有向边,则称其为有向图。有关图的特性和图中路径的数学研究称为图论
路径	一条(网络)路径是指顶点间一组相连的边
连通图	如果在一个图中任意两点之间至少存在一条路径,就称之为连通图。完全连通图是指图中每一点都能与其他任意点直接连接。在这样的图中,假定边都是无向边;如果存在 N 个点,就有 $N(N-1)/2$ 条边

表 3-8(续)

术语名称	详述
连通性	网络连通性是指为了把网络(或子网络)分割成两个或多个分开的网络而需要舍弃的最小顶点数或者边数。连通性越好,网络的容错能力就越强。现实世界中,网络的节点和链接确实会出现故障(如道路维修或者事故会阻塞一条链接或者连接点)。当节点或者链接出现故障时,网络应降低性能继续工作。网络连通性是网络弹性及遇到这些问题时交通流的能力的衡量标准
平面图	如果一个图可以按边只相交于顶点的方式画在平面上(嵌入平面),就称该图为平面图
网络	网络是一些能用图论方法表达和分析的具有相关属性的顶点和边的集合。网络通常定义为每条边至少有一个真实值属性或者权重(如长度)的图
直径	为了沿一条最短路径到达网络中所有顶点所经过的链的最大数目称为直径。直径小的网络一般比较容易遍历
回路	一条从给定点出发通过其他点又回到该点自身的路径称为回路。没有回路的图称为无回路图
树	树是一个具有 N 个节点的无回路网络或者子网络,其中所有的节点都是连通的,只有 $N-1$ 条边。树中任意一对顶点间有且只有一条路径

3.5.2 网络与位置分析的关键问题

表 3-9 列出了在网络和位置分析中用到的一些关键问题。许多重要的实际问题的解就是基于这些核心优化问题和用于解决它们的许多不同程序(算法)。这方面的例子包括:最佳路径和车辆负载计划的生成、多模式交通问题、驾车时区识别、网络分割和版图确定、网络中的设施定位以及旅行需求分析。

表 3-9 网络和位置分析中的关键问题

问题	描述
哈密尔顿回路(HC)	如果存在一个从已知点出发,有且仅有一次通过其他所有点的环,就称其为哈密尔顿圈。图中是否存在哈密尔顿圈的检验被称为哈密尔顿回路问题(HCP)。属于 NP 完全问题
欧拉回路(EC)	有向图中有且只有一次通过每一条弧段的回路称为欧拉回路。图中包含欧拉回路的条件是到达(指向)点 i 的弧段数和离开点 i 的弧段数相等
最短路径(SP)	使得两点间预定义测度最小的路径称为最短路径,如总步数、总距离或者总时间等预先定义的测度。因此该术语和采用的测度有关,并且对于任意给定的网络可能不是唯一的。确定最短路径通常被称为最短路径分析(shortest path analysis,SPA)。这可能是网络分析中的核心计算问题。这种问题可能有多种不同的变化形式,包括寻找第 2 条、第 3 条、……、第 N 条最短路径,寻找给定点到其他所有点的最短路径,以及寻找最长路径
生成树(ST)	给定一组固定的顶点,找到一组边,使得每个顶点都被连接但网络不包含回路。一组给定点可以生成很多生成树
最小生成树(MST)	找到一个总长度最小的生成树(欧几里得),通常是唯一的,但是其唯一性并不能保证,可以在接近线性时间内解算

表3-9(续)

问题	描述
斯坦纳最小生成树，斯坦纳树	类似于一个 MST,但允许有与最初点集位置不重叠的附加节点。在(空间)固定成本模型中,每一个添加的点(称为斯坦纳点)将被放置在 3 个已有点中间,并且通过 3 个等角(即 120°)的分支提供与斯坦纳点的连接。如果网络总长度由于引入斯坦纳点而减小,就将斯坦纳点加到最小生成树中,替代最小生成树原有的链。这是一个 NP 完全问题(在欧几里得空间和曼哈顿测度内)
旅行商问题(TSP)	给定一些点和关于每一点对的对称或不对称的距离矩阵,寻找一个最小长度(成本)的哈密尔顿回路。起始位置(起始点)通常已经被指定,并且假设顶点不必一定位于已经存在的网络上。如果某些节点必须在其他节点之前被访问,该任务就称为顺序排列问题(sequential ordering problem,SOP)。属于 NP 完全问题
车辆选线问题(VRP)	该类问题与单个仓库满足客户需求(如为零售油库派送燃料)相关,每个车辆或许有一个已知容量(CVRP)。如果容量没有限制,该问题就简单地成为车辆选线问题(VRP)。车辆数量和节点子集的旅程数量是变量,假设客户位置、仓库位置和客户需求级别是已知的,问题是根据约束条件最小化总路程长度。该问题有很多不同的变体,最具代表性的是那些对传送具有预定时间期限的问题,包括取货和发送的问题、有多个仓库的问题、需求动态变化的问题、存在链容限可能产生拥挤的问题,以及客户位置是概括的而不是固定的问题。这些问题大多数被分类为 NP 困难问题
运输问题/转运问题	运输问题是指在一组给定供应限额的货源位置为一组给定需求级别的目标位置提供完全服务以使费用最低的问题。从每一个供货点到每一个需求点的单位费用是整个问题定义的关键输入信息。该问题是最小消耗流问题(minimum cost flow problem,MCFP)的一个例子。运输问题的推广就是转运问题。在后者的情况中,从货源到目标点的运输流要通过转运点,如从工厂到仓库再到客户,而不是简单地直接运向客户
弧线遍历问题(ARP)	给定一个网络(一般是一个街道网络或者街道网络的子集),根据所选的约束条件(如转向代价)寻找以最小的成本(距离或时间)完全遍历每一条边的路径(通常是双向的)。该问题常应用于街道清洁、扫雪、邮政投递、读表、垃圾收集等。该类问题的主动版本称为 CARP。属于 NP 完全问题
设施选址：p 中值/p 中心/覆盖	这一类问题的集合,其目标是为了满足客户需求(要求、服务级别)而在一个网络中为一个或者多个设施选址。最常见的问题就是到达客户或者从客户出发(p 中值)的点(或平均)旅行耗费/时间最短。最大距离或时间的最小化的问题称为 p 中心问题。对于试图确保所有客户的服务都能在一个确定的时间或费用上限或下限之内,并在一个固定的时间或者费用中服务尽可能多的客户的问题,这些被称为覆盖问题

3.5.3　网络结构优化

3.5.3.1　最小生成树

给定一个顶点集(点、节点),许多种可能的点之间连接可以用来产生一个点间的有向或无向网络。既最小化总边长，又保证每一个点到其他点都具有可达性的连通集，称为最小生成树(minimal spanning tree,MST)，如图 3-20 所示。对这类问题有一种精确的解法。算法涉及的构建或生长过程如下：(1) 连接每一个点和它的最近点，通常这将产生一个没有连接的子网络集合；(2) 连接每一个子网络和它最近的子网络；(3) 重复步骤(2)，直到每一个子网络都连接在一起。

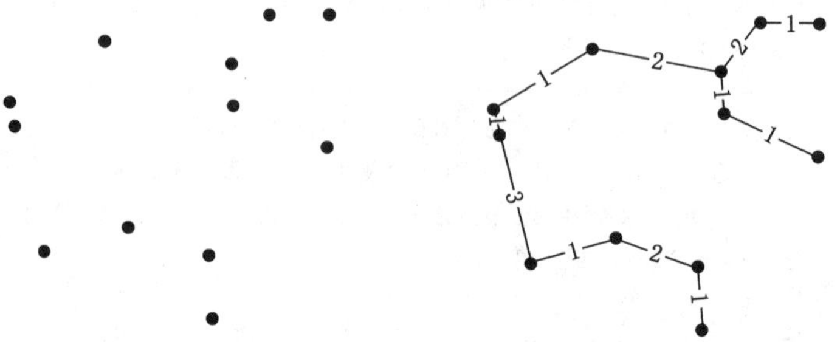

(a) 点集(节点或端点)　　(b) 最小生成树

图 3-20　最小生成树

3.5.3.2　Gabriel 网络

最小生成树的一个超集且同时有大量应用的一种网络形式是 Gabriel 网络，它是以其主要创始人 K. R. Gabriel(加布里埃尔)来命名的。图 3-21(a)显示的是一个点集的 Gabriel 网络，是通过在源集合的点对之间增加边来创建的，当且仅当没有集合中的其他点包含在直径通过的这两个点的圆中[参见图 3-21(a)中的黑点]。在该例中，显示的圆包含点集中的另一个点，因此连接创建该圆的两点的链将不包含在最终的解中(直线)。这个过程持续执行，直到所有的点对都用这种方式检验并在满足条件时进行了连接[图 3-21(b)]。

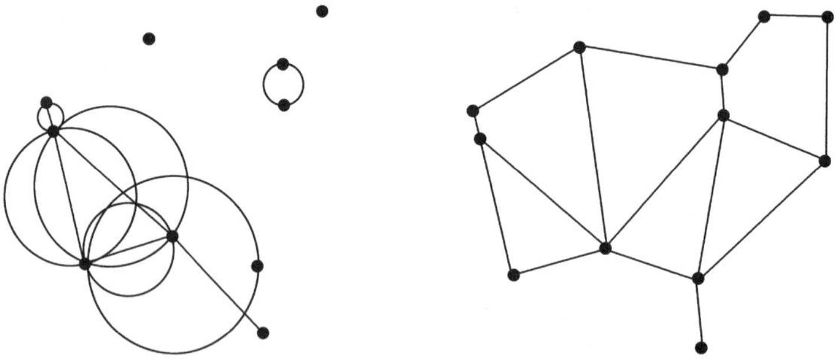

(a) Gabriel 网络创建　　(b) Gabriel 网络

图 3-21　Gabriel 网络结构

Gabriel 网络提供了比最小生成树包含更多链接的一种网络形式，因此它提供了更大的连通性，尤其是在实际上并不相邻的邻近点之间。Gabriel 网络作为唯一定义点集邻近的一种方式，使得其他任何点不能位于连接的点对内。Gabriel 网络有着大量的应用，对连通性有很好的表达效果，可以进行二值化或边加权的选择。在自相关分析中，这种方法用于确定空间权重矩阵。

3.5.3.3　斯坦纳树

最小生成树具有一个特征，即它们是最小化一个生成树的网络长度，而不是一个连接所有顶点并允许包括中间点的直线段构成的网络长度。增加中间点可以减小总网络的长度，对于 L_2 测度，这个因子最大达$\sqrt{3}/2$，对于 L_1 测度达 2/3。例如，任意相邻的 3 个点，都可能通过一个减小局部最小生成树数量的中间点(或斯坦纳点)来连接，当且仅当局部生成树的两条边的夹角小于 120°[图 3-22(a)]且所有点无加权。在该例中，中间点的最佳位置要求是：所选的点到其他 3 个点的每一个链与到其他两个顶点的链的夹角都是 120°，即它们是等间距的[图 3-22(b)]。

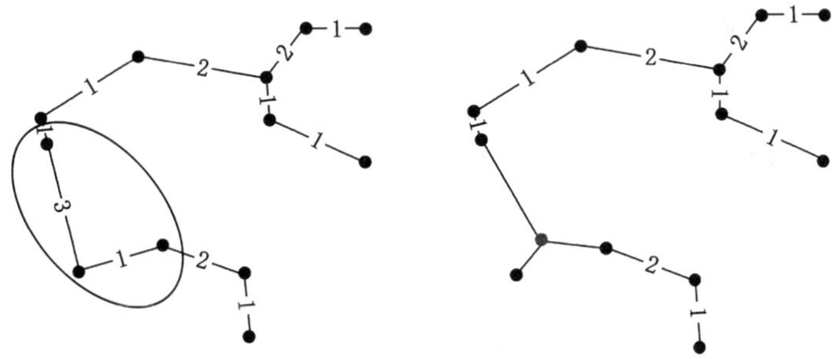

(a) 最小生成树　　(b) 包含一个斯坦纳点的最小生成树

图 3-22　斯坦纳树的构建

同时，最小生成树可运用这种方法系统地进行修正，并能减少总的网络长度，但这不一定会生成最小长度的斯坦纳树。从初始点集开始检查更大范围内的选项的算法将可能产生改进的解。

3.5.4　最佳路径分析

这里的"最佳"包含很多含义，不仅指一般地理意义上的距离最短，还可以是成本最少、耗费时间最短、资源流量(容量)最大、线路利用率最高等标准。很多网络相关问题，如最可靠路径问题、最大容量路径问题、易达性评价问题和各种路径分配问题均可纳入最佳路径问题的范畴。无论判断标准和实际问题中的约束条件如何变化，其核心实现方法都是最短路径算法。最短路径问题就是在两节点之间的所有路径中，寻求长度最小的路径，这样的路径称为两节点间的最短路径。最短路径问题的表达是比较简单的，从算法研究的角度考虑，最短路径问题通常可归纳为两大类：一类是所有点对之间的最短路径问题，另一类是单源点间的最短路径问题。其不同的实现方法如下。

3.5.4.1　Dijkstra 算法

Dijkstra 算法是 E. W. Dijkstra(狄克斯特拉)于 1959 年提出的一种按路径长度递增的次序产生最短路径的算法，此算法被认为是解决单源点间最短路径问题的比较经典且有效的算法。其基本思路是：假设每个点都有一对标号(d_j, p_j)，其中 d_j 是从起源点 s 到点 j 的最短路径的长度[从顶点到其本身的最短路径是零路(没有弧的路)，其长度等于 0]；p_j 则是从 s 到 j 的最短路径中 j 点的前一点。求解从起源点 s 到点 j 的最短路径算法也称为标号法或染色法,其基本过程如下。

① 初始化。起源点设置为 $d_s=0$,p_s 为空,并标记起源点 s,记 $k=s$,其他所有点设为未标记点。

② 检验从所有已标记的点 k 到其直接连接的未标记的点 j 的距离,并设置:

$$d_i=\min[d_j, d_{jk}+l_{kj}] \tag{3-17}$$

式中,l_{kj} 为从点 k 到点 j 的直接连接距离。

③ 选取下一个点。从所有未标记的节点中,选取 d_j 中最小的一个 i

$$d_i=\min[d_j, \text{所有未标记的点 } j] \tag{3-18}$$

点 i 就是被选为最短路径中的一个点,并设为已标记的点。

④ 找到点 i 的前一点。从已标记的点中找到直接连接到点 i 的点 j^*,将其作为前一点,记为:

$$i=j^* \tag{3-19}$$

⑤ 标记点 i。如果所有点已标记,则算法完全退出,否则,记 $k=i$,重复步骤②③④。

图 3-23 为某一带权有向图,若对其施行 Dijkstra 算法,则所得从 V_0 到其余各顶点的最短路径以及运算过程中距离的变化情况如表 3-10 所示。

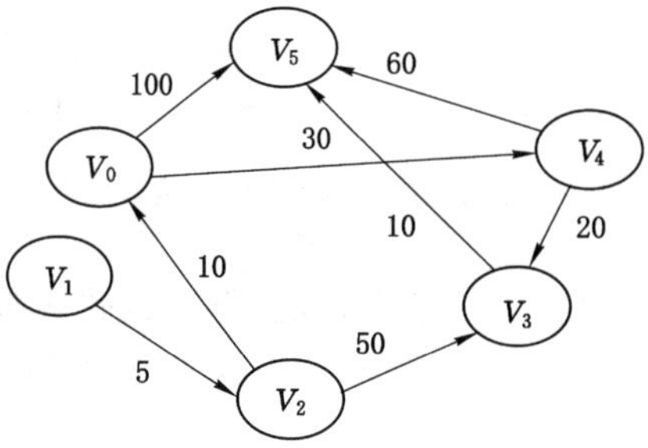

图 3-23　带权的有向图

表 3-10　Dijkstra 算法示例及计算过程

终点	从 V_0 到各终点的距离值和最短路径的求解过程				
	$i=1$	$i=2$	$i=3$	$i=4$	$i=5$
V_1	∞	∞	∞	∞	∞
V_2	10 (V_0, V_2)				
V_3	∞	60 (V_0, V_2, V_3)	50 (V_0, V_4, V_3)		
V_4	30 (V_0, V_4)	30 (V_0, V_4)			
V_5	100 (V_0, V_5)	100 (V_0, V_5)	90 (V_0, V_4, V_5)	60 (V_0, V_4, V_3, V_5)	
V_j	V_2	V_4	V_3	V_5	
S	$\{V_0, V_2\}$	$\{V_0, V_2, V_3\}$	$\{V_0, V_2, V_3, V_4\}$	$\{V_0, V_2, V_3, V_4, V_5\}$	

由上述例子可知，在求解从起源点到某一特定终点的最短路径过程中还可以得到起源点到其他各点的最短路径，因此，这个计算过程的时间复杂度是 $O(n^2)$，其中，n 为网络中的节点数。

3.5.4.2 弗洛伊德算法

弗洛伊德(Floyd)算法能够求得每一对顶点之间的最短路径，其基本思想是：假设求从顶点 V_i 到 V_j 的最短路径，若从 V_i 到 V_j 有弧，则从 V_i 到 V_j 存在一条长度为 d_{ij} 的路径，该路径不一定是最短路径，需要进行 n 次试探。首先判别弧(V_i,V_1)和弧(V_1,V_j)是否存在[即考虑路径(V_i,V_1,V_j)是否存在]。如果存在，则比较(V_i,V_j)和(V_i, V_1,V_j)的路径长度，较短者为从 V_i 到 V_j 的中间顶点的序号不大于1的最短路径。假如在路径上再增加一个顶点 V_2，若路径(V_i,…,V_2)和路径(V_2,…,V_j)分别是当前找到的中间顶点的序号不大于1的最短路径，那么后来的路径(V_i,…,V_2, …,V_j)就有可能是从 V_i 到 V_j 的中间顶点的序号不大于2的最短路径。将它和已经得到的从 V_i 到 V_j 的中间顶点的序号不大于1的最短路径相比较，从中选出中间顶点的序号不大于2的最短路径之后，再增加一个顶点 V_3，继续进行试探。依次类推，经过 n 次比较之后，最后求得的必定是从 V_i 到 V_j 的最短路径。按此方法，可同时求得各对顶点间的最短路径。算法共需3层循环，总的时间复杂度是 $O(n^3)$。

3.5.4.3 矩阵算法

该算法是利用矩阵来求出图的最短距离矩阵。假设 $\boldsymbol{A}=(a_{i,j})_{n\times n}$ 是带权无向图的邻接矩阵，其中，$a_{i,j}=\min\{a_{i1}+a_{1j},a_{i2}+a_{2j},\cdots,a_{ik}+a_{kj}\}$，这里 $a_{i1}+a_{1j}$ 表示从节点 i 经过中间点1到节点 j 的路径长度，$a_{i2}+a_{2j}$ 表示从节点 i 经过中间点2到节点 j 的路径长度，其余各项的意义与此相同，都表示从节点 i 经过一个中间点到节点 j 的路径长度，$a_{i,j}$ 取它们中的最小值，其意义就是从节点 i 最多经过一个中间点到节点 j 的所有路径中长度最短的那条路径。同理可知，$\boldsymbol{A}^{[k]}=(a_{i,j}{}^{[k]})_{n\times n}$ 中的 $a_{i,j}{}^{[k]}$ 表示从节点 i 最多经过($k-1$)个中间点到节点 j 的所有路径中长度最短的那条路径。图的阶数是 n，从 i 到 j 的简单路径最多经过 $n-2$ 个中间节点，故只需要求得 $\boldsymbol{A}^{[n-2]}$ 即可，然后比较 $\boldsymbol{A},\boldsymbol{A}^{[2]},\boldsymbol{A}^{[3]},\cdots,\boldsymbol{A}^{[n-2]}$，取其中最小的一项就是从节点 i 到节点 j 的所有路径中长度最小的那条路径。算法步骤可表示为：

① 已知图的邻接矩阵 $\boldsymbol{A}$；

② 求出 $\boldsymbol{A},\boldsymbol{A}^{[2]},\boldsymbol{A}^{[3]},\cdots,\boldsymbol{A}^{[n-2]}$；

③ $D=\boldsymbol{A}\boldsymbol{A}^{[2]}\boldsymbol{A}^{[3]}\cdots\boldsymbol{A}^{[n-2]}=(d_{i,j})_{n\times n}$。

最终得到的 $\boldsymbol{D}$ 为图的最短距离矩阵。求出矩阵中的每个值需要进行 n 次计算，求出矩阵中的所有元素值需要进行 n^2 次计算，最后又需要进行 n 次比较，所以该算法的时间复杂度是 $O(n^4)$。

3.5.4.3 算法对比

以上三种算法各有优缺点，下面仅就适用范围、功能、时间复杂度、求解次短路径能力等方面进行比较，以便在使用中选择更利于问题解决的方法。

Dijkstra 算法、弗洛伊德算法都可适用于无向图或有向图，而矩阵算法本身仅适用于无向图，但经改进后也可用于有向图；Dijkstra 算法每次只能求出一个起源点到其余各点的路径，弗洛伊德算法和矩阵算法都能够求得所有顶点间的最短路径；这三种算法的时间复杂度依次为 $O(n^2)$、$O(n^3)$、$O(n^4)$。另外，矩阵算法还能求出次短路径，其他两种算法则不能。

3.5.5 旅行商问题(TSP)

前文所述的最优路径是一类更普遍的问题——旅行商问题(TSP)的一个子集。TSP 涉及在给定点集中选择一条经过每个点的路线，再返回到起始点，并保证路线长度达到最小。TSP 的应用包括销售商拜访客户、垃圾车服务商业需求、运输车服务零售点、保安人员巡逻场所等，也有许多非地理方面的应用，如从 VLSI 的设计到 DNA 序列的分析。大多数地理应用都涉及适宜数量的访问位置(如城市、商店)，但是问题的变化(如从路线上的中心仓库分派多种交通工具去访问分店的要求)能够显著地增加问题的复杂度。GIS 软件包不支持纯 TSP(即基于没有预先确定网络的点集)。当定义网络后，少数 GIS 软件包支持 TSP 功能。

由于每一个 TSP 旅程都要访问每个位置一次，所以从该旅程中删除一个链，将形成一个生成树。该树至少是 MST，通常是较长的(对于对称平面图，上限是 MST 长度的 1.5 倍)。由 n 个点组成的对称(即无向)图的可能旅程数 t，是 $t=(n-1)!/2$。该数字随着 n 的增加迅速增长，现实中对较大的 n 无法系统地进行估计。例如，当 $n=10$ 时，t 为 181 440。因此，该问题是一个 $O(n!)$ 问题和 NP 完全问题。

基本 TSP 的一种形式化描述是：

$$1:\min\{\sum_{i=1}^{n}\sum_{j=1}^{n}c_{ij}x_{ij}\},i\neq j$$

$$2:\sum_{n}x_{ij}=1,j=1,\cdots,n$$

$$3:\sum_{n}x_{ij}=1,i=1,\cdots,n$$

$$4:x_{ij}\in\{0,1\}$$

式中，c_{ij} 为点 i 到点 j 的旅行成本(如距离加权成本)，如果在一个路线中，点 i 和点 j 之间存在一个有向链，则 $x_{ij}=1$，否则为 0。这里 n 是旅程中站点的数目，$i=1$ 是路线的起始点(如一个仓库)，$i=2,3,\cdots,n$，是被访问的站点(如客户)。

Delaunay(德劳奈)三角网的生成、MST 的生成和欧几里得(平面)TSP 的求解之间有着密切的联系。为了说明该联系，我们使用了 TSPLIB 中一个由 $n=130$ 个点组成的测试数据集。图 3-24 说明了这些关系的几个方面，图 3-24(a)显示了源点集，图 3-24(b)给出了该点集的 Delaunay 三角网。在三角网中，边的总长度是 30 157 个单位。

图 3-24(c)和图 3-24(d)说明了运用 Concorde 软件产生的点集的最小生成树(MST)，并叠加在了 Delaunay 三角网上。最小生成树由 129 个边组成，总长度是 5 166 个单位。图 3-24(e)和图 3-24(f)显示了相同的组合，但在该例中显示了运用 Concorde 软件中的线性规划和切平面方法获得的精确 TSP 解。在一个中等性能的桌面计算机中，完成该处理需要几秒钟时间。这个例子中边的总数量是 130，总长度是 6 110 个单位。

最后，图 3-25(a)说明了对该问题使用启发式 LK 方法迅速生成的解。注意，这个解的

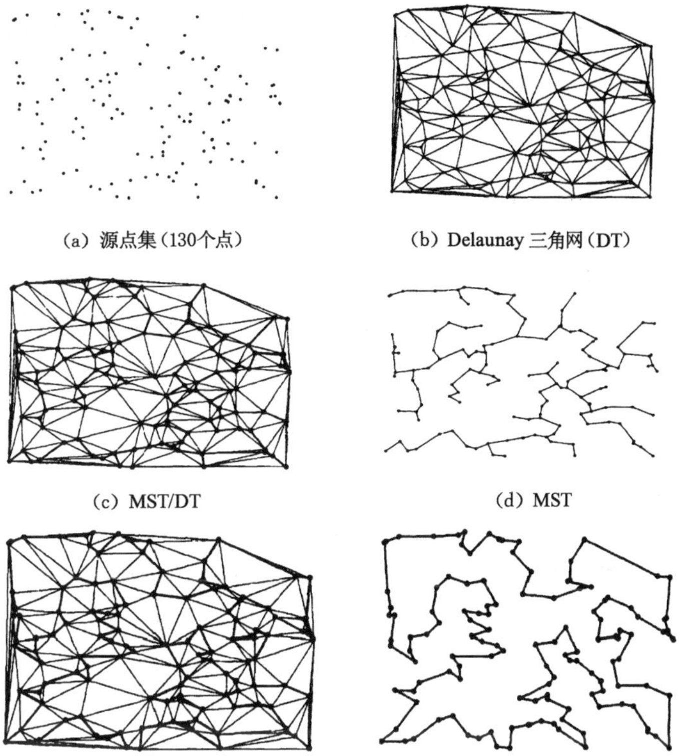

(a) 源点集(130个点)　(b) Delaunay 三角网(DT)

(c) MST/DT　(d) MST

(e) TSP/DT　(f) TSP(精确解)

图 3-24　MST、TSP 和相关问题

右上角与图 3 24(f)中精确解的右上角有轻微不同。该方法也有 130 个边,但是长度略大,为 6 124 个单位。

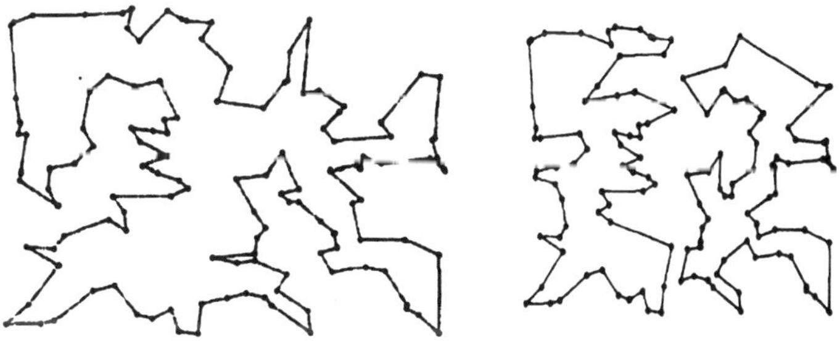

(a) TSP(LK解)　(b) 对偶TSP

图 3-25　启发式解和对偶回路 TSP

图 3-25(b)提供了对更一般问题求解的一个实例,即对一个给定的点集,确定 $t>1$ 条最优路线。该类问题被称为车辆路线选择问题(vehicle routing problem,VRP),当问题表达中包含车辆容量限制时称为有容量限制的车辆路线选择问题(capacitated VRP,CVRP)。

在该例中,点集被简单地分成左右两个部分,分别对每一个子集产生最优路线。这些路线的组合长度是 6 349 个单位,但是路线的总长度完全可能小于单个路线的长度。

3.5.6 位置分析

3.5.6.1 选址问题(定位问题)

选址功能涉及在某一指定区域内选择服务性设施的位置,如确定市郊商店、消防站、工厂、飞机场、仓库等的最佳位置。网络分析中的选址问题一般限定设施必须位于某个节点或位于某条网线上,或限定在若干候选地点中选择位置。选址问题种类繁多,实现的方法和技巧也多种多样,不同的 GIS 系统在这方面各有特色,主要原因是对最佳位置具有不同的解释(即用什么标准来衡量一个位置的优劣),以及定位设施数量的要求不同。

(1) 建立数学模型

给定一个地理网络 $D=(V,E)$,其中 V 表示地理网络节点的集合,E 表示地理网络边的集合。令 $d(p,q)$ 表示从顶点 p 到顶点 q 之间的距离;令 $\boldsymbol{R}$ 表示矩阵,矩阵的第 p、q 个元素是 $d(p,q)$,矩阵 $\boldsymbol{R}$ 的元素称为顶点-顶点距离(vertex-vertex distance,VVD);$d(f\_(i,j),q)$ 表示从网络边 (v_i,v_j) 上的 $f\_$ 点到节点 q 之间的距离,这个长度称为点-顶点距离(point-vertex distance,PVD);$d'(p,(i,j))$ 表示从顶点 p 到网络边 (v_i,v_j) 的最大距离,此长度称为顶点-弧距离(vertex-arc distance)。进一步可确定如下的距离。

$$\mathrm{MVV}(p)=\max_{q}\{d(p,q)\} \tag{3-20}$$

式(3-20)表示从顶点 p 到任一顶点的最大距离。

$$\mathrm{SVV}(p)=\sum_{q}d(p,q) \tag{3-21}$$

式(3-21)表示从顶点 p 到所有顶点的总距离。

$$\mathrm{MVA}(p)=\max_{(i,j)}\{d'(p,(i,j))\} \tag{3-22}$$

式(3-22)表示从顶点 p 到所有弧的最大距离。

$$\mathrm{SVA}(p)=\sum_{(i,j)}\{d'(p,(i,j))\} \tag{3-23}$$

式(3-23)表示从顶点 p 到所有弧的总距离。

$$\mathrm{MPV}(f\_(i,j))=\max_{q}\{d(f\_(i,j)),q\} \tag{3-24}$$

式(3-24)表示从网络边 (v_i,v_j) 上的 $f\_$ 点到任一节点的最大距离。

$$\mathrm{SPV}(f\_(i,j))=\sum_{q}d(f\_(i,j),q) \tag{3-25}$$

式(3-25)表示从网络边 (v_i, v_j) 上的 $f\_$ 点到所有节点的总距离。

同样,可以定义 $\mathrm{MPA}(f\_(i, j))$、$\mathrm{SPA}(f\_(i, j))$ 分别为从各网络边到所有网络边的最大距离和总距离。

基于以上变量的定义,给出有关中心点和中位点的概念。使最大距离达到最小的位置称为网络的中心点,使最大距离总和达到最小的位置称为网络的中位点。一个地理网络的中心点主要有中心、一般中心、绝对中心和一般绝对中心等。各类地理网络的中心点的数学表达参见式(3-26)至式(3-29)。

地理网络的中心点是网络中距最远节点最近的一个节点 v_x,即

$$MVV(x)=\min_i\{MVV(i)\} \tag{3-26}$$

地理网络的一般中心是距最远点最近的一个节点 v_x，即

$$MVA(x)=\min_i\{MVA(i)\} \tag{3-27}$$

地理网络的绝对中心是距最远节点最近的任意一点 v_x，即

$$MPV(f\_(i,j))=\min\{MPV(f\_(r,s))\} \tag{3-28}$$

地理网络的一般绝对中心是距最远点最近的任意一点 v_x，即

$$MPA(f\_(i,j))=\min\{MPA(f\_(r,s))\} \tag{3-29}$$

类似的，各类中位点的数学表达式参见式(3-30)至式(3-33)。

地理网络的中位点是从该点到其他各节点有最小总距离的一个节点 v_x，即

$$SVV(x)=\min_i\{SVV(i)\} \tag{3-30}$$

地理网络的一般中位点是从该点到其他各节点有最小总距离的一个节点 v_x，即

$$SVA(x)=\min_i\{SVA(i)\} \tag{3-31}$$

地理网络的绝对中位点是从该点到所有节点有最小总距离的任意一点，即

$$SPV(f\_(i,j))=\min\{SPV(f\_(r,s))\} \tag{3-32}$$

地理网络的一般绝对中位点是从该点到所有网络边有最小总距离的任意一点，即

$$SPA(f\_(i,j))=\min\{SPA(f\_(r,s))\} \tag{3-33}$$

(2) 实例分析

现有一指定邮区，需在该邮区范围内的 5 个城市中选择一个城市作为中心局所在地。将城市用图的顶点表示，各顶点之间的连线表示各城市间邮件的进、出和转口的关系，连线的权值则设为两城市间运送邮件所耗费的成本，包含路程长短、邮运工具、业务量的大小、邮件的流向及经转次数等因素，而且各个因素的重要性不一样，加权也会不同。当然，必须对所得值做归一化处理，具体数据如图 3-26 所示。

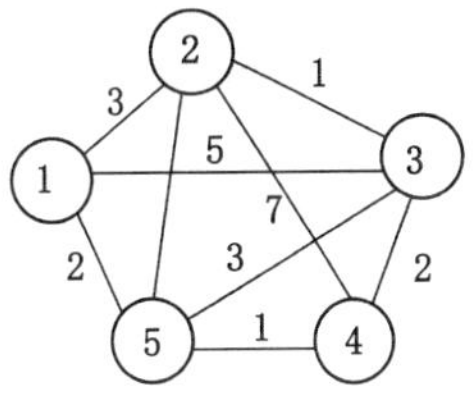

图 3-26　邮区城市示意图

选址问题中最关键之处是确定选择的标准，也就是在选址过程中确定是以中心点法还是以中位点法为依据。就本例而言，由中心点法得到的顶点指的是该顶点所代表的城市与其他城市间的邮件往来的最大成本为最小；而由中位点法得到的顶点则表示所得到的城市与其他城市的邮件往来的总成本为最小。

无论选择哪种方法都必须先求出 $\boldsymbol{R}$ 矩阵。可利用 Floyd(弗洛伊德)算法或 Dantzig(丹齐格)算法求出 $\boldsymbol{R}$ 矩阵：

$$\boldsymbol{R}=\begin{bmatrix}0&3&5&3&2\\3&0&1&3&4\\5&1&0&2&3\\3&3&2&0&1\\2&4&3&1&0\end{bmatrix} \tag{3-34}$$

如果选择以中心点法为标准，根据前面给出的中心点的数学表达式可以先求出从城市 1 到其他各个城市的运送邮件的最大成本，然后依次求出城市 2、3、4、5 到其他各个城市运送邮件的最大成本，计算过程如下：

$$\begin{cases} \text{MVV}(1) = \max\{0,3,5,3,2\} = 5 \\ \text{MVV}(2) = \max\{3,0,1,3,4\} = 4 \\ \text{MVV}(3) = \max\{5,1,0,2,3\} = 5 \\ \text{MVV}(4) = \max\{3,3,2,0,1\} = 3 \\ \text{MVV}(5) = \max\{2,4,3,1,0\} = 4 \end{cases} \tag{3-35}$$

从顶点4到其他顶点的最大距离为3,实际意义是从城市4向其他城市运送邮件的最大成本为最小,由此可知邮区中心局地址设置在该城市可保证从邮区中心局到该邮区的其他收投点的邮件的最大运送成本为最小。

如果选择以中位点法为标准,则求出的中位点的实际意义表示从该点向其他城市运送邮件的总成本为最小。同理,根据中位点的数学表达式要先求出SVV(i)。

$$\begin{cases} \text{SVV}(1) = 3+5+3+2 = 13 \\ \text{SVV}(2) = 3+1+3+4 = 11 \\ \text{SVV}(3) = 5+1+2+3 = 11 \\ \text{SVV}(4) = 3+3+2+1 = 9 \\ \text{SVV}(5) = 2+4+3+1 = 10 \end{cases} \tag{3-36}$$

由此得$\{\text{SVV}(x)\} = \min\{13,11,11,9,10\} = 9 = \text{SVV}(4)$,即顶点4是该邮区的中位点,从城市4向其他各城市运送邮件的总成本为最小。

以上选址中仅考虑中心局位于代表城市的顶点上,在实际应用中还会出现小级别的投递点,这些点是以连线上的点出现的,在这种情况下就要选择以一般中心法为标准,得出的一般中心所代表的是从该中心到邮区内的最远邮件投递点的运送成本为最小,具体求解方法类似上例,这里不予详细说明。另外,选址问题数学模型要根据需要做相应的改进,如何把给定的地理网络用图的形式表示出来,各个点之间的路线如何确定、网络线的方向如何确定、连线的权值如何确定等问题都要在实际工作中考虑周全。选址问题的应用中还会出现在多个候选点中选择几个位置,使之满足一定需求条件的情况,有关这一类问题的解决方法将在P中心定位与分配问题中详细阐述。

3.5.6.2 资源分配问题

在现实生活中,分配问题是指设施的服务范围及其资源的分配范围的确定等一类问题,例如,通过资源的分配能为城市中的每一条街道上的学生确定最近的学校,为水库提供其供水区等。

资源分配是模拟资源如何在中心(学校、消防站、水库等)和周围的网线(街道、水路等)、节点(交叉路口、汽车中转站等)间流动的。在计算设施的服务范围及其资源的分配范围时,网络各元素的属性也会对资源的实际分配有很大影响。主要属性包括中心的供应量和最大阻值,网络边和网络节点的需求量及最大阻值等,有时也用到拐角的属性。根据中心容量以及网线和节点的需求将网线和节点分配给中心,分配沿最佳路径进行。当网络元素被分配给某个中心时,该中心拥有的资源量就依据网络元素的需求而缩减,当中心的资源耗尽,分配停止,用户可以通过赋给中心的阻碍强度来控制分配的范围。

(1) 确定中心服务范围

在实际生活中,许多行业和部门都涉及利用服务设施提供相关服务的问题,常见的服务范围有：① 到服务设施或中心的最短距离不超过一定范围的覆盖区域，如一个供水站 50 km 以内的区域，构成了该供水站的供水区；② 到服务设施或中心的最短时间不超过一定限制的覆盖区域，如一个消防站 10 min 所能到达的范围是该消防站在 10 min 的服务范围。中心服务范围分析作为基本网络分析功能，为评价服务中心的位置及其通达性提供了有利的支撑。

地理网络的中心服务范围是指一个服务中心在给定的时间或范围内能够到达的区域。严格定义可表述如下：设 $D=(V,E,c)$ 为一给定的带中心的地理网络，V 表示地理网络节点的集合，E 表示地理网络边的集合，c 表示地理网络的一个中心。设中心的阻值为 c_w，w_{ij} 表示网络边 e_{ij} 的费用，r 表示地理网络上任何节点到中心（v_i，v_c）间的一条路径，r_{ic} 表示该路径的费用。在不考虑货源量和需求量的情况下，中心的服务范围定义为满足下列条件的网络边和网络节点的集合 F：

$$F=\{v_i \mid r_{ic} \leqslant c_w, v_i \in r\} \cup \{e_{ij} \mid r_{ic}+w_{ij} \leqslant c_w, v_i \in r\} \tag{3-37}$$

中心的阻值 c_w 可理解为资源从中心沿某一路径分配的总费用的最大值，在中心服务范围内从中心出发的任意路径费用不能超过中心的阻值。例如，要求学生到校的时间不超过 15 min，则学校的阻值是 15 min，中心的阻值针对不同的应用具有不同的含义。

确定中心服务范围的基本思想是：依次求出服务费用不超过中心阻值的路径，这些路径的网络节点和边的集合构成了该中心的服务范围。具体处理时是运用广度优先搜索算法，将地理网络从中心开始，根据中心的阻值和网络边的费用，由近及远，依次访问和中心有路径相通且路径费用不超过中心阻值的节点，确定达到的最短路径，主要步骤为：

① 根据拓扑关系，计算地理网络的最大邻接节点数；

② 构造邻接节点矩阵和初始判断矩阵，描述地理网络结构；

③ 应用广度优先搜索算法确定地理网络中心的服务范围。

(2) 确定中心资源分配范围

资源分配反映了现实世界网络中资源的供需关系，“供”代表一定数量的资源或货物，位于中心，“需”指对资源的利用。通常用地理网络的中心模拟提供服务的设施，如学校、消防站等，被服务的一方则用网络边和网络节点模拟，如沿街道居住的学生等。供需关系导致在网络中必然存在资源的运输和流动，资源从供方送到需方，或者由需方向供方索取。供方和需方之间是多对多的关系，比如一个学生可以到许多学校去上学，多个电站可以为同一区域的多个客户提供服务，于是存在优化配置问题。优选的目的：一方面，要求供方能够提供足够的资源给需方，例如，电站要有足够的电能提供给客户；另一方面，对于已建立供需关系的双方，要实现供需成本最低，例如，在学生从家到学校时间最短的情况下确定哪个学生到哪个学校上学。

资源分配是将地理网络的边或网络节点，按照中心的供应量及网络边和网络节点的需求量，分配给一个中心的过程。确定中心资源的分配范围就是确定地理网络中由哪些网络边和网络节点所组成的区域接受该中心的资源分配，处理时既要考虑到网络边和网络节点的需求量，又要考虑中心的总需求量。即求出到中心费用不超过中心最大阻值，同时网络的总需求量不超过中心的货源量的路径，组成这些路径的网络节点和边的集合就构成了该中心资源分配的范围。

资源的分配范围定义可以表述如下：设 $D=(V,E,c)$ 为一给定的带中心的地理网络，

设中心的货源量为 c_s，中心的阻值为 c_w，d_{ij}、w_{ij} 分别表示网络边 e_{ij} 的需求量和费用，r 表示地理网络上任何节点到中心(v_i, v_c)间的最短路径，r_{ic} 为该路径的费用，m 是网络当前的总需求量。则资源的分配范围为满足下列条件的网络边和网络节点的集合 P：

$$P = \{v_i \mid r_{ic} \leqslant c_w, m \leqslant c_s, v_i \in r\} \cup \{e_{ij} \mid r_{ic} + w_{ij} \leqslant c_w, m + w_{ij} \leqslant c_s, v_i \in r\} \tag{3-38}$$

具体求解中心资源的分配范围时与服务范围的搜索方法类似，算法的主要步骤如下。

① 将中心所在的节点作为 V_0，放入已标记节点集 S，并初始化有关变量。

② 如果整个网络都已被分配，则停止；否则，执行步骤④。

③ 如果总货源量都已被分配，则停止；否则，执行步骤④。

④ 在尚未分配的节点集 $\bar{S}$ 中，寻找距离中心 V_0 路径最短的节点 V_n，假设 V_n 的前一点是 V_m，将(V_m, V_n)作为当前处理的边。

⑤ 判断网络流在边(V_m, V_n)上的运行情况：a. 边接收到的来自 V_m 点的流量：$\mathrm{LR}_{mn} = \min\{\mathrm{LL}_{mn}, \mathrm{PO}_m\}$；b. 边消耗掉的流量：$\mathrm{LF}_{mn} = \min\{\mathrm{LD}_{mn}, \mathrm{LR}_{mn}\}$；c. 由该边流向 V_n 的流量：$\mathrm{LO}_{mn} = \mathrm{LR}_{mn} - \mathrm{LF}_{mn}$。其中，$\mathrm{LD}_{mn}$、$\mathrm{LL}_{mn}$ 分别为(V_m, V_n)边的需求量和通行能力，PO_m 为 V_m 发出的流量。

⑥ 如果(V_m, V_n)边流向 V_n 点的流量为 0，则该边停止运输；如果(V_m, V_n)边流向 V_n 点的流量小于该边的需求量，则将该边的一部分分配给中心后，停止运输；如果(V_m, V_n)边流向 V_n 点的流量大于该边的需求量，则考察网络流在 V_n 点上的接受量 PR_n、消耗量 PF_n 和发出量 PO_n。

⑦ 判断网络流在节点上的运行情况，与网络流在边上的运行情况类似：a. 节点 V_n 接收到的来自(V_m, V_n)的流量：$\mathrm{PR}_n = \min\{\mathrm{PL}_n, \mathrm{LO}_{mn}\}$；b. 节点 V_n 消耗掉的流量：$\mathrm{PF}_n = \min\{\mathrm{PD}_n, \mathrm{PR}_n\}$；c. 由节点 V_n 流向相邻边的流量：$\mathrm{PO}_n = \mathrm{PR}_n - \mathrm{PF}_n$。其中，$\mathrm{PD}_n$、$\mathrm{PL}_n$ 分别为节点 V_n 的需求量和通行能力。

⑧ 如果 $\mathrm{PO}_n \leqslant 0$，则该点停止运输；如果 $\mathrm{PO}_n > 0$，则考察与节点 V_n 相邻的边。

⑨ 如果存在与 V_n 点相邻的边(V_n, V_r)，该边尚未分配而该边的点 V_n 已经分配，则给该边分配它所需要的量 LD_{nr}，此时，从 V_n 点流向其他相邻的且另一端点尚未分配的边的流量为 $\mathrm{PO}_n = \mathrm{PO}_n - \mathrm{LD}_{nr}$。

⑩ 记录已分配的节点 V_m、边(V_m, V_n)或边(V_n, V_r)，并从未分配的点、边集合 $\bar{S}$ 和 $\bar{Q}$ 中减去这些元素，将点 V_n 作为当前节点。

最后，计算全网络点或边的总消耗量 LET、PET，点或边的分配数 LNT、PNT 以及总的消耗量 TF。

思政融入点 通过位置分析，引导学生在人生发展中找准自己的定位，为国家和社会发挥自己应有的贡献。

复习思考题

3-1 邻近分析中可用的距离度量有哪些类型？

3-2 简述点、线、面状实体所建立的缓冲区的形态差异。

3-3　简述对线状实体建立缓冲区所采用的算法及步骤。

3-4　简述泰森多边形的主要特点。

3-5　简述点、线、面实体与面状实体进行叠置分析时属性及图形的处理。

3-6　简述拓扑分析的主要内容及常见的拓扑错误。

3-7　举例说明地图代数的应用。

3-8　简述栅格计算的不同类型及差异。

3-9　简述线性滤波与非线性滤波的区别与联系。

3-10　简述网络和位置分析中的关键问题。

3-11　简述最小生成树、Gabriel 网络和 Steiner 树的区别与联系。

3-12　简述最佳路径分析中的 Dijkstra 算法、弗洛伊德算法和矩阵算法，并进行对比分析。

3-13　简述 TSP 的构建及应用。

3-14　简述中心点与中位点的类型及其区别。

3-15　简述资源分配的定义及其应用。

第 4 章　空间统计分析

统计分析是空间分析的主要手段。空间统计分析就是对空间数据进行统计分析，从而得出结论或建立联系，包括空间数据的统计分析及数据的空间统计分析两方面。空间数据的统计分析就是用数学统计模型来描述和模拟空间现象和过程。数据的空间统计分析是对空间数据进行空间依赖性和空间异质性的研究。

4.1　探索性空间数据分析

在对数据进行建模或深入分析之前，需要了解数据的统计分布性质，并进行概括性总结，即探索性数据分析。探索性数据分析本质上是数据驱动的思想，即对数据不施加或尽可能少地施加先验假设，通过图和表的形式直观展示数据特点，或利用方程拟合、计算特征量等数学方法揭示数据分布规律、异常值和全局趋势等特征，目的是为后续分析提供先验指导，如特征变量选择、模型构建和检验假设等。

当探索性数据分析与空间数据相结合，便构成了探索性空间数据分析。它是将探索性数据分析思想推广到空间数据领域，由一系列空间数据分析方法和技术组成，是空间分析的先导。探索性空间数据分析以空间关联测度为核心，通过描述与显示地理要素的空间分布，可以发现空间数据的异常值，揭示空间依赖性与空间异质性模式。探索性空间数据分析是在零假设，即空间不相关这一假设的基础上，利用统计学和图表相结合的方法对空间数据进行描述和归纳。探索性空间数据分析的基本方法主要分为空间数据可视化和数值计算两类。

4.1.1　空间数据可视化

可视化是探索性空间数据分析的重要手段，空间数据可视化的主要方法有两种，一种是传统的统计图，另一种是将其与地图相结合。在此主要介绍直方图、散点图、箱形图、分位数-分位数图，以及统计图与地图相结合的形式。

4.1.1.1　直方图

直方图用于描述数据的分布形态，分为频数直方图和频率直方图两类。直方图用横轴表示观测值，并把横轴划分成若干个相等且不重叠的区间；用纵轴表示落在相应区间内的观测值频数或频率，用高度表示一组采样点的频数或组内的频率，如图 4-1 所示。通过直方图显示不同数值范围出现的相对概率，可以提示数据的中心，阐明数据的分布特点、判断数据中是否含有异常值。

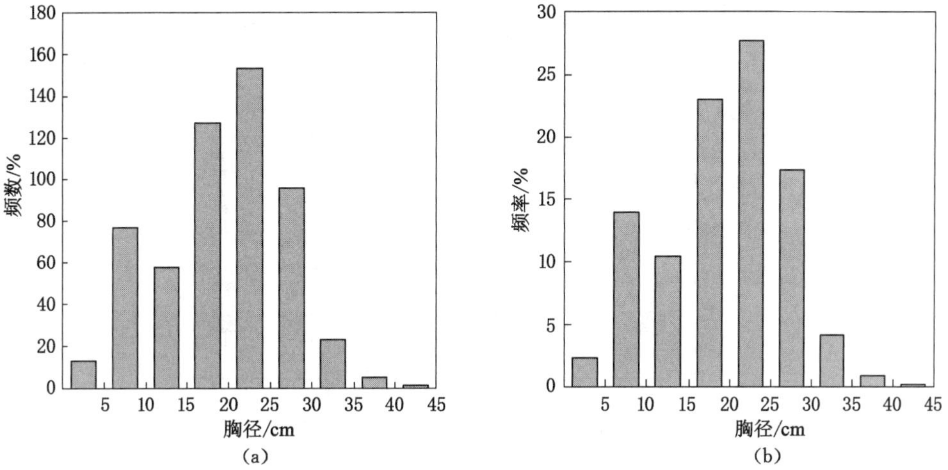

图 4-1　树木胸径频数(a)和频率(b)直方图

4.1.1.2　散点图

散点图是将两种观测变量的值绘制在二维平面上，可以直观地展示两个变量之间的关系，如图 4-2 所示。在散点图中，根据数据的分布特征，可以判断变量之间的相关性以及异常值的分布情况。此外，散点图所展示的变量之间的相关性对于回归分析也具有重要价值。

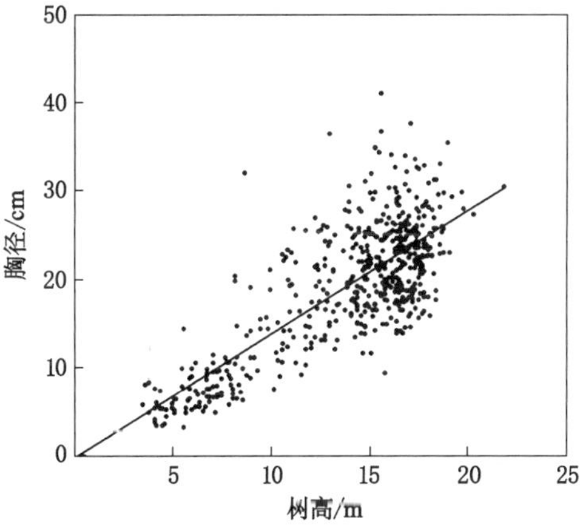

图 4-2　树高-胸径关系散点图

4.1.1.3　箱形图

箱形图又称为盒须图、箱线图，通过五个描述统计量展示数据特征，包括：最小值、下四分位数、中位数、上四分位数和最大值，如图 4-3 所示。箱形图能够展示出数据是否具有集中性、离散性和异常值等信息，并且可以比较不同样本数据之间的差异。箱体越扁，晶须越短，表明变量数值分布越集中。

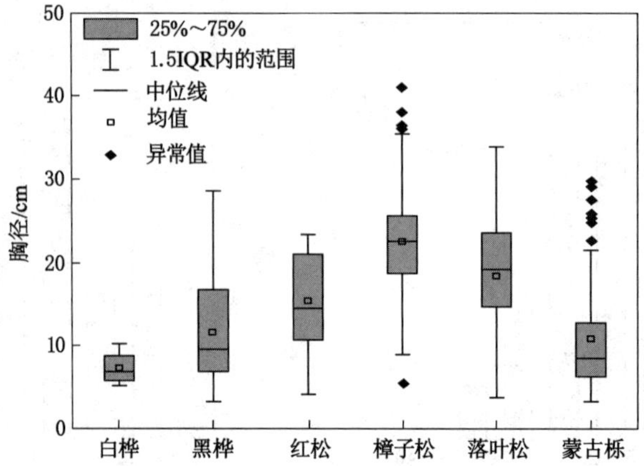

图 4-3　不同树种胸径范围的箱形图

4.1.1.4　分位数-分位数图

分位数-分位数图,即QQ图,用于观察单一观测数据与标准正态分布的接近程度,也可用于检验两组观测数据的分布是否相同。既可以根据原始数据直接绘制QQ图,也可以对原始数据进行对数或Box-Cox变换后再进行绘图,如图4-4所示。绘制QQ图时,首先需要将观测数据按照从小到大的顺序进行重新排列,并计算观测数据的均值和标准差;而后再计算每一个数值的分位数和累积分布值。累积分布值给出了某个特定值以下的值所占的数据比例。若QQ图与1∶1线较为接近,表明观测值符合标准正态分布;对两组观测数据来说,表示二者具有相同的分布。

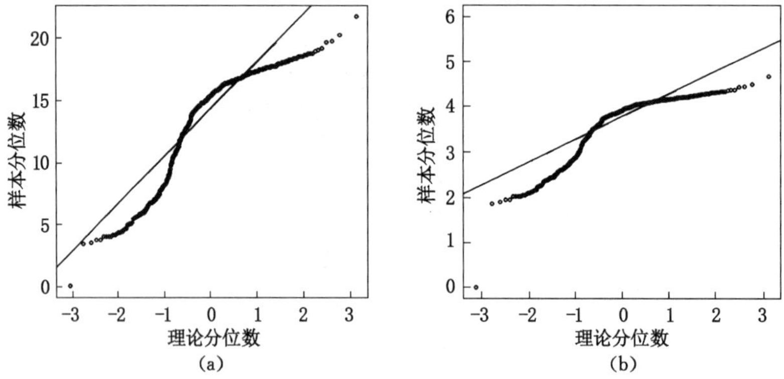

图 4-4　原始树高(a)和树高对数变换后(b)的分位数-分位数图

4.1.1.5　统计图与地图结合

地图是空间数据可视化的重要手段。当需要了解全部数据的空间分布特征及其属性特征时,可以对空间数据进行地图可视化表达,如图4-5所示。GIS软件采用交互式的方法将地图与各种统计图相结合,建立了地理空间位置和数据属性特征的联系,将传统的探索性空间数据分析方法紧密融合,可以从空间到属性对地理现象进行全面的分析。

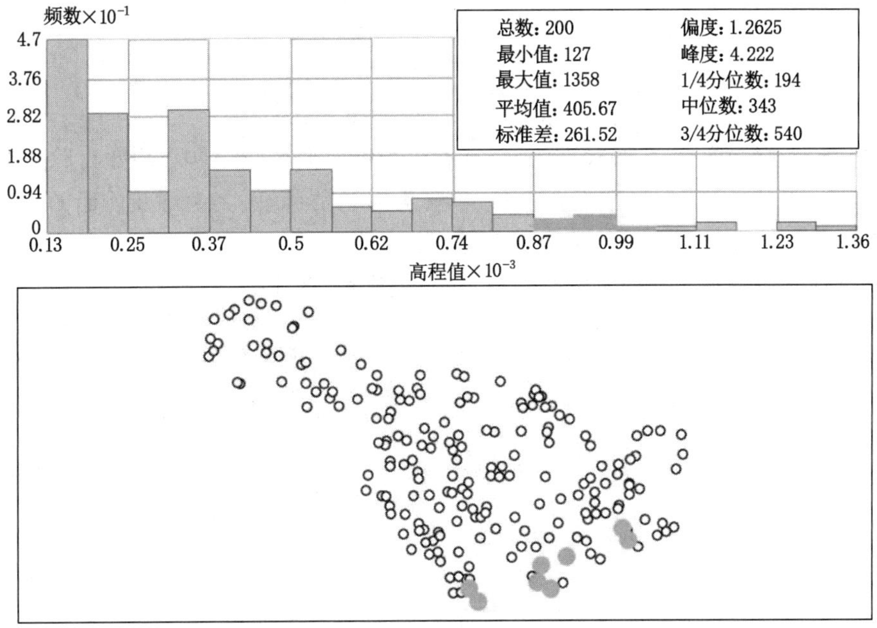

图 4-5　地图与统计图的交互表达

4.1.2　数值计算

4.1.2.1　回归分析

回归分析是指确定两个或两个以上变量间相互依赖的定量关系的统计分析方法。回归分析按照涉及变量的多少，可分为一元回归分析和多元回归分析；按照因变量的多少，可分为简单回归分析和多重回归分析；按照自变量和因变量之间的关系类型，可分为线性回归分析和非线性回归分析。

在进行直线回归分析时，通常是先根据原始数据对(x, y)在直角坐标系上绘制散点图，然后通过数学方法求出能代表各数据点对分布趋势的回归直线方程。描述数据变量(x, y)回归关系的直线方程为：

$$y = ax + b \tag{4-1}$$

式(4-1)中，a 和 b 为直线方程中的两个常数项，可通过实测数据点对，采用最小二乘法拟合求得。类似地，解释变量可以是多个。

4.1.2.2　主成分分析

主成分分析法是一种降维的统计方法，其借助某一正交变换，可将分量相关的原随机向量转化成分量不相关的新随机向量，在几何上表现为将原坐标系变换成新的正交坐标系，使之指向样本点散布最开的 p 个正交方向，然后对多维变量系统进行降维处理，再通过构造适当的价值函数，进一步将低维系统转化成一维系统。

$$\begin{cases} Z_1 = c_{11}x_1 + c_{12}x_2 + \cdots + c_{1m}x_m \\ Z_2 = c_{21}x_1 + c_{22}x_2 + \cdots + c_{2m}x_m \\ \vdots \\ Z_m = c_{m1}x_1 + c_{m2}x_2 + \cdots + c_{mm}x_m \end{cases} \tag{4-2}$$

式(4-2)中,x 为原始变量 X 的标准化变量(即每个原始变量减去样本均数再除以样本标准差);$c_{ij}(i, j=1,\cdots,m)$ 为线性组合系数,被称为因子负荷量,其大小及前面的正负号直接反映了主成分与相应变量之间关系的密切程度和方向。

主成分所反映的是所有样本的总信息,信息量则由 Z_1 到 Z_m 逐渐减少。第 i 个主成分的贡献率为 $\frac{\lambda_i}{m \times 100\%}$;$\lambda_i$ 为与第 i 个主成分对应的特征值,可以通过特征方程 $|\boldsymbol{R}-\lambda\boldsymbol{I}=0|$ 进行求解,其中 $\boldsymbol{R}$ 为标准化变量的协方差矩阵(即相关矩阵),$\boldsymbol{I}$ 为与相关矩阵同阶的单位矩阵。由此可得,前 P 个主成分的积累贡献率是 $\left(\sum_{i=1}^{p}\frac{\lambda_i}{m}\right)\times 100\%$。在应用时,一般取累计贡献率为 70% ~ 85% 或以上所对应的前 P 个主成分即可。有时,(Z_1, Z_2) 就能解释 $(x_1,\cdots,x_m)$ 方差的 70% ~ 80%。

在使用主成分分析方法研究复杂问题时,往往只需考虑少数几个主成分,这样做既不会损失大多信息,也更容易抓住主要矛盾,揭示事物内部变量之间的规律,同时能够简化问题,提高分析效率。

思政融入点 对探索性空间数据方法进行引申,培养学生拥有对未知事物和知识勇于探索、通过不同途径获得解决方法的勇气。特别是主成分分析,要强调在解决问题时抓住事物的主要矛盾。

4.2 空间统计基础

表达地理现象或地理过程的空间数据与一般的随机变量不同,其普遍存在空间自相关特性,与经典统计学中的样本独立性假设相悖,并且空间数据样本一般具有不可重复性。采用经典统计学方法分析空间数据时,其结果往往是有偏的和非最优的。因此,空间统计与经典统计学存在显著差别。空间依赖性和空间异质性是地理变量最为重要的两个性质。

4.2.1 空间依赖性与空间异质性

美国地理学家 Tobler(托布勒)提出了地理学第一定律,即任何事物都相关,但是相近的事物关系更密切。其实质是地理现象之间的关系不是随机的,存在一定的关联性,相似的或具有相似性质的地理现象会聚集在一起。地理学第一定律的提出使地理现象的空间依赖性得到了充分的重视,是对空间依赖性的定性描述,其内涵需要针对具体的背景进行解释。空间上的依赖性是空间数据最基本的性质,也是空间统计学特殊的本质原因。一般采用空间自相关指标测度地理现象的空间依赖性。计算空间自相关的方法有多种,最为常用的是 Moran I(莫兰 I 指数)、Geary C(吉尔里 C 数)和 Getis-Ord Gi^*(热点分析)等。

受到空间依赖性的影响,可将地理现象的空间分布模式分为聚集、分散和随机三种模式,如图 4-6 所示。聚集模式指地理现象在空间上邻近分布；分散模式指地理现象分布比较均匀，且彼此离得较远，表明相邻地理现象之间可能存在互斥的空间关系；随机模式指地理现象既不聚集分布，也不分散分布，表明可能不存在控制分布方式的系统性结构、机制和过程。

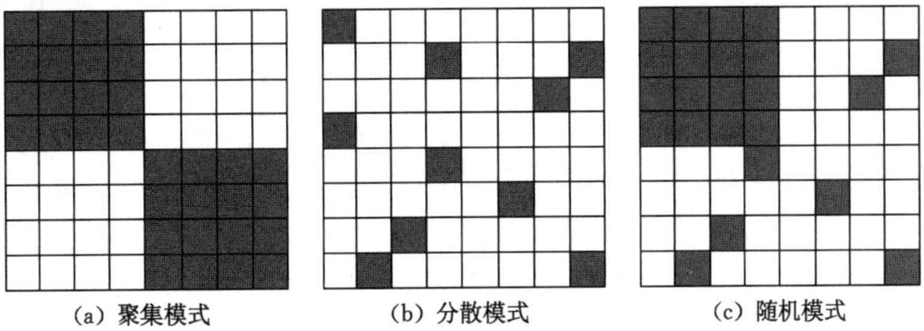

图 4-6　空间模式示意图

Goodchild(古德柴尔德)在托布勒的地理学第一定律基础上，提出了地理学第二定律，即空间异质性定律，是与空间依赖性相对应的空间数据的另一重要性质。空间异质性是指由空间位置不同导致的地理现象的差异性，即地理空间的局部特殊性，体现了空间数据的多样性、复杂性和非均质性。空间异质性也称为空间非平稳性，意味着地理现象之间的关系或者结构会随着空间位置的改变而发生变化。

4.2.2　空间邻近关系表达

在进行空间统计分析时，通常需要描述地理对象位置之间的相互关系，即是否具有邻近性。

4.2.2.1　空间邻近性

空间邻近性可通过距离或连通性两种方式定义。若以距离衡量面状要素的空间邻近关系，一般测量面状要素的重心或几何中心的距离。如果要素间的距离小于邻近阈值，则可认为二者在空间上邻近，邻近阈值的大小对于地理对象的近邻数量有直接影响。面状要素还可以采用连通性来衡量要素的空间邻近性，其判断依据是面状要素之间是否存在公共边界。具有公共边界被定义为面状要素的直接近邻或一阶邻近，根据近邻的传递关系还可以定义间接近邻或二阶邻近，以此类推形成 n 阶邻近。

规则网格相当于简化的多边形结构，具邻接性分为三种方式，如图 4-7 所示。参考国际象棋规则，可分为“车”的行走方式(共边界)、“象”的行走方式(共顶点)和“王后”的行走方式(共边界和共顶点)。中心单元格为 X，在“车”行走方式下的邻接性相当于具有共享边界的情况，X 有 4 个近邻，分别为 B、D、G、E。在“王后”行走方式下，周围 8 个格网单元都是 X 的近邻，虽然有的多边形仅是通过点相连接。这相当于按照距离的邻接性定义，假设网络的边长为 1，则中心之间的距离不超过 $\sqrt{2}$ 的网格单元定义为 X 的近邻。

4.2.2.2　空间权重矩阵

当明确了地理对象的空间邻近性后，需要定量化表达空间邻近性，以便将其纳入空间统计方法。空间权重矩阵是量化要素之间空间邻近性的重要工具。对于 n 个空间对象或单

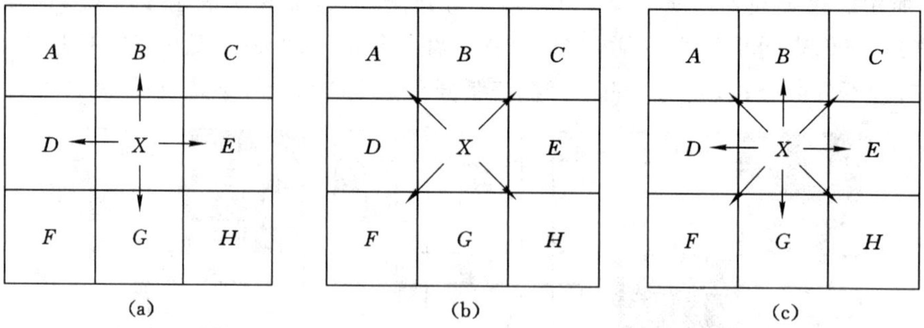

图 4-7 规则网格的邻接性

元,表示感兴趣区内任意两个对象间的空间权重矩阵通常使用一个二元对称矩阵 **W** 来表达,即

$$\boldsymbol{W}=\begin{bmatrix} w_{11} & w_{12} & \cdots & w_{1n} \\ w_{21} & w_{22} & \cdots & w_{2n} \\ \vdots & \vdots & & \vdots \\ w_{n1} & w_{n2} & \cdots & w_{nn} \end{bmatrix} \tag{4-3}$$

式(4-3)中,w_{ij} 为地理对象 i 与 j 的空间权重系数($i,\ j=1,\ 2,\cdots,n$)。通常,$w_{ij}=1$ 表示空间邻近,$w_{ij}=0$ 表示非空间邻近。

4.2.3 空间自相关测度——莫兰指数

空间自相关测度是利用统计方法分析空间单元的属性(地理现象)与其周围单元之间的相关性,并进一步分析地理现象的空间分布特征。如果空间自相关程度较高,表明具有相似特征的空间现象会聚集在一起;相反,如果空间自相关程度较低,则地理现象可能分散于空间各处。

空间自相关方法按功能大致分为两类:全局空间自相关和局部空间自相关。全局空间自相关用于描述地理现象的整体分布特征,判断该地理现象在空间上是否存在聚集性。若将研究范围内不同空间间隔的空间自相关统计量依序排列,可进一步得到空间自相关系数图,可用于分析该现象在空间上是否有阶层性分布。但是全局空间自相关不能明确地理现象聚集在哪些区域。而依据 Anselin(安瑟兰)提出的方法可知,由局部空间自相关能够推算出地理现象聚集地的范围。莫兰指数是应用较广泛的一种空间自相关性测度方法,主要应用于以面状要素表达的地理现象,因此以全局和局部莫兰指数为例,介绍具体的计算方法。

4.2.3.1 全局莫兰指数

全局莫兰指数的计算公式为:

$$I=\frac{\sum_{i=1}^{n}\sum_{j=1}^{n}\boldsymbol{w}_{ij}\times(x_i-\bar{x})(x_j-\bar{x})}{\sum_{i=1}^{n}\sum_{j=1}^{n}\boldsymbol{w}_{ij}\times\frac{1}{n}\sum_{i=1}^{n}(x_i-\bar{x})^2} \tag{4-4}$$

式(4-4)中,n 为空间单元的数量,$\boldsymbol{w}_{ij}$ 为空间邻接矩阵,x_i 为空间单元 i 的地理属性值,x_j 为

空间单元 j 的地理属性值，$\bar{x}$ 为所有空间单元地理属性的平均值，并且 $i \neq j$。

莫兰指数的范围在 -1 到 1 之间。当 $I>0$ 时，表明地理属性具有空间正相关性，即相邻地区拥有相似的地理属性，属性值高或低的地区都有聚集现象；当 $I<0$ 时，表明地理属性具有空间负相关性，代表相邻地区属性差异大，数据空间分布呈现高低间隔分布的状态；当 $I=0$ 时，表明地理属性不具有空间自相关性，表明地理现象的高值或低值呈无规律的随机分布状态。

全局空间自相关统计量一般侧重于整体研究区域内空间对象的某一属性值的空间分布状态，建立在空间平稳性这一假设基础之上。莫兰指数的原假设是地理现象不具有空间自相关性，所有位置的属性期望值和方差为常数，利用标准化的统计量对 I 值进行检验，即

$$Z(I)=\frac{I-E(I)}{\sqrt{\operatorname{Var}(I)}} \tag{4-5}$$

式(4-5)中，$E(I)$ 为 I 的期望值，$\operatorname{Var}(I)$ 为 I 的方差值。在 5% 的显著性水平下，当 $Z(I)$ 值大于 1.96 时，表明地理变量具有显著的空间正相关；当 $Z(I)$ 值小于 -1.96 时，表明地理变量具有显著的空间负相关；当 $Z(I)$ 值在 -1.96 到 1.96 时，表明地理变量的空间相关性不显著。

4.2.3.2　局部莫兰指数

然而，地理现象的空间整体分布基本趋于非平稳性，个别局域对象的属性取值对全局分析的影响非常明显，特别是当数据量非常庞大时，空间平稳性的假设就变得不可靠。例如，当存在显著的全局空间相关时，可能会掩盖完全随机化的局部样本分布；而在完全不存在空间自相关的全局统计指标下，局部的样本空间数据是有可能存在显著相关性的。因此，有必要进行局部空间自相关分析。

Anselin 在 1995 年提出局部空间自相关指标，用来识别不同空间位置上可能存在的不同空间关联模式。局部空间自相关进一步考虑是否存在属性值的高值或低值在局部的空间集聚特征，允许观察不同空间位置上的局部不平稳性，以发现地理现象的空间异质性，为空间模式的识别提供依据。其计算方法如下：

$$I_i=\frac{n(x_i-\bar{x})\sum_{i=1}^{n} w_{ij}(x_j-\bar{x})}{\sum_{i}(x_i-\bar{x})^2} \tag{4-6}$$

各参数解释可参考式(4-4)。

局部空间自相关指标能够计算空间现象聚集范围的主要原因有两个：一是能通过统计显著性检验，验证聚集地理现象的空间自相关性相对整体研究范围来说是否具有显著性，如果显著性较大，则该区域分布模式为空间聚集现象；二是能够度量空间单元对整个研究区域空间自相关的影响程度，区域内的特例一般影响较大，意味着特例是空间现象的异常或强影响的区域。

4.2.4　空间异质性方法——地理加权回归

局部空间自相关统计量在一定程度上反映了空间数据在整个区域中的异质性特征。当

进行多地理变量关系分析时,若采用普通线性回归模型进行分析,会掩盖变量间关系的局部特性,所得结果也只是研究区域内的某种“平均”,因此需要对传统的回归分析方法进行改进。为了在空间回归分析中进一步考虑空间异质性,福斯林翰姆等人基于局部平滑的思想提出了地理加权回归方法。

地理加权回归模型是典型的空间局域模型,认为回归系数随着空间位置的变化而变化,具有空间非平稳性。它将数据的空间位置嵌入回归参数,利用局部加权最小二乘方法进行逐点参数估计,其中,权重是回归点所在的地理位置到其他各观测点的地理位置之间的距离函数。地理加权回归的表达式为:

$$y_i = a_0(u_i, v_i) + \sum_{k=1}^{m} a_k(u_i, v_i) x_{ik} + \varepsilon_i \tag{4-7}$$

式(4-7)中,y 为因变量;a_0 为回归方程的常数项;$(u_i,\ v_i)$表示 i 的地理位置;k 为自变量计数,m 为自变量数量;a_k 为第 k 个自变量的回归系数;x_{ik} 为第 k 个自变量在位置 i 的值;ε_i 为位置 i 处的误差项。通过上述表达式可以看出,地理加权回归模型是对普通线性回归模型的扩展。

4.3 确定性空间插值

空间插值是根据已知点位的数值估算未知点位数值的过程,并形成空间连续的表面。空间插值可用于模拟连续的气象要素表面,预测大气污染物浓度的空间分布,以及土壤中元素含量的空间变化等。空间插值方法可以分为确定性和随机性两种类型。确定性空间插值假设数据是确定的、无误差且无偏差的,这种方法用于描述空间数据分布的趋势和变化,不提供预测值的误差检验。本节介绍几种常用的确定性空间插值方法,包括趋势面法、样条函数法、反距离权重法和自然邻域法。

4.3.1 趋势面法

趋势面分析也称全局多项式插值法,通过对空间数据的趋势进行建模,估算未知位置的值。该方法基于回归分析原理,构建一个二维多项式函数,模拟地理要素在空间上的分布规律,展示地理要素在空间上的变化趋势。趋势面分析的本质是通过拟合一个表面来代表数据分布规律,利用数学公式来表达感兴趣区域上一种渐变的趋势。

若地理要素的实际观测数据为 $z_i(x_i, y_i)(i=1,2,\cdots,n)$,趋势面拟合值为 $\hat{z}_i(x_i, y_i)$,则有:

$$z_i(x_i, y_i) = \hat{z}_i(x_i, y_i) + \varepsilon_i \quad i=1,2,\cdots,n \tag{4-8}$$

式中,ε_i 为残差值。使用最小二乘法对函数进行拟合,即得到趋势面的参数。

根据数据特征和实际需求,确定插值函数的阶数。计算趋势面的数学方程式有多项式函数和傅立叶级数,其中最常用的是多项式函数形式。一般情况下,趋势面分析使用的插值函数为二次或三次多项式。不同阶数的多项式模型表达方式如下。

一次趋势面模型:

$$z = a_0 + a_1 x + a_2 y \tag{4-9}$$

二次趋势面模型:

$$z = a_0 + a_1 x + a_2 y + a_3 x^2 + a_4 xy + a_5 y^2 \tag{4-10}$$

三次趋势面模型：

$$z = a_0 + a_1 x + a_2 y + a_3 x^2 + a_4 xy + a_5 y^2 + a_6 x^3 + a_7 x^2 y + a_8 xy^2 + a_9 y^3 \tag{4-11}$$

多项式趋势面的次数高，模型的拟合精度可能会更高，但可能会导致过拟合问题，因此需要选择合适的多项式次数。常用的方法是采用交叉验证法或信息准则来确定最优的多项式次数。在实际的空间趋势面模拟中，通常按照对事物的认知由易到难的规律，综合考量精度和计算效率等因素。

多项式趋势面的优点是可以适应复杂的空间变化模式，缺点是拟合过程较为复杂，计算量较大。同时，对于不规则的数据分布，多项式趋势面可能会出现振荡的现象，导致拟合结果不稳定。因此，在实际应用中需要结合数据特点和需求选择合适的趋势面拟合方法。

4.3.2　样条函数法

样条函数是一种广泛应用于数据拟合和平滑的插值方法。该方法将整个感兴趣区域分成多个小区域，并在每个小区域内拟合一个函数，从而生成整体平滑的曲线或曲面，这些小区域被称为样条段。样条函数的本质是用一组光滑的函数(即样条函数)来逼近原始数据，从而获得一种连续的、平滑的函数曲线或曲面。以各样条段曲面之间的光滑性为前提，当按照弹性力学条件确定的 n 次多项式曲面与其相邻分块的边界上所有 $n-1$ 次导数都连续时，这个 n 次多项式就称为样条函数。这样能够确保样条函数插值的连续性和光滑性。在样条插值中，利用最小化表面总曲率估计预测值，并生成平滑表面。在样条插值中，不仅考虑了数据拟合，还考虑了光滑性和连续性的因素。薄板样条函数是样条函数中最基本的一种类型，其计算公式为：

$$Z = \sum_{i=1}^{m} A_i d_i^2 \log d_i + a + bX + cY \tag{4-12}$$

式中，Z 为估计值；d_i 为第 i 个已知点与待插值点之间的距离；m 为参与计算的样本点数量；$a+bX+cY$ 为局部趋势函数；${d_i}^2 \log d_i$ 为基础函数，用于生成最小曲率的表面。系数 A_i、a、b、c 可利用以下线性方程组求解得到。

$$Z_i = \sum_{j=1, j \neq i}^{m} A_j d_j^2 \log d_j + a + bX + cY \tag{4-13}$$

$$\begin{cases} \sum_{i=1}^{m} A_i = 0 \\ \sum_{i=1}^{m} A_i X_i = 0 \\ \sum_{i=1}^{m} A_i Y_i = 0 \end{cases} \tag{4-14}$$

式中，Z_i 为第 i 个样本点的观测值，X_i 和 Y_i 为第 i 个样本点的空间坐标，d_j 为第 j 个样本点与第 i 个样本点之间的距离。

样条函数具有分段特性，意味着可以修改曲线的某一段而不必重新计算整条曲线，从而能够实现高的插值速度和较高的拟合精度。样条函数可以得到光滑的曲面,避免了其他插值方法可能出现的振荡和拟合误差。其结果具有局部性,每个矩形单元内的拟合曲面只与该矩形单元内的数据点相关,不受其他样条段数据的影响。样条函数插值方法也存在一些局限性。该方法计算量较大,对于大规模数据集的插值计算较为耗时。当样本较少时,插值效果不理想。样条函数插值方法只适用于连续函数的插值,如果待插值的函数存在不连续的情况,那么样条插值的结果可能不准确。

4.3.3 反距离权重法

反距离权重法是一种基于距离加权的插值方法,该方法假定距离待插值点越近的样本点对预测结果的影响越大,距离越远的样本点对预测结果的影响越小。对于待插值点,通过已知点的值和它们与该点之间的距离及权重的计算,可以得到该点的估计值。权重可以使用距离的倒数或距离的负幂指数来表示,以反映距离越近的样本点对预测结果的影响越大。反距离权重法的公式如下:

$$z^*(x_0)=\sum_{i=1}^{n}\lambda_i z(x_i) \tag{4-15}$$

式中,$z^*(x_0)$为点 x_0 处的预测值;$z(x_i)$为点 i 处的已知值;n 为预测点周围已知点的数目;λ_i 为分配给每一个已知点的权重。

反距离权重法的权重公式为:

$$\lambda_i=\frac{d_{i0}^{-p}}{\sum_{i=1}^{N}d_{i0}^{-p}} \text{ 且 } \sum_{i=1}^{N}\lambda_i=1 \tag{4-16}$$

式中,d_{i0} 为预测点 x_0 与每一个已知点 x_i 之间的距离;幂指数 p 为已知点对预测点的影响程度。也就是说,当已知点和预测点之间的距离增加时,已知点对预测点的影响呈指数降低,如图 4-8 所示。若 $p=0$,则每一个权重都是一样的,预测值是所有已知值的均值;当 p 增加时,相距较远的点的权重迅速减小。权重总和为 1。

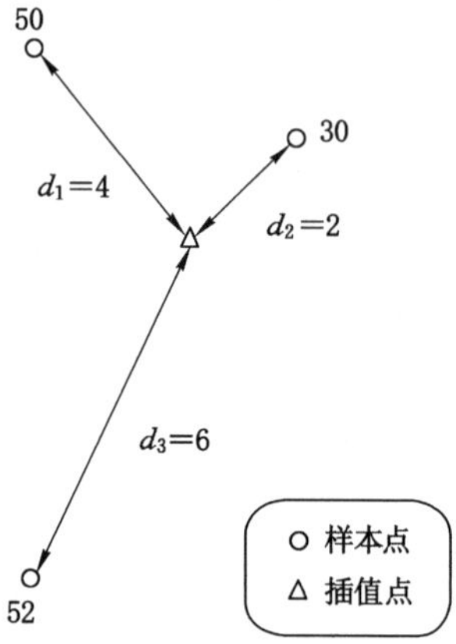

图 4-8 反距离权重法原理

反距离权重法需要根据距离计算每个已知点的权重。最优幂值 p 指数通常是由最小的均方根误差决定的。均方根误差是通过交互验证取得的统计值。在交互验证中,每一个采样点的实测值被用来与该点的预测值相比较,对于同一组数据可给出不同的幂值,得出不同的均方根误差,最小的均方根误差就对应于最优的幂值取值。实际应用中,需要设置一个距离阈值,将距离超过阈值的已知点的权重设为 0,以减小噪声的影响。

反距离权重法具有计算速度快、参数设置简单等优点,适用于各种类型的空间数据。然而,反距离权重法也存在一些缺点。首先,该算法对于样本点分布不均匀或存在奇异点的数据集,插值结果的准确性会受到影响。其次,该算法假设距离插值点越近的样本点对预测结果的影响越大。但在实际情况中,离插值点较远但与之相似的样本点对预测结果的影响可能更大,因此需要根据实际情况进行权衡和调整。此外,反距离权重法只考虑了距离因素,对于空间变异性较大、存在不规则边界或区域内部数据密度差异较大的数据集，其效果会受到一定影响。

4.3.4 自然邻域法

自然邻域法利用已知数据点的空间邻近关系来估计未知位置的数值。在计算插值结果时，自然邻域法不同于反距离权重插值法。自然邻域法只考虑了距离最近的一个点的贡献，通过确定每个未知位置的自然邻域，将最近邻点的距离和其他权重因子考虑进去，从而提高插值结果的准确性。

自然邻域法的插值首先需要构建三角形剖分，通过德劳内三角剖分或沃罗诺伊图算法生成一个不规则的三角网格。而后，对于每个待插值点，需要寻找其自然邻域，即周围距离最近的一组数据点。之后，对自然邻域内的数据点进行权重计算，并通过加权平均的方式得出待插值点的估计值。插值计算可以根据实际需求选择不同的方法，如线性插值、多项式插值、径向基函数插值等。

自然邻域法的一个重要过程是生成泰森多边形，通过连接三角形外接圆心来生成泰森多边形，从而为每个数据点分配一个区域，以描述其所占空间范围。自然邻域法的计算过程简单易懂，仅考虑了最近邻点的贡献，不需要像其他插值方法那样进行复杂的数学运算，因此其计算速度快，非常适合用于大规模数据集的插值计算，可以获得较高的插值精度。

4.4 地统计学与克里金插值

地统计学是法国统计学家马泰隆创建的一门统计学分支学科，最早应用于地质学，因此又称为地质统计学。地统计学以区域变化量理论为基础，以变异函数和协方差函数为工具，以克里金插值法为主要内容，研究在空间分布上既有随机性又有结构性的自然现象。其应用已经逐渐扩展到土壤、气象和数字地形分析等领域。前述的空间插值方法较少考虑观测点的整体空间分布情况，而克里金插值法是建立在样本点空间自相关特征基础上的。

4.4.1 区域化变量理论

当变量(地理现象)随所处空间位置的不同表现出不同的数量特征，并呈现一定的空间分布时，称该变量为区域化随机变量或区域化变量。普通的随机变量符合特定的概率分布，而区域化变量是普通随机变量在区域内确定位置上的特定取值，也就是说区域化变量是与位置有关的函数。随机性和结构性是区域化变量最重要的特征。区域化变量是一个随机函数，当空间点位 x 确定之后，$Z(x)$就是一个随机变量，具有局部的、随机的和异常的性质。结构性是指区域化变量在空间两个不同点 x 及 $x+h$ 处的数值 $Z(x)$与 $Z(x+h)$具有一定的相关性，这种相关性依赖两点间的向量 $\boldsymbol{h}$ 及研究变量特征。

区域化变量一般只存在于一定的空间范围内，表现出一定的空间局限性。这一空间称为区域化变量的几何域。在几何域内，区域变化量的属性表现最明显；在几何域外，变量的属性表现不明显或无表现。区域化变量具有不同程度的连续性，连续性可通过相邻样点之间的变异函数来描述。此外，区域化变量如果在各个方向上的性质变化相同，则称为各向同性；若在各个方向上的性质变化不同，则称为各向异性。各向同性或各向异性主要通过区域化变量的自相关程度进行判断,常采用变异函数和协方差函数来分析数据的空间分布。

4.4.2 变异函数

由于区域化变量具有不同于纯随机变量的特殊性质,所以需要采用一种既能兼顾区域化变量的随机性,又能反映它的结构性的函数或模型来描述。为此,马泰隆提出了变异函数和协方差函数。特别是变异函数,是地统计学特有的基本工具,同时描述了区域化变量的随机性和结构性,为从数学上严格地分析区域化变量提供了有用工具,是许多地统计学方法的计算基础。

4.4.2.1 变异函数的定义

变异函数描述区域化变量的空间变化特征与强度时,被定义为区域化变量增量平方的数学期望。当空间点 x 在一维 x 轴上变化时,区域化变量 $Z(x)$在点 x 以及 $x+h$ 处的值 $Z(x)$与 $Z(x+h)$差的方差的一半为区域化变量 $Z(x)$在 x 轴方向上的变异函数,通常记为 $\gamma(x,h)$,其计算公式为:

$$\gamma(x,h)=\frac{1}{2}\mathrm{Var}[Z(x)-Z(x+h)] \tag{4-17}$$

由式(4-17)可以看出,变异函数 $\gamma(x,h)$仅与变量 x 和 h 有关。其中,$\frac{1}{2}$没有实际意义,仅是为计算方便而引入的。变异函数考虑了任意两样本间的差异,并将此差异用其方差的一半来表示,所以又称为半变异函数或半方差函数,而将 $2\gamma(h)$称作变异函数。自然要素在一定的地理范围内,任意两个样本点的半变异的计算公式如下:

$$\gamma(h_{ij})=\frac{1}{2}[Z(x_i)-Z(x_j)]^2 \tag{4-18}$$

式(4-18)中,$\gamma(h_{ij})$为已知点 x_i 和 x_j 的半变异,h_{ij} 为这两点之间的距离,Z 为区域变化量。图 4-9 为半变异云图,根据数据集中各对已知点的距离 h 绘 $\gamma(h)$。如果数据集不存在空间相关,那么近距离已知点之间的半变异很小,相反,较远距离的已知点之间的半变异较大。

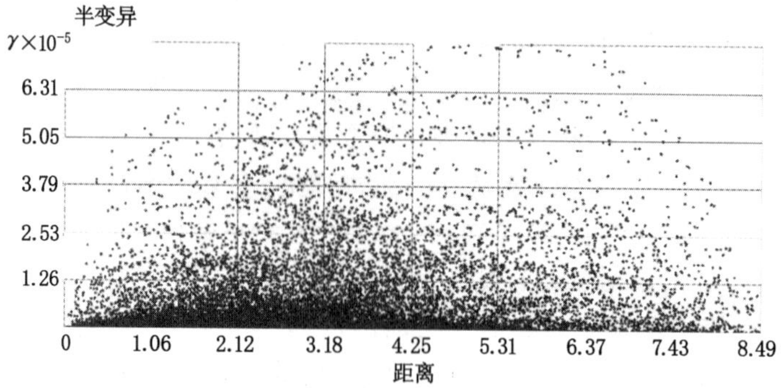

图 4-9 半变异云图

4.4.2.2　半变异函数的参数

变异函数通常采用以变异值 $\gamma(h)$ 及其滞后距离 h 为对应的变异曲线表征。图 4-10 是一个理想化的半变异曲线图。

(1) 块金值

理论上半变异函数曲线穿过原点,但是由于存在测量误差和空间变异,即使点对的距离 h 很小,样本间也存在一定的差异。当 $h=0$ 时,半方差函数 $\gamma(h)\neq 0$,而等于一个常数 C_0,这种现象称为块金效应,块金常数 C_0 的大小可反映区域化变量的随机性程度。

(2) 基台值

当半变异函数随着采样点间隔距离 h 增大,从初始的块金值达到一个相对稳定的常数时,该常数称为基台值,其值为 C_0+C。基台值是系统或系统属性中最大的变异,反映了区域化变量在研究范围内变异的强度。

(3) 偏基台值

偏基台值 C 是结构方差,指基台值与块金值之差。空间相关性的强弱可由偏基台值与基台值的比值来反映,该值越大,空间相关性越强。相应地,块金值与基台值的比值称为基底效应,又称空间结构系数,表示样本间的变异特征,该值越大,表示样本间的变异更多的是由随机因素引起的。

(4) 变程

当变异函数的取值由初始的块金值达到基台值时,采样点对的间隔距离称为变程,表明半变异开始稳定。变程 a 是区域化变量从存在空间相关状态(当 $h<a$ 时)转向不存在空间相关状态(当 $h>a$ 时)的转折点。它反映了区域化变量的空间自相关性的作用范围,即变程 a 反映了区域化变量的空间变异尺度。

4.4.2.3　半变异函数的理论模型

变异函数值由有限的样本值计算所得,有助于分析区域化变量的变异特征及结构特性。但由于样本数量有限,当定量地描述变量在整个区域的特征时,需要通过理论半变异函数进行推断。常见的半变异函数理论模型包括:球状模型、高斯模型、指数模型等。

(1) 球状模型由地统计学创始人马泰隆提出,实践证明大多数半变异函数均可采用该模型拟合,其公式为:

$$\gamma(h)=\begin{cases}0, & h=0\\ C_0+C\left(\dfrac{3h}{2a}-\dfrac{h^3}{2a^3}\right), & 0<h\leqslant a\\ C_0+C, & h>a\end{cases} \tag{4-19}$$

式中,C_0 为块金值,C 为偏基台值,C_0+C 为基台值,a 为变程。当 $C_0=0$、$C=1$ 时,称为标准球状模型。原点处切线的斜率为 $\dfrac{3}{2a}$,与基台值线的交点横坐标为 $\dfrac{2a}{3}$,如图 4-11 所示。

(2) 高斯模型的公式为:

$$\gamma(h)=\begin{cases}0, & h=0\\ C_0+C\left(1-\mathrm{e}^{-\frac{h^2}{a^2}}\right), & h>0\end{cases} \tag{4-20}$$

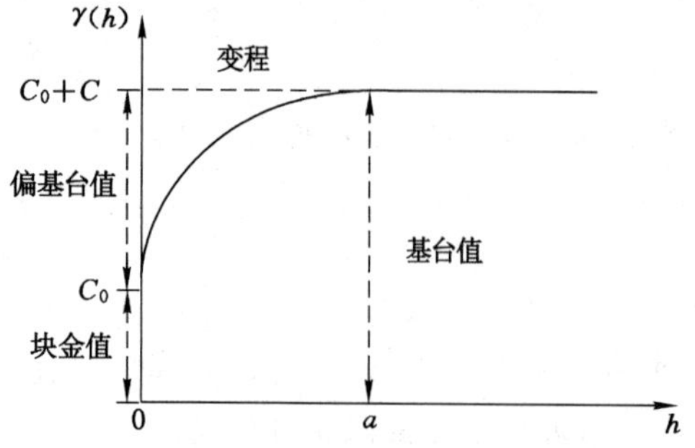

图 4-10　半变异函数曲线及其参数

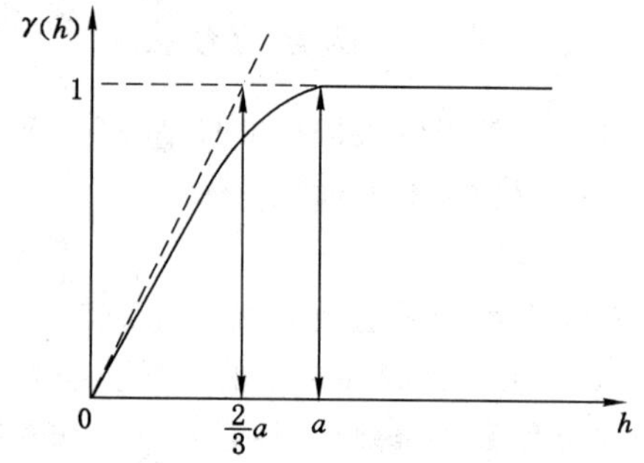

图 4-11　球状模型曲线

式中,a 不是变程,由于 $1-\mathrm{e}^{-3}=1-0.05=0.95\approx1$,所以变程为$\sqrt{3}a$。当 $C_0=0$、$C=1$ 时,称为标准高斯函数模型,如图 4-12 所示。

(3) 指数模型的公式为:

$$\gamma(h)=\begin{cases}0, & h=0\\ C_0+C(1-\mathrm{e}^{-\frac{h}{a}}), & h>0\end{cases} \tag{4-21}$$

式中,C_0 为块金值,C 为偏基台值,C_0+C 为基台值。由于 $h=3a$,$\gamma(h)\approx C_0+C$,所以该模型变程约为 $3a$。当 $C_0=0$、$C=1$ 时,称为标准指数模型,如图 4-13 所示。

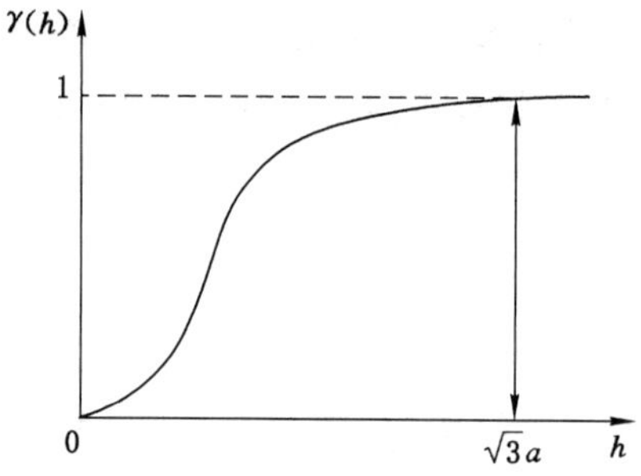

图 4-12　标准高斯模型曲线

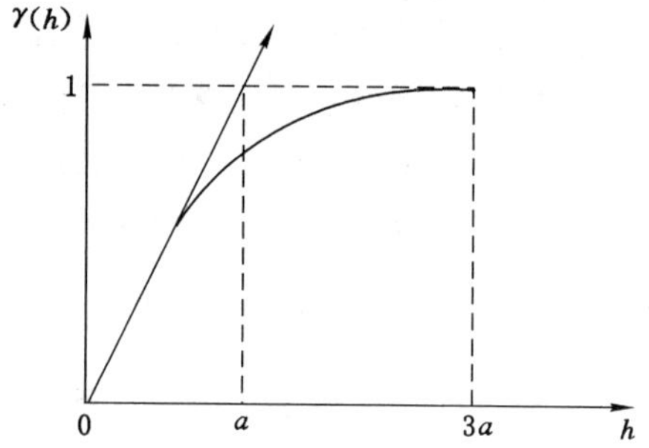

图 4-13　标准指数模型曲线

4.4.2.4　半变异函数应用

半变异云图包含了所有采样点的点对(图 4-9)。在克里金方法的实际操作中,通常用区间分组按距离和方向将半变异信息进行平均化(图 4-14),以方便操作和使用。其步骤如下:首先将样本点对分成不同抽样间距的区间组;其次,按方向对样本点进行分区,如辐射状扇区、格网单元等(图 4-15)。

区间分组的结果是生成一系列区间组(如格网像元),区间组分别按距离和方向对所有样本点进行归类,最后计算平均半变异,公式如下:

$$\gamma(h)=\frac{1}{2n(h)}\sum_{i=1}^{n(h)}\left[z(x_i+h)-z(x_i)\right]^2 \tag{4-22}$$

式中,$\gamma(h)$为按抽样间距 h 归类的样本点的平均半变异,h 为配对抽样间隔距离,$n(h)$为抽样间距为 h 时的样点对的总数,$z(x_i)$和 $z(x_i+h)$分别为变量 x_i 和 x_i+h 的取值。

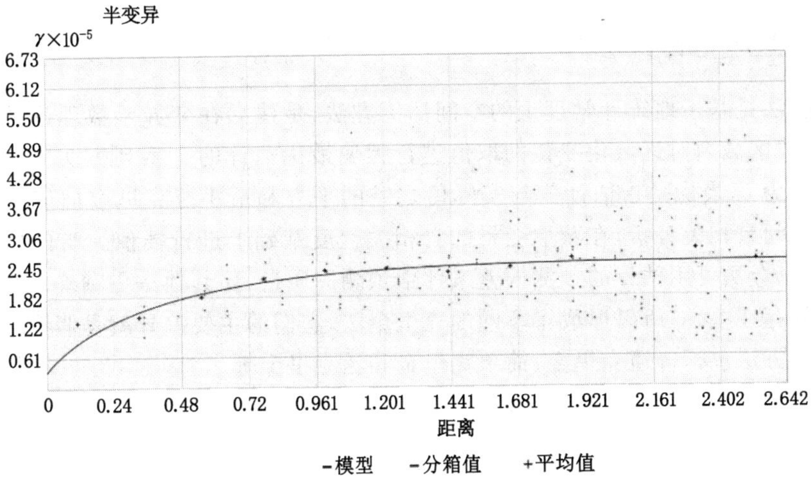

图 4-14　按照距离区间分组后的半变异图

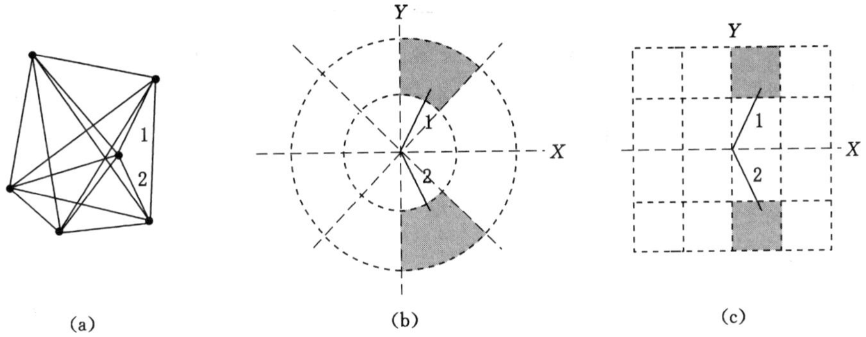

图 4-15　样本按方向、径向扇区和格网单元进行区间归类的常用方法

4.4.3　地统计学理论假设

在实践中，地理变量具有不可重复性，即在同一位置无法重复观测，因此仅能在 x 和 $x+h$ 处对同一地理变量进行观测。由于仅有有限数量的样本，所以不能以此来推断随机函数在整个面上的分布，在这样的情况下，需要对随机函数做必要的假设。

4.4.3.1　二阶平稳假设

二阶平稳假设也称弱平稳假设，它必须满足两个条件：一是研究区域内的区域化变量等于常数；二是区域化变量的协方差存在且相同（常数），即与变量位置无关，仅依赖变量间的距离或方向。

4.4.3.2　内蕴假设

内蕴假设也称本征假设，区域化变量 $Z(x)$ 的增量 $Z(x)-Z(x+h)$ 必须满足下列两个条件：一是在整个研究区域内，对任意 h 都有 $E[Z(x)-Z(x+h)]=0$；二是增量 $Z(x)-$

$Z(x+h)$的方差函数存在且平稳。

4.4.4 克里金估计方法

克里金法是基于地统计学理论的空间插值方法,是建立在变异函数理论及结构分析基础上,在有限区域内对区域化变量的取值进行无偏最优估计的一系列方法。无偏是指偏差的数学期望为0,最优是指估计值与实际值之差的平方和最小。克里金插值法通过半方差函数进行空间自相关分析,在获取变量的自相关程度基础上进行插值。与前述空间插值方法相比,克里金法可用估计的预测误差来评估预测的质量,比其他法更精确。由于使用目的和假设条件存在差异,所以形成了不同的克里金法,它们的主要差异就是假设条件不同。常见的克里金方法包括普通克里金、简单克里金和泛克里金等。

4.4.4.1 普通克里金

普通克里金插值的假设条件为空间属性均一,属性值在各个空间位置的数学期望都是同一个常数,而与空间位置和其他属性无关。普通克里金估计的公式为:

$$\hat{z}(x_0)=\sum_{i=1}^{n}\lambda_i z(x_i) \tag{4-23}$$

式中,$\hat{z}(x_0)$为点x_0处的估计值;λ_i为x_0处的权重系数;$z(x_i)$为已知点i的值。采用已知点的加权求和估计未知点的值。权重系数是能够满足点x_0处的估计值$\hat{z}(x_0)$与真实值$z(x_i)$的差最小的一套最优系数,即

$$\mathrm{Var}[\hat{z}(x_0)-z(x_0)]\rightarrow \min \tag{4-24}$$

同时满足无偏估计的条件,即

$$E[\hat{z}(x_0)-z(x_0)]=0 \tag{4-25}$$

以一个待预测点A的求解为例,其位置为(2.75,2.75)。使用普通克里金法进行计算,采用的已知邻近点见表4-1。拟合的半变异函数为球状模型,如式(4-26)所示。

表4-1 已知点的观测值

邻域中点的编号	源数据集中点的编号	X坐标	Y坐标	观测值
1	1	1	3	105
2	2	1	5	100
3	4	3	4	105
4	6	4	5	100
5	7	5	1	115

$$\gamma(h)=\begin{cases}86.1\times[1.5\times(h/6.96)-0.5\times(h/6.96)^3] & (\text{所有步长}\leqslant 6.96)\\ 86.1 & (\text{所有步长}>6.96)\end{cases} \tag{4-26}$$

首先,计算所有已知点的两两点对之间的距离,结果如表4-2所示。

表 4-2　两两点对之间的距离

样点对	距离	样点对	距离
1,2	2.000	2,4	3.000
1,3	2.236	2,5	5.657
1,4	3.605	3,4	1.414
1,5	4.472	3,5	3.606
2,3	2.236	4,5	4.124

其次，将点对之间的距离代入计算理论半变异模型，即式(4-26)。点对 1 和 3 的半变异函数值的计算过程如下：

$$\gamma_{1,3}(h)=86.1\times[1.5\times(2.236/6.96)-0.5\times(2.236/6.96)^3]=40.065 \tag{4-27}$$

相似的计算过程，可以计算其他点对之间的距离，以及对应的半变异函数值，计算结果代入矩阵如下：

$$\begin{bmatrix} 0 & 36.091 & 40.065 & 60.920 & 71.564 & 1 \\ 36.091 & 0 & 40.065 & 52.221 & 81.855 & 1 \\ 40.065 & 40.065 & 0 & 25.881 & 60.920 & 1 \\ 60.920 & 52.221 & 25.881 & 0 & 67.559 & 1 \\ 71.564 & 81.855 & 60.920 & 67.559 & 0 & 1 \\ 1 & 1 & 1 & 1 & 1 & 0 \end{bmatrix} \begin{bmatrix} \lambda_1 \\ \lambda_2 \\ \lambda_3 \\ \lambda_4 \\ \lambda_5 \\ \lambda_6 \end{bmatrix} = \begin{bmatrix} 32.097 \\ 49.936 \\ 23.390 \\ 45.584 \\ 49.936 \\ 1 \end{bmatrix} \tag{4-28}$$

通过矩阵计算可知，$\lambda_1=0.355$，$\lambda_2=-0.073$，$\lambda_3=0.529$，$\lambda_4=-0.022$，$\lambda_5=0.211$，$\mu=-0.210$。

最后，依据式(4-23)和表 4-1 计算待预测点 A 的数值，计算过程如下：

$$Z(A)=0.355\times 105-0.073\times 100+0.529\times 105-0.022\times 100+0.211\times 115=107.59 \tag{4-29}$$

则利用普通克里金方法求得的 A 点的估计值为 107.59。

4.4.4.2　简单克里金

简单克里金是普通克里金插值的简化版，其假设随机变量的平均值已知，因此在普通克里金的基础上增加了数学期望。其形式为：

$$\hat{z}(x_0)=\sum_{i=1}^{n}\lambda_i[z(x_0)-E(z)]+E(z) \tag{4-30}$$

式中，$E(z)$为属性值的数学期望。

在普通克里金插值中，未知点属性值是已知点属性值的加权和。而在简单克里金插值中，未知点的属性值相对平均值的偏差是已知点的属性值相对平均值的偏差的加权和。二者虽然插值形式不一样，但求解方法一样，重要的区别是简单克里金插值不需要约束条件。在计算未知点的属性值 $\hat{z}(x_0)$前，需要知道该地区属性值的期望 $E(z)$。事实上，在进行插值前很难知道这个地区的真实属性值的期望。有些研究者可能会采用对观测数据简单求平均的方法计算期望值 $E(z)$，而考虑到空间采样点位置的代表性可能有偏差(比如采样点聚集在某一小片地区,没有代表性),所以简单平均估计的期望也可能是有偏差的,这是简单克里金方法的局限性。

4.4.4.3 泛克里金

普通克里金法和简单克里金法要求区域化变量是二阶平稳或内蕴的,至少是准二阶平稳或准内蕴的。然而实际中,许多区域化变量在估计邻域内是非平稳的,具有非平稳的数学期望(为非常数),并称之为漂移。这时不适合采用普通克里金法进行估计,而需要采用泛克里金法进行估计。泛克里金法假设平均值未知,并且不是常数,泛克里金法的数学期望常由一阶或二阶多项式构成,其形式如下:

$$m(x)=\sum_{i=0}^{L} b_l f_l(x) \tag{4-31}$$

式中,b_l 为系数;l 为多项式的阶数,可称为漂移系数。在进行泛克里金估计时,需要同时考虑确定性和随机性,即

$$Z(x)=m(x)+e(x) \tag{4-32}$$

式中,$m(x)$为确定性部分,即漂移;$e(x)$为随机部分,可理解为线性回归中的残差。

4.4.4.4 其他克里金方法

上述克里金估计量都是样本数据的线性组合,属于线性地统计学范畴,而对于一些具有特殊特征的样本数据和一些实际需求,可采用非线性地统计学。在实际工作中,对于不符合正态分布的区域化变量,若经过对数变换后符合正态分布或近正态分布,在此种情况下对区域化变量进行精确估计的地统计学方法称为对数正态克里金法。当研究区内研究对象大于某一给定阈值的概率分布,或采样数据中存在特异值时,可以采用指示克里金法。指示克里金法不必去掉重要而实际存在的高值数据即可处理各种不同现象,并能够给出某点 x 处随机变量 $Z(x)$的概率分布。析取克里金法是假设已知任意区域化变量在二维概率分布条件下,对待估点的值或待估点值超过给定阈值的概率进行估计的一种非线性地统计方法。

以上的克里金法都是针对单变量的,未考虑区域化变量之间的相互关系对研究的影响。在气象、采矿、土壤、生态等自然现象的研究中,某些区域化现象可以通过若干具有相关性的变量进行研究。为解决这一问题,多元地统计学应运而生。协同克里金法是多元地统计学中的基本方法之一,其以协同区域化变量理论为基础,利用多个区域化变量之间的互相关性,通过建立交叉协方差函数和交叉变异函数模型,用易于观测和控制的变量对不易观测的变量进行局部估计。

复习思考题

4-1 列举一些本章未介绍,但可以应用于探索性数据分析的可视化和数值计算方法。

4-2 比较皮尔逊相关系数公式与全局莫兰指数计算公式,阐述二者的异同之处。

4-3 阐述空间依赖性和空间异质性的内在联系与区别。

4-4 本章介绍的四种确定性空间插值方法中,是否存在仅适用于地理要素插值的

方法？

4-5　若将确定性空间插值方法分为全局方法和局域方法，则 4.3 节中介绍的插值方法分别归为何种类别？

4-6　地理现象的结构性和随机性在克里金插值方法中分别起到什么作用？

4-7　应用克里金插值方法时，在何种情况下需要考虑各向异性？可举例说明。

第5章 三维空间分析

三维地理空间数据分析是GIS空间分析的一个重要组成部分,是当前GIS技术与应用的热点研究领域,也是数字地球和智慧城市建设的重要技术基础。三维地理空间数据分析涉及数字地形分析、三维GIS分析与城市空间三维分析等内容,结合三维可视化技术,可以实现真实地理环境的虚拟再现。

5.1 数字地形分析

数字地形分析,是指在数字高程模型(digital elevation model,DEM)上进行地形属性计算和特征提取的数字信息处理技术。数字地形分析的主要内容有两方面,一是提取描述地形属性和特征的因子,并利用各种相关技术分析解释地貌形态、划分地貌形态等。二是DEM的可视化分析。

5.1.1 地形表面属性计算

5.1.1.1 表面距离

用鼠标在DEM模型上任意选取两个不同的点,其间的距离 S 为两点连线与模型的一系列交点(X_i, Y_i, Z_i)间的距离 $D_{i,i+1}$ 之和。得到连线与模型一系列交点的三维坐标,利用以下公式便可以计算空间两点的距离:

$$S = \sum D_{i,i+1}, D_{i,i+1} = \sqrt{(X_{i+1} - X_i)^2 + (Y_{i+1} - Y_i)^2 + (Z_{i+1} - Z_i)^2} \tag{5-1}$$

显然,这样计算的距离长度是沿地形表面计算出来的长度,而非一般意义上的平面距离,因此该值与实际地面长度具有很好的一致性。

5.1.1.2 地形表面积

地形表面积可看作由其所包含的各个网格的表面积之和,若网格中有特征高程点或地性线,则可将小网格分解为若干小三角形,求出它们的斜面面积之和,然后就可以得出该网格的地形表面面积。若网格中没有地性线,则可计算网格对角线交点处的高程,用四个共顶点的斜三角形面积之和作为网格的地形表面面积。

空间三角形面积的计算公式如下。

斜三角形三个边长为:

$$S_i = \sqrt{\Delta x^2 + \Delta y^2 + \Delta z^2} \tag{5-2}$$

斜三角形面积为:

$$A=\sqrt{P(P-S_1)(P-S_2)(P-S_3)} \tag{5-3}$$

式中，$P=(S_1+S_2+S_3)/2$。

5.1.1.3　体积

三维模型 DTM(数字地形模型)或 DEM 的体积可由四棱柱(无特征的格网)与三棱柱体积进行累加得到，四棱柱体的上表面用抛物双曲面拟合，三棱柱体的上表面用斜平面拟合，下表面均为水平面，则计算公式分别为：

$$\begin{aligned} V_3 &= (Z_1+Z_2+Z_3)/3\times S_3 \\ V_4 &= (Z_1+Z_2+Z_3+Z_4)/4\times S_4 \end{aligned} \tag{5-4}$$

式中，S_3 与 S_4 分别是三棱柱与四棱柱的底面积。

根据以上两个公式可计算工程中的挖方、填方及土壤流失量。在对模型 DEM 进行挖或填后，体积由原始的 DEM 体积减去新的 DEM 体积求得，即

$$V=V_{老DEM}-V_{新DEM} \tag{5-5}$$

当 $V>0$ 时，表示挖方；$V<0$ 时表示填方；$V=0$ 时表示既不挖方也不填方。

5.1.1.4　表面曲率

GIS 在水文学研究的应用中，经常需要计算表面曲率，用于确定一个单元位置的表面是凸面还是凹面。ARC/INFO 中的 CURVATURE(曲率)命令常用的一种方法是以二阶多项式方程来拟合一个 3×3 窗口，即

$$z=Ax^2y^2+Bx^2y+Cxy^2+Dx^2+Ey^2+Fxy+Gx+Hy+I \tag{5-6}$$

式中，系数 $A\sim I$ 可采用在 3×3 窗口中的高程值和网格单元大小进行估算。然后，由这些参数可计算出三个曲率，即

$$剖面曲率=-2[(DG^2+EH^2+FGH)/(G^2+H^2)] \tag{5-7}$$

$$平面曲率=2[(DH^2+EG^2-FGH)/(G^2+H^2)] \tag{5-8}$$

$$表面曲率=-2(D+E) \tag{5-9}$$

剖面曲率是沿着最大坡度方向的估算值，平面曲率是与最大坡度方向呈直角方向的估算值。表面曲率则是以上两者的差值，即表面曲率=剖面曲率-平面曲率。若单元表面曲率为正值，则代表该单元表面向上凸出，为负值则代表表面下凹，为 0 则代表表面为平面。

5.1.1.5　坡度和坡向

坡度和坡向是描述表面特征的重要变量。坡度是地面特定区域高度变化比率的量度，坡向是斜坡方向的量度。坡度和坡向分析在厂矿选址、工程设施的构筑、地貌分析、农林业和隐蔽点的选择以及机械设备机动路线选择等许多应用领域中有着重要作用。

一般是针对 TIN(不规则三角网)中的每个三角面或栅格图像中的每个栅格单元进行坡度计算。对 TIN 而言，坡度是各个三角面中最大的高程变化率；对栅格图像而言，坡度是每个栅格单元与其相邻的八个栅格单元中最大的高程变化率。坡度可以表示为度数和百分数两种形式，度数是垂直距离与水平距离比率的反正切，坡度百分数为垂直距离与水平距离比率的 100 倍，两种坡度表示方法如图 5-1 所示。坡度值越小，地形越平坦；坡度值越大，地形越陡峭。

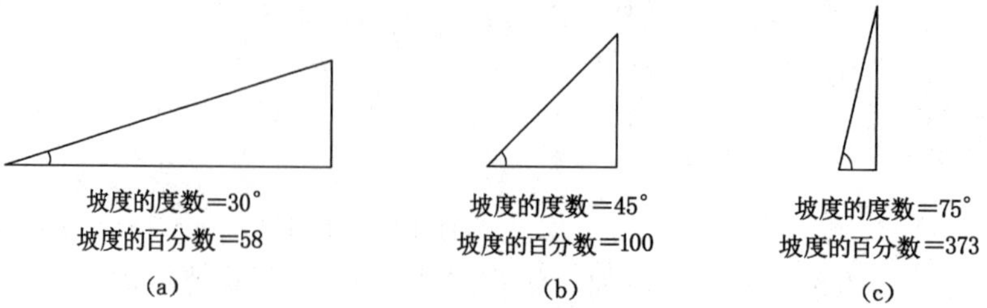

图 5-1　坡度的两种表示方法

坡向是指 grid(格网)或 TIN 中每个像素面的朝向,以度为单位,按顺时针方向从 0°(正北方向)到 360°(重新回到正北方)。坡向的计算同样要针对 TIN 表面的每一个三角面或栅格图像中的每一个栅格单元。坡向是环形的量度,因此,坡向 10°比 30°更靠近 360°。用户经常在用坡向做数字分析之前,对坡向进行转换。常用方法是将坡向分为四个基本方向(东、南、西、北)或者八个基本方向(东、东南、南、西南、西、西北、北、东北),并把坡向处理为类别数据;另一种方法是转换坡向值以获取基本方向(图 5-2),例如,可把北设为 0°,南设为 180°,西和东均为 90°,以获取南-北的基本方向。

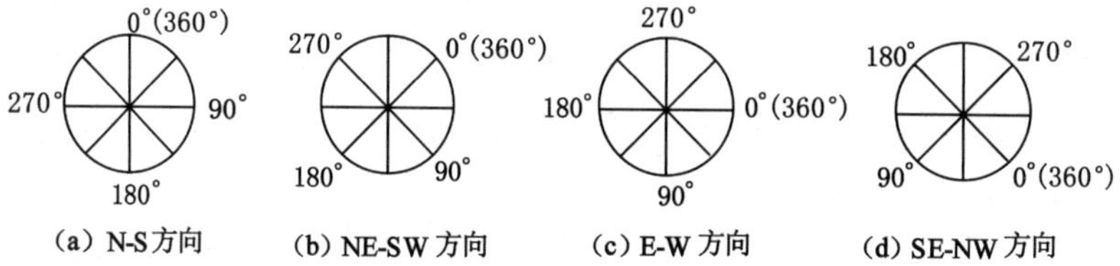

图 5-2　获取基本方向的转换方法

(1) 栅格数据计算坡度、坡向的算法

当以高程格网为数据源时,可以根据单元标准矢量的倾斜方向和倾斜量,对每个单元量测坡度和坡向,其中标准矢量是指垂直于单元的有向直线。设标准矢量为(n_x, n_y, n_z),计算单元坡度的公式为:

$$单元坡度=\sqrt{(n_x^2+n_y^2)}/n_z \tag{5-10}$$

计算单元坡向的公式为:

$$单元坡向=\arctan(n_y/n_x) \tag{5-11}$$

坡度和坡向的计算方法大都采用 3×3 移动窗口估算中心点单元的坡度和坡向,区别是用于估算的邻接单元数和每个单元的权重不同。

第一种方法为 Ritter(里特)算法,采用直接与中心点单元邻接的四个单元,如图 5-3(a)所示,C_0 的坡度(S)可表示为:

$$S=\sqrt{(e_1-e_3)^2+(e_4-e_2)^2}/(2d) \tag{5-12}$$

式中,e_i 为邻接单元值,d 为单元大小。C_0 标准矢量的 n_x 分量为(e_1-e_3),即 x 维的高差;n_y 分量为(e_4-e_2),即 y 维的高差。

S 的方位角 D 可计算为 $D=\arctan[(e_4-e_2)/(e_1-e_3)]$,$D$ 是相对于 x 轴的弧度。可以把 D 转化为坡度,即变为以北为 0°的度数值。

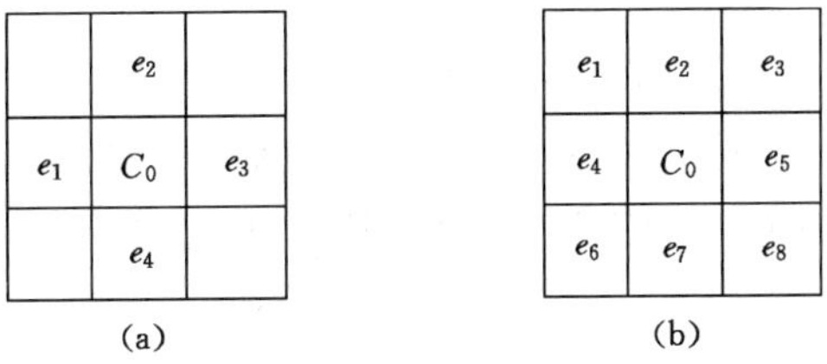

图 5-3　Ritter 算法(a)与 Horn 算法(b)示意图

第二种方法为 Horn(霍恩)算法，该算法用于 ARC/INFO 和 ArcView。Horn 算法使用 8 个邻接单元，并且对四个直接邻接单元赋予权重，值为 2，而四个角落单元的权重值为 1。Horn 算法如图 5-3(b)所示。C_0 点的坡度为：

$$S=\sqrt{[(e_1+2e_4+e_6)-(e_3+2e_5+e_8)]^2+[(e_6+2e_7+e_8)-(e_1+2e_2+e_3)]^2}/(8d) \tag{5-13}$$

C_0 点的坡向为：

$$D=\arctan\{[(e_6+2e_7+e_8)-(e_1+2e_2+e_3)]/[(e_1+2e_4+e_6)-(e_3+2e_5+e_8)]\} \tag{5-14}$$

思政融入点 从 Ritter 算法到 Horn 算法，体现了在规则栅格数据中坡度与坡向计算方法的改进，这种创新思维使计算结果更加符合实际，便于应用。

(2) 不规则三角网计算坡度、坡向的算法

在不规则三角网中，每个三角形计算坡度、坡向的算法采用的是双向标准矢量，即该矢量垂直于三角面。设三角形由以下三个点组成：$A(x_1, y_1, z_1)$、$B(x_2, y_2, z_2)$和 $C(x_3, y_3, z_3)$。标准矢量为矢量 $\boldsymbol{AB}((x_2-x_1),(y_2-y_1),(z_2-z_1))$和矢量 $\boldsymbol{AC}((x_3-x_1),(y_3-y_1),(z_3-z_1))$的向量积，该标准向量的三个分量分别为：

$$n_x:(y_2-y_1)(z_3-z_1)-(y_3-y_1)(z_2-z_1)$$
$$n_y:(z_2-z_1)(x_3-x_1)-(z_3-z_1)(x_2-x_1)$$
$$n_z:(x_2-x_1)(y_3-y_1)-(x_3-x_1)(y_2-y_1)$$

三角形的 S 和 D 值可由$\sqrt{(n_x^2+n_y^2)}/n_z$ 和 $\arctan(n_y/n_x)$得到，然后 D 值可转换成以度表示的坡向。

(3) 拟合曲面法

坡度和坡向的计算方法可归纳为五种：四块法、空间矢量分析法、拟合平面法、拟合曲面法和直接解法。研究表明，拟合曲面法是求解坡度的最佳方法，它一般采用二次曲面，即 3×3 窗口，示例如下：

G_5	G_2	G_6
G_1	G	G_3
G_8	G_4	G_7

每一个点为一个高程点，点 G 的坡度求解公式如下：

$$\text{Slope}=\sqrt{\text{Slope}_{\text{we}}^2+\text{Slope}_{\text{sn}}^2} \tag{5-15}$$

其坡向的计算公式为:

$$\text{Aspect} = \text{Slope}_{sn} / \text{Slope}_{we} \tag{5-16}$$

式中,Slope 为坡度,Aspect 为坡向,Slope_{we} 为东西向(x 轴)上的坡度,Slope_{sn} 为南北(y 轴)上的坡度。x、y 轴上的坡度算法共有四种,其中,精度最高、计算效率最高的算法为:

$$\begin{aligned} \text{Slope}_{we} &= \frac{G_1 - G_3}{2 \times \Delta G} \\ \text{Slope}_{sn} &= \frac{G_4 - G_2}{2 \times \Delta G} \end{aligned} \tag{5-17}$$

式中,ΔG 是 grid 的网格间距。

5.1.2 通视分析

通视分析是以某一点为观察点,研究某一区域通视情况的地形分析,属于对地形进行最优化处理的范畴,通视功能实现了一个视点在多个方向上的可视性。它的算法原理是从 DEM 中的某个像素向周围像素发出一系列射线,并计算从视点 A 到周围每个像素 X 的坡度角,若此坡度角大于已有坡度角中的最大角,则像素 X 是可视的,否则不可视。通视分析有着广泛的应用领域,例如,通信线路的铺设、电视台发射站的布设和航海导航设置等。

静态通视和动态通视是通视分析的两种方式。静态通视是事先给定一个观察位置,然后将可以看到的区域全部标出,考虑到观察点不仅限于一个点,观察位置可以是一个点,也可以是一条线;动态通视是用户在图中给出任意观测点,并通知系统将要观测的目标,系统将实时给出通视结果。动态通视适于局部小范围的通视分析,有助于详细计划的制订。通视分析中典型的例子是观察哨所的设定,显然观察哨所的位置应该设在能监视某一感兴趣的区域,视线不能被地形挡住,这是典型的点对区域的通视问题。通过通视分析,还能对不可见区域进行分析,比如低空侦察飞机在飞行时,要尽可能躲避敌方雷达的捕捉,必然要选择在雷达盲区飞行。

一般来说,通视问题可以概括为三大类:(1) 已知一个或一组观察点,找出某地形的可见区域;(2) 欲观察到某区域的全部地形表面,计算最少观察点数量;(3) 在观察点数量一定的前提下,计算能获得的最大观察区域。

根据问题输出维数的不同,通视可分为点的通视、线的通视和区域的通视。点的通视是指计算视点与待判定点之间的可见性问题;线的通视是指已知视点,计算视点的视野问题;区域的通视是指已知视点,计算视点能可视的地形表面区域集合的问题。

5.1.2.1 点对点通视

基于格网 DEM 的通视问题比较复杂,可将格网点作为计算单位,这样点对点的通视问题就简化为离散空间中直线与某一地形剖面线的相交问题,如图 5-4 所示。

已知视点 V 的坐标(x_0, y_0, z_0)以及 P 点的坐标(x_1, y_1, z_1),DEM 为二维数组 $Z[M][N]$,则 V 为$(m_0, n_0, Z[m_0, n_0])$,P 为$(m_1, n_1, Z[m_1, n_1])$。计算过程如下。

(1) 使用 Bresenham(布兰森汉姆)直线算法,生成 V 到 P 的投影直线点集$\{x, y\}$,$K = ||\{x, y\}||$,并得到直线点集$\{x, y\}$对应的高程数据$\{Z[k], (k=1, \cdots, K-1)\}$,形成 V 到 P 的 DEM 剖面曲线。

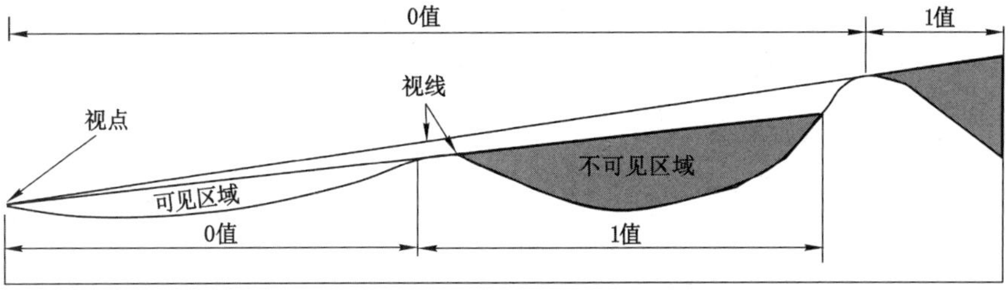

图 5-4　通视分析

(2) 以 V 到 P 的投影直线为 X 轴，V 的投影点为原点，求出视线在 X-Z 坐标系的直线方程，即

$$H[k]=\frac{Z[m_0][n_0]-Z[m_1][n_1]}{K}\cdot k+Z[m_0][n_0]\quad(0<k<K)\qquad(5\text{-}18)$$

式中，K 为 V 到 P 投影直线上离散点的数量。

(3) 比较数组 $H[k]$ 与数组 $Z[k]$ 中对应元素的值，如果 $\forall k, k\in[1,K-1]$，存在 $Z[k]>H[k]$，则 V 与 P 不可视，否则可视。

5.1.2.2　点对线通视

点对线的通视问题实际上就是求点的视野。值得注意的是，地形表面上位于视野线之外的任何一个点都是不可视的，但在视野线内的点有可能可视，也可能不可视。算法如下。

(1) 设 P 点为一沿着 DEM 数据边缘顺时针移动的点，与计算点对点的通视相仿，求出视点到 P 点投影直线上的点集 $\{x, y\}$，并求出相应的地形剖面 $\{x, y, Z(x, y)\}$。

(2) 计算视点至每个 $P_k\in\{x,y,z(x,y)\}(k=1,2,\cdots,K-1)$ 与 Z 轴的夹角 β_k，即

$$\beta_k=\arctan\left(\frac{k}{Z_{pk}-Z_{vp}}\right)\qquad(5\text{-}19)$$

(3) 求得 $\alpha=\min\{\beta_k\}$，α 对应的点为视野线的一个点。

(4) 移动 P 点，重复以上过程，直至 P 点回到初始位置，算法结束。

5.1.2.3　点对区域通视

点对区域的通视算法是点对点通视算法的扩展。与点对线通视问题类似，P 点沿 DEM 数据边缘顺时针移动，逐点检查视点至 P 点直线上的点是否通视。另一个改进的算法是，视点到 P 点的视线遮挡点最有可能是地形剖面线上高程最大的点。因此，可以将剖面线上的点按高程值降序进行排序，依次检查排序后每个点是否通视，只要有一个点不满足通视条件，就不再检查其余点。可见，点对区域的通视实质仍是点对点的通视，只是增加了排序过程。

5.1.3　水文分析

水与人类的生活息息相关，因此，研究水的起源、分布、存在形式及其运动规律具有非常重要的意义。水文分析基于 DEM 数据建立水系模型，获得区域的流域、子流域和河网水系等数据，用于研究流域水文特征和模拟地表水文过程，并对未来的地表水文情况做出估计。

水文分析能够帮助我们分析洪水的范围,定位地表径流的污染源,预测地貌改变对径流的影响等,广泛应用于区域规划、农林、灾害预测、道路设计等领域。

5.1.3.1 基本概念与流程

在基于DEM数据进行水文分析时,了解流域相关的概念,对于正确理解和应用水文分析具有十分重要的意义,其示意图如图5-5所示。

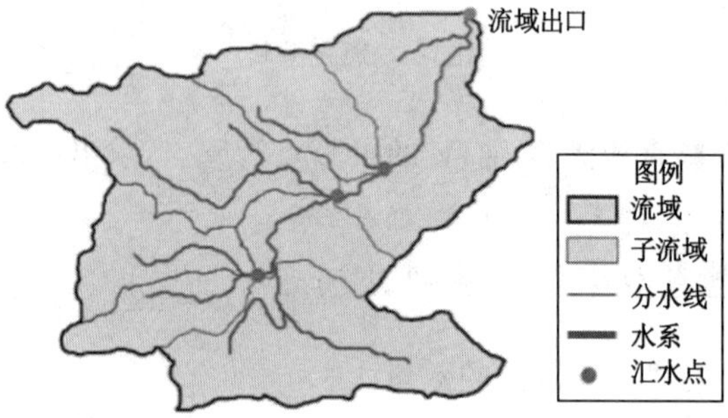

图5-5 流域示意图

基于图5-5,流域的一些重要概念如下。

水系:指流域内具有同一归宿的水体所构成的水网系统。水系以河流为主,还可以包括湖泊、沼泽、水库等。

流域:每个水系都从一部分陆地区域上获得水量的补给,这部分区域就是水系的流域,也称作集水区或流域盆地。

子流域:水系由若干个河段构成,每个河段都有自己的流域,称为子流域。较大的流域往往还可以继续划分为若干个子流域。

分水线:也称分水岭。两个相邻流域之间的最高点连接成的不规则曲线,就是两条水系的分水线。分水线两边的水分别流入不同的流域。也可以说分水线包围的区域就是流域。现实世界中,分水线大多为山岭或者高地,也可能是地势微缓起伏的平原或者湖泊。

汇水点:流域内水流的出口。一般是流域边界上的最低点。

水文分析的基本流程为:首先对DEM数据进行填洼处理,然后基于填洼后的DEM数据计算获得流向格网,再获得水流累积格网,并以此生成区域河流水系和子流域。

5.1.3.2 DEM数据填洼处理

洼地是一个或多个单元被周围较高海拔所围绕的内排水区域。由于洼地的存在,有一些流路不会流向流域出口,而是终止于洼地,所以在进行流域自动分割之前,必须对DEM数据进行填洼处理,如图5-6所示。

对DEM数据进行填洼处理的基本步骤为:搜索所有洼地的相邻最低点(有时可能有多个高程相等的最低点),作为洼地的溢出点,以溢出点为起点继续搜索比它的高程低或相等的邻点(忽略已经搜索的点),判断是否有比原洼地更低的格网点,如果没有则以该洼地的溢出点为起点,重复上述搜索过程;如果搜索到比原洼地低的格网点,则将洼地和最低邻点的方向倒转。

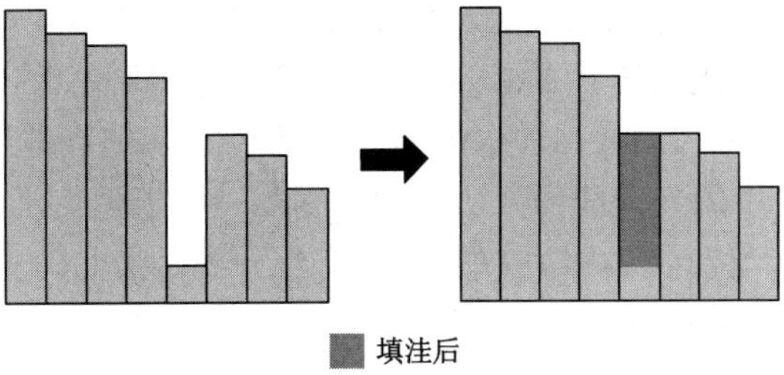

图 5-6　填洼过程

5.1.3.3　流向格网

流向格网能表示充填高程格网上每个单元的排水方向。常用于确定流向的方法是找出 8 个周边单元中最陡的 1 个梯度，如图 5-7 所示。

980	981	983
976	977	979
971	973	974

−2.1	−4.0	−4.2
+1.0		−2.0
+4.2	+4.0	+2.1

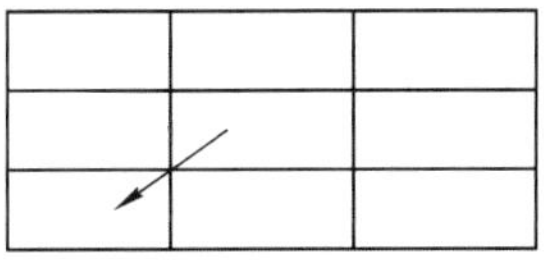

图 5-7　流向分析

为了确定中央单元的流向，首先考虑其与 8 个邻接单元中的每个单元以距离为权重的梯度。对于直接邻接的 4 个单元，梯度的计算结果是将中央单元与相邻单元的高差除以 1；对于 4 个角落的单元，梯度的计算结果是将高差除以 1.414，结果显示最陡的梯度（流向）是从中央单元指向左下角的单元（+4.2）。该方法为 ARC/INFO 和 ArcView 所采用，它的局限在于不允许水流分散到多个单元。

5.1.3.4　水流累积格网

水流累积格网是对每个单元列出流向它的单元数。具有高累积值的单元一般对应于河道，而具有 0 累积值的单元通常是山脊线。因此，用某个临界累积值可以由水流累积格网导出一个完全连接的排水网络。用选定点或整个格网可以把流域描绘出来。特殊的流域可以由一个点导出，为该点上溯水流路径。以用户定义的每个流域的最小规模和排水线交叉点为起始点，可对整个格网描绘出流域。

根据修改后的流向图，给定一个格网点，所有流向指定格网点的总和就是该点的汇流区。具体计算方法是：给定一个格网点，搜索其 8 个邻接单元，并记录所有流向该格网点的位置，然后再以找到的格网点为基点继续搜索并记录流向它的格网点，直到没有新的汇流点为止，所有记录的格网点就构成该点的汇流区。

5.1.3.5　河流水系生成

对于构建的水流累积格网，通常沟谷的汇流区面积大于其他格网点的汇流区面积，可以通过设定一个阈值，将汇流区面积大于此阈值的格网点标识为沟谷点，从而获得栅格形式的河网，并根据交点对每一个河段赋值，生成河流连接；再进行栅格-矢量格式转换，得到矢量形式的河流网络(图 5-8)，进而进行平滑等处理，得到符合需要的河流水系。

同时，可以基于栅格形式的河网和水流累计格网对河网进行分级。河网分级是一种将级别数分配给河流网络中的连接线的方法。此级别是一种根据支流数对河流类型进行识别和分类的方法。仅需知道河流的级别，即可推断出河流的某些特征。河网分级方法分为 Strahler 法和 Shreve 法，这两种方法始终将 1 级分配给上游河段。

5.1.3.6 区域子流域划分

子流域是由分水岭分割而成的汇水区域，它通过分析水流方向和河流连接数据确定所有相互连接并处于同一流域盆地的栅格，再通过栅格转面功能，得到区域的子流域划分结果，如图 5-9 所示。

图 5-8 矢量形式的河流网络

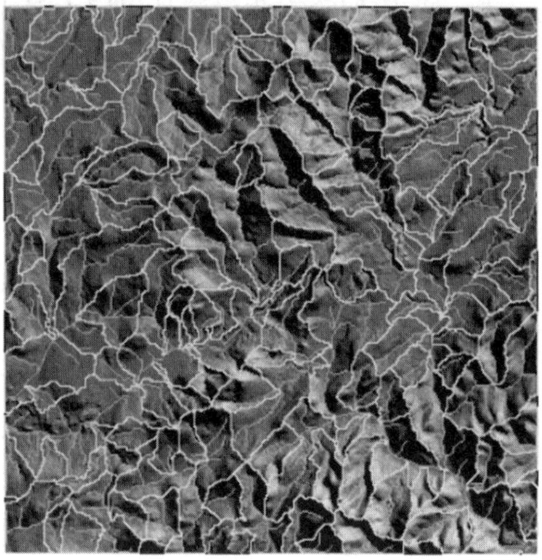

图 5-9 区域子流域划分结果

5.2 三维 GIS 分析

三维 GIS 就是从数据结构到空间查询再到建模分析，都建立在三维数据模型基础上的 GIS。三维 GIS 功能的实现以及实用系统的开发，关键在于三维数据模型与数据结构等关键问题得到解决。

5.2.1 三维模型

三维模型是指存储为要素或规则数字集合的三维对象的表示，这些要素或规则数字集合可以通过渲染最终显示为二维图像。物体可以以线框的形式存储，用于定义物体的外形，线框由不同的几何图元(如线段、三角形和曲面等)组成。物体也可以以实体的形式存储，实体由通过参数定义或明确定义的三维对象组成，可以执行加法和减法操作来生成更复杂的对象。

三维模型是基于二维数据模型中的点、线、面以及三维实体照相系统发展形成的。它是通过将实体在三维空间中抽象为点、线、面、体这四种基本几何元素来构建的。这些基本几何元素可以组合成更复杂的对象。边界可以通过起点和终点来定义，形状可以通过一组坐标点来定义。边界和形状也可以通过外边界环和内边界环来定义，形状可以通过一组曲线来定义。同时，边界和形状也可以通过一组曲面来定义。

三维模型在各个领域都有广泛应用，如游戏与虚拟现实、电影与动画、医学与生物学、汽车和航空航天、工业设计和文化遗产保护等。目前有很多构建三维模型的软件，应用较为广泛的有 SketchUp、3D StudioMax 和 Revit。此外，三维模型可由诸如 3D 扫描(雷达、声呐等)等多种其他源生成或者从分析步骤中获得。

5.2.2 三维数据结构

三维数据结构是三维空间几何对象的数据组织、操作方法以及规则约束等内容的集合，它使用面模型(facial model)、体模型(volumetric model)和混合模型(mixed model)对目标的空间位置、形态结构及格局进行表示。

面模型数据结构用于表达三维空间中的表面，如地形表面和地质层面，它基于表面对三维空间中的目标进行表示，虽然方便了三维物体的显示和数据更新，但现阶段对三维物体的空间分析仍有一定困难。体模型数据结构用于表示三维空间中的物体，如水体和建筑物，它侧重于空间操作和分析，有着存储空间较大的优势，但计算的速度还有待提高。混合模型数据结构综合了体模型和面模型的优点，是一种复合数据模型。

5.2.2.1 面模型

三维数据面模型是用来描述三维对象表面的模型。平面多面体是三维数据面模型中表示和处理相对较为简单的一种形式，它的每个表面都可以视为平面多边形。一些指定的几何和拓扑的信息可以有效地表示平面多面体，如顶点的位置、边的连接关系和面的构成方式。而这种通过指定顶点的位置、边的连接关系和面的构成方式来表示三维物体的方法称为三维边界表示法。在这种表示法中，物体由面、边和点组成，边可以是曲线或空间曲线。

如图 5-10 所示的一个三棱锥是由 4 个面围成的，每个面由 3 条边界定，每条边由 2 个顶点定义。为了使用这种表示法存储信息，可以使用 3 个表，分别是顶点表、边表和面表。顶点表用于存储三棱锥的各个顶点的坐标信息。边表则表示构成三棱锥每条边的两个顶点在顶点表中的位置。面表则给出构成三棱锥的边在边表中的位置。通过这种表示方法，我们可以方便地描述物体的形状和位置信息。同时，使用指针的方式来指示相关边和点的存储位置，可以提高数据的存储效率。

三维边界模型具有以下特点：它详细记录了构成物体形状的几何信息和相互连接关系，可以直接获取构成形体的各个面、面边界和顶点的定义参数。这种模型的优势在于能够基于面、边和点进行各种几何运算和操作。三维边界模型不仅适用于结构简单的三维物体，还适用于不规则形状的三维地物，但对于不规则形状的三维地物来说效率较低。

5.2.2.2 体模型

体模型是基于三维空间的体元分割和真三维实体表达，体元的属性可以独立描述和存储，因此可以进行三维空间操作和分析。

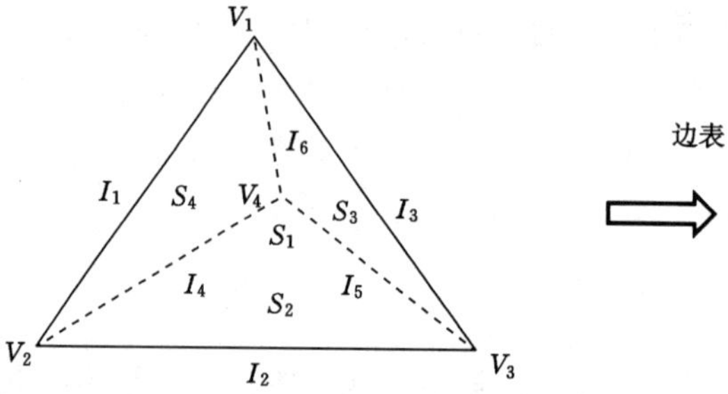

顶点表

V_1	$x_1\ y_1\ z_1$
V_2	$x_2\ y_2\ z_2$
V_3	$x_3\ y_3\ z_3$
V_4	$x_4\ y_4\ z_4$

边表

I_1	$V_1\ V_2$
I_2	$V_2\ V_3$
I_3	$V_3\ V_1$
I_4	$V_2\ V_4$
I_5	$V_4\ V_3$
I_6	$V_1\ V_4$

面表

S_1	$I_1 I_2 I_3$
S_2	$I_2 I_4 I_5$
S_3	$I_5 I_3 I_6$
S_4	$I_6 I_1 I_4$

图 5-10　三维边界表示法

(1) 八叉树数据结构

八叉树数据结构是一种将三维空间划分为形状相等的八个立方体的方法。首先按照 X、Y、Z 三个方向从中间划分三维空间,然后判断每个立方体是否需要进一步划分,直到每个立方体被一个目标填满、不含目标或达到不可再分的体素大小为止。

图 5-11 表示空间物体,其八叉树逻辑结构可按图 5-12 表示。假设有一个包含多个物体的三维空间,使用八叉树可以将其逻辑结构表示为图 5-12 中的形式。图 5-12 中的圆圈表示立方体未被某个目标填满,需要继续划分;带阴影线的矩形表示立方体被某个目标填满,而空白的矩形表示立方体中没有目标,这两种情况都不需要再进行划分。

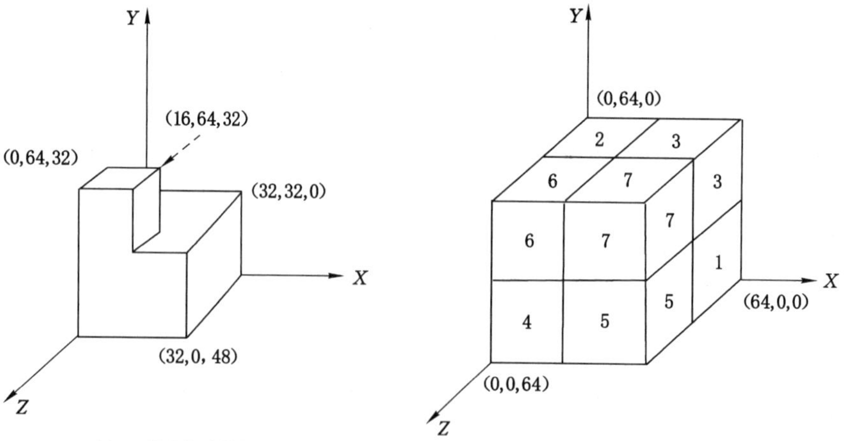

(a) 三维空间中的物体　　(b) 三维空间及划分编码

图 5-11　三维空间物体及其编码

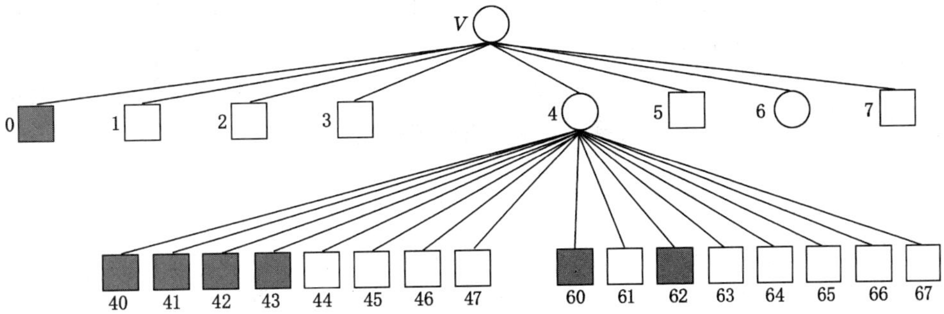

图 5-12　三维空间物体的八叉树逻辑结构

(2) 四面体格网模型

四面体格网模型(tetrahedral mesh,TEN)是二维 TIN 结构的三维扩展,它用紧密排列且不重叠的不规则四面体网格表示空间对象。四面体网格由点、线、面和体这四类基本元素组成,整个网格可以通过每个四面体网格的变换组合来实现几何变换,这个特性方便了对复杂空间数据的分析。

四面体网格有普通四面体网格和约束四面体网格两种类型。约束可分为三种类型:线性约束、面约束和具体约束。线性约束由一系列特征线形成,如地层边界上的断层线。面约束由不同属性的空间分界面形成,如地层界面。具体约束则是特定情境下的约束,如矿山工程中的采空区。线性约束是空间约束的一种形式,由地球表面的道路、河流和山脊线等特征线构成。而面约束可以被拆解为一系列空间约束线,这些线由离散的空间点组成。

四面体格网由栅格算法自动生成,主要思路是将平面的 Voronoi 格网经过不断的结构拓展最终形成三维的四面体格网。空间点通过矢量栅格转换算法可以转换为以栅格表示的体元。随后,距离变换算法被应用于生成三维 Voronoi 多面体。最后,三维 Voronoi 多面体被转换为四面体网格。这一过程实现了由空间点到四面体网格的转换。四面体格网及其数据结构如图 5-13 所示。

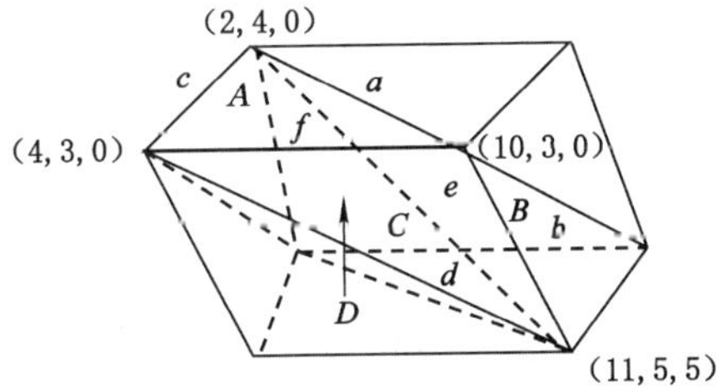

四面体

体号	面号	属性
	…	
1	A, B, C, D	

三角形

面号	线段号	属性
A	a, c, f	
B	a, b, e	
C	b, d, f	
D	c, d, e	

线

线号	起点	终点	属性
a	2	3	
b	3	4	
c	1	2	
d	1	4	

节点

点号	X	Y	Z	属性
1	4	3	0	
2	2	4	0	
3	10	3	0	
4	11	5	5	

图 5-13　四面体格网及其数据结构

根据上述研究不难发现，基于八叉树的结构会随着栅格像元分辨率的提高而翻倍地增加数据量，实现对数据的近似表示，其可以方便有效地实现两个物体的集合运算，较其他数据结构具有数据结构简单并且操作方便的优势；而四面体格网模型不仅综合了体结构和边界表示的优点，还具有快速几何变换并显示、快速进行拓扑关系处理的优点。

5.2.2.3 三维混合数据模型及结构

基于面模型的构建方法着重于表面表示，适于描述三维空间中的实体，如地形表面和地质层面。这种方法使得空间目标的轮廓易于显示和数据更新。然而，其主要关注表面，故在空间分析方面有一定的不足之处。与之相对，基于体模型的构建方法更注重整体表示，包括主要空间实体的边界和内部，如地层、矿体、水体和建筑物等。这种方法通过对体进行描述来实现三维目标的空间表示。与面模型相比，基于体模型更易于进行空间操作和分析。然而，基于体模型需要存储更多的信息，故这种方法所需存储空间较大且计算速度较慢。

为了兼顾面模型和体模型的优点，并利用规则体元和非规则体元的优势，混合模型应运而生。混合模型的出现旨在综合两种模型的长处。通过结合面模型和体模型，混合模型在实践中取得了良好的效果。

(1) TIN-CSG 混合构模

TIN-CSG 混合构模是一种将 TIN(不规则三角网)和 CSG(集合几何)两种不同的构建模型方法结合在一起的技术。

① TIN(不规则三角网)：TIN 是一种用于表示地形或曲面的三维模型。它由许多不规则的三角形组成，每个三角形由三个顶点构成。TIN 常用在地理信息系统(GIS)中，用于表示地形和地貌。

② CSG(集合几何)：CSG 是一种用于描述三维物体的构建模型方法。它通过对基本几何体(如立方体、圆柱体、球体等)进行一系列集合操作(如并集、交集、差集)来构建复杂的物体。

TIN-CSG 混合构模将这两种方法结合在一起，目的是充分发挥它们各自的优势。通过这种混合构模技术，可以更好地表示和处理复杂的三维空间数据。例如，在地形建模中，TIN 可以用于更准确地表示地形表面，而 CSG 可以用于表示建筑物或其他复杂结构，从而能够形成一个更完整的三维场景。这种混合构模方法在地理信息系统、计算机图形学、虚拟现实等领域中都有广泛的应用，能够提供更丰富、灵活的三维物体表示和模拟能力。

(2) Wire Frame-Block 混合构模

Wire Frame-Block 混合构模的原理是通过将线框表示和块表示相结合，综合两种表示方法的优势，实现对三维空间物体的更全面、灵活的表示。

① 线框表示原理：线框表示是一种简化的表示方法，通过连接一系列几何图元(如线段、三角形和曲面边界)来定义物体的外形和结构。这种表示方法适合快速绘制和显示物体的轮廓，但无法提供物体内部的信息，如体积和表面属性等。

② 块表示原理：块表示是一种更为完整的表示方法，通过使用块状的实体来定义物体的形状和结构。这些实体可以包含物体的边界和内部信息，如体积、质量、密度和表面属性，以及颜色、纹理和光照效果。

Wire Frame-Block 混合构模的原理如下。

① 线框表示和块表示相结合：在混合构模中，首先使用线框表示来定义物体的外形和基本结构，这样可以快速得到物体的轮廓。

② 补充块表示信息：通过块表示来补充物体的内部结构和表面属性。在特定位置和区域添加块状实体，以实现物体的完整表示。

③ 综合优势：通过综合线框表示和块表示的优势，我们既能够快速绘制和显示物体的外形，又能够提供更全面和详细的物体表示。这样，可以在不损失速度的情况下，获得更丰富、灵活的三维物体表示和建模能力。

（3）TIN-Octree 混合构模

TIN-Octree 混合构模是一种将 TIN（不规则三角网）和 Octree（八叉树）两种不同的构建模型方法结合在一起的技术。

① TIN（不规则三角网）：TIN 是一种用于表示地形或曲面的三维模型。它由许多不规则的三角形组成，每个三角形由三个顶点构成。TIN 常用在地理信息系统（GIS）中，用于表示地形和地貌。

② Octree（八叉树）：Octree 是一种树状数据结构，用于对三维空间进行递归划分。八叉树将空间划分为八个等分的立方体（八叉体），每个八叉体又可以继续被划分为八个更小的八叉体，以此类推。八叉树可以用于快速表示和查询三维空间数据。

TIN-Octree 混合构模将 TIN 和 Octree 结合在一起，通过将 TIN 嵌入 Octree 的合适位置，实现对三维空间物体的混合表示。这样可以同时显示 TIN 的局部细节和 Octree 的整体结构，能够有效地处理和分析复杂的三维空间数据。

① TIN 表示局部细节：使用 TIN 来表示局部区域的细节，特别是在地形建模中，TIN 可以提供更准确的地形表面表示。这样可以保留局部细节，避免数据冗余。

② Octree 表示整体结构：使用 Octree 来表示整体的三维空间结构。通过递归划分三维空间，八叉树可以有效地表示复杂的三维数据，并提供快速的数据查询能力。

通过 TIN-Octree 混合构模，我们可以更好地处理复杂的三维地理信息数据，既能够保留局部细节，又能够快速查询整体结构。这种混合构模方法在地理信息系统、计算机图形学和虚拟现实等领域都有广泛的应用，提供了更灵活和综合的三维物体表示和建模能力。

TIN-Octree 混合模型的数据结构包含五个文件（表 5-1）：相邻三角形文件、节点文件、坐标文件、指针文件和八叉树文件。

表 5-1　TIN-Octree 混合模型的数据结构

文件名称	具体描述
相邻三角形文件	记录了各个三角形之间的相邻关系。通过这个文件，我们可以了解每个三角形与周围其他三角形的连接情况
节点文件	描述了每个三角形的三个节点的编号。每个三角形由三个节点构成，这个文件保存了这些节点的信息
坐标文件	记录了每个节点的三维坐标。通过这个文件，我们可以知道每个节点在三维空间中的位置
指针文件	用于定位和存储描述目标体的八叉树数据中的各个三角形。八叉树是一种树状结构，这个文件帮助我们快速找到每个三角形在八叉树中的位置

表5-1(续)

文件名称	具体描述
八叉树文件	包含了描述目标体的整体结构的数据。八叉树将三维空间划分为多个八叉体,每个八叉体又可以继续被划分为更小的八叉体,以此类推。通过这个文件,我们可以对目标体进行整体表示和查询

这五个文件组成了 TIN-Octree 混合模型的数据结构(图 5-14),充分利用了 TIN 的表面细节和 Octree 的整体结构优势,能够实现对复杂三维目标更灵活、准确的表示和处理。

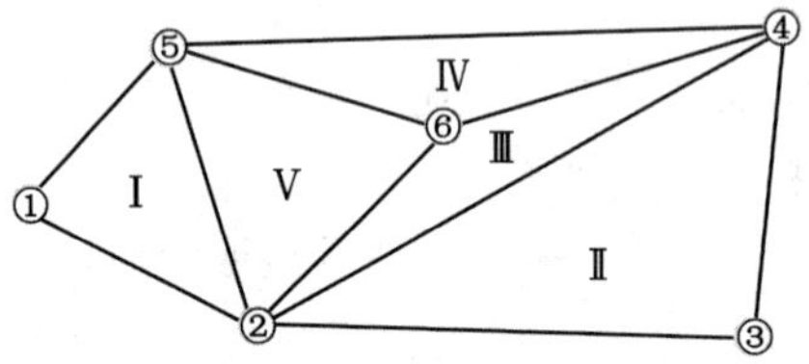

三角形邻接表

三角形编号	邻接三角形
Ⅰ	0, Ⅴ, 0
Ⅱ	Ⅲ, 0, 0
Ⅲ	Ⅴ, Ⅳ, Ⅱ
Ⅳ	Ⅴ, 0, Ⅲ
Ⅴ	Ⅰ, Ⅳ, Ⅲ

三角形节点表

三角形编号	节点编号
Ⅰ	1, 5, 2
Ⅱ	2, 4, 3
Ⅲ	2, 6, 4
Ⅳ	6, 5, 4
Ⅴ	2, 5, 6

节点坐标表

节点编号	坐标
1	X_1, Y_1, Z_1
2	X_2, Y_2, Z_2
3	X_3, Y_3, Z_3
4	X_4, Y_4, Z_4
5	X_5, Y_5, Z_5
6	X_6, Y_6, Z_6

指针文件结构表

三角形编号	层	八叉树指针
Ⅰ	1	160
Ⅰ	2	239 371
Ⅱ	1	6 178
Ⅲ	1	79 103
Ⅳ	1	104 150
Ⅴ	1	151 238
Ⅴ	2	373 516

八叉树文件存储结构

地址	键值	级
1	1	18
2	30	17
3	37	17
4	572	16
5	573	16

图 5-14 TIN-Octree 混合模型及其数据结构

(4) Octree-TEN 混合构模

尽管八叉树的空间数据量较大,但它具备简单的数据结构和方便操作等特点。与此相比,四面体格网模型可以准确表达目标,并展示复杂的空间拓扑关系。这两种模型在特点上互有优势。李德仁院士基于八叉树模型的优点以及四面体格网模型的优势提出了一个新的混合数据结构,即 Octree-TEN 混合构模,如图 5-15 所示。

Octree-TEN 混合模型采用 Octree 来整体描述物体,并使用 TEN 来局部描述物体。图 5-16 展示了该混合模型的数据组织结构。尽管该模型在解决复杂的地质体建模问题,如断层或结构面等方面具有优势,但在建立空间实体之间的拓扑关系方面仍存在一些挑战。

在图 5-16 中,一个八叉树编码的属性值是 SX(图 5-15 中的 73),表示此编码指向四面体格网中的一个局部区域,通过指针可以找到在这个局部区域里的具体内容。而通过八叉树编码可以得到对应的 8 个顶点,如图 5-16 中的(4,3,2)和(3,4,2),将它们和四面体格网内的特征点(如 201、202)连接起来,便形成一个局部的四面体格网。

八叉树

编号	属性
…	…
73	SX → 1
…	…

四面体

体号	面号	属性
	…	
1	A，B，C，D	
	…	

三角形

面号	线段号	属性
A	a，b，c	
B	b，d，e	
C	c，e，f	
D	a，d，f	
	…	

线

线号	起点	终点	属性
a	(4，3，2)	(4，4，2)	
b	202	(4，4，2)	
c	(4，3，2)	202	
d	(4，4，2)	(3，4，2)	
	…		

结点

点号	X	Y	Z	属性
201	x_{201}	y_{201}	z_{201}	
202	x_{202}	y_{202}	z_{202}	
203	x_{203}	y_{203}	z_{203}	
204	x_{204}	y_{204}	z_{204}	
	…			

图 5-15　Octree-TEN 混合模型的数据组织结构

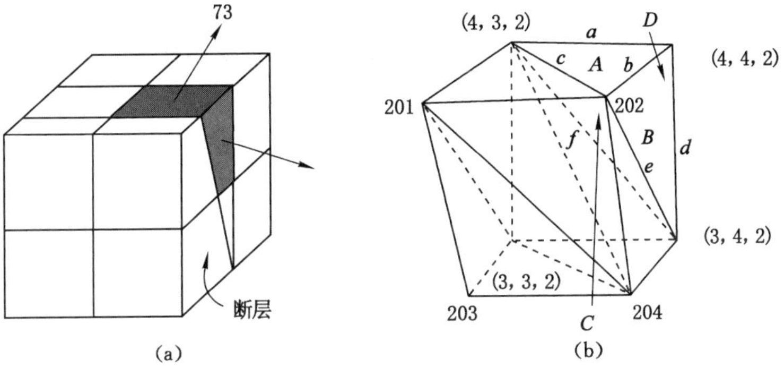

图 5-16　八叉树结构与四面体格网结合的混合数据结构

混合结构数据模型是一种将不同的数据模型组合在一起的方法，用于表示不同的地理空间物体。它充分利用了各种数据模型的优势，以实现对三维空间实体的有效和完整表达。虽然混合结构数据模型可能存在一定的局限性，需要在不同的空间实体表达方法之间进行转换，以实现表达的一致性。但正是由于它的灵活性和综合性，采用混合结构的数据模型已经成为现阶段三维地理信息系统理论和应用发展的重要方向。

通过混合不同数据模型，我们能够更好地处理和分析复杂的三维空间数据。这对于地理信息系统的应用和发展非常重要，因为不同类型的地理空间物体可能需要不同的数据模型来进行表示，而混合结构数据模型能够提供更强大和灵活的表达能力，有助于解决实际问题和应用需求。

5.3　城市空间三维分析

城市空间可以分为地表、地上、地下三个部分，相应地，可以将城市空间数据划分为地表数据、地上数据和地下数据。(1) 地表数据：描述地形、植被、建筑物、道路等要素的空间数据。(2) 地上数据：描述电力线等要素的空间数据。(3) 地下数据：描述地铁、地下管线、隧道等要素的空间数据。

5.3.1 日照分析

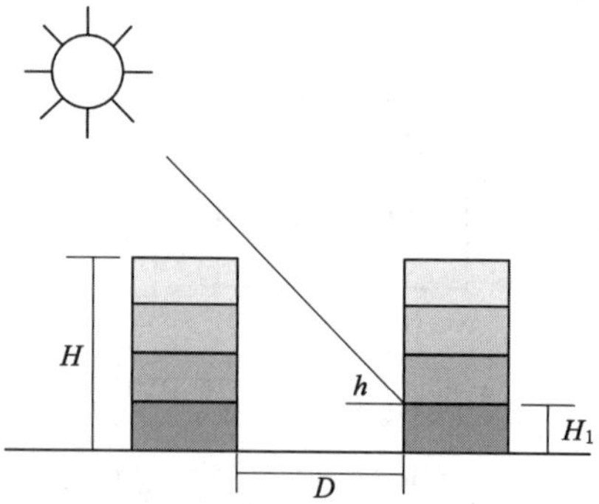

图 5-17 日照间距计算方法

日照分析是指模拟建筑物在重要时间节点的日照阴影情况,为建筑物之间的阴影遮挡影响提供定性参考。在规划和建筑行业,一般要求除住宅外的生活居住建筑,冬至日日照时长不应低于 2 h。住宅只有被高度为 24 m 以上的建筑遮挡时才应进行日照分析。因此,日照分析已经成为重要且常用的城市空间三维分析功能(图 5-17)。

在图 5-17 中,$\tan h=(H-H_1)/D$,由此得 $D=(H-H_1)/\tan h$。式中,D 为日照间距;h 为太阳高度角;H 为前幢房屋女儿墙顶面至地面高度;H_1 为后幢房屋窗台至地面高度(根据现行设计规范,一般 H_1 取值为 0.9 m,$H_1>$ 0.9 m 时按照 0.9 m 取值)。

相关的日照分析方法如下。

(1) 遮挡分析:分析各栋建筑之间的遮挡与被遮挡情况。选定被遮挡建筑时可自动分析出对其产生遮挡影响的所有遮挡建筑;选定遮挡建筑时可自动分析出其对其他建筑产生遮挡影响的所有被遮挡建筑。

(2) 阴影分析:通过建筑群任意时间段在任意高度上的连续阴影图、阴影轮廓范围线及相邻建筑间的阴影差集图,可直观地观察建筑阴影轮廓的影响范围或对其他建筑的遮挡情况。

(3) 单点分析:建筑群体内任意一点在任意时间和高度的日照时间的分析计算,分析结果可图面标示及自动统计生成单点日照分析报表。

(4) 窗户分析:建筑物窗户满窗日照(可设置为左右端或中心点)的分析计算,分析结果可图面标示及自动生成统计报表。也可分析整个窗面生成立面多点日照数字模型图。

(5) 窗洞分析:在窗户窗面上进行等距离布点,分析各点的日照情况,统计出满足标准的点在窗面中所占的比例。

(6) 坡地区域分析:在受地形影响的建筑群中选择任意区域,在其上等距离布点,分析各点受地形及建筑物共同影响的日照情况,并将计算结果数值直观地显示在各点上。

(7) 等时线分析:在建筑群体任意形状闭合区域内,自动生成单小时或多小时区域平面等日照线性模型图或建筑立面等日照线性模型图(图 5-18)。

(8) 日照圆锥面:按日照时间间隔自动计算并绘制太阳在一定时间段内对建筑群内或建筑物轮廓上的一点进行日照所形成的以该点为顶点的三维圆锥形运行轨迹,直观反映该点的日照情况。

5.3.2 控高分析

建筑控高,指建筑控制高度,又称建筑限高,是指一定地块内建筑物地面部分最大高度限制值。在城市规划中,通常是为了保护国家机密、航线安全、风景名胜古迹等,对各区域内的建筑高度进行统一要求和限制。例如,北京故宫、中南海附近、杭州西湖沿岸、各城市航线范围内等都有具体的建筑控高要求。因此,控高分析主要应用于城市规划领域。控高分析方法分为最高点控制法、抛物线式控制法、视线通廊控制法、天际线控制法和视线眺望控制法等。

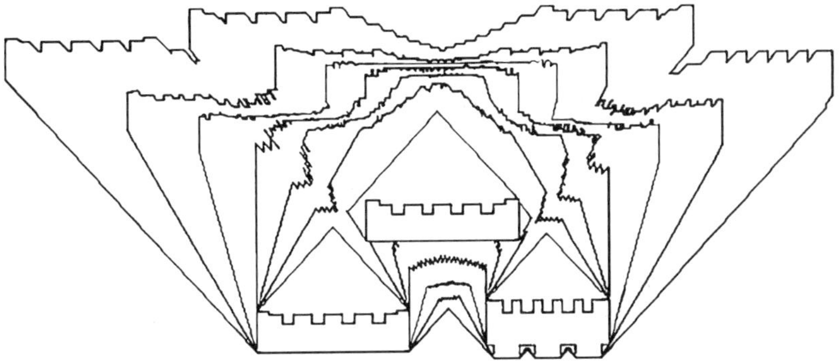

图 5-18　等时线分析示意图

5.3.2.1　最高点控制法

国内许多历史文化名城保护规划中，通常对建、构筑物都有明确的限高。例如，西安明城墙以内的整体控制高度以钟楼宝顶 36 m 高为限；北京旧城内的建筑高度以 45 m 高的景山山体作为控制上限；拉萨城内的建筑限高为布达拉宫顶高，为 117 m；苏州古城内要求新建筑高度一律不得超过 24 m；安阳古城内要求所有建筑高度限制在 10 m 以下。最高点控制法以重要文物古迹的最高点作为建筑限高，能够有效保障文物古迹在区域内的统帅地位。但此方法控制内容较单一，需要与其他方法综合使用，这样才能达到良好效果。

5.3.2.2　抛物线式控制法

抛物线式控制法是在文物古迹周围依次划定核心保护区、缓冲区、协调区，由内向外逐渐升高，进行分层次高度控制。此方法因能有效缓解文物古迹周边建筑高度控制和城市建设需求之间的矛盾，因此被普遍采用。例如，在 2002 年《北京历史文化名城保护规划》中，北京旧城划分为三个高度控制层次：按历史原貌保护要求进行高度控制的重点区域、遵循文物及保护区保护规划要求的建设控制地带、遵照《北京市区中心地区控制性详细规划》要求的其他区域。此种方法在实践中获得成效的同时，也显现出视觉效果不佳、标准确定模糊、控制力度不足等问题。但如果能科学合理地确定控制范围和高度标准，加上其他方法的补充，仍不失为一种行之有效的控制思路。

5.3.2.3　视线通廊控制法

视线通廊控制法是为保存城市整体历史风貌格局，在重要历史景观节点之间开辟视线通廊，保证作为背景的建筑不影响两者之间的视线通畅，并在文物古迹之间形成一定的对景关系的方法。例如，北京旧城在景山、钟鼓楼、故宫、德胜门、正阳门、祈年殿、北海白塔、妙应寺白塔等之间形成景观视线通廊和街道对景关系，并对历史形成的对景建筑及其环境加以保护，控制其周围的建筑高度。此种方法适合区域层面的宏观控制，特别是依托现有道路和河道构建视线通廊，既可有效保护历史景观廊道，也可达到控制背景区域建筑高度的目的。

5.3.2.4 天际线控制法

天际线控制法是在文物古迹所形成的历史环境中,保护其自然景观所形成的天际线特征,限制周边建筑高度的方法。例如,杭州西湖在控制湖滨地区建筑高度时,以湖滨区树冠高度为基准,建筑高于树冠高度的 1/3 是基本高度(约 18 m),即此高度下是被允许的,因为建筑对景观影响不大;根据近高远低的视觉原理,离湖岸越远,允许的高度就越高。在山体与城区的景观过渡地段,要求不得超过基本高度;山体背后的建筑不得高出山体,以免破坏山际线。杭州市规划部门依据上述思路建立高层建筑景观分析的制度,凡是超过基本高度的建筑都必须进行高度分析。此种方法通过对历史环境中自然景观形成的天际线特征的保护,可实现对历史环境的整体保护,适用于自然景观特征显著的文物古迹景区。

5.3.2.5 视线眺望控制法

视线眺望控制法是将视觉规律引入建筑高度的控制分析,以控制周边建筑侵入视线眺望区域。首先确定多个观察视点,通常为某一方向的最不利视点或某个空间人流最集中的地点;其次沿视点与周边遮挡物边沿连线,确定视线的平面影响区域;然后确定视线临界点并连接视点与视线临界点,找出临界视线;最后测量平面影响区域至观察视点的最近水平距离,根据三角函数,确定相应地块的建筑最高值。

此方法因能够有效地协调城市与自然景观以及历史古迹之间的关系而适用面较广。基于视线眺望分析的原则和方法,运用 GIS 建立的建筑高度数据模型,不仅能够全面准确地计算出整个目标区的高度控制标准,还能够反映地形变化的影响,结合此方法能便于相关部门有效地控制目标区周边的建筑高度。在部分案例中,因视点多、地形复杂等会出现计算不全面、不准确问题,此时可通过计算机辅助手段予以解决(图 5-19)。

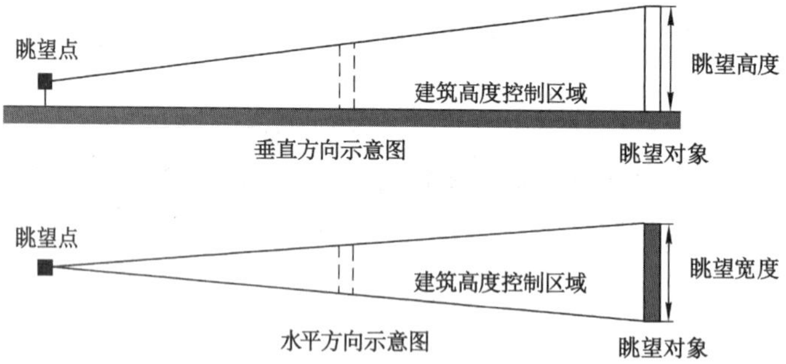

图 5-19 视线眺望控制法

5.3.3 天际线分析

天际线分析是指根据观察点一定距离内的建筑物、地形,快速计算生成当前场景窗口中由遮挡物遮挡后构成的天际线轮廓(图 5-20)。结合城市建筑、地形等区域数据,能快速分析出任意观察点的天际线。该分析方法在城市规划中应用广泛,在保护城市自然景观和特色中起到了重要的作用。它不仅能确定研究区域在不破坏天际线的情况下允许建设的最大高度，还能根据天际线轮廓对规划建筑的位置和高度进行调整，使城市规划工作省时省力。

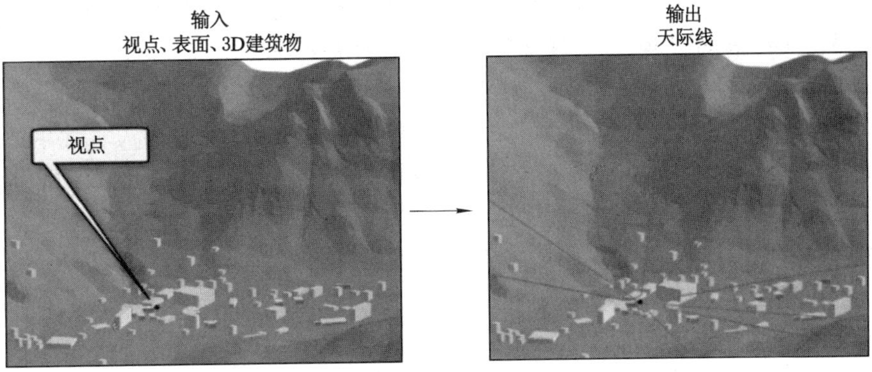

(a)　　(b)

图 5-20　天际线分析

5.3.4　地下管线三维分析

城市地下管线是指城市范围内供水、排水、燃气、热力、电力、通信、广播电视、工业等管线及其附属设施，是保障城市运行的重要基础设施和"生命线"。建立完善的地下管线可以快速适应社会的发展需求，提高应急防灾能力。地下各类管网、管线不仅具有规模大、范围广、种类繁多、空间分布复杂、变化大、增长速度快、形成时间长等特点，还承担着信息传输、能源输送、污水排放等与人的生活息息相关的重要功能，关系着千家万户的方方面面，是人民生活的基本保障，也是城市赖以生存和发展的物质基础。

(1) 三维地下管线可视化分析。城市地下管网纵横交错，复杂隐蔽，使用三维可视化技术能够直观地展示出地下管网的实际情况，便于检查和分析。根据二维数据的平面坐标、埋深、管径等数据批量生成三维管线模型并关联属性数据库，形成最终的三维地下管线数据。城市三维地下管线可视化分析是在三维数据环境下，整合城市的地下综合管线数据资源，实现地下管线的三维可视化浏览、导航、水平测距、垂直测距、面积测量等功能。同时，还可实现二、三维联动的对比分析，使三维可视化效果得到了大大的提升。

(2) 横纵断面分析。利用线段将管线切成一个剖面，在这个剖面上我们可以分析管线的纵、横断面特征和各条管线的地下铺设状况，包括距离地面的高度，以及各管线的距离等信息。横纵断面图能够直观地反映路面的埋深情况、道路各管线之间的空间关系，是管线工程设计的基础，也是市政基础建设的重要依据。横纵断面分析不仅可以察看同一垂直于地面的横纵切面上的同一数据来源的多种管线之间的水平关系、垂直关系、管线的管径及相对地面的埋深情况；而且也可以在任意指定的位置上直接生成横纵断面剖视图，并从视图中查询管道材质、埋深、管径、历史年代、间距等信息。

(3) 覆土深度分析。地下管线受气候、土壤等环境因素的影响，各类管线的最小覆土深度均有严格的行业规范和国家规范。覆土深度是指一条管段上特定位置(点)处的管顶埋深，覆土深度分析可以直观地察看地下管线相对地面的管顶埋深信息。用户任意绘制一线段，该线段与多条管线相交，形成多个交点，覆土深度分析即分析计算此类交点的管顶埋深。

严寒或寒冷地区的给水、排水、燃气等工程管线应根据土壤冰冻深度确定管线覆土深度,热力、电信、电力电缆等工程管线及严寒或寒冷地区以外的工程管线应根据土壤性质和地面承受荷载的大小确定管线的覆土深度,覆土深度分析为城市地下管网的日常管理、分析统计、规划决策提供了可靠的依据,为管理部门提供了辅助决策等功能。

(4) 爆管分析。爆管分析在城市管网建设中有着重要的意义,可分析爆管后需要关闭的阀门及影响的下游管线。城市压力管线爆管现象是一个时常发生的灾害性事故,若处置不及时或出现过失,将会给城市带来重大的经济损失和给社会造成极大的负面影响。因此,压力管线出现爆管时,应充分考虑管线设计与道路设计、总图设计之间的密切关系,快速分析和识别出受影响的管段和地区,利用管线拓扑信息,根据爆管点的位置,分析并显示出受影响的管段和地区;给出关阀方案、高亮显示出应关闭阀门,并显示出受到影响的调压片区或受到影响的用户情况。给水、燃气、热力管线发生爆管事故时,可利用该功能在地图上搜索需要关闭的阀门、周边管线信息、周边建筑、周边道路及其他信息。爆管分析提高了城市管线的科学决策和公共基础设施突发事件监测、应急反应、指挥决策等能力。

(5) 连通性分析。连通性分析主要用于检查管线上指定两点间是否连通。首先指定一段管线或一个管点,然后选择同类管线的另一段管线或另一个管点,通过深度优先搜索方式,判断是否连通。连通性分析可对管线连接的位置、连接的数量、流向、流量及管线的属性进行详尽的分析,通过在不同的点安装监控器和传感器,能够实时地监控管线的状态,如监测管线中流动物质的流量、水质、水压等。假设在前后两个节点出现了不同的流量,那么就证明管线在这一节出现了漏洞。提前设置好阈值,一旦超出阈值或者低于阈值,系统就能够主动发出报警,提醒相关单位管线出现问题,以便更快速地预防、处理应急事故。连通性分析方便了位置信息的查找,为管线资源的规划利用和应急管理提供了准确的参考,提高了决策的合理性和科学性。

(6) 流向分析。流向分析用于查询给定区域管线的具体流向。其主要针对排水管网,根据管网中各设施的开闭情况及管线的拓扑信息,自动计算出每根管线中的介质流向,并将流向标注在三维场景中。基于流向的爆管分析,需要知道水流方向在何处改变、在何处被截停,这就需要根据水流方向的变化来定义管段。对管网管段的定义是为了将管网抽象成符合爆管分析需求的无向图及建立相应的几何网络。

复习思考题

5-1 高程计算方法分为哪几种?

5-2 阐述坡度、坡向的计算方法。

5-3 阐述坡度变化率与坡向变化率的计算方法。

5-4 曲率的计算方法分为哪几种?

5-5 阐述水文分析的主要内容与步骤。

5-6 视域分析的方法分为哪几种?请举例论述其应用。

5-7 阐述地形三维分析的方法。

5-8 三维日照分析的方法可分为哪几种?

5-9 控高分析的常见方法有哪些?

第 6 章　地理计算与空间建模

地理计算是 GIS 的核心内容之一，主要以计算机方法为基本科学工具处理地理信息和分析地理现象；地理空间建模则指构建表示区域地理系统状态或其组成要素特征的实物模型或数学统计模型，是地理科学研究的重要工具和方法之一。

6.1　网格 GIS

网格 GIS 是 GIS 与网格技术的有机结合，是 GIS 在网格环境下的一种应用。它将地理上分布、系统异构的各种计算机、空间数据服务器、大型检索存储系统、地理信息系统、虚拟现实系统等，通过高速互联网络连接并集成起来，形成对用户透明的虚拟的空间信息资源的超级处理环境。

6.1.1　网格 GIS 的特点

网格计算实现了网格上各节点在一定规则下的数据、资源、应用、计算共享，这一点对于开发大型 GIS 项目尤为重要，并能提升或改变整个 GIS 应用系统的规划部署、运行和管理机制。

网格 GIS 的特点表现为以下几个方面：

(1) 网格 GIS 的核心是解决广域环境下各种空间信息处理资源的共享和协同工作。其中，空间资源包括空间数据、空间信息、空间知识和空间服务等。共享是空间资源在网格环境下的共享，协同工作是空间服务之间的协作。

(2) 网格 GIS 可以很好地解决异构系统之间的互操作问题。在由空间数据库、属性数据库、元数据库、GIS 软件组成的网格系统中，当用户提出某个应用请求时，网格系统会自动把任务分解，然后路由(routing)到特定的数据库提取特定数据，并把它传输到特定的 GIS 软件中，将处理结果以一致的用户界面方式呈现在用户面前。数据访问和数据处理是透明的，即用户不必知道处理过程中采用的是哪种 GIS 软件、地理数据来自哪个数据库等，这样可以使用户专注于解决领域问题，真正实现把整个因特网整合成一台巨大的超级 GIS 服务器。

(3) 网格 GIS 处理的数据是空间数据，这是网格 GIS 与一般网格的根本区别。空间数据的特征要求网格 GIS 尽可能整合分布式存储资源和计算资源为一个虚拟统一的系统环境，并提供元数据管理工具和基于空间信息资源的数据访问服务等。网格 GIS 应具有在大量用户同时通过网格对其存储的空间信息进行访问时快速响应的能力。

6.1.2 网格 GIS 的体系结构

在网格 GIS 系统中,其体系结构决定了整个网格的运行稳定性与可扩展性,并定义了网格内及网格节点间的各种协议及 API(应用程序接口),以用于指导网格系统及相应应用程序间的操作。

6.1.2.1 基于应用的网格 GIS 体系结构

从网格应用角度出发,网格 GIS 体系结构包括计算网格(computation grid)、空间数据网格(spatial data grid,SDG)、空间信息网格(狭义)、空间知识网格(spatial knowledge grid,SKG)和空间服务网格(spatial service grid,SSG)等五部分,如图 6-1 所示。

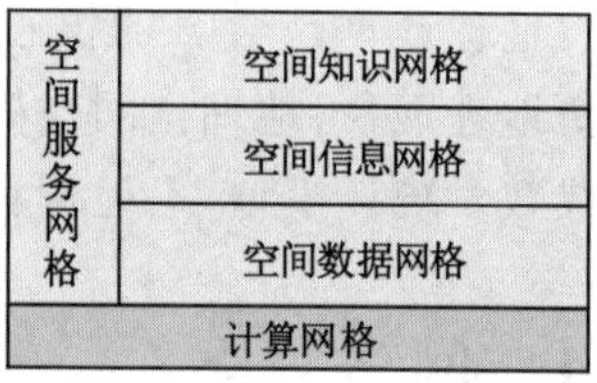

图 6-1 网格 GIS 应用体系结构

(1) 计算网格是所有应用网格和网格 GIS 体系的基础,为其他网格应用提供系统基础功能与接口,包括通信机制、安全架构、错误检测、信息架构和资源管理机制等。目前,网格界学者正在开展对计算网格的研究,并且已经取得了较大的进展,如 Globus 系统软件等。基础的网格计算服务用来为计算、数据和工具系统提供统一、安全的入口,为地理位置和组织形式分散的计算、数据源、工作管理以及安全性提供统一的权限,安全性包括单一的签约、安全的内部通信和网格计算管理。

(2) 空间数据网格是空间信息网格、空间知识网格和空间服务网格的基础,为其提供数据支持。空间数据网格主要研究海量分布式空间数据的统一管理和高效访问,包括元数据目录和资源代理等关键技术。元数据目录包含网格中的各种实体对象,包括所有空间数据的统一逻辑视图,为空间数据的统一管理和高效访问奠定了基础,是空间数据网格的核心;其信息注册与发布服务支持新实体的注册和利用元数据目录进行数据发布;资源代理则用于将高层用户的存储、检索数据的请求映射为网格的底层操作。

(3) 空间信息网格的目标是在空间数据网格的基础上,为用户提供一体化的智能信息服务平台。在这个平台上,信息处理是分布、协作和智能化的,用户可以通过单一的入口访问所有的信息,空间信息网格的终极目标是做到服务点播(service on demand)和一步到位(one clock is enough)的服务。空间信息网格主要研究空间元信息、空间信息表示、空间信息的连通性和空间信息的一致性。元信息是对数据对象的抽象化描述,使各种信息可以通过元素属性和值之间的关系对来表达;信息的表示包括信息存储的表示和信息显示的表示两个方面;信息的连通性是指把有一定关系(包括语义和逻辑)的信息从逻辑上连接在一起,在不考虑安全限制的前提下,从一个信息源可以到达任何连通的另一个信息源;空间信息的一致性主要是指 GIS 语义互操作,着重解决地理信息的语义冲突,即现实世界由于对象分类定义的差异导致的分类几何描述以及模式的差异性,以保证使用过程中空间信息的准确性,以及在转换过程中语义的完整性和不损失性。

(4) 空间知识网格研究空间知识的组织和管理方法,其中知识管理包括知识重用、知识转换和认知过程模型。空间知识网格的目标是建立一个智能、高效、协作的问题解决和决策支持平台,它以空间数据网格和空间信息网格为基础。

(5) 空间服务网格研究 GIS 功能服务的统一管理和高效访问，为其他网格 GIS 提供功能服务。空间服务网格的关键技术是空间服务的元数据目录，它提供网格环境中所有空间服务的统一逻辑视图。空间服务网格的实现可以参考 Web Service(万维网服务)的四层架构，通过 HTTP(超文本传输协议)完成底层信息传输，通过 SOAP(简单对象访问协议)规范完成服务触发，通过 WSDL(万维网服务描述语言)完成服务描述，通过 UDDI(通用描述发现与集成)规范构建空间服务的元数据目录，完成服务的注册、查找和发现。

6.1.2.2　基于技术的网格 GIS 体系结构

从网格技术角度出发，网格 GIS 体系结构可以分为构造层、连接层、资源层、协作层和应用层等五个层次，如图 6-2 所示。

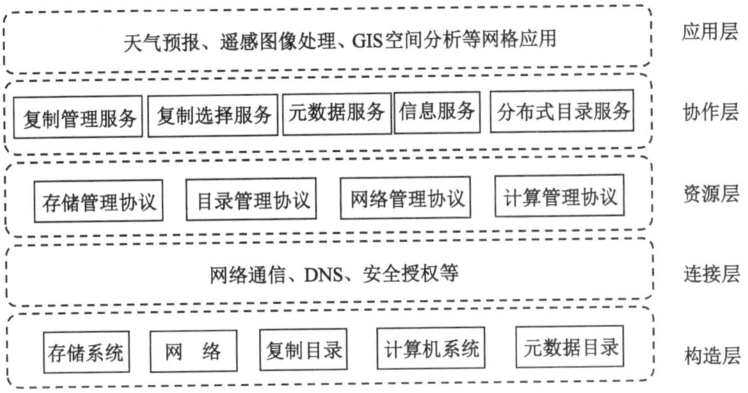

图 6-2　网格 GIS 技术体系结构

(1) 构造层：主要功能是向上提供可供共享的资源，属于物理或逻辑实体。常用的资源包括计算资源、目录、网络资源、代码库和国际空间数据基础设施。典型的空间数据基础设施(SDI)包括四部分：数据交互网络体系、基础数据集、法规和标准及机构体系。其中，数据交互网络体系作为网络节点各个基础地理信息系统和空间数据的通信网络；基础数据集包括空间定位控制数据、地形框架数据、土地利用覆盖数据、地籍测绘数据、航摄与遥感影像数据以及其他与空间位置相关的基本自然与人文信息；法规与标准包括有关信息共享机制的法规和政策，以及地理信息技术标准；机构体系包括权威的空间数据和地理信息协调领导机构、从事数据获取和加工的骨干生产组织、专门从事数据维护更新的单位。

(2) 连接层：是网格中处理通信与授权控制的核心协议，构造层提交的各种资源间的数据交换，各种资源间的授权认证、安全控制都在这层的控制下实现。在本层中应该开发基于“公钥协议”的组件，提供通信协议、服务发现(DNS)、授权、认证等功能。

(3) 资源层：应用协议调用连接层的协议对本地资源进行访问和控制。在本层中用来实现资源注册、资源分配和资源监视的组件，应该遵守资源信息协议、基于 HTTP 的网格存取和管理协议以及 Grid FTP(文本传输协议)。

(4) 协作层：将资源层提交的受控资源汇集在一起，以供数字地球虚拟组织的应用程序共享、调用。为了对来自应用的共享进行管理和控制，协作层提供目录服务、资源分配、日程安排、资源代理、资源监测诊断、网格启动、负荷控制、账户管理等多种功能。目录服务允许空间信息虚拟组织的参与者利用姓名、特征和路径查询数字地球虚拟组织和其他通过空间信息网格连接的虚拟组织的资源。当然这个功能还需调用资源层相应功能的API和SDK。相互定位、日程安排、代理服务允许参与者查询资源的位置,依据合适的资源对任务进行日程安排。监测诊断服务用于监测GIS虚拟组织中资源故意攻击、过载。数据复制服务负责管理虚拟组织存储、网络和计算资源,以使其稳定地、快速地、最大限度地为GIS虚拟组织的参与者服务。

(5) 应用层:GIS虚拟组织提供的中间件和服务在应用层得到具体应用,如知识库、应用开发环境、GIS服务、可视化、主题产品、目录访问、图像处理和操作系统模型等。这些具体应用必须以高性能的科学计算、海量数据存储与更新技术、网络互操作技术为支撑。① 高性能的科学计算。海量数据计算功能突破了基础研究和理论研究的限制。资源层提供了海量可共享的计算资源,其他相应层提供了资源的查询、定位和任务的分配功能,GIS成员通过授权和认证,确认用户身份后可以按照网格协议安全地使用计算资源。② 海量数据存储与更新技术。空间信息网格通过协议很好地解决了互操作问题,使GIS成员可以对等地、安全地对海量数据进行存取与更新。③ 网络互操作技术。GIS需要通过高速网络连接和浏览数据库群中的数据库,所以互操作性是实现多智能体计算的核心技术。GIS虚拟组织成员可以通过各层的API调用相应的服务,再通过调用空间服务网格上的资源来完成任务。在整个系统的设计与实现过程中,应始终保证系统平台的无关性、位置无关性、安全性、易用性与稳健性。

6.1.3 面向服务的网格GIS

网格GIS是面向服务的系统,它强调以服务为中心,主要包括元数据目录服务、资源分配管理服务和安全服务等。

6.1.3.1 元数据目录服务

元数据目录服务主要完成对网格计算环境中信息的发现、注册、查询、修改等工作,提供对网格计算环境的一个真实、实时的动态反映,其处理的信息主要是网格计算环境中的各种资源(包括数据资源、计算资源等)、服务和其他主体的描述。元数据目录是一种资源目录,其中的资源包括计算资源、存储资源、网络资源、软件资源、数据资源、信息资源、知识资源等。元数据目录服务利用轻量目录访问协议(lightweight directory access protocol,LDAP)将可以从网格中访问到的各种系统资源信息统一起来,为网格用户建立统一的目录空间。

良好地表示、存储、访问和使用大量资源信息是数据网格运行的基本前提。在GIS领域,这点表现得更为突出。信息服务是元数据管理对外提供的基本服务,它能够实现资源实体的注册和发布,支持资源相关性的发布。因此,在网格GIS中,需要建立灵活的、可扩展的信息服务体系结构。这种体系结构应当保证资源信息提供者的广泛分布性以及信息服务的分布特性和安全性。

(1) 元数据目录的种类

元数据目录为用户身份认证、数据定位、访问控制、数据复制等提供支持。按功能可分为系统元数据(system metadata)、副本元数据(replica metadata)和应用元数据(application metadata)。系统元数据主要是网格自身结构的信息，如网络互联情况、存储系统的容量和使用策略等；副本元数据主要是关于数据副本的信息，如文件与具体存储系统之间的映射信息；应用元数据主要是与具体应用相关的文件的逻辑结构或语义信息，如数据的内容和结构、获取数据的必要条件等。

(2) 元数据目录服务的实现

在实现上，元数据目录服务主要使用LDAP作为网格信息访问与存储的统一界面，采用XML语言对应用元数据进行描述。轻量目录访问协议(LDAP)是一个独立于厂家和平台的开放网络协议标准，用来访问存储在信息目录中的信息。就像Sybase、Oracle、Informix或Microsoft的数据库管理系统是用于处理、查询和更新关系型数据库一样，LDAP服务器是用来处理、查询和更新LDAP目录的。LDAP主要的优点是跨平台，可以应用于任何平台，用LDAP客户端软件去访问LDAP服务器；LDAP专门为读操作进行了优化，对LDAP的读操作的完成速度比普通的数据库访问要快很多，适用于需要频繁读取的场合；LDAP服务器可以是分布的，用户访问到的信息可以是本地的LDAP服务器，也可以是全局的；LDAP是以一条条记录存储的，各条记录存储的属性是可变的。

(3) 元数据目录服务的标准

空间元数据用于描述有关地理信息的内容、质量、位置和其他特征，帮助用户快速理解和定位数据。元数据目录服务是为了数据的访问提供相关的数据目录信息和数据交换等辅助信息。由于行业和区域的差异，元数据的形式与内容呈现多样化的特点，为便于信息共享，统一的或者至少在一定程度上统一的元数据标准的研究与制定势在必行，目前，有代表性的元数据标准有FGDC标准、欧洲地理信息标准化技术委员会(CEN/TC287)所制定的标准、中国基础地理信息(NFGIS)元数据标准草案和ISO/TC201(国际标准化组织技术委员会)所制定的标准等。各种标准在整体构架和组成上基本一致，只是在某些方面由于自身特殊的考虑而略有不同。

6.1.3.2　资源分配管理服务

资源分配管理服务主要处理资源请求、执行远程应用、分配资源和管理活动等任务，并根据计算资源的情况把资源更新信息发送给元数据目录服务。资源分配管理服务提供API以方便上层服务或用户提交任务请求、删除任务请求和检查提交任务情况。用户可根据资源描述语言(resource specification language，RSL)发出任务请求并交予资源分配管理服务处理。资源分配管理服务主要包括Gatekeeper(关守)、任务管理者和资源管理者等，任务请求执行流程如图6-3所示。

当用户要提交一个任务时，需要发送一个执行任务的请求(用RSL进行描述)给远程计算机的Gatekeeper。Gatekeeper处理此次请求，并针对这个任务创建一个任务管理者。任务管理者对任务请求中的RSL描述进行解析，然后启动并监视任务的执行，并把任务的状态信息发送给用户。当远程任务正常完成或失败后，任务管理者也结束运行。

(1) 资源分配管理服务处理的事务。其主要负责的事务包括：① 解析和处理任务请求中的RSL描述，在任务请求中对选择的资源、任务处理和任务控制等进行RSL描述，针对可用资源等情况对请求做出拒绝处理或执行等操作；② 管理远程监控启动的任务；③ 根据所管理的资源可用情况更新资源分配管理服务。

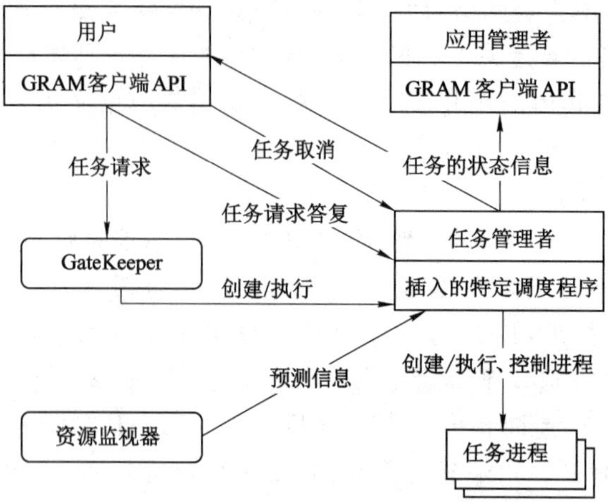

图 6-3　任务请求执行流程

(2) 资源分配管理服务的组成部分。资源分配管理服务由资源、客户、任务、任务请求、Gatekeeper、任务管理者、资源监视器和应用管理者等 8 个部分组成。① 资源是指可代表用户运行一个或多个进程的主体;② 客户指调用客户端资源分配 API 的进程;③ 任务指根据一个任务请求产生的一个进程或进程组,任务可以分组,这样当一个任务产生错误后,会使整个任务组结束运行,如果一个任务被用户删除,那么这个任务中的所有进程都结束运行;④ 任务请求是发给 Gatekeeper 的请求,用于创建一个或多个任务进程,任务请求用 RSL 语言描述,主要给出了资源的选择、任务进程创建和任务控制的描述;⑤ Gatekeeper 是指一个拥有根节点权限的进程,主要负责处理任务分配请求,当 Gatekeeper 接收到客户发出的任务分配请求后,它负责的操作包括:与客户相互进行安全鉴别,把客户映射为本地的一个用户,在本地启动一个拥有本地用户权限的任务管理者,把根据 RSL 描述解析出的任务分配参数传递给新创建的任务管理者;⑥ 任务管理者是 Gatekeeper 根据任务请求创建的,主要负责在本地系统中启动任务,并处理其他 Gatekeeper 与用户的通信;⑦ 资源监视器负责监视本地调度系统和本地资源,向任务管理者提供预估的延迟时间;⑧ 应用管理者通过多个资源管理者管理一个在不同资源上运行的应用,作为一个集中的管理者,它从任务管理者接收回复请求,并指示任务的状态改变。

资源分配管理服务主要提供了三类 API,这三类 API 分别面向客户端、任务和任务管理者。客户端 API 的主要功能是处理向服务器发出的请求;与任务相关的 API 主要负责查询任务中的进程信息;与任务管理者相关的 API 则提供一个统一界面与底层的本地调度器进行交互。

6.1.3.3　安全服务

Internet 的安全保障一般提供访问控制服务和通信安全服务。访问控制服务用来保护各种资源不被非授权使用,通信安全服务则用来提供认证、数据保密性与完整性和各通信端的不可否认性服务。但这两方面的安全服务不能完全解决网格计算环境下的安全问题,网格计算环境必须能够满足用户安全、高效地使用其提供的各种资源的要求。同时,网格计算环境必须连接在 Internet 上，并提供易用的服务供用户使用。为此，网格计算环境必须具有抵抗各种非法攻击和入侵的能力，并且在受到攻击和入侵时采取某些措施以维持系统的正常高效运行和保证系统中各种信息的安全。

网格安全包括的内容非常广泛，比如认证、授权、保证、记账、审计、完整性和机密性等，网格的各个部分都涉及安全技术。Globus 项目通过提出网格安全基础设施 GSI，来提供在网格计算环境中的安全认证和安全通信等能力。网格 GIS 的安全服务与网格计算的安全服务不完全相同，由于 GIS 数据的海量性及复杂性，除授权和访问控制协议外，网格 GIS 的安全服务还要通过各种协议措施解决网上资源共享的知识产权、相互信任和报酬等问题。同时，必须考虑如何解决信息中断和错误处理等问题。

Globus 项目中的 GSI 主要集中在网络的传输层和应用层，并强调与现有分布式安全技术的融合。GSI 基于公钥加密体系，采用 X. 509 认证和 Secure Sockets Layer（安全套接层）通信协议，并对它们进行了一定的扩展，使得 GSI 可以支持单点登录。GSI 的实现符合 Generic Security Service API（GSS-API），而 GSS-API 是由 Internet Engineering Task Force（因特网工程任务组）提出的用于安全系统的标准 API。GSI 中的主要安全技术手段包括安全认证、安全身份相互鉴别、通信加密、私钥保护以及安全委托与单点登录等。

（1）安全认证

GSI 认证（Certificates）的一个关键点是认证证书。在网格计算环境中的每个用户和服务都需要通过认证证书来验证，可以把认证证书类比为国家公民的身份证。为了防止对认证证书的假冒和破坏，GSI 认证证书主要包含主体名称、属于这个主体的公钥、签署证书的认证中心标识和签署证书的认证中心的数字签名等 4 部分信息。

（2）安全身份相互鉴别

如果双方主体都有证书，而且都信任彼此的认证中心，则双方可相互明确彼此的身份，这实际上是相互鉴别问题。GSI 采用 SSL（secure sockets layer）协议作为它的相互认证协议。在实现上，要求双方有彼此的认证中心自身的证书，认证中心自身的证书中包含认证中心的公钥，这样才能确保双方由认证中心签署的证书具有合法性。

（3）通信加密

在缺省情况下，GSI 在通信双方之间不建立加密通道。一旦相互认证成功，GSI 就脱离出来，这样通信双方在进行通信时不会有额外的加解密开销。如果通信双方需要进行加密通信，则 GSI 可很容易地建立一个共享的密钥用于对信息进行加解密，这里一般采用公钥技术与对称加密技术结合的加密方式，在保证安全性的同时尽量减少加解密的开销。另一个需要 GSI 考虑的是通信的完整性。通信完整性表示窃听者可能会了解到通信双方的通信内容，但不能对通信内容进行修改。

（4）私钥保护

在一般情况下，GSI 要求 Globus 用户的私钥保存在本地计算机的一个文件中。为了阻止本地计算机的其他用户窃取私钥，此文件必须经过一个用户知道的口令（password）进行加密和保护。用户在使用 GSI 中的认证证书时，必须输入该口令来解密包含私钥的加密文件。GSI 还可以采用外部介质如加密的 smart card（智能卡）来保存私钥，这样使得其他人窃取私钥的难度大大增加。

（5）安全委托与单点登录

在通常情况下,用户之间或用户与资源管理者之间在建立联系之前,都必须进行相互鉴别。如果一个用户要与多个资源管理者联系的话,就必须多次访问保存私钥的文件,即需要多次输入密码,而且在代表用户的程序运行过程中,也可能进行相互认证,从而使得相互认证的过程很烦琐。因此 GSI 对标准的 SSL 协议进行了扩展,使得 GSI 具有安全委托能力,减少了用户必须输入口令来得到私钥的次数。如果一个网格运算需要用多个网格资源,或者需要一个代表用户的代理来请求资源,则 GSI 通过创建代理(proxy)来避免输入口令,这样可以在不同的节点之间形成一个安全信任链,如图 6-4 所示。

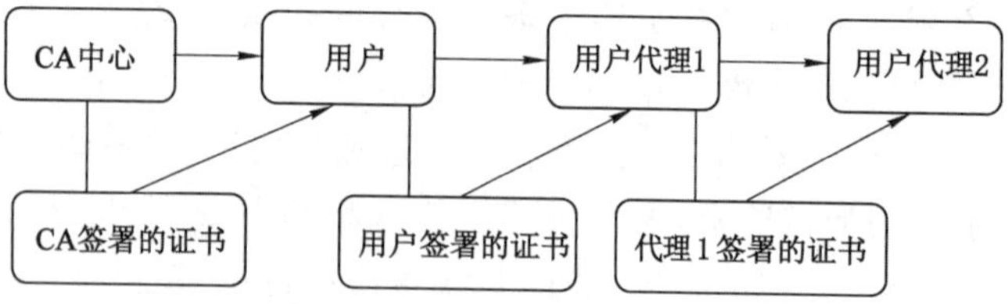

图 6-4 基于 GSI 安全代理的安全信任链

一个代理包含一个新的证书,这个新的证书由用户来签署,而不是认证中心。当采用代理进行相互鉴别时,鉴别过程与用户和代理之间的鉴别过程有所不同,被请求方将会收到用户的证书和代理的证书(由用户签署)。因为在鉴别过程中,用户证书中用户的公钥用来确认代理证书中数字签名的合法性,这样实际上形成了一个“认证中心-用户-代理”的信任链。目前 GSI 和基于它的软件(包括其他 Globus 工具包、GSI-SSH 和 GridFTP)是唯一支持委托扩展的 SSL,Globus 项目正在努力使 GSI 的委托扩展成为 SSL 的标准扩展。

6.2 地理智能计算

随着 GIS 应用水平的不断提高,越来越多的复杂应用问题对 GIS 空间分析功能提出了更高的要求。因此,把数学、计算科学、统计学和信息科学等领域的理论和方法引入地学研究,将神经网络、遗传算法、元胞自动机、深度计算等人工智能技术与 GIS 相结合,可增强 GIS 空间分析功能,提高解决实际应用问题的能力。地理计算是地理信息科学的核心内容之一,主要研究地理信息科学的方法学问题。它应用数学计算方法和技术描述空间特征、解释地理现象、解决地理问题,本质上可认为是对地理学时间与空间问题所进行的基于计算机的定量化分析。地理计算和智能挖掘结合产生了地理智能计算。GIS 为地理计算提供了数据库支持,为人工智能技术和智能计算技术提供了计算原理和工具,为高性能计算服务系统提供了动力。

近年来,智能计算技术中的神经网络模型、遗传算法模型、元胞自动机模型及深度计算等不断被引入地学研究并成为地理计算的核心,用于解决复杂地理问题。目前,已成功应用于遥感分类、土地覆被变化模拟、景观生态评价、城市动态模拟等领域。地理智能计算在许多领域发挥着重要作用,通过整合和分析地理数据,可以提供有关地球上各种现象和过程的研究洞察。这有助于决策者制定更有效的政策和决策,从而推动社会和经济的可持续发展。

地理智能计算(geo spatial intelligence,简称 GEOINT)是指利用地理空间信息和技术进行分析、研究和决策的过程。它结合地理学、遥感感知技术、GIS、地球观测等多学科的知识和技术，将地理数据和智能计算方法相结合，寻找对地球上的现象和过程的深入理解。

地理智能计算可以评估许多领域，包括国土安全、环境保护、城市规划、交通管理、军事情报、应急响应等。它可以帮助决策者更好地理解和分析地理空间数据，从而做出更明智的决策。

6.2.1　智能计算定义

(1) 智能计算是受自然界(生物界)规律的启迪，根据其原理模拟设计的求解问题的算法，如人工神经网络、遗传算法、进化规划、模拟退火技术和群集智能技术等。

(2) 智能计算(如神经网络、进化、遗传、免疫、生态、人工生命、主体理论等)作为第二代人工智能方法，是连接主义、分布式人工智能和自组织系统理论等共同发展的结果。

(3) 智能计算用计算机模拟和再现人类的某些智能行为。从方法论的角度，智能计算大致可分为三种基本类型：以符号操作为基本特征的符号机制；以人工神经网络为代表的联结机制；以遗传算法为代表的进化机制(进化论)。符号机制从抽象层次模拟和再现人类的某些智能行为，演绎方法构成其主要的逻辑框架；联结机制从神经元相互作用的层次模拟再现人类的某些智能行为，归纳法尤其是不完全归纳法构成其主要的逻辑框架；进化机制从自然进化的角度探寻智能的形成方式，基于试探和反馈的自适应奖罚策略构成其主要的逻辑框架。

(4) 智能计算广义地讲就是借鉴仿生学思想，基于生物体系的生物进化、细胞免疫、神经细胞网络等某些机制，用数学语言抽象描述的计算方法，用以模仿生物体系和人类的智能机制。从方法论的角度和目前的研究状况来看，智能计算有五种基本类型：① 适用于处理不确定信息的模糊数学和粗集理论；② 再现人类某些智能行为的神经网络；③ 以模拟生物进化规律为特征的进化算法；④ 以免疫操作为基本特征的免疫算法；⑤ 以脱氧核糖核酸(DNA)复制为基本特征的 DNA 计算。

总的看来，智能计算技术是从模拟自然界生物体系和人类智能现象发展而来的，可以在人们改造自然的各种工程实践中取得实际效果。

6.2.2　智能计算特点

(1) 智能性。智能计算技术的智能性包括自适应、自组织和自学习性等，这种自组织、自适应特征赋予该技术根据环境的变化自动发现环境的特性和规律的能力。

(2) 稳健性。智能计算的稳健性是指在不同环境和条件下算法的适用性和有效性。利用智能计算技术求解不同问题时，只需设计相应的适应性评价函数，而无须修改算法的其他部分。

(3) 不确定性。智能计算技术的不确定性是伴随其随机性而来的，其主要操作都含有随机因子，从而在算法的进化过程中，事件发生与否带有较大的不确定性。

(4) 强化计算。智能计算不需要很多待求解问题的背景知识，而主要依赖于大量快速的运算，从数据集中寻找规则或规律。这是智能计算领域的普遍特征。

(5) 容错性。神经元网络和模糊推理系统都有很好的容错性。从神经元网络中删除某一个神经元，或是从模糊推理系统中去掉某一条规则，并不会破坏整个系统。由于具有并行和冗余的结构，系统可以继续工作。

(6) 全局优化。传统的优化方法一般采用的是梯度下降的爬山策略,遇到多峰函数时容易陷入局部最优。遗传算法能在求解空间的多个区域内同时进行搜索,并且能够以较大的概率跳出局部最优,以找出整体最优解。

6.2.3 智能计算技术

6.2.3.1 人工神经网络

人工神经网络(artificial neural network,ANN)是一种非线性分析模型,对于模拟和揭示具有非线性、自组织性、开放性等特征的地理复杂系统及其规律具有明显的优势。人工神经网络从积累的工程实例中训练、学习,建立各影响因素间的非线性映射关系,对于非线性系统数据具有较高的拟合能力及预测精度。另外,它对于残缺不全或不确定信息具有较强的容错能力,因此 ANN 模型更适于研究多因素的非线性地理问题,在一定程度上可以避免传统数学方法建立模型时所遇到的尴尬。将 GIS 与人工神经网络技术相结合处理复杂地理问题可以提高 GIS 的"智商",具有理论上的可行性和实践价值。

人工神经网络又称为人工神经系统(ANS)、神经网络(NN)、自适应系统(adaptive systems)、自适应网络(adaptive networks)、联结模型(connectionism)等。它是一个并行的分布处理结构,由多个处理单元及其联结的无向信号通道互联而成。这些处理单元具有局部内存,并可以完成局部操作。每个处理单元有一个单一的输出联结,这个输出联结可以根据需要被分支成希望个数的许多并行联结,且这些并行联结都输出相同的信号,即相应处理单元的信号大小不因分支的多少而改变。处理单元的输出信号可以是任何需要的数学模型,每个处理单元中进行的操作必须是完全局部的。也就是说,它必须仅仅依赖于经过输入联结到达处理单元的所有输入信号的当前值和存储在处理单元局部内存中的值。

神经网络的基本处理单元为神经元。神经元由分离的多条输入纤维和一条输出纤维构成,利用轴突上活动电位的电脉冲信息,电脉冲通过所谓突触的这种连接体变换成化学信号,并且传递到下一个神经元。1943 年,McCulloch(麦卡洛克)和 Pitts(皮茨)定义了简单的人工神经元模型,称为 MP 模型。它的一般模型可以用图 6-5 描述。

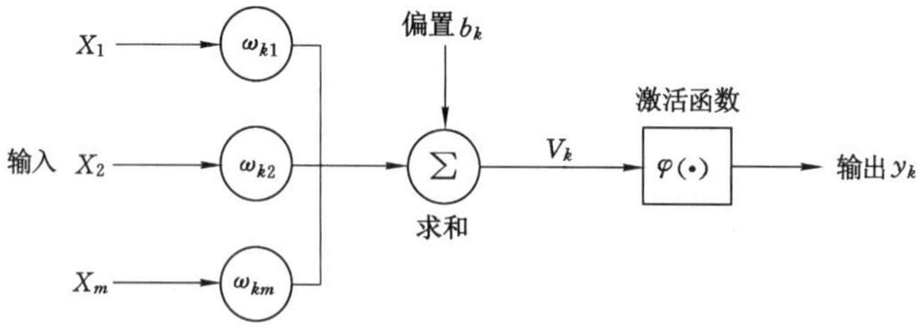

图 6-5 MP 模型

6.2.3.2 遗传算法

遗传算法是根据达尔文的进化论模仿自然界生物进化得到的一种全局优化方法。与传统的搜索法不同,遗传算法是从一组随机产生的初始解开始,经过对"染色体"一系列的迭代进化将"染色体"的优质基因组合遗传得到后代,最后收敛于最好的"染色体",即得到问题的最优或次优解。利用遗传算法模拟或求解地理空间问题可以解决 GIS 工程中的许多难题，提高 GIS 对非线性问题的解决能力，可以对多方面地理问题进行优化决策，最终得出较为可靠的结果。遗传算法是实现地理空间问题决策自动化的有力工具。

遗传算法是基于自然选择和种群基因的一种随机搜索算法。遗传算法中个体被编码为染色体串，其适应环境的能力由适应度来判断。基本的遗传算法包括三个操作算子：选择、交叉和变异。选择过程中，具有高适应度的个体在下一代中会复制出更多的个体，而低适应度的个体会慢慢灭绝。交叉是遗传算法的一个关键算子，比较形象的交叉操作是随机选择一对父代个体和一个交叉点，交换父代个体中该点右边的基因以形成两个子代个体，该操作并不产生新的基因，但能组合染色体。变异则是以很低的概率进行基因突变，以在种群中产生新的基因，使种群跳出局部极小点。虽然不同的编码方案、选择策略和遗传算子相结合可构成不同的遗传算法，但不同遗传算法在计算中的迭代过程大体相同，都包括编码、选择、交叉、变异和解码五个阶段，其基本流程可用图 6-6 描述。

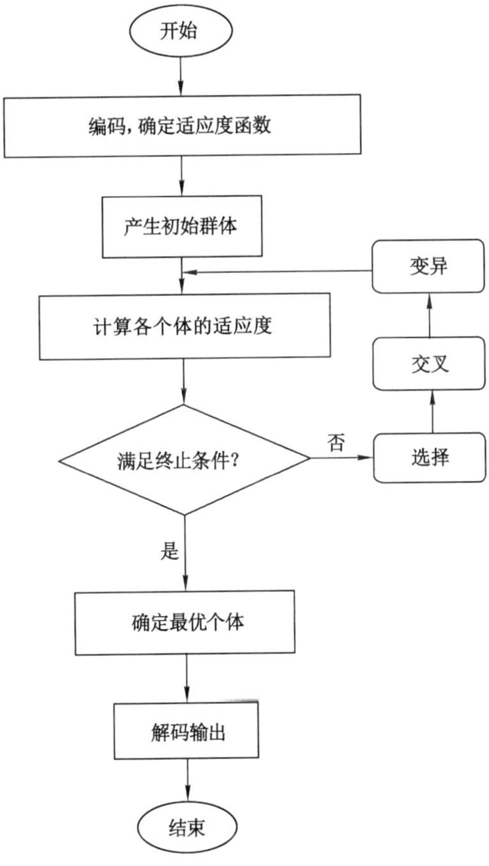

图 6-6　遗传算法基本流程

遗传算法是一个很好的优化搜索工具，其与 GIS 结合，能够自动完成优化决策中的多重任务。以道路规划为例，GIS 可以提供现有道路和路网所覆盖区域的属性信息，如河流、场地条件及与道路造价有关的属性，GIS 还可以计算相关成本并将结果输出到外部程序。

利用遗传算法可进行优化决策,使总成本最小。遗传算法随机地在道路沿线产生若干点,形成一条路线,由此可满足几何约束。GIS的算法读取这些数据,并沿中心线产生一处带状区域,计算与地理信息相关的成本并将结果输出到外部程序,外部程序将计算其他成本,总成本将输入遗传算法程序中进行优化决策。遗传算法由若干初始值开始,在新一代中寻找较好的目标函数值,算法通过产生新的变量值及将前一代中的若干好的属性相组合产生新的个体来改进优化结果,基于目标改进来选择进一步繁殖的个体,其优化步骤如下:

(1) 由遗传算法随机产生若干可选方案,将其输入GIS,遗传算法产生新的一代。

(2) 由GIS自身算法计算与位置有关的成本。

(3) 将成本结果输出到包含遗传算法的外部程序。

(4) 在外部程序中计算与长度有关的成本,这些成本是优化模型的构成部分。

(5) 在外部程序中计算总成本,并将其输送到遗传算法子程序中进行优化决策。

(6) 在这一代中寻找最好的方案,计算目标函数的变化。

(7) 随后的若干代中,若目标值的变化可以忽略不计,则优化停止,否则,重复第(1)步至第(6)步。“忽略不计”与“若干”可由决策者人为确定。

6.2.3.3 元胞自动机

元胞自动机(cellular automata,CA)是由具有有限状态的离散元胞空间构成,并按照一定的局部规则,在离散的时间维度上进行演化的动力系统,具有模拟复杂系统时空演化过程的能力。元胞自动机的特点是空间、时间、状态离散,每个变量只取有限多个状态,且其状态改变的规则在时间和空间上都是局部的。

CA在自然系统建模方面具有以下优点:

(1) 在CA模型中,物理和计算过程之间的联系是非常清晰的。

(2) CA能用比数学方程更为简单的局部规则产生更为复杂的结果。

(3) CA能用计算机对其进行建模,而无精度损失。

(4) CA能模拟任何可能的自然系统行为。

(5) CA模型十分简约。

GIS常常被用来解决传统模型中的复杂空间问题,这些模型的执行主要通过GIS操作来实现,如基于多要素的区位选址能方便地使用GIS空间分析来完成。传统GIS模型能很好地解决部分空间问题,并且可以解决海量数据的获取、存储和更新问题,但对于复杂的空间关系,GIS现有的功能则有一定局限性,难以模拟复杂的时空动态变化。许多地理现象的时空动态发展过程往往比其最终形成的空间格局更为重要,如城市扩展、人口迁移、经济发展等。时空动态模型对于研究复杂地理过程具有非常重要的作用,GIS与时空动态模型(如CA模型)结合将会极大地增强现有GIS的分析复杂自然现象的能力,使其能够更好地研究地理系统的复杂时空动态变化特征。此外,在动态模型与GIS耦合的系统中需要开发专门的算法。

以城市模拟为例,越来越多的学者利用元胞自动机来模拟城市系统,并取得了许多成果。城市CA的基本原理是通过局部规则模拟出全局的、复杂的城市发展模式,体现了“复杂系统来自简单子系统的相互作用”这一复杂性科学的精髓,为城市发展理论提供了可靠依据。城市是一个典型的动态空间复杂系统，具有开发性、动态性、自组织性、非平衡性等耗散结构特征。城市的发展变化会受到自然、社会、经济、文化、政治、法律等多种因素的影响，因而其行为过程具有高度的复杂性。正是由于这种复杂性，城市 CA 模型必须考虑各种复杂因素的影响。通过运用一般的 CA 模型，城市可以分解为许多可计算的模型，用不同的 CA 模型模拟城市系统的不同特征和不同的形态结构。

6.2.3.4　深度学习

深度学习是机器学习研究的分支，它通过建立和模拟人脑中分析学习的神经网络来解释数据和信息。深度学习是无监督特征学习的一种，即不需要通过人工方式进行样本类别的标注来完成学习。它将特征和分类器结合到一个框架中，自动地从海量大数据中学习特征，在使用中减少了人为设计特征的巨大工作量。目前深度学习已有数种框架，如深度神经网络、卷积神经网络、深度信念网络和递归神经网络，这些框架大大推动了语音识别、视觉识别、物体检测、药物发现和基因组学等领域的发展。

深度学习包含多个层次，每一个层次完成一次变换(通常是非线性变换)，把某个较低级别的特征表示成更加抽象的特征。只要有足够多的转换层次，即使非常复杂的模式也可以被自动学习。对于图像分类的任务，神经网络会自动剔除不相关的特征，如背景颜色、物体的位置等，但是会自动放大有用的特征，如形状等。图像往往以像素矩阵的形式作为原始输入，那么神经网络中第一层的学习功能通常是检测特定方向和形状的边缘存在与否，以及这些边缘在图像中的位置。第二层往往会检测多种边缘的特定布局，同时忽略边缘位置的微小变化。第三层可以把特定的边缘布局组合成为实际物体的某个部分。后续的层次会把这些部分组合起来，实现物体的识别，这往往通过全连接层来完成。对于深度学习而言，这些特征和层次并不需要人工设计，它们都可以通过通用的学习过程得到。浅层结构算法在样本和计算单元有限的情况下，缺乏对复杂函数的表示能力，这种缺陷造成了这些算法在面对复杂分类问题时无法进行良好的泛化。深度学习则很好地解决了上述问题，它通过深层非线性网络结构不断进行训练、学习，从而实现了复杂函数的精确表示，同时也能够较好地表示输入数据的分布情况，并且深度学习具有从少量有限的样本中挖掘出数据集的本质特征的能力。

深度学习的概念源于人工神经网络的研究。它与传统神经网络具有相似的分层结构，是由输入层、隐藏层(多层)、输出层组成的多层网络结构，只有相邻层节点之间存在连接，同一层及跨层节点间相互无连接，每一层可看作一个逻辑回归模型。这种分层结构近似人类大脑的结构。两者在训练机制上有所差异。传统神经网络采用后向反馈机制，即采用迭代算法进行训练，调整中间层参数直至收敛。而深度学习则采用逐层训练，这是因为对于深度学习网络而言，若采用后向反馈机制则易出现梯度扩散现象(图 6-7)。

深度学习的训练过程具体如下：

(1) 自下而上的非监督学习。采用无标定数据(有标定数据也可)分层训练各层参数，这是一个无监督训练过程，是与传统神经网络区别最大的部分(可看作特征学习过程)。训练时先学习第一层的参数，使得模型能够学习到数据本身的结构，从而得到更具有表示能力的特征，以此类推训练后续层，在学习到第 $n-1$ 层时，将第 $n-1$ 层的输出作为第 n 层的输入并训练第 n 层后便可得到各层参数。

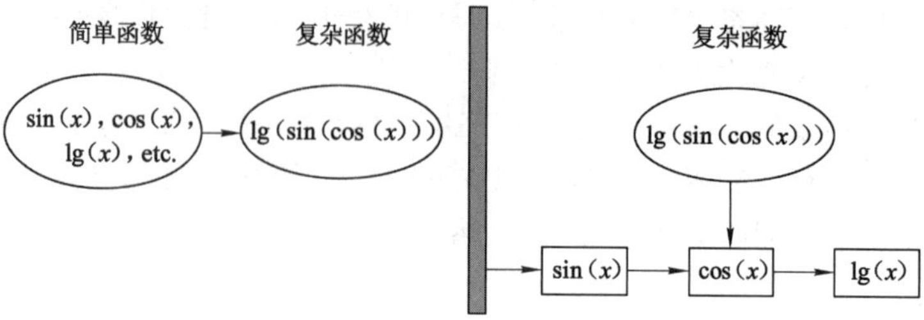

图 6-7　深度学习逐层解决复杂函数的示例

(2) 自顶向下的监督学习。基于第一步得到的各层参数进一步优化整个多层模型的参数,这是一个有监督训练过程。由于第一步的参数是通过学习输入数据的结构得到的,因而这个初值更接近全局最优,从而能够取得更好的效果。所以深度学习的良好效果在一定程度上归功于第一步的特征学习过程。

深度学习的本质是通过构建具有多隐藏层的机器学习模型和训练海量数据来挖掘数据的本质特征,从而提高并优化分类和预测的准确性。与传统的浅层学习比较,深度学习的区别在于:建立 5 层、6 层,甚至更多的隐藏层节点去拓展模型结构的深度。

通过逐层特征变换,将初始空间中的样本特征映射到一个新的特征空间,通过突出样本的特征并强化特征学习,从而最终降低分类和预测的难度(图 6-8)。区别于传统的人工规则构造特征方法,深度学习通过大数据学习特征的方式在挖掘数据的丰富内在信息方面具有更加明显的优势。

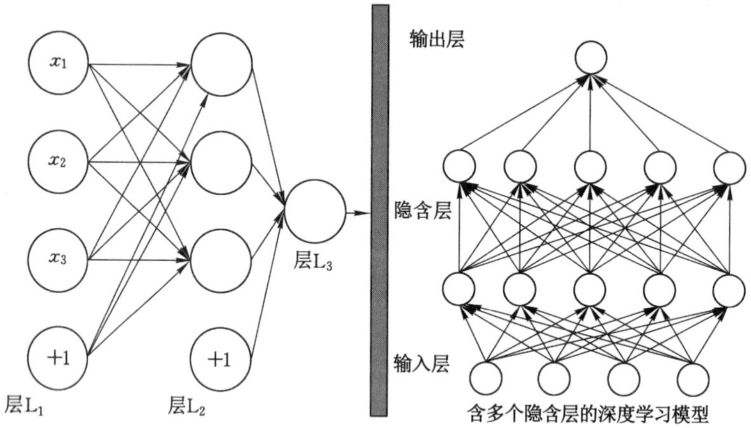

图 6-8　传统神经网络与深度神经网络

在大数据时代背景下,表达能力强的复杂模型才能充分发掘海量数据中蕴藏的有价值的信息。随着计算机速度的提升、基于 MapReduce(映射-化简)的大规模集群技术的兴起、GPU(图形处理单元)的应用及众多优化算法的出现,海量数据(即大数据)的训练时间大幅度缩短,为深度学习提供了强有力的软硬件支持,使其能够在实践中发挥主要优势,极大地推进了智能自动化。

思政融入点 测绘地理信息技术与当前的科技前沿——人工智能、深度学习和机器学习等技术紧密结合，迸发出巨大的生命力，以此培养学生对专业和学科的热爱。

6.3　地理空间模型

6.3.1　地理空间模型概述

地理空间模型是用于描述和分析地理空间数据的理论框架或数学模型。常见的地理空间模型如下。

(1) 点模型：点模型用于表示地球表面上的离散点或断层。每个点可以由其经纬度坐标或其他唯一标识符表示。

(2) 向量模型：向量模型使用几何对象（如点、线、面）来描述地理实体和它们之间的空间关系，这种模型能够准确地表达地理现象的几何形状和拓扑关系。

(3) 栅格模型：栅格模型将地球表面划分为规则的网格单元，并为每个单元分配数值或属性，它广泛用于评估处理遥感图像数据和连续分布的地理现象，如地表温度等。

(4) 地理网络模型：地理网络模型描述了地理空间中的网络结构，如道路网络、河流网络等，它用于分析路径选择、网络联络性和交通流动等问题。

(5) 地理过程模型：地理过程模型用于描述地理现象的演变和变化过程。它以物理、化学或社会经济规律为基础，利用数学求解和模拟方法来模拟和预测地理现象的发展趋势。

(6) 地理空间插值模型：地理空间插值模型利用有限采样点数据推断或估计未采样区域的属性值，在 GIS 和地理统计中，其常用于生成连续地理数据的地表模型，如高程模型或污染分布模型。

(7) 地理统计模型：地理统计模型用于分析地理数据的空间分布和空间关联性。它基于统计学原理，通过地理实体之间的空间接近程度来解释和预测地理现象。

这些地理空间模型是 GIS 和地理空间分析的核心工具，用于处理、分析和可视化地理数据，可加深对地理现象和过程的理解，根据具体应用领域和问题，还可以使用其他定制的地理空间模型。

6.3.2　地理相互作用模型

6.3.2.1　地理空间相互作用

地理空间是物质、能量、信息及其行为在形态、结构、过程、功能关系上的分布方式、格局及其在时间上的延续。其在地理学中被定义为具有空间参考信息的地理实体或地理现象发生的时空位置集，一般将其视为对地球表层的一种抽象。

地球表面上的一切地理现象、地理事件、地理效应、地理过程统统发生在以地理空间为背景的基础之上，地理空间中的任何物质都不可能孤立地存在，它们的产生、发展都是在其一定范围内，对象之间共同作用的结果。这种空间中地理实体间物质、能量、信息、人员、资金等的相互作用关系，即地理空间相互作用。地理空间相互作用在地域空间上综合表现为地理空间实体作用的分割，可以用吸引范围来表达，而在作用形式上，表现为一种交换、联系和互动，可用作用量来表达。空间作用的表现形式复杂，但都是由迁入地、迁出地和两地之间的流动路线这三个基本要素组成的。这三个要素形成千万种空间相互作用,空间相互作用相互重叠,使得一定区域内的不同等级规模、不同职能性质的城市或乡镇产生密切联系,并形成具有一定结构和功能的不同层次和等级的有机整体。在地理空间中,每个空间实体对象都具有一个特定的空间位置,如果这个空间实体表示一个资源配置中心、经济中心、交通枢纽、通信点或污染源等现实世界的对象,则这个空间实体将对周围产生一定的影响,且影响范围会随着距离的差异而发生有规律的变化,并最终达到一定的影响范围。

空间实体产生空间相互作用必须具备三个条件:① 互补性,即区域所提供的物质为另一个区域所缺,利用其他空间实体的优势资源来弥补自己的不足,同时将自身特有的功能、作用等提供给其他空间实体。互补性越大,两地之间的流量越大。② 干扰机会,原有空间相互作用格局可能会因某些因素被改变而减少长时间的相互作用。③ 可运输性,尽管当前运输和信息工具十分发达,但距离依然是影响货物和人口流动的重要因素,尽管两地之间存在互补性,但是相互作用较弱。空间相互作用的水平在一定程度上反映了经济发展水平。而经济发展水平也反映了区域经济的分工程度和经济结构的合理性。

6.3.2.2 地理空间相互作用引力模型

地理空间相互作用引力模型通常有两种表达形式:一是基于负幂律的阻抗函数;二是基于负指数律的阻抗函数。负幂律函数,也称重力模型,由于其表达式相对简单,因子意义也明确,所以被广泛使用;但是由于这个模型由物理学万有引力模型类比而来,地理学中的引力常量也难以计算,其常被认为是经验模型,缺乏理论依据。在这个背景下,具有一定的理论基础和理论意义的负指数律函数受到地理学界的普遍欢迎。负指数律函数又称 Wilson 指数函数,或流量分配模型,它是由 Wilson(威尔逊)通过最大熵方法推导出来的。

引力模型是空间相互作用发展的起源,随着研究的深入,引力模型不断被调整和优化,在交通、城市规划、零售业等领域应用普遍。引力模型在考古学领域曾帮助人们辨别地中海西部可能的史前交易航线,也曾用来考证依靠狩猎和采集生存的种族定居点的位置和布局。随着技术手段的进步及研究的需要,引力模型在空间相互作用的研究中呈现出与 GIS 空间分析、网络分析等技术融合应用的趋势,它与 GIS 的耦合为空间相互作用提供了新的思路和方法。

引力模型和 GIS 的松散集成能够更加方便、灵活地管理并可视化空间和属性数据,以专题地图的形式直观地显示数据特征,能够降低数据收集和更新的成本。例如,将交通系统用 GIS 网络来定义,如公路的等级、车速用网络中线段的属性表示,城镇位置用网络上的节点表示,而节点的属性可以表示人口、规模、产值等,从而可以更加精确地计算交通成本。其与 GIS 的紧密集成也在社会经济领域获得了广泛的应用。在 GIS 平台上基于空间相互作用模型来进行布局选址、交通运输、人口迁移、商贸活动等,实现了传统空间相互作用模型和地理信息系统无法实现的功能。

6.3.2.3 地理过程模拟

许多地理现象的时空动态发展过程往往比其最终形成的空间格局更为重要,如城市扩展、疾病扩散、火灾蔓延、人口迁移、经济发展、沙漠化、洪水淹没等。只有清楚地了解地理事物的发展过程，才能够对其演化机制进行深层次的剖析，才能获取地理现象变化的规律。因此，时空动态模型对研究地理系统的复杂性具有非常重要的作用。

地理系统是一个自然、社会、经济相互作用的复合和开放的系统，难以用数学公式来解释自然界的复杂地理现象。不同于物理、化学等学科，地理学中的现象或过程难以通过精密的分析和推理得到逻辑性强的严谨的结论。这使得地理学理论体系学科建设显得困难重重。地理模拟系统是探索和分析地理现象的格局形成和演变过程的有效工具，为复杂地理现象的模拟和预测提供了有效手段，在城市扩张、土地利用变化、环境管理和资源的可持续利用等研究中得到了广泛应用。

地理模拟系统是综合地理学、复杂系统理论、元胞自动机、多智能体系统、地理信息系统、遥感、计算科学及计算机技术为一体的复杂空间模拟系统（图 6-9），它对于地理复杂系统的研究具有明显优势。

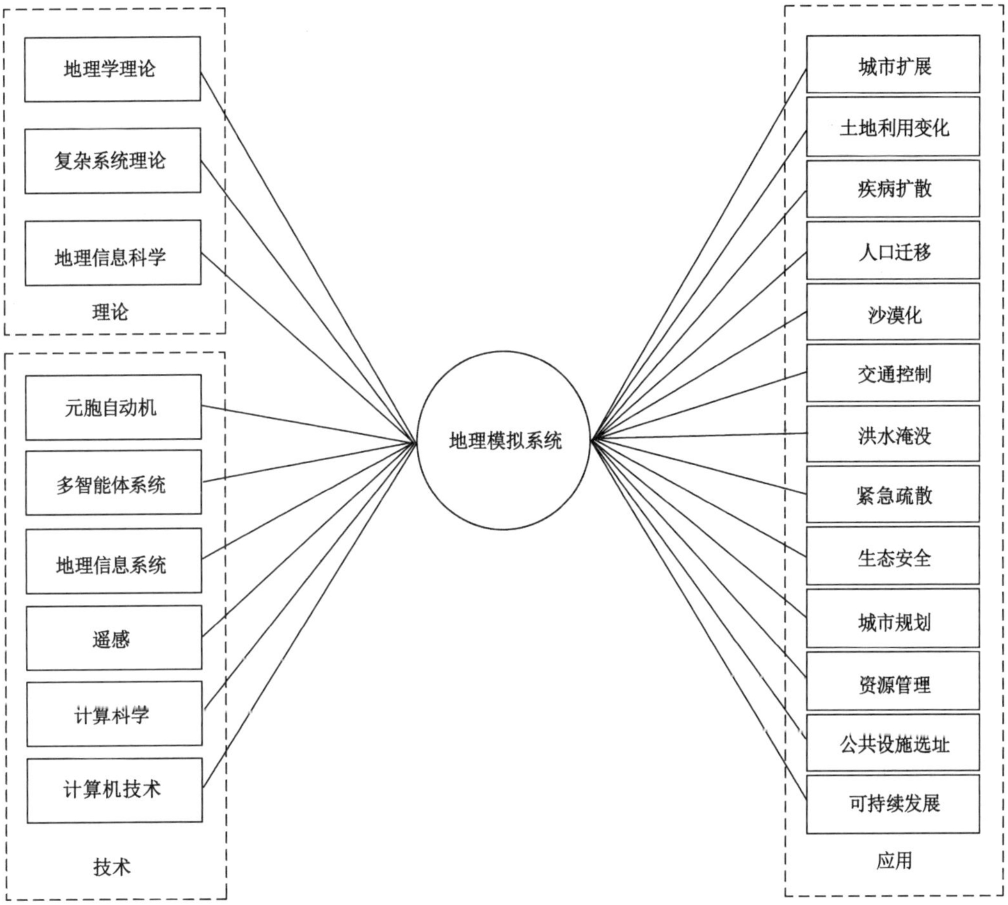

图 6-9　地理模拟系统架构

地理模拟系统能够很好地与 GIS 进行耦合，并且这种耦合能够相互弥补各自的缺陷。GIS 能够为地理模拟系统提供丰富的空间数据，并作为其空间数据处理的平台。GIS 还可以及时显示和反馈地理模拟系统在各种情景下的模拟结果。更为重要的是，GIS 还能对模拟结果进行空间分析和评价，而地理模拟系统则大大弥补了 GIS 模拟能力的不足。图 6-10

所示为地理信息系统与地理模拟系统的关系。

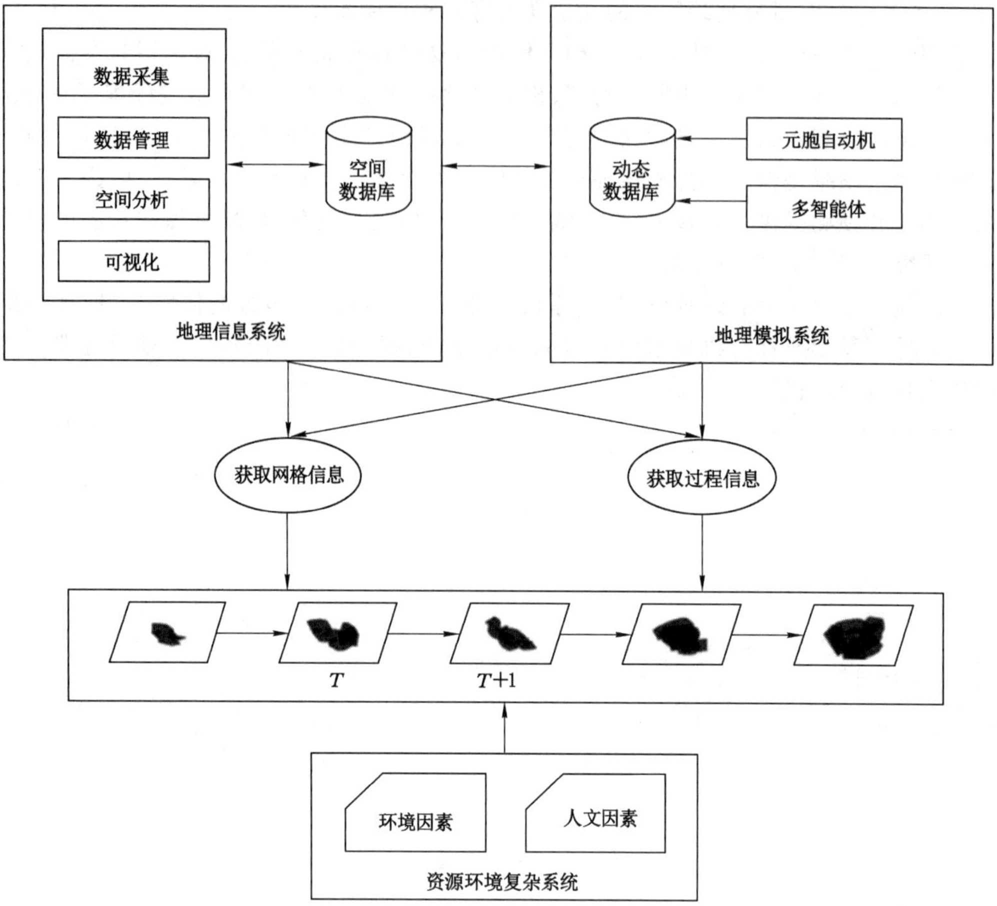

图 6-10　地理信息系统与地理模拟系统的关系

复习思考题

6-1　简述网格 GIS 的内容。

6-2　什么是地理智能计算？相比普通地理计算，有哪些进步之处？举例说明一种智能计算技术。

6-3　地理空间模型有哪些？

6-4　阐述在你所熟悉的领域中，如何为其定制地理空间模型。

6-5　地理模拟系统是什么？如何与地理信息系统结合？

第 7 章　地理大数据分析

随着移动互联网、物联网、云计算、传感器网络、高性能计算与存储技术等信息技术的飞速发展，海量具有时空信息的多源数据快速沉淀和积累，这使得地理空间大数据在全球范围内得到大量关注，并被逐渐提升到国家战略地位。地理空间大数据不仅提供位置和时间信息，更重要的是提供丰富的内容和内涵。地理空间位置数据与大数据的融合诞生了虚拟与现实世界融合；基于位置的社交网络空间大数据与人工智能技术的融合拓展且增强了空间数据的服务能力；地理空间大数据与云计算的融合变革了地理服务行业的操作方式，赋予传统地理服务全新的机遇和挑战；地理空间大数据与大数据分析技术的融合助力了地理空间大数据的采集、编辑、存储、管理、处理、分析、可视化等操作的实现。大数据时代产生了海量描述人群行为的非结构化空间大数据，如手机数据、消费记录数据、出行轨迹数据、社交网络关系数据(微博、Twitter)等，这些数据为进一步定量理解社会经济环境提供了新手段。在不同尺度下基于地理大数据提取个体或群体的时空行为特点，能够挖掘其行为中蕴含的时空认知规律及交互模式，构建出合理的解释性模型。优化空间决策已成为 GIS 空间分析的研究热点。

7.1　地理空间大数据

7.1.1　地理空间大数据概述

7.1.1.1　地理空间大数据概念

随着移动定位技术、无线通信技术、传感器网络、移动互联网技术以及社交媒体等领域的发展，海量且具有位置标签的个体、群体和行业数据被采集、存储、更新及推广，使得地理空间信息不断地聚合与融合。这些数据中，约有 90%属于非结构化或半结构化数据。如此庞大的数据量，以致在有限的时间内常规的软件工具难以对其进行捕捉、管理和处理。只有采用新的处理模式，才能确保这些海量、快速增长且多样化的信息资产具备更强的决策支持力、洞察力和流程优化能力。我们通常将这类数据称为地理空间大数据或简称空间大数据。地理空间大数据兼具时间和空间属性，包含时间、空间、专题属性等三维信息。急剧增长的地理空间大数据已经成为地理空间大数据处理的重要部分，空间大数据解决方案主要包括时空大数据获取与处理、时空大数据存储与管理、空间大数据分析挖掘、空间大数据可视化。

7.1.1.2　地理空间大数据特征

地理空间大数据具有大数据的一般特征，即“5V”特征，具体内容如下。

① 体量大(Volume)。地理空间数据量规模达到PB(1 024 TB)、EB(1 024 PB,约100万TB)或ZB(1 024 EB,约10亿TB)级,未来甚至会达到YB(1 024 ZB)或BB(1 024 YB)级,给当前的物理介质存储和运算能力带来了巨大的挑战。

② 速度快(Velocity)。基于大数据的智能移动终端设备及互联网,每分每秒都在产生并传播海量的数据信息。数据增长迅速,处理效率也高,对实时性有着严格的要求。例如,搜索引擎需要确保几分钟前发布的新闻可以被用户查询到,而个性化推荐算法则要求尽量实时地完成推荐。这正是大数据与传统数据挖掘的显著差异之处。

③ 多源性(Variety)。地理空间大数据通常具有多时间和多空间粒度,具有多种专题内容,涵盖社会经济、城市管理、交通运输、生态环境、电子商务等领域。同时,还可以与其他数据形成联系,从而能够分析出更多深入的信息;具有多种数据表现形式和存储方式,包括结构化、半结构化和非结构化数据,如网络日志、视频、音频、报表、图像、位置信息等。

④ 真伪难辨(Veracity)。大数据存在较大的不确定性,如数据的噪声、缺失、不一致性、歧义等,且这种不确定性无时不在。

⑤ 价值大(Value)。大数据时代使人们以前所未有的维度测量和理解世界,蕴含了巨大的价值,大数据的终极目标在于从数据中挖掘价值。

相对传统的空间数据,地理空间大数据还具有以下特点:

① 非专业性。传统的空间数据强调数据的精确性,因此通常由受过专业训练的人员进行数据采集编辑工作;地理空间大数据的采集手段更加多元化,每个个体都可以成为数据的提供者,而非专业的工作部门或人员。

② 实时性。传统的空间数据基于传统方式由专业人员进行生产,更新较为缓慢;空间大数据由所有人进行生产且在每时每刻不断产生并实时更新,其数据量随着时间推移会持续增长。

③ 动态性。传统的空间数据多以相对静态的数据为主;空间大数据更强调空间位置的连续表达和非空间属性的实时变化,对于空间对象的位置及属性信息(如人流、车流等),强调以位置为核心的时空动态关联。

④ 非结构化。传统的空间数据几乎不涉及非结构化数据;地理空间大数据由于多源异构和动态性的特点,其数据结构具有非结构化特点。

⑤ 无数据综合。传统的空间数据是对源数据进行数据综合产生的;地理空间大数据呈现的是数据的原始状态。

⑥ 位置隐含性。地理空间大数据的位置信息在大多数情况下是隐式表达的,通常由多个时间节点采集的不同数据组成,且没有统一明确的数据结构。

⑦ 数据复杂性:地理时空大数据包含大量不同类型、不同来源、不同质量的异质性数据,数据之间具有多种复杂的联系和关系。因此,地理空间大数据的处理和分析需要使用多种复杂的技术和算法。

相对传统的空间数据分析,地理空间大数据分析具有以下特点:

① 全数据模式。传统的空间数据分析一般是利用有代表性的采样点数据来获取地理空间特征信息,而地理空间大数据是各种主动、被动数据采集系统获取的全方位数据,其中大多数为无采样数据。这使得在进行地理空间大数据分析时需要对全数据进行融合和挖掘,避免单一数据无法全面客观地描述地理现象。

② 不确定性。传统的空间数据分析通常处理的问题具有确定性；地理空间大数据分析更多的是从积累的大量定量数据中抽取定性的规则，进而采用空间数据挖掘算法处理不确定性问题，并发现其中蕴含的知识及规律。

③ 数据驱动。传统的空间数据分析主要采用模型驱动的方式研究地理现象间的空间关联性；地理空间大数据分析以数据驱动的方式挖掘各种异构数据之间的关联性。新时代的空间数据分析不仅要有建立模型的能力，更要有发现新模式、新知识、新规律的能力。

7.1.2　地理空间大数据获取

7.1.2.1　空间大数据来源

定位技术的不断进步与数字信息化爆炸式发展拓展了人们对自然和社会环境中的地理实体或地理现象的观测维度，丰富了人们获取地理空间数据的途径。地理空间大数据的来源广泛，主要有以下两类。

(1) 传统地理空间数据

传统地理空间数据主要指表征地理圈层或地理环境固有要素和物质数量、质量、分布特征、联系及规律的数字、文字、图形和图像数据。如基础地理信息数据、地理普查数据、专题调查数据、社会经济统计数据、文献资料数据、遥感对地观测数据、卫星对地观测数据、雷达对地观测数据、地面传感器监测数据等，这些都是地理空间大数据的重要数据源。

(2) 新型移动互联网数据

新型移动互联网数据主要指以无线网络为通信手段，通过空间定位与移动互联网技术，以智能移动设备为终端获取的信息和服务数据，主要包括定位导航时空大数据、互联网时空大数据和物联网-传感器时空大数据。其中，定位导航时空大数据包括交通大数据、车辆追踪及轨迹数据(如出租车轨迹数据，共享单车及其他公共交通实时监测数据等)和基于手机基站定位的手机信令基站定位数据(如人口的迁徙数据、居民的日常活动数据等)；互联网时空大数据包括基于网络的时空大数据(如微博签到数据、大众点评数据和房价数据、网上订餐数据、消费数据、就医数据、美团数据、Twitter 数据、淘宝数据等)和基于网页文本的地理信息数据，随着人工智能技术的发展，基于机器学习的自然语言处理技术能够从文本中提取地理位置和相关的语义信息，为分析各个方面的舆情、文化和用户行为提供了可能；物联网-传感器时空大数据主要包括社会感知时空大数据(如公共交通刷卡数据、视频监控数据、经济交易活动数据或个人的轨迹、心率、脉搏、锻炼信息数据等)和自然环境感知空间大数据(如大气污染、温度、湿度、噪声数据等)。

7.1.2.2　空间大数据获取

(1) 非爬虫手段

目前，我国地理空间数据的拥有者主要为政府及相关企事业单位和其他市场主体，直接或间接由政府持有的数据资源占比超过 80%，但未形成统一的数据共享平台。可以通过政府职能机构获取开放的免费数据，如国家统计局网站(http://www.stats.gov.cn)或省市县统计局网站公布的数据，各权威部门(水利部、生态环境部、自然资源部等)网站公布的免费数据；可以通过国家地理信息公共服务平台(https://www.tianditu.gov.cn/)、水经注、奥维地图、BIGEMAP 等平台获取地理信息和遥感数据;可以通过一些公司(https://www.piesat.cn 等)、科研院所(http://www.gscloud.cn、https://engine-aiearth.aliyun.com)、微信公众号平台(Ai 尚研修、小猿猴 GISer 等)的官方网站获取免费的公开数据;可以采用商业授权的方式进行购买。

(2) 爬虫手段

目前,互联网已成为最为庞大的知识库,是公众获取与分享信息的重要平台。互联网蕴含地理空间数据,数据采集目标是从网页描述中获取地理对象或现象的空间位置、范围、语义和时空变化特征。

① 结构化网页静态数据的获取。该网页数据信息都存储在 HTML(超文本置标语言)网页上,可以编写爬虫代码,结合自然语言处理技术对网络信息进行采集。例如,在 Chrome 浏览器中选中想要的信息再右键点击检查,可以跳转到 HTML 相应的标签上,然后可以通过 Python 编写代码进行爬取,若编程基础较弱,也可以通过火车采集器(LocoySpider)等软件进行爬取。

② 开放平台提供的应用程序编程接口(application programming interface,API)类型数据的获取。在开放平台上(微博、百度、高德地图等)注册成为开发者,创建应用并取得应用标识,通过平台提供的指定接口来获取相应的数据。爬取软件可以使用火车采集器。

③ 网页动态数据的获取。该网页使用 requests 模块进行访问时,通常只能看到一些<script>标签以及相应的 HTML 基本元素等,基本看不到需要的数据。这类数据的获取可以通过打开浏览器 F12 开发者模式,获取它的 JS 请求文件。除 JS 选项或 XHR 选项外,也可以通过其他抓包工具(Flidder、Httpwatch、Hping、Ostinato 等)进行获取。

7.1.3 地理空间大数据的管理

随着空间数据来源的多样化、规模的不断增长及应用的日益增强,传统的空间信息体系架构已在空间大数据的存储、管理和应用上显示出明显的局限性。空间大数据的两个关键能力是分布式计算和分布式存储,在高效计算的能力下,需要配备分布式、高性能的时空大数据存储能力。

7.1.3.1 空间大数据云计算

云计算是一种服务提供模型,通过分布式的计算提供一种"即付即用"的方式,实现随时、随地、按需地通过网络访问共享资源池的资源(包括计算资源、网络资源、存储资源、应用软件等),云平台可以快速、弹性地为应用提供资源开通、配置及相应的服务。云计算提供以下 3 种服务模式:一是基础设施即服务(infrastructure as a service,IaaS),即以服务的方式提供服务器、存储和网络等资源;二是平台即服务(platform as a service,PaaS),即使用计算资源对云服务的构建部署提供支持;三是软件即服务(software as a service,SaaS),即面向用户提供云服务的可视化界面,具有特定的服务能力。国际上比较有名的云计算平台,包括 Amazon 的网络服务系统 AWS(亚马逊网络服务),Google 的应用引擎 GAE(谷歌应用程序引擎)和微软的 Microsoft Azure 等。

空间云计算在传统云计算三层服务(IaaS、PaaS、SaaS)的基础上增加了数据库即服务(data as a service,DaaS),空间云计算框架体系如图 7-1 所示。DaaS 支持数据采集、导入、处理和删除。通过在DasS层中集成一个包括数据存储、数据处理和优化云操作的方法，形成云计算数据服务层，从而为地理观测数据访问、地理要素提取、地理空间模型计算、空间大数据挖掘和决策提供支持。通过构建DaaS实现存储和管理海量的空间数据，并且提供可扩展、廉价的物理资源，以保证有足够的性能应对空间大数据的数据存储、处理和应用所带来的挑战。

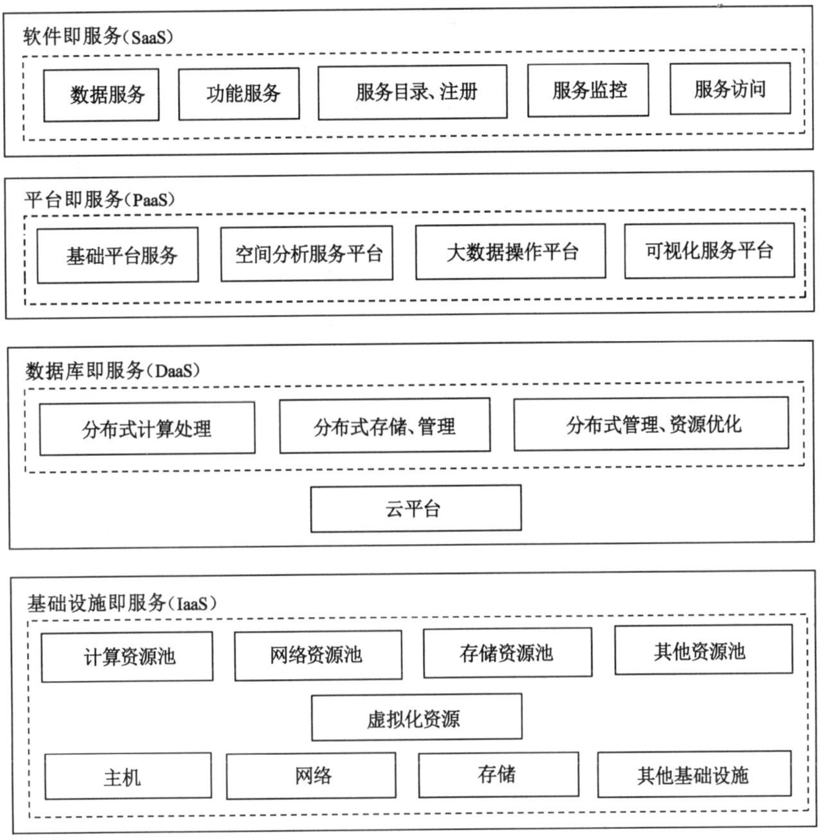

图7-1　空间云计算框架体系

目前，GIS云平台主要有Google公司推出的Google Earth，ESRI公司的共有云ArcGIS Online产品和企业级私有云GIS产品，北京超图软件公司推出的跨平台、支持虚拟化的云GIS系统。

7.1.3.2　空间大数据管理

云计算技术的兴起使得云端服务模式成为解决大数据存储和管理问题的技术。这对空间大数据的异地多点查询和数据关联与聚合等提出了挑战。目前，开源云平台Hadoop是大数据处理中常见的一个解决方案。

(1) Hadoop

Hadoop是由Apache基金会所开发的一个大型的开源分布式应用框架，Apache Ambari是一个基于Web的工具，用于配置、管理和监视Apache Hadoop集群，支持Hadoop HDFS、

Hadoop MapReduce、Hive、HCatalog、HBase、ZooKeeper、Oozie、Pig 和 Sqoop。Ambari 还提供了集群状况仪表盘，比如 heatmaps 和察看 MapReduce、Pig、Hive 应用程序的能力，以友好的用户界面对它们的性能进行诊断。基于 Hadoop 云计算平台的数据管理结构如图 7-2 所示。

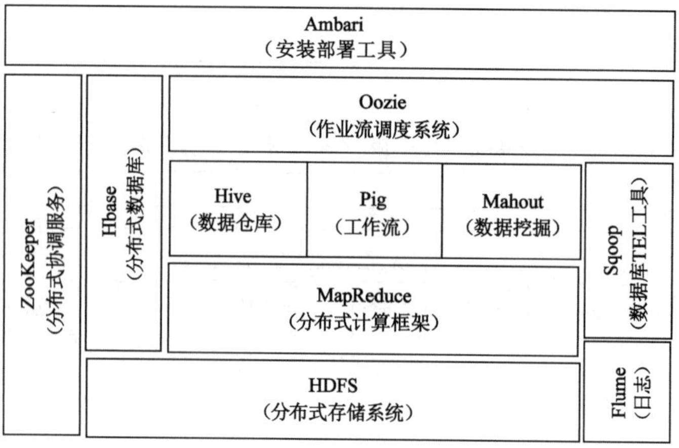

图 7-2 基于 Hadoop 云计算平台的数据管理结构

HDFS 是一个分布式文件系统，可以创建、删除、移动或重命名文件等。

Oozie 是一个管理 Hadoop 作业(job)的工作流程调度管理系统，可以周期性或者定时对任务进行调度和编排管理；Hive 是基于 Hadoop 的一个数据仓库工具，可以将结构化的数据文件映射为一张数据库表，可以将 SQL(结构化查询语言)语句转换为 MapReduce 任务进行运行，适合数据仓库的统计分析。

ZooKeeper 是一个针对大型分布式系统的开源式的可靠协调系统，提供配置维护、名字服务、分布式同步、组服务等功能。

Sqoop 主要用于在 Hadoop(Hive)与传统的数据库(MySQL)之间进行数据的传递，可以将一个关系型数据库(如 MySQL、Oracle 等)中的数据导入 Hadoop 的 HDFS，也可以将 HDFS 的数据导入某个关系型数据库。

Flume 是 Cloudera 提供的一个高可用的、高可靠的、分布式的海量日志采集、聚合和传输的系统，Flume 支持在日志系统中定制各类数据发送方，用于收集数据，并可对数据简单处理，写到各种数据接收方(可定制)。

Kafka 是一种高吞吐量的分布式发布订阅消息系统，支持消息的持久化。即使是非常普通的硬件，Kafka 也可以支持每秒数百万条的消息，并支持通过 Kafka 服务器和消费机集群来消息分区。

Spark 是开源大数据内存计算框架，可以基于 Hadoop 上存储的大数据进行计算。

HBase 是一个分布式的、面向列的开源数据库。不同于一般的关系数据库，HBase 是一个适合非结构化数据存储的数据库。

(2) GIS Tools for Hadoop

传统的 GIS 软件已经无法应对海量数据的存储、管理及分析的要求，由于 Hadoop 可靠性高、扩展性强，并具有高效性和高容错性，所以其在处理海量的非结构化和半结构化数据方面有明显优势。因此，传统 GIS 软件同 Hadoop 技术相结合是当前可行的解决方案之一。

众多国际企业也整体或部分地采用 Hadoop 平台作为支撑，Hadoop 的云 GIS 体系结构可以分为四个层次，即基础设施层、平台层、软件层、应用层，以及横跨多个层次的用户管理、服务管理、资源管理、监控系统、容灾备份、运营管理及用户支持等。

ESRI 公司在推出 ArcGIS10.2 版本时，同时推出了基于 Hadoop 的一套完整的空间大数据开源处理环境 GIS Tools for Hadoop，主要包括以下三个项目。

① 一套 API(ESRI Geometry API for Java)。这个库包含几何对象(如点、线、面)、空间操作及空间索引。

② 一系列的框架(Spatial Framework for Hadoop)。这个类库建立在 ESRI Geometry API for Java 类库之上，进一步将功能延伸到 Hive，该类库包含大量的用户定义函数(UDF)，用户可以构造类似 SQL 语句的数据处理逻辑，还可以集中精力组织数据处理流程，避免编写复杂的 MapReduce 算法进行数据处理。

③ 一套工具(Geoprocessing Tools for Hadoop)。目前集成了 CopyfromHDFS、CopyToHDFS、ExecuteWorkflow、FeaturesToJSON 和 JSONToFeature 五个实用工具，这套工具实现了 ArcGIS 与 HDFS 之间的数据传输、执行工作流和要素与 JSON 格式互相转化的功能。

(3) Spark

Spark 是 UC Berkeley AMP Lab(加州大学伯克利分校 AMP 实验室)所开源的通用分布式并行的内存计算框架，基于 Map Reduce 算法实现，具有 Hadoop MapReduce 所具有的优点，且 Job 中间输出和结果可以保存在内存中，不再需要读写 HDFS，因此 Spark 计算速度快，能更好地适用于数据挖掘与机器学习等需要迭代的 Map Reduce 算法。

Spark 计算引擎主要由内存管理器、TaskSet 管理器、Task 管理器、Shuffle 管理器等组成。Spark 基于 Spark Core 扩展了四个核心组件。

① Spark Streaming：本质是微批处理，主要用于快速构建可扩展、高吞吐量、高容错的流处理程序。支持从 HDFS、Flume、Kafka、Twitter 和 ZeroMQ 中读取数据，并进行处理。

② GraphX：是 Spark 中用于图形计算和图形并行计算的新组件。在高层次上，GraphX 通过引入一个新的图形抽象来扩展 RDD(一种具有附加到每个顶点和边缘的属性的定向多重图形)。为了支持图计算，GraphX 提供了一组基本运算符(如 subgraph、joinVertices 和 aggregateMessages)以及优化后的 Pregel API。此外，GraphX 还包括越来越多的图形算法和构建器，以简化图形分析任务。

③ Spark SQL：主要用于结构化数据的处理。Spark SQL 将 SQL 查询与 Spark 程序无缝混合，允许使用 SQL 或 DataFrame API 对结构化数据进行查询；支持多种数据源，包括 Hive、Avro、Parquet、ORC、JSON 和 JDBC；支持 HiveQL 语法以及用户自定义函数(UDF)，允许访问现有的 Hive 仓库；支持标准的 JDBC 和 ODBC 连接；支持优化器、列式存储和代码生成等特性，以提高查询效率。

④ MLlib：是 Spark 的机器学习库，由通用的学习算法和工具组成。包括 ML Algorithms，如分类、回归、聚类和协同过滤；Featurization，如特征提取、转换、降维和选择；Pipelines，用于构建、评估和调整 ML 管道；Persistence，用于保存和加载算法、模型、管道数据；

Utilities,用于线性代数、统计、数据处理等。

7.1.4 地理空间大数据分析

7.1.4.1 空间大数据分析概述

地理空间大数据分析是对海量的空间数据集合进行分析,通过数据挖掘,将有利的数据提取出来并加以利用,挖掘空间数据潜在的价值。空间大数据分析的流程一般分为数据筛选、数据预处理、数据分析、数据融合与知识评估四个阶段。数据筛选即定义感兴趣的对象及其属性数据;数据预处理包括数据清洗、数据集成、数据转换和数据简化等,常用处理方法有滤除噪声、处理缺失值或异常数据、选取特征值等;数据分析即在通过各种高性能处理算法和智能计算方法对大数据进行分析的同时,利用可视化方法、人机交互方法将人的认知能力融入大数据的分析过程,以帮助人们迅速理解和分析数据的模式、特征和内涵,辅助数据的提炼和解释,以及从复杂数据中探索新的发现,用于解决空间预测、寻优和模拟等时间问题;数据融合与知识评估采用人机交互方式进行,通过演绎推理对规则进行验证,但这些模式和规则是否具有价值,最终还需要由人来判断,若结果不满意则返回到前面的步骤。

7.1.4.2 空间大数据清洗

空间大数据清洗是指从原始数据中去除错误的、无用的、重复的或不完整的数据,从而筛选出有价值的数据。数据清洗是地理空间大数据分析中至关重要的一步,它可以提高空间数据的质量和可靠性,从而可以使数据分析更加准确和有效。数据清洗的方法涉及数据的收集、校验、转换和标准化等,是将原始数据转换成可供分析使用的数据的过程,主要包括缺失值处理、噪声数据清除、一致性检查等。用不同的方法清洗数据,对后续数据挖掘、数据应用会产生不同的影响。

数据清洗要遵循以下 3 个原则:① 方法一致性,同一数据库范围内的处理方法、技术指标应当统一;② 数据可行性,包括精确性、完整性、一致性、有效性和唯一性,精确性指描述数据应与其对应的客观实体特征相一致,完整性指描述数据记录或字段完整无缺失,一致性指同一实体的同一属性在不同的系统里要保持一致,有效性指描述数据应满足用户定义的条件或在一定的阈值范围内,唯一性指描述数据不存在重复记录;③ 数据可用性,包括时间性、稳定性等,时间性指描述数据是当前数据还是历史数据,稳定性指描述数据是否是稳定的且是否在有效期内。

(1) 缺失值处理

缺失值是指现有数据集中某个或某些属性的值是不完全的。缺失值的产生原因主要分为机械原因和人为原因,缺失值从缺失的分布来讲可以分为完全随机缺失、随机缺失和完全非随机缺失。对于缺失值的处理主要包括以下方法。

删除:删除含有缺失值的行或列,适用于数据集中缺失值不多的情况。

插补:使用均值、中位数、众数、最近邻值等方法来填补缺失值。

回归分析:使用线性回归、多项式回归等方法来预测缺失值。

改变数据格式:将缺失值转换为一个新的变量来表示缺失值。

数据分箱:将数据分成几个箱子,然后将缺失值分到一个箱子中。

分组填充：根据某一特征的值，将缺失值填充为该特征值的众数或者平均值。

模型预测：使用机器学习模型（如决策树、随机森林等）来预测缺失值。

(2) 噪声数据清除

噪声数据是指数据集中的干扰数据，即测量变量中的随机误差或错误，这种数据会对后续数据分析的正确性产生影响，主要包括错误数据、假数据、异常数据。

噪声数据清除方法主要包括以下几种。

数据标准化：将数据标准化，确保数据的统一性，使数据有较好的可比性。

数据转换：将原始数据转换为能够更好地表达数据特征的格式。

数据分组：将数据进行分组，以便更好地理解数据的特征。

数据聚合：将数据聚合成更高级的表示形式，以便更好地理解数据的特征。

分箱(binning)：通过考察数据的近邻值来光滑有序数据值，属于局部光滑。可以采用箱均值光滑，箱中的每一个值都被替换为箱中的均值；可以采用箱中位数光滑，箱中的每一个值都被替换为该箱的中位数；可以采用箱边界光滑，给定箱中的最大和最小值，视其为箱边界，而箱中的每一个值都被替换为最近的边界值。一般而言，宽度越大，光滑效果越明显。箱也可以是等宽的，其中每个箱值的区间范围应是常量。分箱也可以作为一种离散化技术使用。

回归(regression)：用一个函数拟合数据来实现光滑，这种技术称为回归。回归有两种，一种是单线性回归，另一种是多线性回归。单线性回归就是找出两个属性之间的最佳关系直线，通过这条直线能够由一个属性预测出另一个属性。多线性回归就是找到很多个属性，将数据拟合到一个多维面，这样就能够消除噪声。

离群点分析(outlier analysis)：可以通过聚类来检测离群点。聚类是将类似的值组织成群或簇。直观地，落在簇集合之外的值被视为离群点，这些离群点就是噪声，这样就能够直接发现噪点，然后删除即可。

(3) 一致性检查

一致性检查主要包括：检查数据集中的列是否具有相同的数据类型、编码方式、一致的格式、一致的标签；是否有重复的值、合理的数据范围、有效的值；是否具有一致的时间、空间参考系和一致的空间、时间分辨率；是否具有一致的数据源、精度、质量指标、频率、标准；是否具有一致的语义；等等。

7.1.4.3　空间大数据智能计算

空间智能计算既打破了传统空间数据分析中存在的局限性，建立了智能化的学习形式与理论，又显示了对大数据、不确定性知识、抽象社会网络、复杂地理现象等现代问题的智能化处理能力，它涵盖了机器学习、深度学习、自然语言处理、社会网络分析、复杂地理计算等。空间智能计算分析方法主要分为以下几类。

(1) 聚类算法：聚类是一种无监督学习算法，在训练集没有标签、无先验知识参考的前提下，由计算机自己找出规律，把有相似属性的数据划分为一组，每个组也称为簇。常用方法有划分法(K-MEANS 算法、K-MEDOIDS 算法、CLARANS 算法)、层次法(BIRCH 算法、CURE 算法、CHAMELEON 算法)、密度算法(DBSCAN 算法、OPTICS 算法、DENCLUE 算法等)、图论聚类法、网格算法(STING 算法、CLIQUE 算法、WAVE-CLUSTER

算法)、模型算法(统计的方案和神经网络的方案)等。

(2) 分类算法:分类是一种监督学习算法,利用训练样本来进行训练,从而得到样本特征到样本标签的映射,再利用该映射得到新样本的标签,最终达到将样本划分到不同类别的目的。常见的分类模型有线性模型、决策树模型、朴素贝叶斯模型、BP神经网络模型等。

(3) 回归算法:回归算法是一种监督学习算法,有先验知识参考。回归分析的目的是预测连续型数值的目标值,接受一系列连续数据,寻找一个最适合数据的方程对特定的值进行预测。这个方程被称为回归方程,求解回归方程就是求该方程的系数,求解这些系数的过程就是回归。常见的回归模型有线性回归、广义线性回归、决策树回归、随机森林回归、岭回归、梯度提升树回归、生存回归等。

(4) 优化算法:是指对算法的有关性能进行优化,如时间复杂度、空间复杂度、正确性、健壮性等。算法应用情景变化很大,采用算法优化可以使算法具有更好的泛化能力。典型的优化算法包括遗传算法(GA)、禁忌算法(TS)、模拟退火算法(SA)、粒子群算法(PSO)、差分算法(DE)、生物地理算法(BBO)等。

(5) 复杂决策:是指对不确定、不完全问题的重复博弈,也是对非线性、非结构化、多维度复杂问题的战略决策,常用的方法有模糊集、粗糙集、模糊层次分析法、灰色理论等。

(6) 文本分类与情感分析:能够实现人机间的自然语言通信,可以用于对文本的自动分类和文本的情感分析,如组织管理大量文献资料、分析微博等。常用方法有基于词典的加权法、基于特征的匹配法等。

(7) 社会网络分析:是综合运用图论、数学模型来研究社会行动者之间的关系或通过这些关系流动的各种有形或无形的东西,如信息、资源等的研究方法。常用方法包括中心性分析、凝聚子群分析、核心-边缘结构分析以及结构对等性分析等。

(8) 复杂地理计算:是对具有非平衡、自组织、自相似等特征的复杂地理现象的模拟与计算,如对土地利用变化、城市扩张、房地产交易过程的模拟,常用方法有地理元胞自动机和多智能体建模等。

7.1.4.4 空间大数据可视化

随着数据规模的不断增长,地理信息可视化面临的主要问题是大量的点、线、面会造成重叠交叉而引起视觉混淆。对于海量点数据,可以通过将地图划分区域或利用合理的布局算法来减少重叠。对于海量线数据,可对其进行适当的抽象和聚合。对于海量区域数据,在对计算能力有较高的要求时,如何提高区域的绘制速度是可视化需要解决的主要问题之一。对于时空数据,可采用流式地图可视化方法,将时间事件流与地图进行融合。当时空数据的规模不断增大,大量的图元出现交叉或覆盖等问题,且时空信息属性的维度较多时,时空数据可视化可以与多维数据可视化方法相结合。目前多维数据可视化的方法根据可视化原理不同可划分为基于几何、基于像素、基于图标、基于层次和基于降维映射的技术等。

思政融入点 大数据技术在当前GIS空间分析领域广泛应用,阿里巴巴集团、华为和腾讯等公司在大数据技术和云平台等领域引领科技潮流,以此激发学生的民族自尊心和自豪感。

7.2 基于GIS的社会感知分析

真实世界是一个动态开放的网络社会，在这个人、地、社会三元系统中，一方面，人们采用实地调查、测量、测绘、遥感、传感器技术等手段获取物理世界的信息；另一方面，人们应用社会调查、互联网、物联网、视频监控等工具获取人类社会活动及社会经济的信息。这些信息形成了海量的时空大数据，成为对物理世界和人类社会认知与推理的重要依据。

鉴于遥感数据已被广泛应用并成功用于感知世界的物理特征，但无法有效感知人类活动与社会经济环境特征，为此引入“社会感知”一词。相较传统遥感技术，社会感知手段提供了更为丰富的维度。传统遥感技术依赖光谱特征来获取地物信息，而社会感知数据则融合了地物的社会经济属性(如空间交互和空间语义)，以及人群的时空行为信息。这些特点使社会感知数据超越了传统遥感数据的限制，构建了一种与传统遥感技术并行的地面观测方法。

7.2.1 基于GIS的社会感知概述

7.2.1.1 基于GIS的社会感知概念

在信息技术(IT)领域，社会感知是指社会网络和传感器网络的整合。从地理角度来看，社会感知的概念已从最初的IT含义扩展到了数据的采集、管理、分析和应用中。

在移动互联、物联网大数据时代，产生了大量具有时空标记、能够描述个体行为的空间大数据，如手机数据、车辆轨迹数据、银行卡数据、社交媒体数据等。社会感知数据是大数据的重要组成部分。它们捕捉了个人层面行为特征的三个方面：活动和运动、社会关系、情感和知觉。这些时空大数据为人们进一步定量理解社会经济环境提供了一种新的手段。刘瑜等提出了社会感知的概念及研究框架，指出社会感知就是借助各类空间大数据研究人类时空行为特征，进而揭示社会经济现象的时空分布、联系及过程的理论和方法。社会感知(Social sensing)的概念是以人作为最小粒度的感知单元，以各类手机定位、社交媒体、出租车轨迹、公交刷卡等地理大数据为数据源，基于并扩展GIS空间模型和分析方法，通过数据融合、机器学习等手段，提取人的时空行为模式，反演人文及社会经济要素的地理空间特征。与强调基于多种传感设备采集微观个体行为数据的社会感知计算(socially aware computing)相比，社会感知更加强调群体行为模式以及背后地理空间规律的挖掘。

7.2.1.2 社会感知的方式和数据

社会感知数据是通过人类社会活动产生的，它不仅记录了人们的行为特征，还反映了人们行为所涉及的场所特征。典型的社会感知数据，既包括反映场所特征的静态社会感知数据，如网站相关数据；又包括体现社会活动的动态社会感知数据，如各类轨迹数据等。

(1) 协作式地图数据

协作式地图数据具有丰富的空间信息，其目标是创造一个内容自由且能让所有人编辑的世界地图，如OSM(Open Street Map)开放街道地图，其数据开源，可自由下载，包括空间数据及属性数据。其中，空间数据主要包括三种：点(nodes)、路(ways)和关系(relations)，这三种数据构成了整个地图画面。

(2) 兴趣数据

兴趣点(POI)是地理实体与人们日常活动相互作用的综合体现,反映了地理实体所承载的人类活动与其地理位置的相互关联性,兴趣点数据的来源包括基于位置服务(location based service,LBS)的签到数据(如微博、大众点评等)、出租车轨迹点、手机信令数据、专业的兴趣点采集团队采集的数据(如各类电子地图平台)等。

兴趣面(area of interest,AOI)则是某一个兴趣点或某一类兴趣点所对应的面状实体,其属性包含面状实体的类别(功能、用途、分类)和名称。例如,与单体房屋POI点对应的房屋轮廓平面,或覆盖某一居住小区所有建筑的小区边界面、覆盖某一单位(学校或医院等)所有建筑的单位边界面等。

(3) 街景数据

随着导航定位、移动设备和电子地图服务的普及,街景数据作为网上感知城市环境的一种新型地理大数据应运而生。街景数据主要是百度地图、腾讯地图、谷歌地图等电子地图平台提供的沿城市路网的实景图片。街景数据不仅详尽、精细地表达了城市环境的实际状态,而且蕴含了可被感知的社会经济特征。以街景数据中呈现的房屋为例,不仅可以直观获取房屋的位置、层数等物理属性,而且可以感知其用途、风格等社会场景。

(4) 社交网络数据

社交网络数据反映了人们活动的空间分布、活动类型及强度,如大众点评、微博签到数据等。大众点评是我国领先的本地生活信息及交易平台,其数据可以通过API(应用程序接口)或网页源码抓取。微博签到数据可以体现一个地点的受欢迎程度。结合签到的用户,可以构建地点之间的联系网、评价地点相似性、评价用户偏好等。

(5) 位置照片数据

随着拍摄设备的普及和社交网络的发展,在线的且具有位置信息的图片资源日益丰富(如Flickr)。这些位置照片数据可用于分析旅游关注点、城市意象空间等。

(6) 手机信令数据

手机信令数据是手机用户与发射基站或者微站之间的通信数据,产生于手机的位置移动以及打电话、发短信、规律性位置请求等。这些手机信令数据的字段带有时间和位置属性以及话单数据,还可以体现用户之间的电话和短信联系等信息。

(7) 定位数据

定位数据体现了出租车、公交车、网约车、共享单车等的位置信息和运营情况。具有连续性好、覆盖面广、信息全面且易于动态更新以及获取成本较低等特点且带有地理标识(Geo-tagged)和时间标签。

(8) 智慧足迹数据

智慧足迹数据是基于中国联通位置及用户属性的大数据,能够为各行业提供数据洞察报告、数据集及数据可视化系统等交付物。

7.2.2 基于GIS的社会感知计算

社会感知计算是普适计算和社会计算等的融合,通过普适计算获取人类行为和社会交互数据,运用社会学的理论和方法,可以分析人类行为特征和社会交互规律。狭义的社会感知计算是指计算机系统通过传感器技术对现实社会的感知和响应。广义的社会感知计算是指通过大规模多类传感器，实时感知识别社会个体行为，分析挖掘群体社会交互特征和规律，进而揭示社会经济现象的时空分布格局、联系及演化过程的理论和方法，以辅助个体社会行为和支持群体的互动、沟通和协作。其通过场所语义感知、空间交互感知、动态演化感知，充分挖掘多源时空大数据中蕴含的丰富的人群时空行为信息，与遥感数据互为补充。

(1) 感知位置的社会语义。主要包括位置的社会上下文信息、位置上常现的交互情景、用户在位置上的社会情感等，是形成基于位置的个性化信息推送服务的基础。

(2) 感知人类移动与其社交活动的关系。主要揭示用户位置与用户社交活动之间的内在规律，通过位置因素提高社交网络结构识别和链路预测的准确性，促进人们进行社会交往。

(3) 感知和预测用户的移动行为。通过用户及其朋友的历史移动轨迹，分析用户的行动规律，预测其可能出现的位置以及用户即将到达的位置等。

7.2.2.1　行为语义感知

人类活动行为会直接或间接地映射到轨迹数据的几何、语义数据特征上。个体短期的行为轨迹数据集可反映个体的出行模式、属性特征，不同轨迹速度可能对应不同的出行模式，从而可以预测其可能出现的位置以及用户即将到达的位置等。如轨迹速度低且轨迹点密集的区域可能是个体行为发生的感兴趣点；个体长期的行为轨迹数据集可表现出特定的行为活动规律，如周期性、频繁性等。因此，行为语义感知需要在多时空尺度下(如小时、日、周、月、季、年等)融合行为轨迹几何、语义特征，分析行为轨迹变化规律，感知用户的社会属性(性别、年龄、婚否、职业、家庭人口)、用户个人的生活偏好和生活习惯，以及分析活动类型与目的、行为模式等。

当海量个体汇聚成群体时，群体样本在聚合层面上能表征出个体视角无法观测的模式规律及动态变化。在短时间内，群体行为轨迹表现出共现模式、相遇模式等，如公交车上乘车群体在某个时间点的相遇模式。在长时间序列下，群体行为轨迹能够较好地表征群体模式的变化过程及趋势，表现为聚集模式、周期模式、频繁模式、群体事件、Flock Swarm 模式等，如动物的群体迁徙行为具有周期模式。

7.2.2.2　场所语义感知

人类活动都发生在一定的场所空间中，分析人们感兴趣的活动场所的位置语义、场所位置关系及其动态变化、行为事件与场所耦合交互特征等，可深度实现由人及地的时空语义感知。场所语义主要包括场所的社会上下文信息、场所上常出现的交互情景、用户在场所上的社会情感等，是基于位置的个性化信息推送服务的基础，可以为分析场所位置的空间分布格局、关联关系、交互强度提供数据。

场所语义感知可以从静态和动态两个角度分析。静态场所语义感知是将识别、提取的预定义行为轨迹数据映射到地理空间中，分析特定场所位置的特征、场所范围等静态属性语义。动态场所语义感知是从时间、空间、语义主题三个维度挖掘静态属性语义的动态变化、提取未知语义信息。基于时间视角，在场所位置不变的情形下，分析位置空间中语义主题在时间维度下的变化过程等。例如，运用海量社交媒体数据，分析用户对象对空间场所的体验、评价等,分析特定位置场所的情感特征,如高兴、愤怒等。基于空间视角,在语义主题不变的情形下,分析不同位置场所间的语义关联、发现语义相同的空间单元,如通过聚类具有相同活动语义模式的用地单元,实现场所功能区的用地语义分类识别。基于时空视角,在时空动态变化视角下,分析位置场所中语义主题、行为事件的变化状态,如通过对活动场所中的时空事件进行长时间序列语义理解,为灾害、事故等热点事件应急响应提供建议或决策;通过实时监测、提取 Twitter 用户发布的有关热点事件的地理位置、语义数据,可在群体层面提取事件发生的地理位置、影响范围、变化过程,从而为活动事件的应急管理、趋势预测、态势控制提供决策支持。

7.2.2.3 空间交互感知

在地理学研究中,空间交互(spatial interaction)指的是两个场所之间的联系。人类移动与其社交活动关系的感知,主要揭示用户位置与用户社交之间的内在规律,通过位置因素提高社交网络结构识别和链路预测的准确性,促进人们进行社会交往。在空间大数据中,个体的行为轨迹以及个体之间的社交关系都可以在聚集层面量化出两个场所之间的交互强度,前者如两个城市间的人流总量,后者如两个城市之间互相关注的好友对数。空间交互强度受到距离衰减效应的影响,距离远的两个地理单元之间的联系相对较弱。因此,在地理学研究中,大多基于重力模型来拟合场所之间的交互强度,采用距离的负幂函数来表示空间阻隔的影响。目前可用的拟合方法有线性规划法、代数求解法、模拟法等。对于居民在城市尺度的移动行为,距离衰减系数在 1～2 之间,而对于利用手机、社交媒体等途径建立的空间交互,距离衰减效应尽管较弱,但依然存在影响。利用地理单元之间的空间交互,可以构建嵌入空间的网络(spatially-embedded network),并能够引入网络分析方法研究其结构特征。在复杂网络研究中,常见的分析方法是对网络进行社区发现(community detection)分析,而网络中的社区由相对联系更为紧密的节点构成。

7.2.3 基于 GIS 的社会感知应用

根据社会感知的概念,对于地理大数据的研究可以分为“人”和“地”两个层面。前者主要以人的空间行为、情感因素受到的地理影响为核心关注点;后者侧重于探讨基于一定地理环境范围内,人类群体的行为模式及演变的相关特征。空间分布和空间交互的感知手段使得二者的研究相辅相成。

7.2.3.1 空间区域分布应用

在城市尺度上,相同功能的地块具有相似的人群活动变化特征,基于大数据和社会感知可以对时空行为模式进行分析。例如,城市商业中心区的人群活动变化趋势是“昼高夜低”,而居民区的人群活动变化趋势却是“昼低夜高”。因此,基于人群的活动时间变化曲线可以对研究区域进行精细的土地利用分类。图 7-3 所示是早上 8 点前不同区域人群的活跃信息,可以看出居民区的人类活动度开始上升,逐渐向办公区和商业区转移,所以二者呈现大幅度的上升态势。在之后的时间居住区近乎进入稳定状态,但是办公区和商业区在中午时间段进入短暂的休息状态后,下午时分再次进入人群活动高峰期。

利用公交卡数据可以提取城市居民的极端出行行为,如早出晚归、长距离通勤等,从而

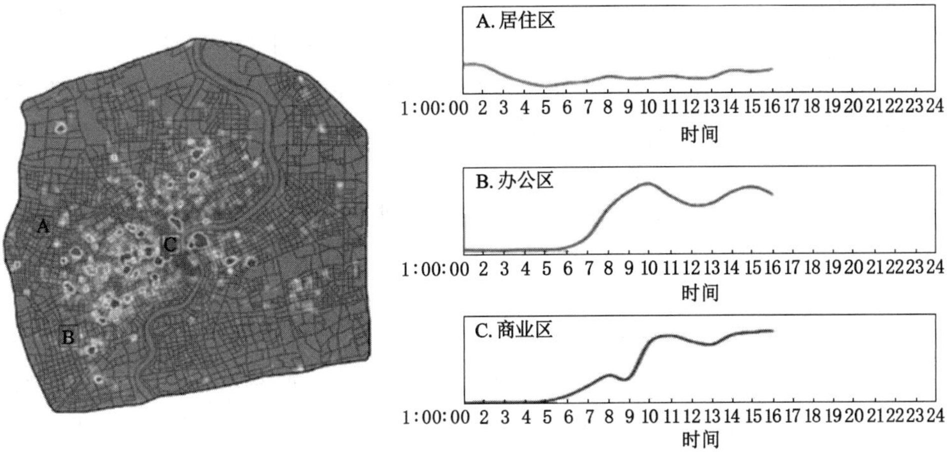

图 7-3　基于大数据获取的城市不同区域的人类活动变化曲线

能够识别出部分城市低收入人群的空间移动特征。利用社交媒体的签到位置信息，可以发现中国城市化程度较高的区域。根据出租车行车记录和手机的通话记录等都能获取不同城市居民的出行统计数据，包括出行范围、外出时间等，这些特征会随着城市面积、形状等因素的变化而变化，都可以用来量化不同区域不同人群活动的时空分布规律。

7.2.3.2　时空交互应用

社交媒体数据不仅可以提供时空信息，还可以获取个体的认知和情绪信息，从而能够在群体层面构建与不同时间、地点相关联的语义与情感。比如，Dodds（多兹）利用 Twitter 数据研究了区域的“幸福感（Happiness）”分布特征。结合文本和时空信息，能够捕获一个地理场所给人们带来的体验。以带有位置标签的微博数据为例，对指定范围微博数据数量的统计，可以用于判断城市活力。通过对微博文字内容的情感进行分析，可以辅助了解针对不同事件的市民情绪。

如图 7-4 所示为利用微博提取的 2014 年 5—7 月在北京大学范围内发布的微博数据的主题词及其相关的感知度统计分析结果。

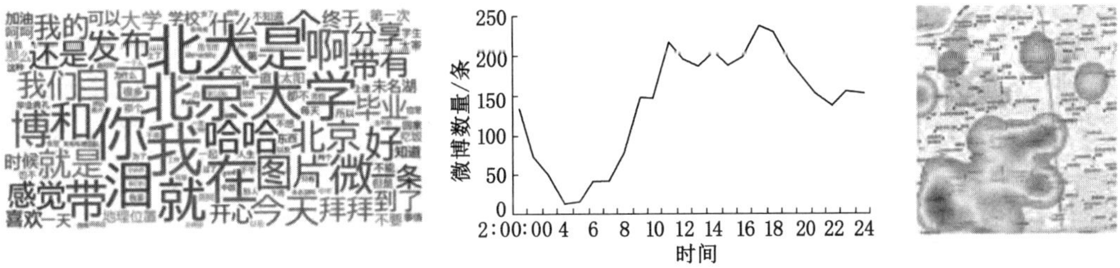

(a) 利用微博数据提取的主题词　(b) 微博发布时间的分布曲线　(c) 微博数据的空间分布特征

图 7-4　利用微博数据对一个特定场所（北京大学）相关联空间行为的表达

其中，图 7-4(a)展示了微博发布内容中关键词的频率，也反映了部分微博用户的情绪价值。例如，“加油”“开心”等积极的词汇，表明这部分学生当下没有任何考试的压力，学习生活比较惬意;“不能”“不知道”等否定的词汇表明学生当下可能在面临就业或升学问题。另外,微博还带有时空标签,所以还能分析校园内人群活动的时间分布特征[图7-4(b)]和空间分布特征[图7-4(c)]。图7-4(b)是微博发布时间的分布曲线,从中可以看出上午8点到晚上12点都是微博发布的高峰期,中午有短暂的休息时间段,傍晚6点后活跃度开始下降,但是到了晚上10点再次进入一波小高峰,这和北大校园内以学生为主体活动人群的作息保持一致。图7-4(c)是微博打卡的区域,因为在学期中间的打卡人群主要是在校学生,而且他们的学业较为紧张,因此他们打卡的空间区域主要集中在宿舍和教室,反倒是最为漂亮的未名湖打卡量较少。如果是暑假期间(游客预约入校的高峰期),那么可想而知,未名湖这一地点的微博发布量会大幅度上升。

地理大数据以其广泛的来源,提供了丰富的时空信息与地理场所语义信息,使得研究者可以透过海量的人群时空行为数据深入理解地理环境特征及其产生的影响。在大数据时代,地理学工作者需要进一步加大与计算机科学、社会学等不同学科和领域的交叉,探讨地理大数据的使用理论,并发展新的方法和工具,这样才能充分挖掘地理大数据中蕴含的信息,进而才能体现其应用价值。

复习思考题

7-1 如何理解地理空间大数据的概念?地理空间大数据具有哪些特征?

7-2 地理空间大数据的数据源有哪些?简述其特征并叙述其获取途径。

7-3 人工智能的兴起和发展及大数据技术的出现对传统地理空间数据分析带来了哪些机遇和挑战?

7-4 地理空间大数据清洗的目的是什么?数据清洗的基本原则是什么?

7-5 地理空间大数据分析的方法有哪些?

7-6 请查阅资料,总结基于GIS的社会感知数据分析的应用领域。

7-7 试通过查询网络资源或结合日常生活经历,举出几个基于地理时空大数据分析的地理信息服务。

7-8 试获取某一方面的社交网络数据(如轨迹数据、微博文本数据等),利用Hadoop等工具进行数据分析和表达。

参考文献

[1] 陈健飞,连莲.地理信息系统导论[M].北京:电子工业出版社,2014.

[2] 黄杏元,马劲松.地理信息系统概论[M].3版.北京:高等教育出版社,2008.

[3] 刘湘南,黄方,王平.GIS空间分析原理与方法[M].2版.北京:科学出版社,2008.

[4] 刘湘南.GIS空间分析[M].3版.北京:科学出版社,2017.

[5] 秦昆.GIS空间分析理论与方法[M].2版.武汉:武汉大学出版社,2010.

[6] 史舟,周越.空间分析理论与实践[M].北京:科学出版社,2020.

[7] 汤国安.地理信息系统教程[M].2版.北京:高等教育出版社,2019.

[8] 田永中.GIS空间分析基础教程[M].北京:科学出版社,2018.

[9] 张灵珠,晴安蓝.三维空间网络分析在高密度城市中心区步行系统中的应用:以香港中环地区为例[J].国际城市规划,2019,34(1):46-53.

[10] 赵尚民.多源数字高程模型数据的精度评价与应用[M].徐州:中国矿业大学出版社,2021.

[11] 郑新奇,吕利娜.地统计学(现代空间统计学)[M].北京:科学出版社,2018.

[12] 周成虎,裴韬.地理信息系统空间分析原理[M].北京:科学出版社,2011.

[13] 朱庆.三维GIS及其在智慧城市中的应用[J].地球信息科学学报,2014,16(2):151-157.

[14] ATZL C,MITTLBÖCK M,KNOTH L. Design decisions for multidimensional digital and interactive basemaps of urban environments[J]. Cartography and geographic information science,2022,49(3):220-236.

[15] DODDS P S,HARRIS K D,KLOUMANN I M,et al. Temporal patterns of happiness and information in a global social network:hedonometrics and twitter[J]. PLoS One,2011,6(12):e26752.

[16] HAINING R P. Spatial data analysis:theory and practice[M]. Cambridge, UK:Cambridge University Press,2003.

[17] KANG C G,LIU Y,MA X L,et al. Towards estimating urban population distributions from mobile call data[J]. Journal of urban technology,2012,19(4):3-21.

[18] LIU Y,WANG F H,XIAO Y,et al. Urban land uses and traffic "source-sink areas":evidence from GPS-enabled taxi data in Shanghai[J]. Landscape and urban planning,2012,106:73-87.

[19] LONG Y,LIU X J,ZHOU J,et al. Early birds,night owls,and tireless/recurring itinerants:An exploratory analysis of extreme transit behaviors in Beijing,China[J]. Habitat international,2015,57(1):223-232.

[20] MICHAEL J. DE SMITH, MICHALE F. GOODCHILD, PAUL A. LONGLEY, et al. Geospatial Analysis-Principles, Technologies and Software Tools[M]. DU P, ZHANG H, LENG H, et al (trans.). Second Edition. Beijing: Electronic Industry Press, 2009.

[21] PEI T, SOBOLEVSKY S, RATTI C, et al. A new insight into land use classification based on aggregated mobile phone data[J]. International journal of geographical information science, 2014, 28(9): 1988-2007.

[22] READES J, CALABRESE F, RATTI C. Eigenplaces: analysing cities using the space-Time structure of the mobile phone network[J]. Environment and planning B: Planning and design, 2009, 36(5): 824-836.

[23] ZHAO S, LIU J, CHENG W, et al. Fusion Scheme and Implementation Based on SRTM1, ASTER GDEM V3, and AW3D30[J]. ISPRS international journal of geo-Information, 2022, 11(3): 207.

Chapter 1 GIS spatial analysis basis

Spatial analysis, also known as geospatial analysis, is the essence of geography. It solves some geographical problems by analyzing and mining spatial data. Driven by geographic information system (GIS) technology, spatial analysis has gradually become an important means for people to know and understand issues closely related to geospatial.

The object of spatial analysis comes from the real geographical world. Through the human brain cognition, the image in the human brain is formed. It is expressed as a field and an object, which can be abstracted as a point-line-surface diagram. Finally, it needs to be measured and expressed as a spatial data matrix recognized by the computer, and the specific operation object of spatial analysis is the spatial data matrix.

In recent years, with the rapid development of earth observation technology, social and economic survey technology, computer network technology and grid technology, spatial data shows a trend of geometric multiple growth. GIS spatial information analysis technology has become one of the three major research fields of earth spatial information, which has universal and specific (time) spatial data structure, and can be applied to the management information system of specific objects, and can deeply process massive spatial data to obtain high value-added information products. The theory and technology of specialized spatial information analysis develop rapidly, and have made many achievements in the fields of remote sensing, ecological environment, earth science and social economy, which show a wide range of application prospects.

1.1 Overview of spatial analysis

Since the advent of the map, human beings have been carrying out various spatial analysis work consciously and unconsciously. For example, the measurement of the distance and area between the elements on the map, as well as tactical research and strategic decision-making based on the map. Driven by modern science and technology, especially the introduction of computer technology into cartography and geography, GIS have developed rapidly. The map existing in the computer in digital form makes us see a broader application field. It has become an important research topic in GIS to analyze the map by computer, obtain relevant information and provide support for spatial decision-making. "Spatial analysis" has been widely used as a professional term in this field.

Spatial analysis mainly includes several aspects such as spatial object measurement, spatial data processing and spatial modeling. It is the embodiment of the core value of GIS. It uses the data acquisition function of geographic information to carry out the above analysis through the functions of collection, management and operation. The main goal is to extract these useful spatial information. The function of GIS is realized based on computer technology, and spatial analysis is an application with GIS-based reality analysis function. Spatial analysis is the core and soul of GIS, and it is also one of the important symbols of the difference between GIS and general information system, CAD and electronic map system. At the same time, the combination of spatial analysis technology and attribute information of spatial data can provide powerful and rich spatial data query functions.

1.1.1 Concept of spatial analysis

Spatial analysis is rich in connotation and widely used. There are many references to its concept, such as geographic information analysis, spatial information statistical analysis, spatial statistics and modeling, spatial data analysis, geostatistics, etc., which are generally expressed as the same or similar concepts. It is generally believed that there are at least four interrelated spatial analysis concepts: spatial data operation, spatial data analysis, spatial statistical analysis and spatial modeling.

Spatial data operation mainly refers to the topological analysis, overlay analysis, distance, area, path calculation, and spatial query based on spatial relationship in GIS based on the geometric characteristics of spatial objects. For attribute data, it is mainly manifested as map visualization operation.

Spatial data analysis generally refers to the descriptive and exploratory analysis techniques and methods of spatial data. Especially for large-scale datasets, exploratory analysis techniques that graphically or map data are used to study potential patterns and anomalies in the data to prepare for subsequent analysis. It is the primary part of all spatial analysis processes.

Spatial statistical analysis is a statistical method to describe and explain the nature of spatial data, and whether the data is typical or expected for the statistical model. Due to the spatial autocorrelation of spatial data, this feature violates the assumption of data independence in classical statistical theory. Therefore, it is necessary to develop spatial statistical methods specifically for spatial data analysis.

Spatial modeling mainly refers to the establishment of models to describe the distribution pattern of spatial phenomena and predict spatial processes and results based on some theories and assumptions. In fact, the methods referred to by these terms are closely related and difficult to distinguish strictly. They together constitute a relatively complete concept of spatial analysis.

The core of spatial analysis is "space" and the essence of "space" is "position". Spatial analysis is a systematic application taking geospatial position of the research object as an important variable, including the description, analysis and prediction of the geospatial position of the research object. Description, correlation and prediction methods related to spatial location are important features of spatial analysis different from other data analysis.

In order to facilitate understanding, the spatial analysis process can be described as the following functional form:

$$y = f(x)$$

In the formula, x is the geospatial data to be analyzed, which is a heterogeneous dataset with spatial structure characteristics; $f(x)$ is a spatial analysis method, which can be a theoretical idea, a logical method, or a computational model that has been instrumentalized; y is the output result of spatial analysis results, which reveals the spatial characteristics of the research object, such as spatial location, spatial mophology, spatial pattern, spatial relationship and spatial process, and provides information and knowledge for solving specific spatial problems.

In this way, spatial analysis can be understood as a process of obtaining information and knowledge from various processing calculations of spatial data. Through spatial analysis, it reveals the patterns, relationships and trends contained in geospatial data for decision-making and future planning.

1.1.2 Basic tasks of spatial analysis

The basic task of spatial analysis is to solve spatial problems by acquiring spatial information. These spatial problems include the following five aspects: location, condition, trend, pattern and simulation.

(1) Position analysis

Location is the most basic problem in the field of geography. Through spatial analysis, we can solve the problems of what position a thing or phenomenon is in, what is in a specific position and what it is. For example, what place does China's longest and largest gas pipeline "West-East Gas Pipeline" project pass from Lunnan of Tarim Basin to Shanghai? How large is the impact area of this project on these places? Where is it more appropriate to set up express delivery points in cities or towns? Where is the nearest hospital to the accident site? These problems can be solved by location query or location analysis.

(2) Conditional analysis

To solve the problem of what and where the geographical objects that meet certain conditions are. For example, which cities in China have become digital cities? What are the countries along the Belt and Road? What are the deep poverty areas in China's fight against poverty? In GIS, according to the attribute information, spatial location, mutual relationship and other characteristics of geographical objects, one condition or multiple conditions can be used to query, so as to obtain the geographical objects that meet the conditions.

(3) Trend analysis

The fundamental purpose of solving the problem of a geographical object changing with time is to predict the possible situation of the object in the future, so as to make scientific decisions. For example, how to analyze the trend and mutation of the time evolution sequence of climate factors? What is the trend of ecological environment change in China in recent ten years? In forest fire prevention, when the fire source is found, it is necessary to determine the spread trend of the fire according to the wind direction, vegetation, topography and other factors, so as to take appropriate anti-disaster measures; after the rainstorm, it is necessary to determine the change of river water level in the next 6 hours and 12 hours according to the factors such as precipitation, topography and vegetation, so as to carry out flood warning and reduce personnel and property losses. In GIS, overlay analysis, buffer analysis, model analysis and other methods can be used to solve such problems according to the relevant data of trend factors.

(4) Pattern cognition

The pattern is a methodology to solve a certain kind of problem. The pattern problems that can be solved by GIS spatial analysis mainly refer to the spatial relationship pattern between geographical object entities or phenomena, the relationship pattern between elements within the earth system or between subsystems, such as low-carbon urban development pattern, global change and greenhouse effect pattern, urban expansion and cultivated land protection pattern, transportation network pattern, etc. The determination of the pattern usually requires long-term observation, familiarity with existing data, analysis of relevant factors of events that have occurred or are occurring, integration of existing data through geographic information systems, and revealing of the potential relationship between data.

(5) Simulation and prediction

Simulation mainly solves the problem of what related geographical events will occur if a system has certain conditions. Through simulation, we can conduct a reasearch or experiment to the highly complex earth system. Different schemes can be set to observe the effects of these schemes on system structure and behavior. It can reflect the relationship between variables, explain which variables are more important, and how they affect other variables and the whole system. The dynamic relationship between system elements in different periods can be studied to reflect the change of system behavior with time. It can test the hypothesis of the model and improve the structure of the model. GIS can combine cellular automata, multi-agent systems and other technologies to create a virtual experimental environment. Through model analysis, given model parameters or conditions, the evolution and inversion of geographical events, phenomena and laws that have not occurred or have occurred are carried out. It provides an effective means for the simulation, prediction and regulation of complex geographical phenomena, and solves problems such as urban expansion, land change, climate change, disease spread, fire spread, desertification, flood inundation, population migration, traffic control, emergency population evacuation, environmental resource management, ecological security, dynamic location of public facilities, urban planning and sustainable development.

1.1.3 Main contents of spatial analysis

The research content of spatial analysis mainly includes three aspects: theory, method and application.

(1) Spatial analysis theory

It mainly refers to the basic theoretical problems such as spatial concept, spatial description method and spatial characteristics, and also includes the methodology of solving problems based on spatial thinking. The description of space and its characteristics is the core theoretical problem of geographic information science, and it is also the key theoretical problem of spatial analysis.

(2) Spatial analysis method

It mainly refers to the establishment of analytical simulation models and the development of analytical tools for spatial characteristics and spatial problems under the guidance of spatial analysis theory. It mainly includes:

① Analysis methods based on graphics and geometric features, spatial data measurement or geometric operations, such as length, area, shape measurement, spatial center (center of gravity) calculation, overlay analysis, buffer analysis, and network analysis.

② Spatial data statistical analysis, such as spatial point pattern analysis, geostatistical analysis, spatial simulation and modeling, such as spatial regression model, geographically weighted regression, geographic simulation and computing models (such as cellular automata, multi-agent, neural networks, genetic algorithms, etc.). The models and tools of spatial analysis will be enriched, innovated and improved with the deepening of spatial analysis theory research.

(3) Spatial analysis applications

Focusing on how to apply spatial analysis theory and methods to solve practical problems, this paper focuses on how to abstract complex, special and specific practical problems into spatial problems, and build a bridge between models, methods and applications. There are many ways to solve practical problems, which can be realized by various spatial analysis methods and tools. The key lies in the abstraction of practical problems.

1.1.4 Significance of spatial analysis

Scientific research shows that 80% of the information that humans are exposed to is related to geographical location. Most of the problems we face are related to time and space. We use computer means to organize and manage massive data, and carry out efficient and scientific spatial analysis to find the meaning contained in spatial data, so as to have a clear understanding of the nature and law of the target things, so as to effectively solve complex geoscience problems and carry out comprehensive geoscience research. Many of the research results of geography are derived from spatial analysis, which describes, analyzes and understands the spatial structure of nature and human society and the relationship between them from the perspective of geographic space. In addition to geography, spatial analysis is also widely used in transportation, agriculture, urban, military, ecology, geology, economics, epidemiology, criminology, archaeology and many other fields.

The purpose of spatial analysis is to explore the hidden rules, relationships and trends from massive data, and then provide scientific decision-making basis for people to explain geospatial features and solve spatial problems. Therefore, spatial analysis can show us geographic information more intuitively, so that our understanding of data is deeper and clearer; spatial analysis can analyze the internal mechanism of the existence of things, such as the source of infectious diseases; based on the observation of things, spatial analysis can use mathematical models to predict future conditions; spatial analysis can allocate and regulate resources, such as the rational allocation of water resources in the basin.

With the rapid development of emerging technologies such as the internet of things, cloud computing, artificial intelligence, and big data, the networked collection, automated mapping, intelligent analysis, and ubiquitous services of geographic data based on cloud architecture are becoming a trend. The development of GIS and spatial analysis is also facing new opportunities and challenges. Therefore, the development goal and trend of GIS is to continuously improve the theory and method system of spatial analysis, integrate advanced spatial analysis tools, and enhance the ability of GIS spatial analysis.

1.1.5 Common methods of spatial analysis

There are many spatial analysis methods based on GIS, and the following types are commonly used.

(1) Quantitative analysis

It is the most basic spatial analysis method and the basis for other high-level analysis. Through measurement, we can understand the geometric parameters of some spatial features, such as position coordinates, distance, length, area, etc.

(2) Statistical analysis

It is the simplest way to explore geographic information, including statistical chart analysis, descriptive statistical analysis, regression analysis, trend surface analysis and so on. Grid-based statistics also include pixel statistics, neighborhood statistics, and partition statistics and so on.

(3) Spatial query analysis

It is in accordance with certain conditions, to find eligible spatial entities and their corresponding attributes. There are many ways to query, which can be based on spatial elements, spatial attributes, graphical relationships, spatial locations, etc.

(4) Superposition analysis

It overlays the layers of different geographical objects in the same area under the same spatial reference system, performs logical operations on multiple data layers, generates spatial regional attribute features, and establishes spatial correspondence. The superposition of vector data often reflects the spatial and attribute characteristics of the superimposed elements through graphic cutting and attribute inheritance. The superposition of raster data often calculates the pixels of different layers at the same position, including from simple arithmetic operations to complex model operations, to generate new pixel values.

(5) Buffer analysis

It is a process of establishing adjacent regions based on a certain buffer distance for one, a group or a class of spatial objects (points, lines, surfaces and other entities). Its purpose is to provide a basis for an analysis or decision to identify the radiation or influence of these entities or subjects on the neighborhood.

(6) Network analysis

It refers to the analysis process of optimizing the establishment, operation, resource allocation and path selection of network things (such as geographical network, urban infrastructure network, etc.), and geographical analysis and modeling of their correlation and internal relationship.

(7) Other analytical methods

In addition to the above analysis methods, it also includes spatial interpolation, geostatistical analysis, surface analysis, three-dimensional analysis, hydrological analysis, cluster analysis, model establishment and model analysis.

1.2 The development process of spatial analysis

In the study of geography, spatial analysis has a long history and tradition. Since ancient times, human beings have been trying to analyze the spatial structure and spatial relationship of geographical things, so they have always carried out various types of spatial analysis. In the 1960s, with the quantitative revolution of geography and regional science, the concept of modern "spatial analysis" was produced. At first, the spatial distribution patterns of points, lines and surfaces were quantitatively described by statistical analysis methods. In the later period, people paid more and more attention to the characteristics of geospatial space itself, the process of spatial decision-making and the temporal and spatial evolution of complex spatial systems. The main purpose of the new generation of spatial analysis technology is to mine new information from the spatial relationship of existing data. The exploratory spatial analysis method can not only reveal many non-intuitive contents in the spatial database, such as spatial outliers, hierarchical relationships, time-domain changes and spatial interaction models, but also reveal data patterns and trends that cannot be identified by traditional maps. With the continuous improvement of people's demand for spatial information and the increasing progress of science and technology, spatial analysis is also developing, that is, from the initial spatial problem solving, to the application of maps, to the emergence of quantitative geography, the emergence of GIS, and then to the emergence of machine learning artificial intelligence. The methods and techniques of spatial analysis are also constantly improved and enriched, and have been widely used. By analyzing some of the main science and technology that promote the development of spatial analysis, we can not only reveal the development history and trend of spatial analysis, but also better understand the scientific nature and technical characteristics of spatial analysis.

1.2.1 Map and spatial analysis

Maps are the "second language" of geography. With the emergence of maps, human spatial analysis capabilities have been greatly enhanced, and spatial analysis has begun to have a graphical basis. In order to make maps better serve spatial analysis, geographers have been working to find a way to describe the spatial distribution of data in a visual way, that is, the early spatial statistical method. In 1863, Lalanne and Tobler proposed the polygon orbital pattern and the image conversion method respectively to realize the "self-representation" of geospatial data. In the process of studying the expression and induction of spatial data, map researchers will use mathematical methods such as statistics to mine the information implied in the map to the maximum extent, such as measuring the distance, orientation and area between various geographical elements, and obtaining information through the superposition and synthesis of map information. With the deepening of the theory and application of cartography, the concepts of physics, mathematics and various branches of geography have been continuously introduced. The traditional spatial analysis ability has been greatly enhanced, and people's ability to understand and interpret the spatial information of map expression has also been significantly improved. Spatial analysis has developed from simple coordinate measurement, length measurement, elevation measurement, and area measurement to more complex. Complex map analysis specifically includes the following: study the distribution characteristics and laws of various phenomena; study the interconnection of various phenomena; study the dynamic changes of various phenomena, forecast, carry out comprehensive evaluation, prepare zoning and planning.

1.2.2 Quantitative geography and spatial analysis

Quantitative methods in geography, also known as quantitative geography, is a discipline that uses mathematical statistics and computer technology to conduct geographical research. Quantitative geography originated in the 1930s. Before the 1960s, it was mainly based on general mathematical statistics. After the 1960s, it developed rapidly. With the main characteristics of studying the mathematical model and mathematical simulation technology of geographical system, applying computer and multivariate analysis methods, it set off a "quantitative revolution". For the first time, mathematical methods were applied to geography research. The analysis of spatial characteristics and their relationships has entered the stage of quantitative characterization from text description. The most direct result of this "quantitative revolution" is to promote "spatial analysis" as an independent concept, and its notable feature is the introduction of mathematical methods in geospatial analysis.

In the 1970s, computer technology and multivariate statistical methods were widely used in geographical research, and many complex geographical problems were solved. By the end of the 1980s, the analysis methods of quantitative geography were no longer limited to probability theory and mathematical statistics, but also used the methods of planning, decision-making, network analysis, mathematical physics, fuzzy mathematics, fractal geometry, nonlinear analysis and other methods in operational research. In addition, the input-output analysis method in econometrics was also included. At this stage, quantitative geography is closely integrated with modern system science and geographic information system. Its theory, method and research means are gradually becoming mature and perfect, which makes the application field of spatial analysis more extensive. Since the 1990s, with the development of high-performance computer technology, mathematical geography has entered a new period of development. New analytical models and methods, such as neural networks, genetic algorithms, cellular automata, random sampling of pattern parameters, fuzzy logic, geographically weighted regression, etc., have been introduced into spatial analysis to solve some spatial analysis problems such as simulation and prediction. Since the beginning of the 21 st century, with the continuous enhancement of massive data, computing power and the continuous emergence of new machine learning methods (such as deep learning), artificial intelligence has ushered in a large-scale outbreak, which greatly improves the possibility of solving more complex spatial analysis problems.

1.2.3 Spatial statistics and spatial analysis

In the 1960s, Matheron, a French statistician, formed a new branch of statistics after a lot of theoretical research, namely spatial statistics. This discipline uses the variogram as the main tool to conduct in-depth research on the spatial interaction and change rules of things and phenomena with geospatial information characteristics. Subsequently, spatial statistics has important applications in biology, spatial econometrics, image processing, environmental science and earth science, ecology, geography, epidemiology, agronomy, forestry, mineral resources development and other fields.

Because the interaction between spatial phenomena is not completely consistent in different directions and different distances, the spatial data used to describe geographical objects or phenomena can no longer meet some basic assumptions of the traditional statistical analysis methods on the data, such as the normal distribution hypothesis of the data. Therefore, the traditional mathematical statistics method can not solve the problems of the selection of spatial sample points, spatial estimation and the relationship between two or more groups of spatial data. The spatial statistical analysis method came into being. The basic idea of spatial statistics theory is that in space, data closer to each other tend to be more similar than data farther away. Therefore, it is an important task of spatial statistical analysis to study the spatial distribution of data points and predict unknown data points according to these rules. The most representative application of this idea is geostatistical analysis and spatial interpolation.

Spatial statistics is not only closely related to classical statistics, but also has some differences. In classical statistics, the data studied are usually cross-sectional data and time series data. On the basis of probability theory and mathematical statistics, regression analysis, multivariate statistical analysis, time series analysis and other statistical analysis methods are used to study the internal laws of the data. Spatial statistics requires spatial data with geographical location attributes to be processed, and the observed values come from a spatial process, which is similar to the random process. However, for most space problems, there is only one set of observation data, and repetitive observation data cannot be obtained. In addition, there is usually a certain spatial correlation between spatial data, and there will be different degrees of correlation under different resolutions.

1.2.4 Geographic information system and spatial analysis

Johnston, a famous British geographer, put forward in 1995: "the direct result of the measurement revolution led to the arrival of the GIS revolution". Tomlinson, a Canadian surveying scientist, created the world's first practical geographic information system—Canada geographic information system (CGIS) in the 1960s and applied it to the management and planning of natural resources. GIS is a computer technology system for collecting, storing, expressing, updating, retrieving, managing, comprehensively analyzing and exporting geospatial data. As a technology of digitally expressing spatial entities and their relationships, GIS integrates the ideas, methods and models of map analysis and quantitative geography, and has strong spatial analysis and simulation capabilities. It is an important platform for geospatial data management and analysis.

GIS digitizes different sources and different types of geospatial data, and inputs them into the computer, organizes and manages them according to certain rules, so as to construct an abstract digital model of the objective real world. At a certain scale, the classification, grading, spatial process and spatial pattern of objective things are expressed. At the same time, GIS is also a kind of computer system and integrated tool that can collect, store, manage, display and map spatial data. It can not only process the graphic and image information describing the spatial location and spatial topological relationship of geographical entities, but also process the attribute text and digital information describing geographical entities. Therefore, GIS has the functions of all large database management systems, such as the collection, monitoring, editing, storage and management of geospatial data, which can effectively organize a large amount of data, which lays a certain foundation for solving complex spatial problems. GIS is also a technical platform for geospatial data analysis, simulation and visualization. The most vital core function of GIS is to analyze and model the spatial data in the digital geospatial database, and to mine useful spatial information from it. This is also the most important symbol of the difference between GIS and other computer systems. Commonly used GIS spatial analysis includes buffer analysis, overlay analysis, network analysis, topology analysis, three-dimensional analysis and so on. In addition, in the face of complex geospatial problems, some spatial analysis models such as digital terrain model, spatial statistical model and artificial neural network model can be constructed to simplify the complex spatial analysis process, and can easily use geometry, logic, algebra and other operations, as well as various mathematical statistics methods, so as to analyze and explain the relationship and spatial pattern between geographical features more scientifically and effectively.

The emergence of GIS technology has greatly enhanced the function of spatial analysis, making "spatial analysis" a specialized subject. GIS based on digital technology and high-performance computing has played a revolutionary role in the development of spatial analysis. It can not only realize the calculation tasks that were quite time-consuming or even impossible to complete in the past, but also turn the complex calculation of processing massive spatial data into reality. At the same time, it has changed the way of thinking of traditional spatial analysis and promoted its application in many fields.

1.2.5 Geospatial data mining and spatial analysis

Data mining is an interdisciplinary subject formed by the intersection, penetration and integration of database, artificial intelligence, mathematical statistics, visualization and other disciplines and technologies. It attempts to explore unknown, but potentially useful, new structural forms or relationship characteristics in a huge database. Geospatial data mining essentially refers to the process of mining potential and valuable information, rules and knowledge from geospatial databases, including spatial patterns and features, and the summary relationship between spatial and non-spatial data. Since many analyses of geospatial data mining are based on spatial location, the most fundamental technology is based on the spatial characteristics of things (such as topology, distance, orientation, etc.).

A prototype system of spatial data mining, GeoMiner, developed based on MapInfo platform, integrates spatial analysis methods such as feature description, spatial comparison, spatial association, spatial clustering and spatial classification of spatial data. Academician Li Deren of Wuhan University proposed that a variety of knowledge including geometric information, spatial relationship, geometric properties, attribute relationship and object-oriented can be mined in the GIS database, so as to transform the limited GIS data into infinite knowledge.

In the geospatial data mining system, the geospatial data cube module provides a good data base for spatial data mining. Based on the spatial database, the module performs complex spatial analysis on the region, which can reflect the dynamic change trend of the region at different spatial and temporal scales and provide timely and accurate information for regional decision-making.

Several representative methods of geospatial data mining, including geospatial statistics, geospatial clustering, geospatial association analysis, geospatial classification and prediction analysis, geospatial outlier analysis, etc., are becoming an important part of spatial analysis. With the birth and development of the concept of big data, geospatial data mining for geospatial big data has become an important part of spatial analysis. Academician Goodchild of the American Academy of Sciences believes that big data will be the next big event affecting the development of GIS, which will have a profound impact on the development of GIS. Big data has changed the concept and method of traditional spatial data analysis. It replaces structured or semi-structured data with unstructured data, and replaces sample data under the sampling framework with all data. It is urgent to build a new geographic big data analysis theory, method and technical system.

1.3 Spatial analysis under GIS environment

At first, GIS was only a simple computer-aided mapping. After spatial analysis provided the essence of GIS, the main function of GIS was no longer just mapping, but taking spatial analysis as the core, so GIS developed into a real information system. After the birth of GIS, the methods and means of spatial analysis are quickly integrated into it. Due to the participation of computer technology, the original complex traditional spatial analysis tasks become simple and easy, and can easily apply geometric, logical, algebraic and other operations, as well as various mathematical statistics methods, so as to analyze and explain the relationship between geographical features and spatial patterns more scientifically and efficiently. At present, an important index to measure the performance of GIS software products is the strength of spatial analysis ability. GIS not only provides a good support platform for spatial analysis, but also has a wide range of applications due to the spatial analysis of GIS. The spatial analysis based on GIS is reflected in the whole process of data input to data output. Specifically, GIS can obtain and edit data for spatial analysis, process data for spatial analysis, store and manage data, provide tools for spatial analysis, such as commonly used spatial analysis tools and extended functional modules for solving specific problems. GIS can also provide a platform for the presentation and output of spatial analysis results, which are presented by means of cartography and report output. The existence of GIS makes all the processes of spatial analysis simple (such as overlay analysis, buffer analysis, etc.). Spatial analysts can pay more attention to the study of spatial analysis methods or models themselves, and give other things to GIS. Therefore, spatial analysis is based on GIS to truly enter the stage of rapid development and application.

1.3.1 GIS spatial analysis method

In the research and practice of spatial analysis, many analysis methods and methods with universal significance in the application field and involving spatial location are summarized and refined, forming some inherent spatial analysis function modules in GIS. Understanding the spatial analysis methods of GIS has certain guiding significance for further mastering complex spatial analysis. Academician Goodchild divides spatial analysis into two categories: one is "product model", which obtains new information, especially comprehensive information, through spatial analysis; the other is "query model", which aims to answer some questions of users. From the perspective of the application of GIS, spatial analysis can be divided into two categories: one is the spatial analysis based on the basic geographical elements of point, line and surface, such as mining new useful information through basic spatial analysis methods such as overlay analysis, buffer analysis, network analysis and geostatistical analysis. The other is the simulation of geographical problems, which solves the special requirements of spatial data processing and output in application fields. Geographical entities and spatial relationships are simplified and abstracted through professional models, while the system conducts in-depth analysis operations through models. Considering the ease of understanding and operability of spatial analysis in GIS environment, we can divide the spatial analysis methods in GIS environment into the following six aspects.

1.3.1.1 Spatial analysis based on traditional map

As a tool for spatial information expression and analysis, map has a history of more than one thousand years. The ideas and methods of map analysis still have a profound impact on GIS spatial analysis. Whether it is spatial query, spatial statistical analysis, or network analysis, overlay analysis or map algebra, spatial analysis methods are derived from traditional map analysis, including measurement of coordinates, length, area, volume, orientation, shape, spatial distribution and other indicators, spatial topology analysis, spatial feature graph overlay and attribute overlay. From the algorithm point of view, the spatial analysis algorithm based on the map method is basically based on the classical mathematical method modeling, this kind of GIS spatial analysis technology has been relatively mature.

1.3.1.2 Spatial analysis based on statistical methods

Spatial analysis based on statistical methods mainly includes spatial statistical analysis and exploratory spatial data analysis (ESDA). Spatial statistical analysis can include statistical analysis of spatial data and spatial statistical analysis of data. The former focuses on the statistical analysis of non-spatial characteristics of spatial objects and phenomena. A central issue to be solved is how to describe and simulate spatial phenomena and processes by mathematical statistical models, that is, to convert geographic models into mathematical statistical models for quantitative description and computer processing. Although the spatial location of data sampling points is not considered in the analysis process, it still describes spatial processes and reveals spatial laws and spatial mechanisms. The latter is based on the spatial location and connection of spatial objects, and studies natural phenomena that are both random and structural, or have spatial correlation and dependence. The spatial statistical study of data is based on the correlation between spatial objects and non-independent observations, which are related to distance and change with distance. The main contents of spatial statistical analysis include basic statistics, hierarchical statistical analysis, spatial interpolation, spatial regression, and spatial classification and so on.

Data analysis includes exploration stage and confirmation stage. Exploratory spatial data analysis first separates the patterns and characteristics of spatial data, and then selects the appropriate model according to the characteristics of spatial data, which is essentially a "data-driven" analysis method. In a broad sense, ESDA can be defined as a set of technologies that describe and display spatial distribution, identify atypical spatial locations (spatial surfaces), discover spatial association patterns (spatial clusters), and propose available spatial structures and other patterns of spatial instability (spatial non-fixedness). ESDA technology focuses on the spatial correlation and spatial heterogeneity of data, and is used to select the subset of data of interest in knowledge discovery to find some characteristics and rules hidden in the data. Compared with traditional statistical analysis, ESDA technology does not assume that the data has a certain distribution or a certain rule, but analyzes the data step by step and tentatively, and gradually understands and understands the data. The commonly used exploratory spatial data analysis methods include histogram, QQplot distribution map, variance variation analysis tool, voronoi diagram, spatial autocorrelation and directional variation.

1.3.1.3 Spatial analysis based on spatio-temporal data

In the real geographical world, the attributes, time and space of spatial entities are three interdependent characteristics. The attributes, spatial relations and geometric positions of spatial entities change with time. Compared with other types of information, spatial information has obvious temporal characteristics. Traditional spatial analysis involves only two aspects of geographic information: spatial dimension and attribute dimension. GIS can be divided into 2D GIS, 3D GIS and temporal GIS (TGIS) from the perspective of data dimension. Temporal GIS is a GIS that introduces the concept of time into GIS to reflect the change of spatial information with time. Therefore, GIS can simultaneously process the time dimension, simulate and analyze the change of spatial data over time, that is, GIS has the ability of spatial-temporal data analysis. Spatio-temporal data analysis is one of the hot research problems in GIS spatial analysis. It not only describes the state of the system at a certain time and period, but also describes the process of the system changing along the time dimension. It predicts the state of the system at future time and period, so as to obtain the trend of system change, or replay the system state at different times and periods in the past, and mine the law of system change along time.

The basis of spatio-temporal data analysis is spatio-temporal data model. The spatio-temporal data model is usually composed of three parts: data structure, data operation and integrity constraint. It is an abstraction of the objective world in a conceptual way. It is a set of entities with dynamic characteristics linked by correlations, including geometric data models and semantic data models. At present, the more typical spatio-temporal data models can be summarized as the following four types: (1) taking time as a new dimension; (2) object-oriented modeling; (3) taking time as an attribute additional item; (4) modeling based on state and change. The main problem of the spatio-temporal data model is that the existing models are mostly from the perspective of computer expression, not for geoscience problems. Therefore, they lack the display definition and basic relationship description of geographic entities, and cannot achieve data sharing at the semantic level. Therefore, a spatio-temporal data model based on geographical features should be established to strengthen the research on time labeling methods of spatial events. Time labeling should aim at reducing redundant data as much as possible and improving the efficiency of time data retrieval and analysis.

1.3.1.4 Spatial analysis based on integration of professional model and GIS tools

When solving a certain type of geospatial problem, different research objects or professional categories require different professional models due to the great differences in the service objects, types of problem solving, and complexity of various application systems. The professional model is based on a large number of professional studies on the specific objects or processes described by the system, simulates or abstracts the objective laws, reorganizes the system data, and summarizes the relevant rules and formulas of the orderly data set related to the research objectives. There are both quantitative and qualitative models in the professional model; both structured model and unstructured model; there are also some models such as water dynamics model, atmospheric circulation model and urban spatial dynamics model, which are important professional models for three-dimensional spatial analysis. The integration of professional models and GIS spatial analysis tools is an effective way to solve complex spatial problems.

At present, there are two main methods to integrate general GIS spatial analysis tools with professional models in various fields.

(1) Component-based embedded coupling (Figure 1. 1), which uses component development technology to encapsulate the professional application model into a component as part of the GIS system. The general functional components and application model components of GIS have a common data environment and operating platform, and interact with users with a unified user interface. The advantage of this method is to make full use of the spatial analysis function of GIS and support the whole process of data set definition, model definition, model generation and model verification of application problems.

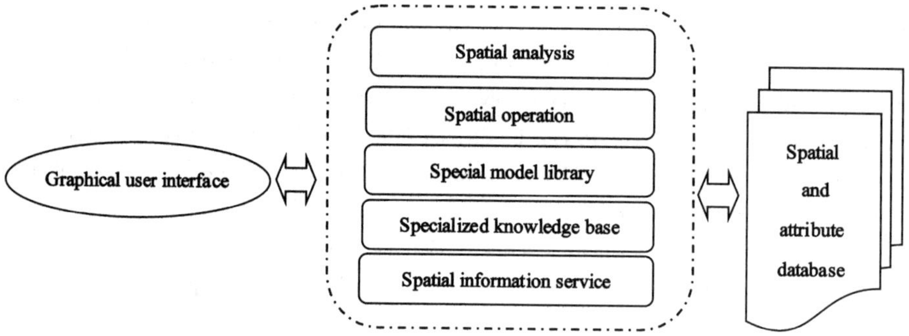

Figure 1. 1 Component-based embedded coupling

(2) Loose coupling mode based on data exchange (Figure 1. 2), that is, GIS tools and professional models are relatively independent, and professional models are implemented by other external software. The two are supported by certain specifications and protocols, and are linked by data communication. In general, this combination is simple to implement and has low technical requirements, but it does not support the user's own defined special model enough and cannot handle complex problems well.

1. 3. 1. 5 Spatial analysis based on intelligence

Due to the dynamic, multiplicity and complexity of geographical objects, the data expression of geographical objects is generally ambiguous and uncertain. For geospatial data with ambiguity and uncertainty, traditional spatial analysis methods are powerless. Introducing artificial intelligence technology in the fields of mathematics, computer and information science into geoscience analysis can find solutions to many fuzzy problems that were previously impossible to achieve. The innovation of GIS to intelligence has brought strong vitality to spatial analysis and provided a more scientific and powerful analytical technology platform for geographical research.

Intelligent analysis can deal with the fuzziness and uncertainty in large-scale real-world problems, and has the ability to process spatial data easily, robustly, programmable, low cost, fast and accurately (close to human operation). Intelligent life, evolutionary computing and neural networks are the main

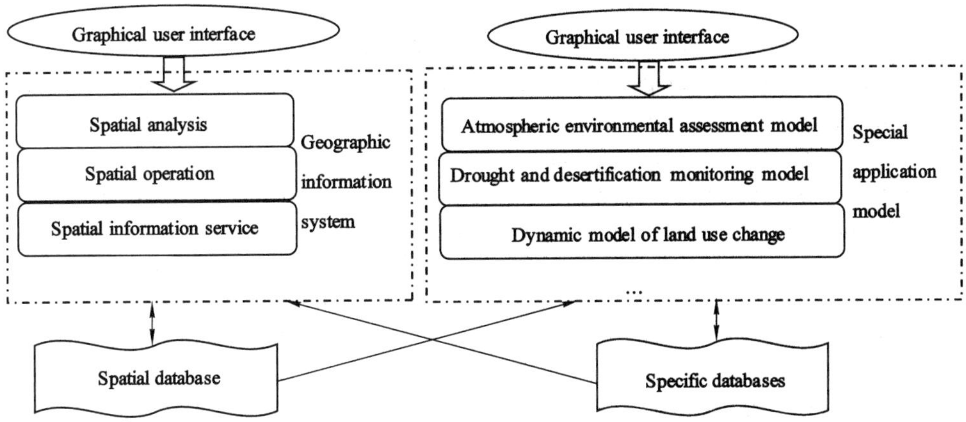

Figure 1.2 Loose coupling based on data exchange

representatives in the field of computer intelligence. Intelligent life is a method that integrates several evolutionary principles. Evolutionary computing has obvious advantages in dealing with optimization problems. Neural networks may become an important part of computer intelligence-driven spatial data analysis. It can be seen that GIS spatial analysis technology based on computational intelligence can not only complete tasks such as large-scale parallel computing and efficient processing of information, but also self-learning by adjusting some parameters.

Intelligent spatial analysis method has experienced the development process from decision tree, knowledge-based expert system to intelligent computing-based analysis method. With the continuous advancement of intelligent computing technology, intelligent spatial analysis methods can solve more and more complex geographical problems and improve their efficiency and accuracy. The organic integration of intelligent computing technology and spatial analysis can effectively solve the uncertainty and highly complex problems in the objective world.

1.3.1.6 Visualization-based spatial analysis

Spatial data visualization and spatial analysis based on visualization technology are important means and key technologies of GIS spatial data processing. GIS can convert spatial data into "maps" to visualize the spatial relationships expressed by these data, so that various types of spatial relationships expressed by them can be analyzed in maps, images and other graphics. Visual spatial analysis is mainly used to analyze the spatial distribution of spatial objects, calculate the spatial properties of spatial objects, and express the internal complex structure, relationship and law of data. Visual spatial analysis has developed from the visualization of static spatial relations to the visualization of dynamic system evolution. Virtual reality and augmented reality are advanced ways of visual spatial analysis.

1.3.2 GIS software for spatial analysis

Spatial analysis and its application in GIS environment are inseparable from the support of corresponding GIS software. So far, there are hundreds of free and paid GIS software. GIS software often integrates the basic modules of spatial analysis, such as spatial geometric relationship analysis, spatial statistical analysis and terrain analysis, and provides a set of common spatial analysis tools for solving practical problems. At present, the widely used GIS software includes ArcGIS produced by ESRI, SuperMap produced by Beijing SuperMap Software Technology Company, MapGIS produced by Zhongdi Digital Company, and GeoStar produced by Wuda Geo-Information Engineering Company.

1.3.2.1 ArcGIS

ArcGIS series software package is the most powerful and widely used GIS software. It has the functions of map making, spatial data management, spatial analysis, spatial information integration, publishing and sharing. It consists of three components: Desktop, ArcSDE and ArcIMS. The core function of desktop software Desktop product is spatial analysis, which is organized by various analysis modules, including spatial analysis of vector data, spatial analysis of raster data, network analysis, three-dimensional analysis, hydrological analysis, geostatistical analysis and spatial modeling. The spatial analysis module is more basic and core, which basically covers various commonly used spatial analysis functions, such as distance analysis, neighborhood analysis, overlay analysis, spatial interpolation and map algebra. The 3D analysis module is oriented to the analysis and expression of 3D geospatial data with elevation information. The supported data models include point cloud, irregular triangulation, DEM, etc. It has the functions of 3D data management, 3D surface analysis, ArcScene 3D visualization analysis, ArcGlobe 3D display and analysis. The hydrological analysis module mainly carries out spatial analysis such as flow direction analysis, flow length calculation, confluence analysis, river network analysis and basin analysis for the basin. The geostatistical analysis module has strong professionalism and provides a complete set of processing flow for spatial data detection, data anomaly analysis, prediction optimization and result evaluation, result grid interpolation, etc. At the same time, ArcGIS10 is the world's first GIS platform that supports cloud architecture, and it has achieved a leap from sharing to collaboration in the Web2.0 era. ArcGIS10 has the ability of real 3D modeling, editing and analysis, and realizes the leap from three-dimensional space to four-dimensional space-time.

1.3.2.2 SuperMap

SuperMap software is a representative of domestic GIS software. It mainly includes four parts: desktop tool SuperMap Desktop, secondary development component SuperMap Objects, network development tool SuperMap IS.NET and embedded development tool eSuperMap. SuperMap Desktop is an integrated GIS desktop software based on the core technology of SuperMap. It can not only browse, edit, query and output spatial data easily, but also complete topology processing, 3D modeling, spatial analysis and other advanced functions. Vector data model analysis includes buffer analysis, overlay analysis, proximity analysis and topology analysis. Raster data model analysis includes surface analysis, terrain construction, hydrological analysis, visibility analysis and grid algebra operation. The analysis of network data model mainly includes shortest path analysis, traveler analysis, facility network analysis and service area analysis. Three-dimensional analysis includes profile analysis, sunshine analysis, visual field analysis and three-dimensional network analysis. Online analysis services include bus transfer analysis service, address matching service and path navigation service. In terms of high-performance computing, in order to support the expanding scale of geospatial data, many spatial analysis operators are reconstructed by parallel computing and accelerated by GPU computing technology. At the same time, memory computing technology and distributed computing technology are introduced to provide efficient analysis and calculation of geospatial big data.

1.3.2.3 MapGIS

MapGIS is a large basic geographic information system software platform with independent copyright developed by Wuhan Zhongdi Information Engineering Company. It is a large-scale intelligent software system integrating the most advanced graphics, images, geology, geography, remote sensing, mapping, artificial intelligence and computer science. It is a spatial information system integrating digital mapping, database management and spatial analysis. It is an advanced tool for modern management and decision-making. In MapGIS, the object of spatial analysis is defined as a series of data related to spatial location, including spatial coordinates and professional attributes. The spatial analysis function in the software is divided into three subsystems: spatial analysis subsystem, digital terrain model (DTM) subsystem and network management subsystem. The network management subsystem includes two parts: network editing and network analysis. The spatial analysis function structure of the software is clear. MapGIS provides users with basic spatial analysis functions. The three-dimensional model analysis (D3M) is different from the "three-dimensional analysis (3D Analyst)" in ArcGIS. It analyzes the spatial data of a certain three-dimensional area and obtains a series of determined three-dimensional structure descriptions. It can provide multiple functions such as multi-layer stereogram, regular section stereogram, horizontal section observation stereogram, drawing section plan and drawing section stereogram. At the same time, MapGIS's drawing and analysis module can improve the three functions of drawing and analyzing "grid stereogram drawing" "plane contour drawing" and "color equivalent stereogram drawing" for grid data.

1.3.2.4 GeoStar

GeoStar is the core (basic) section of the GIS basic software—Geostar series software developed by Wuhan Geo Information Engineering Company. It is used for spatial data input, display, editing, analysis, output and construction and management of large spatial databases. Its function module mainly includes four parts: GeoStar, GeoGrid, GeoTIN and GeoImage. Among them, GeoStar is the basic module of the whole system, which can realize the basic spatial analysis function. GeoGrid is the processing and analysis module of digital terrain model and digital orthophoto. GeoTIN uses discrete elevation points to establish TIN and then interpolate to obtain DEM, so as to carry out correlation analysis and 3D surface generation.

1.3.3 Spatial analysis and PPDAC model

In most cases, the process of spatial analysis follows a series of well-defined (often iterative) phases: problem formalization, planning, data collection, exploratory analysis, hypothesis representation, modeling and testing, validation and evaluation, reporting and application of final conclusions. GIS and related software tools that perform analysis functions only deal with the middle part of the process, and may even be relatively "stiff" means. In the actual spatial analysis process, the analysis method is far more complex and repetitive than the summarized steps. The order of spatial data analysis proposed by Mitchell in 2005 is shown in Figures 1.3 (left). This method seems to be a natural process from beginning to end, but in most cases it is not. In the modern analysis method, Draper et al. used the spatial analysis method as shown in Figure 1.3 (right). This method clearly describes each step, and the information is accurate and draws on the early work in the appropriate place.

Mackay and Oldford proposed distance determinism as the basis of spatial analysis, and described statistical methods with a series of sequential steps, called PPDAC, namely problem, plan, data, analysis and conclusion. It provides a framework for the solution process of spatial analysis related problems, and emphasizes that formal analysis is a very important part of the process, but this method is indeed exploratory and iterative to some extent when applied to many complex real-world problems. Daskin made some amendments to this method, and paid more attention to the problems with clear spatial background, such as spatial relationship and spatial dependence, spatio-temporal relationship, phenomena that do not meet the classical statistical criteria in spatial analysis, the relationship between spatial process and pattern, spatial data source and its quality.

The modified PPDAC method is shown in Figure 1.4. It can be seen from the figure that although the clockwise direction (1→5) is the main process, each stage can and often needs to be fed back to the previous stage. It may also be very useful to check the method from the opposite direction, starting from the definition of the problem, and then checking the expected goal from the format and structure of the conclusion (no preset result). The process continues step by step, and the expected conclusions of each

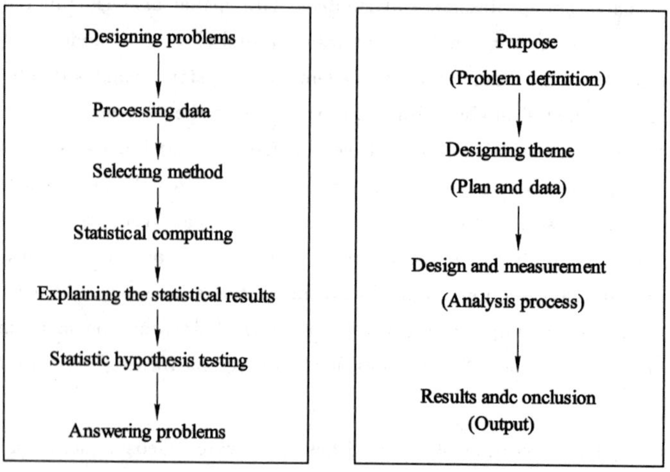

Figure 1.3 The order of spatial data analysis

stage in the method are determined from the counterclockwise direction (e→a). The detailed process is as follows:

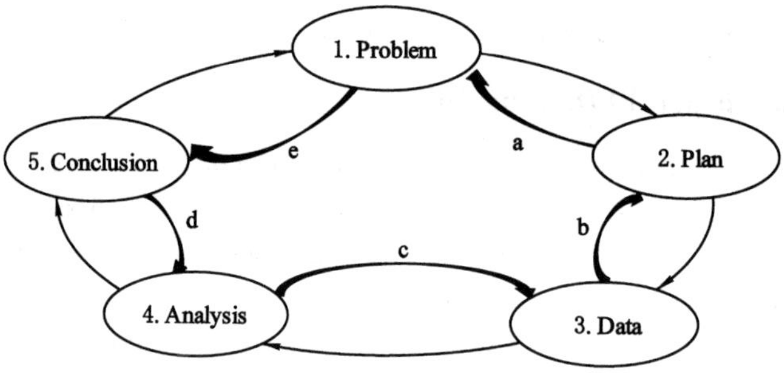

Figure 1.4 Corrected PPDAC iterative process

(1) Problem: Problem definition

Clearly defining the problem and understanding the problem to be studied is a difficult problem in the whole analysis process. Clarifying user needs and expectations is one of the key factors that determine the success of the analysis plan. The successful results here are judged and evaluated by third parties (customers, managers, employers), so the participation of third parties is very necessary in the whole process of problem definition. It is often an effective initial step to decompose the problem into several key parts and simplify the problem to focus on the most essential, important, and relevant parts of the problem. This not only helps to clarify many problems to be solved, such as data requirements, tools and methods, but also can continuously clarify the needs and expectations of users in the iterative process. In the study of spatial problems, special attention should be paid to spatial scale factors, statistical scale factors, spatial combination factors, problem formalization, conclusions obtained from spatial classification data and other information. The formulation of a problem is not always a one-time task. When the initial problem definition is formed, it may be changed under the influence of preliminary research, technical or commercial considerations, or other unpredictable events.

(2) Plan: Formal methods

After agreeing on the definition of the problem, the next stage is to formalize a method to solve the problem as much as possible and get the best time to meet the desired answer. The methods used need to consider some issues, including the nature of the problem and the project, cost accounting, decision support tools and methods, public participation, research time, and technical feasibility. When determining the design method and analysis method, it is crucial to determine the available data set, check the quality and advantages of the data, and perform exploratory work on the data subset or sample to clarify the feasibility and effectiveness of the method. There are always many unknown factors in this stage, but these factors should be minimized as early as possible. If necessary, the whole process can be completed based on samples, assumptions or simulated data until the expression of the results is obtained.

(3) Data: Data acquisition

Spatial analysis is unusual to some extent, because key data sets are usually provided by third parties rather than established as part of research work, so it is important to analyze existing spatial data sets and understand their quality and source. In many cases, this phase of PPDAC often involves selecting one or more existing data sets from which available data sets are available. In fact, not all data sets have the same quality, cost, permissions, availability, integrity, format, timeliness and detail, so in most cases some of these solutions will be taken, with the highest principle of fit for purpose.

By definition, almost no data set is perfect. All data sets may include errors, missing values, limited resolution, distortions caused by modeling the real world in the form of discrete mathematics, measurement errors and uncertainties, and may intentionally or design adjustments to location and attribute data. Spatial analysis tools may embed functional modules that specifically address some of the more obvious factors. For example, some of the specialized GIS tools used to address these issues include: ① boundary definition and density estimation; ② encoding scheme for missing data and mask invalid area; ③ modeling program for automatically correcting topological errors and bad matching data sets or changing resolution and projection data sets; ④ a large number of procedures to deal with classification problems; ⑤ data conversion, weighting and normalization tools for comparison and merging of different types and ranges of data sets; ⑥ processing field data without continuity by disconnection and similar methods; ⑦ a series of techniques that can model data problems, generate error bounds, confidence ranges, and alternative implementation methods.

(4) Analysis: analytical methods and tools

Before the analysis stage, we should initially select good methods and tools. The selection method is based on the principle of simplicity and economy, that is, using the simplest and clearest tools, models and visual forms, as well as appropriate questions and goals. Other factors that should be taken into account in selecting the method include: availability of tools, time and cost constraints, internal or external tests of consistency, sensitivity and quality to provide validity and robustness test requirements, use of multiple techniques, use of independent or additional data sets. In addition to a large number of GIS software can be used for spatial analysis, there are many special tools with special spatial analysis functions will also provide some GIS functions, or provide GIS file format input and output.

Spatial analysis is essentially multi-stage or dynamic. Therefore, the analysis stage can be regarded as a multi-faceted process, starting from the collection, processing, and input of data to generate consistent and usable data sets, to the pure analysis stage, and finally checking the analysis results and model output.

(5) Conclusion: Results released

The last stage of the PPDAC method is to draw conclusions based on the analysis done and communicate the results with others. The implementation of the conclusions (such as building a feeder road, designing a residential area or implementing a vaccination plan) is not part of the model process, but beyond its scope. The conclusion stage is to report the results of the study in the language of the problem, and concise numerical summaries and graphical presentations should be used to clarify the discussion.

For many spatial analysis problems, this summary is sufficient to solve the problem. For other issues, the conclusion phase is often the beginning of other work: revisiting the issue and repeating the entire process or parts of the process; carry out a new project; implement recommendations; more extensive consultation; develop models to help understand and interpret observations, guide future data collection, and predict values at some location / time points not included in the analysis.

1.4 Geospatial issues

Space is an abstraction of the objective world, which is described by space reference system and a series of characteristics. When the coordinate model describing the space is a geospatial reference system, this space is called geospatial. In addition to the use of geospatial reference systems, geospatial can also be defined from its spatial scope. All geographical phenomena, geographical events, geographical effects and geographical processes on the surface of the earth occur on the basis of geographical space. Geographic space in GIS is generally defined as absolute space and relative space. Absolute space is a set of spatial geometric positions with attribute description, which is composed of a series of spatial coordinates at different positions. Relative space is a set of entities with spatial attribute characteristics, which is composed of spatial relations between different entities. Abstracting objective reality problems into general geospatial problems is the premise of spatial analysis and the basic idea to solve complex objective problems. Using spatial analysis methods at different functional levels can solve various spatial problems about geographical entities and geographical phenomena (Figure 1.5).

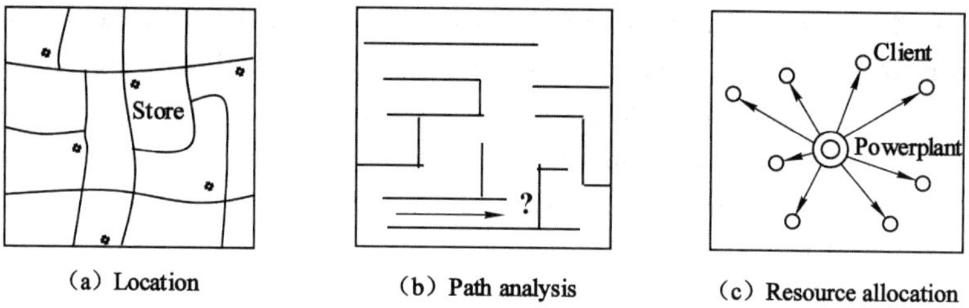

Figure 1.5 Geospatial problem example

GIS spatial analysis is a basic tool of earth science, which is used to analyze and explain the relationship between geographical features and spatial patterns. The important scientific problems to be solved in geospatial information include the following aspects.

1.4.1 Multidimensional dynamic feature description of the real world and its spatio-temporal changes

The earth we live on and the natural and artificial structures on it have distinct three-dimensional forms. Various geospatial entities and their relationships change over time, and present different spatial forms, structures and details in different scale backgrounds. For the multi-dimensional dynamic characteristics of the real world and its spatio-temporal changes, there is still a lack of scientific classification and formal description methods. There are a series of basic problems, such as whether the real world and its spatio-temporal changes can be characterized, whether the scale is another dimension, whether it is reasonable to describe the real world with Euclidean space, what spatial relationships exist between geographical entities, and whether other spatial relationships can be derived from some meta-spatial relationships. If we can't form a consensus on these basic concepts and establish a common model framework, the ambiguity in the natural language model will inevitably occur, which will bring disaster to the information integration and interoperability of multi-source geospatial. Therefore, we should deepen the understanding of the multi-dimensional dynamic characteristics of the real world and its spatio-temporal changes, strengthen the research on the basic concepts of time, dynamics and scale, the classification system of multi-dimensional dynamics and the description method of spatial relations, and establish the concept system of multi-dimensional dynamic geospatial information.

1.4.2 Spatio-temporal positioning benchmark problem of multi-source geospatial information

The spatial location and distribution of geographical phenomena (or entities) are determined according to the national plane datum, elevation datum and gravity datum. Due to the continuous movement and change of the earth itself, some reference points or baselines in these three reference frames change accordingly, or different reference frames are formed due to the upgrading of the control network reflecting the reference frame, which makes the same geographical phenomenon (or entity) depend on different time periods. In order to compare time and space, we must theoretically establish the relationship between various benchmarks in different time periods. Secondly, due to various reasons, some cities and mining areas adopt different plane datum, so it is difficult to carry out data integration and comprehensive analysis on a unified reference framework. In addition, the marine and terrestrial benchmarks have not yet been unified, and the reference frameworks for geospatial data in different sea areas, sea and land surrounding countries are not consistent. In order to realize the organic integration and mass management of multi-temporal, multi-resolution and multi-type geospatial information, it is necessary to study the spatio-temporal characteristics of geospatial reference framework, establish a multi-scale spatio-temporal reference framework, and provide a unified and practical positioning benchmark for national informatization.

1.4.3 Multidimensional dynamic spatial data model and modeling method

Up to now, people have been abstracting the real space world with distinct multi-dimensional and dynamic characteristics into two-dimensional and static objects according to the plan or overlay data model, which has great limitations in the expression of three-dimensional entities and their spatio-temporal changes, and often cannot meet the needs of true three-dimensional, multi-temporal and multi-scale applications. For example, at present, people often superimpose two-dimensional digital mapping, remote sensing image and DEM to construct a three-dimensional landscape model. Although it can express the surface ups and downs, and perform three-dimensional display operations such as roaming, scaling, and animation, it is difficult to carry out effective three-dimensional measurement and analysis. Especially in urban three-dimensional landscape modeling, although people use some vertical information and texture of surface structures, it is difficult to take into account the internal vertical relationships of buildings, roads, and bridges. Therefore, it is essentially a visual model. In order to construct the multi-scale, three-dimensional, temporal and dynamic geospatial data resources needed for national informatization, we should strengthen the research on the theory and modeling method of multi dimensional dynamic spatial data model, and develop the construction technology of multi-dimensional dynamic geospatial framework.

1.4.4 Mechanism of geospatial cognition and multidimensional dynamic spatial information

In essence, multi-dimensional dynamic geospatial information reflects the motion state (traits and situation in a specific time and space) and motion mode (patterns and laws of motion state changing with time and space) of spatial objects or entities. It is an important basis for regulating and controlling the material flow, energy flow, population flow and so on in geospatial system and transferring them to the desired state and mode. However, in terms of how to effectively use or utilize geospatial information, people often act on experience and intuition, and lack information processing methods and analysis model systems that conform to human spatial cognitive habits. It is difficult to effectively carry out digital simulation and dynamic analysis of spatial shape, dependency relationship, change process, action law and regulation mechanism of resource and environment system. In addition, we still lack in-depth understanding of the mode or mode of action of multi-dimensional dynamic geospatial information in national informatization, and lack the necessary theoretical guidance in the development of high-level spatial decision support systems and business operation systems. Therefore, it is necessary to strengthen the study of geospatial cognitive methods and the mechanism of multi-dimensional dynamic geospatial information.

At present, China has built a geospatial framework of "Digital China". In the national standard Basic Provisions of Geospatial Framework (GB/T 30317-2013), it is pointed out that geospatial framework is the general term of policies, regulations, standards, technologies, facilities, mechanisms and human resources involved in geographic information data and its collection, processing, exchange and service. It consists of basic geographic information data system, directory and exchange system, public service system, policies and regulations and standard system and organization operation system (Figure 1. 6). Among them, the basic geographic information data system includes surveying and mapping datum, basic geographic information data, service-oriented product data, management system and supporting environment; directory and exchange system includes directory and metadata, thematic data, exchange management system and supporting environment. The public service system includes offline map and data provision, online service system and supporting environment. Policies and regulations and standard system and organization operation system are the support guarantee.

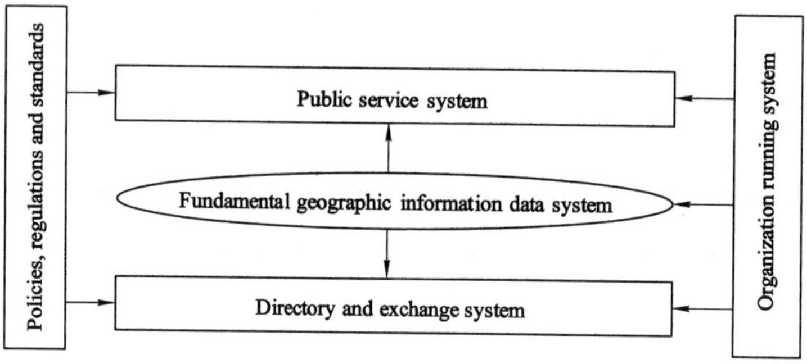

Figure 1. 6 The composition of geospatial framework

Review thinking questions

1. Talk about your understanding of the connotation of spatial analysis.

2. What are the stages of the development of spatial analysis? What drives the development of spatial analysis?

3. Please combine the definition, content and method of spatial analysis to talk about the characteristics of spatial analysis.

4. Combined with their own cognition, for example to talk about the task of spatial analysis.

5. What are the main contents of spatial analysis?

6. What are the common methods of spatial analysis? What space problems can these methods solve?

7. Inquiry the relevant information of different GIS platform software to understand the spatial analysis function of these software.

8. What kinds of geographical problems based on spatial characteristics can be summarized?

9. What are the main methods of spatial analysis in GIS environment?

10. What is the PPDAC model? What is its relationship with spatial analysis?

11. What are the key scientific issues to be addressed by geospatial information?

Chapter 2 Spatial measurement and calculation

Spatial measurement and calculation refers to the measurement and analysis of the basic geometric parameters of various spatial targets in the GIS database, such as the location, distance, perimeter, area, volume, curvature, spatial shape and spatial distribution of spatial targets. Spatial measurement and calculation is the basic method for GIS to obtain geospatial information, and it is also the basis for complex spatial analysis, simulation and decision-making.

2.1 Basic geometric parameter calculation

Basic geometric parameters are the basic information for understanding spatial objects, performing advanced spatial analysis, and making decisions. The basic geometric parameter calculation includes the measurement and calculation of the position, center, center of gravity, length, area, volume and curvature of spatial targets such as points, lines, surfaces and bodies.

2.1.1 Position measurement

The study and analysis of geospatial things begins with determining the spatial position of the spatial object, which is a descriptive parameter common to all spatial targets. Spatial position describes the individual positioning information of spatial objects by means of spatial coordinate system, including absolute position and relative position. The position information needed in spatial analysis is the absolute and relative position information of the target objects such as points, lines, surfaces and bodies.

Vector GIS includes four types of geographical targets: point, line, surface and body. The spatial position of geographical targets is expressed and stored by the coordinates of their feature points. The position of the point target is expressed by a single pair of (x, y) coordinates in the two-dimensional Euclidean plane and (x, y, z) coordinates in the three-dimensional Euclidean space. The position of the line target is expressed by a coordinate string. In the two-dimensional space, it is expressed as $(x_1, y_1), (x_2, y_2), \cdots, (x_n, y_n)$ by a set of discrete real point pairs, and in the three-dimensional space, it is expressed as $(x_1, y_1, z_1), (x_2, y_2, z_2), \cdots, (x_n, y_n, z_n)$, where is an integer greater than 1; the position of the planar target is expressed by the position of the linear target. The position of the body target is expressed by the position of the linear target and the planar target. In the vector data structure, because its position is directly represented by coordinate points, the position is obvious, but the attribute is implicit ; in the raster data structure, each location point is represented as a cell (cell or pixel), the attribute is obvious, and the location is implicit.

The position determined by referencing the latitude and longitude network can be said to be an absolute position. Usually, the absolute position of any point on the earth can be determined by calculating the latitude north or south of the equator and the longitude east or west of the primary meridian using the angle measurement system. This method is easy to describe the absolute position of any object. Moreover, the measured values can be converted into corresponding feet, meters, kilometers and other units at any time.

The relative position of a spatial object is the orientation of a target relative to other targets in space. Relative position measurement has important practical significance in GIS analysis. For example, to build a high-speed railway station in the periphery of a city (Figure 2.1), the best location of the high-speed railway station should be selected in consideration of various factors such as existing urban planning, land foundation and convenience of passenger travel. Here, the location of the urban area is regarded as the absolute position, and the relative position of the high-speed rail station is selected with the urban area as the reference point, rather than selecting the better foundation in any area.

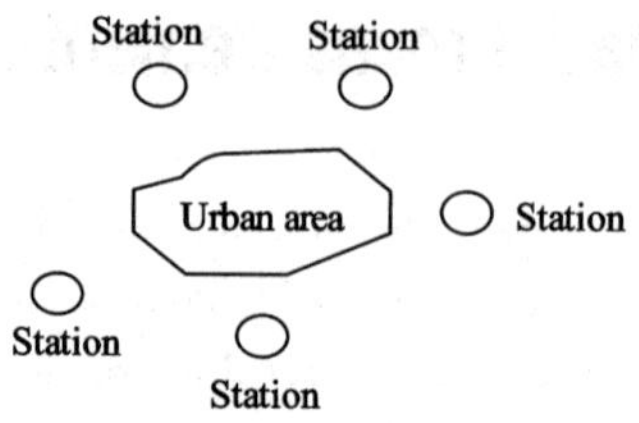

Figure 2.1 Changes in the location of stations relative to urban area

There are many methods to determine the relative position. For example, in Cartesian coordinates, the relative position of a target relative to another target is determined by using the distance formula between two points. Using the absolute grid coordinate system, the relative position can be determined by subtracting the two coordinate values if the actual distance between the two objects is known. The formula is as follows:

$$d = \sqrt{(x_2 - x_1)^2 + (y_2 - y_1)^2} \tag{2.1}$$

Where, $x_2 - x_1$ is the coordinate difference between two points in x direction or meridian direction ; $y_2 - y_1$ is the coordinate difference between two points in y direction or latitude direction ; d is the distance between two points.

2.1.2 Center measurement

The center of spatial measurement refers to the geometric center, that is, the geometric center of 1D and 2D spatial targets (Figure 2.2), or the spatial distribution center of spatial targets composed of multiple points. The center is of great significance to the expression of spatial objects and the acquisition of other parameters. For example, to complete a small-scale map of China, the location of the city should be replaced by points, but the city is a planar object, and the surface is composed of numerous points. Replacing the surface with different internal points will have different effects. In this case of points representing surfaces, geometric centers are generally used instead for accuracy and expression.

(a) Geometric center of linear object (b) Geometric center of plane object

Figure 2.2 Geometric centers of 1D and 2D

The determination of the center of a simple and regular space target is very simple. For example, the center of a linear object is the midpoint of the linear object. The geometric center of the circle is a dot; the center of regular planar objects such as squares, rectangles, and regular polygons is the intersection of their diagonals. The geometric center of irregular planar object can be obtained by the following formula:

$$\begin{cases} C_x = \dfrac{\sum_{i=1}^{n} x_i}{n}, \\ C_y = \dfrac{\sum_{i=1}^{n} y_i}{n} \end{cases} \tag{2.2}$$

Where, C_x and C_y are the horizontal and vertical coordinates of the geometric center of the irregular planar object, respectively.

The determination of the spatial distribution center of multi-space target objects can first determine its distribution area, and convert the determination of its distribution center into the determination of the center of a single space target.

2.1.3 Centroid of gravity measurement

Centroid is an important index to describe the spatial distribution of geographical objects. From the centroid movement, the change situation and change speed of the space target can be obtained. Centroid measurement is often used for macroeconomic analysis and market location selection. It can also track changes in certain spatial distributions, such as population changes and land type changes.

The centroid and the center of the linear object and the regular planar object are the same. The centroid of the planar object can be understood as the internal equilibrium point of the polygon, such as the equilibrium point of a homogeneous wood block suspended (Figure 2.3).

The centroid of a planar object can be obtained by calculating the average value of the centroid of the trapezoid. The vertices of the polygon are projected onto the x-axis to obtain a series of trapezoids (Figure 2.4). The centroid of the entire polygon is determined by the combination of the centroids of all trapezoids.

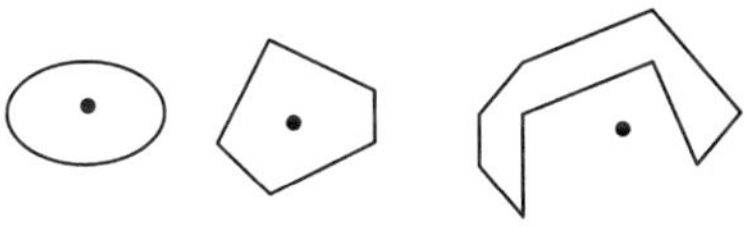

Figure 2.3 Location of the centroid of a single polygon

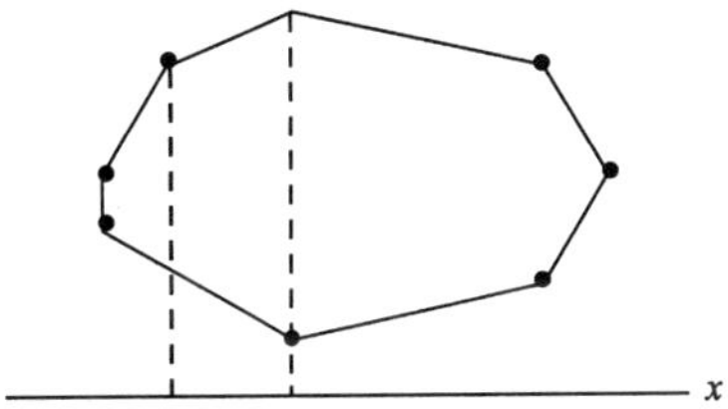

Figure 2.4 Calculation of the centroid by trapezoid

Assuming that the vertex sequence (x_i, y_i) of the polygon is coded clockwise, the calculation formula of its centroid is:

$$\begin{cases} X_G = \sum \bar{x}_i A_i / \sum A_i \\ Y_G = \sum \bar{y}_i A_i / \sum A_i \end{cases} \tag{2.3}$$

$$\begin{cases} A_i = (y_{i+1} + y_i)(x_i - x_{i+1})/2 \\ x_i A_i = (x_{i+1}^{2} + x_{i+1} + x_i^{2})(y_{i+1} \quad y_i)/6 \\ \bar{y}_i A_i = (y_{i+1}^2 + y_{i+1} y_i + y_i^2)(x_i - x_{i+1})/6 \end{cases} \tag{2.4}$$

Where, $\bar{x}_i$ and $\bar{y}_i$ are the x coordinate and y coordinate of the centroid of the ith trapezoid, and A_i is the trapezoidal area.

2.1.4 Length measurement

Length is the basic parameter of spatial measurement. Its value can represent the distance between points, lines, surfaces and bodies, and can also represent the length of linear objects, the circumference of surfaces and bodies. Because of the importance of length parameter in spatial analysis, it becomes one of the important contents of spatial measurement.

2.1.4.1 Distance

In spatial analysis, the quantitative description of distance is usually carried out, that is, the actual distance between two entities is measured. Because space objects belong to different geometric forms-point elements, line elements and surface elements, their distance measurements are also different.

(1) Simple distance

① Distance between two points

The distance and direction between two points in GIS can be obtained by using the distance formula between two points in Cartesian coordinate system and the relationship between two points. Let A and B be two points in the plane Cartesian coordinate system, and the coordinates are (x_1, y_1) and (x_2, y_2) respectively, then the distance between the two points is:

$$d = |AB| = \sqrt{(x_2 - x_1)^2 + (y_2 - y_1)^2} \tag{2.5}$$

The cosine and sine of the angle between the two points and the coordinate axis are respectively:

$$\begin{cases} \cos\theta = (x_2 - x_1)/|AB| \\ \sin\theta = (y_2 - y_1)/|AB| \end{cases} \tag{2.6}$$

Most of the spatial data processed and analyzed by GIS have projection. According to the projection theory, the distance between two points with projection cannot be calculated by a simple Euclidean distance. In addition to considering the distance between two points in the plane coordinate, the distance between two points on the spherical surface, that is, the large circle distance, is also considered. As shown in Figure 2.5, when the spherical radius R is known, the distance between P_1 and P_2 can be calculated.

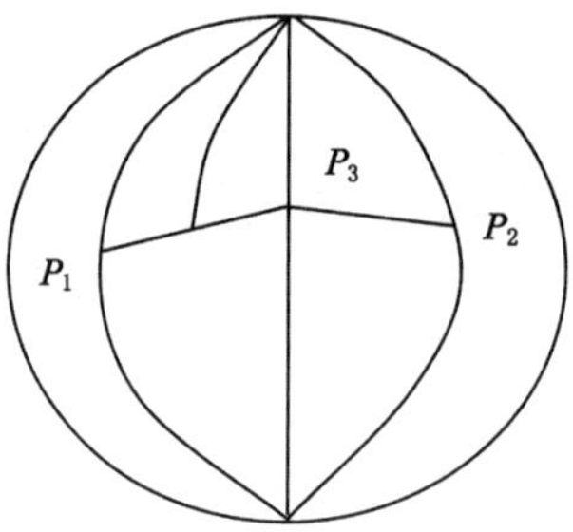

Figure 2.5 Distance between two points on sphere surface

Let $P_1(\varphi_1, \lambda_1)$, $P_2(\varphi_2, \lambda_2)$, P be a pole, there are two edges and an angle in spherical triangle PP_1P_2, which are known, namely:

$$\begin{cases} \overset{\frown}{PP_1} = 90° - \varphi_1 \\ \overset{\frown}{PP_2} = 90° - \varphi_2 \end{cases} \tag{2.7}$$

According to the cosine theorem of spherical triangle:

$$\cos \overset{\frown}{P_1P_2} = \cos(90° - \varphi_1)\cos(90° - \varphi_2) + \sin(90° - \varphi_1)\sin(90° - \varphi_2)\cos(\lambda_1 - \lambda_2) \tag{2.8}$$

Therefore:

$$P_1P_2 = \cos^{-1}(\overset{\frown}{P_1P_2}) \cdot R \tag{2.9}$$

Theoretically, only along the great circle route, the navigation path is the shortest, the energy consumption is the smallest, and the cost is the lowest. Therefore, the measurement of the distance between two points on the sphere is of great significance for navigation and aviation.

② Distance from point to line target

In order to obtain the distance from the point to the line target, the distance from the point to the line segment must be determined firstly. Let L be a straight line segment, the coordinates of the two ends are (x_A, y_A) and (x_B, y_B), and the coordinates of the other point P are (x_P, y_P). The line distance from point P to line L is:

$$D = |ax_p + by_p + c| / \sqrt{a^2 + b^2} \tag{2.10}$$

Figure 2. 6 shows that the point P is between two points in a straight line. If the point is on the outer side of the two ends, that is, the foot is on the extension line of AB two points, the distance between the point and the straight line extension line can only be obtained. In GIS, the distance from a point to a line target (including multiple fold line segments) is usually required. In this case, the distance from the point to the line target is the distance from the point to each fold line segment (not the distance on the extended line), and then compared. The minimum distance is the distance from the point to the line target, as shown in Figure 2. 7. The distance from the point to the vertex of a linear target can also be calculated, as shown in Figure 2. 8.

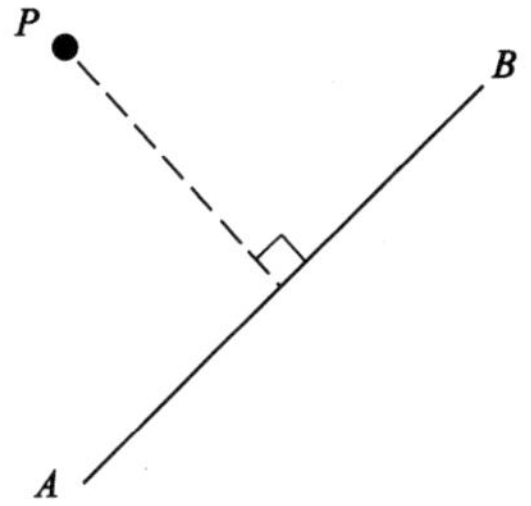

Figure 2. 6 Distance from point to line

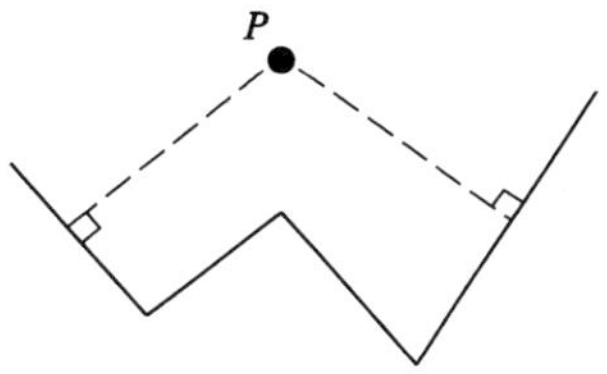

Figure 2. 7 Distance from point to polyline

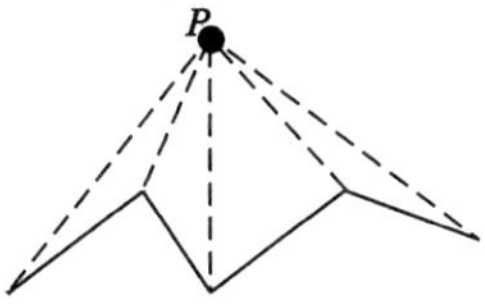

Figure 2. 8 Distance from point to the vertex of linear target

③ Distance from point to area target

Since the planar object represents a certain range in geographical space and consists of numerous points, the distance from the point to the surface can be regarded as the distance from the point to the feature point in the surface. The distance from the point object P to the planar object A generally includes the following situations, as shown in Figure 2. 9: a. the distance from point P to a specific point P_0 (such as the centroid) in surface A represents the distance between point P and surface A, which is called center distance ; b. the shortest distance between point P and all points in plane A is called the shortest distance; c. the maximum distance between point P and all points in plane A is called the maximum distance.

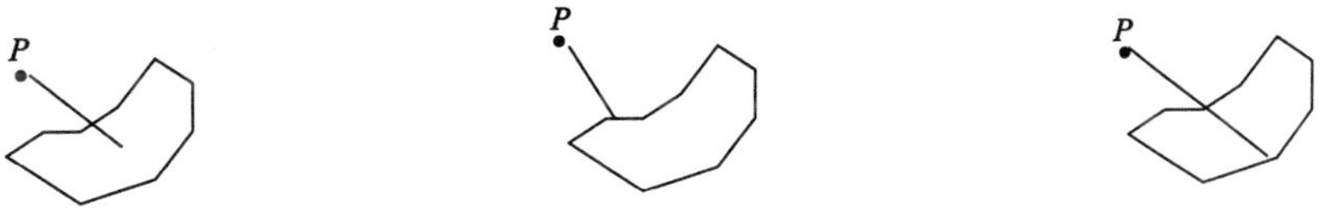

(a) Center Distance (b) Shortest Distance (c) Maximum Distance

Figure 2. 9 Distance from point to planar target

The center distance is consistent with the distance between two points, and the shortest distance and the maximum distance are similar to the calculation of the point to line distance. The minimum and maximum distances in the distance between points and surfaces can be used in different situations. For example, in forest fire prevention, the distance between any fire source (point) and the forest (surface) must be greater than a safety threshold, which can only be described by the minimum distance. In the analysis of radio coverage, in order to ensure that the signal can be received by any point in a given area, the maximum distance must be used.

④ Distance between linear objects

The distance between two linear objects L_1 and L_2 can be defined as the minimum distance between point $P_1(x_1, y_1)$ on L_1 and point $P_2(x_2, y_2)$ on L_2, that is:

$$d = \min(d_{P_1}, d_{P_2} \mid \forall P_1 \in L_1, \forall P_2 \in L_2) \tag{2.11}$$

In Figure 2.10, both L_1 and L_2 are fold lines, so the calculation of d can first calculate the distance between the fold line segments in L_1 and L_2, and then select the minimum value. The vertical line and connection line between the two endpoints of L_1 and L_2 are given in the graph, then the distance between L_1 and L_2 is:

$$d_{12} = \min(\overline{AC}, \overline{AD}, \overline{Aa}, \overline{BC}, \overline{BD}, \overline{Bb}, \overline{Dd}) \tag{2.12}$$

Where, $\overline{AC}$ is the length of line segment AC, and so on. Obviously, in this example, $d_{12} = \overline{Aa}$, if L_1L_2 intersects, then $d_{12} = 0$.

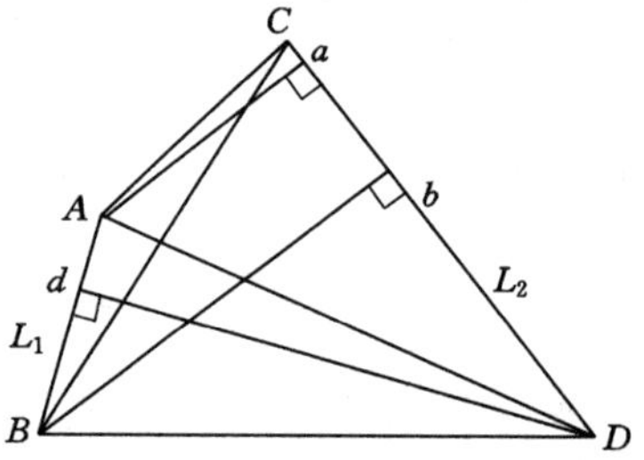

Figure 2.10 Expression of distance between two straight lines

⑤ The distance between planar targets

There are three forms of distance between two-sided targets in space: shortest distance, maximum distance and centroid distance. The shortest distance is the distance of the closest point of the two targets as the distance between the two targets; the maximum distance is the distance of the farthest point as the distance between the two targets; the centroid distance is the distance between the centroids of the two targets, which is shown in Figure 2.11. The polygon object is represented by a fold line sequence. Assuming that the calculated relationships of the targets are disjoint, the distance between the planar objects can be modeled on the calculation method of the distance between the linear objects.

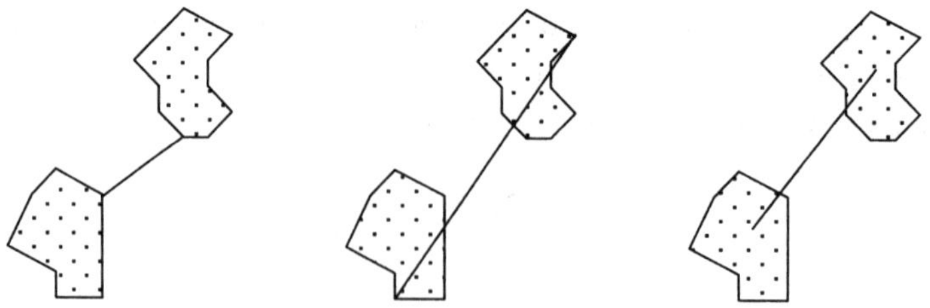

Figure 2.11 Distance between planar targets

(2) Function distance

The above distance measurements are absolute physical distance measurements without considering the influence of any obstacles. However, in many practical situations, the distance between two points cannot go straight, and the distance between two targets is restricted by many factors, such as the influence of obstacles. For example, when the patient needs emergency rescue in the city, the nearest hospital needs to be selected under similar conditions to ensure that the patient can be rescued in time. The distance between the patient's location and the hospital is not the distance between the two points in the Cartesian coordinates, but the shortest distance on the road network, as shown in Figure 2.12.

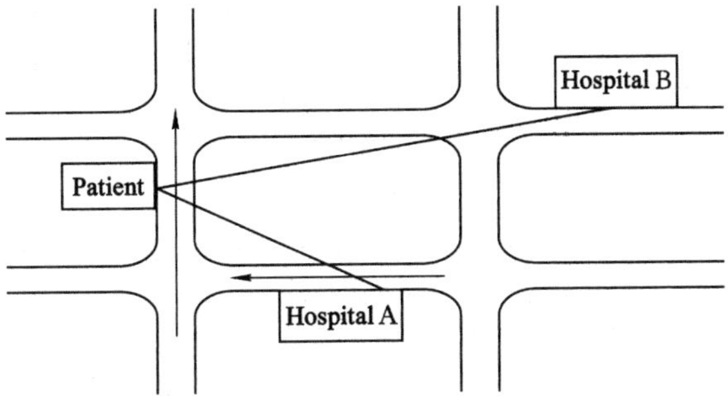

Figure 2.12 Relative distance between patients and hospital A, B

Although the patient is closer to the Cartesian space of hospital A than hospital B, it is meaningless to the patient. The patient cannot cross the building and reach hospital A in a straight line, but must travel along a certain road network. Therefore, the better choice is hospital B on the road network. This situation belongs to the Manhattan distance problem. Manhattan distance refers to the distance between two points in the north-south direction plus the distance in the east-west direction, that is:

$$d(i,j) = |x_i - x_j| + |y_i - y_j| \tag{2.13}$$

For urban streets with a regular layout that is just south and north, just east and west, the distance from one point to another is the distance traveled in the north-south direction plus the distance traveled in the east-west direction, so the Manhattan distance is also called taxi distance. The metric properties of the Manhattan distance are similar to those of the Euclidean distance, and both maintain symmetry and triangular inequalities. The difference between the two is that when discussing spatial proximity, the order of distance between different points is very different. When the coordinate axes change, the distance between pairs of points will be different, so the Manhattan distance is only applicable to discuss issues such as urban streets with regular layouts.

Obstacles are divided into absolute obstacles and relative obstacles, which can be described by impedance values. If the impedance value of the obstacle to the space target is less than a certain critical value, it is the relative obstacle; if the impedance value of the obstacle is greater than or equal to this eigenvalue, the motion of the space target is completely blocked, and the obstacle becomes an absolute obstacle, such as cliffs, restricted areas, lakes, etc. Within a certain range, it can slow down the movement of the object, or consume additional energy. For example, in the process of driving, the mileage of the road from one point to another shown on the map is less than that shown on the car odometer. This is because the car is affected by the surface elevation during the driving process. The route the vehicle passes through is the undulating terrain surface, as shown in Figure 2.13. The dotted line AB is the distance shown on the map, and the solid line $A'B'$ is the distance shown on the car odometer. In vector coordinates, the path offset caused by relative obstacles can be summarized by Non-Euclidean formula as follows:

$$d_{ij} = [(x_i - x_j)^k + (y_i - y_j)^k]^{1/k} \tag{2.14}$$

Here, the sign of square and square root in Formula (2.14) is replaced by k, and the variable k denotes any set of possible values.

2.1.4.2 Perimeter

The perimeter of the polygon can be calculated by the line segments connected around the polygon, that is, the closed drawing model. Among them, the starting point coordinate of the first line segment is equal to the end

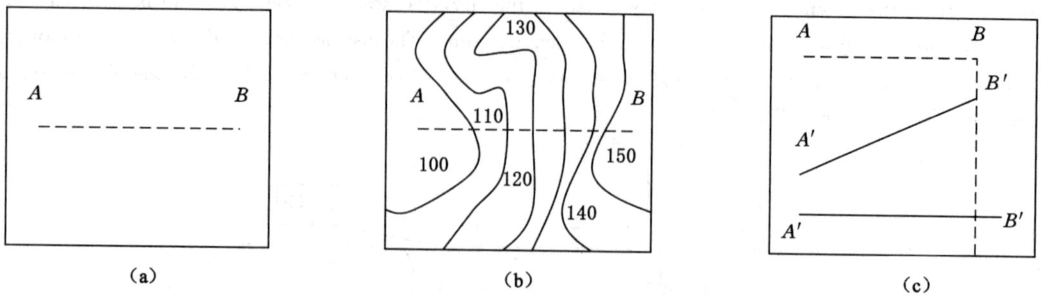

Figure 2. 13 The relationship between the change of elevation and the change of highway mileage distance

point coordinate of the last line segment. The theory is to use the famous Euclidean distance formula to calculate the length of each line segment, and then accumulate it. The formula for calculating the perimeter is:

$$L = \sum_{i=1}^{n} d_i \tag{2.15}$$

Where, d_i is the length of each line segment.

The measurement of polygon perimeter can be applied to many practical problems, such as building a wall around a new park in a city. Because the cost of building a wall is proportional to the perimeter of the park, the total cost of building a park wall can be obtained by multiplying the total length of the wall by the cost per unit length.

2.1.5 Area measurement

The area on the two-dimensional Euclidean plane refers to the spatial area surrounded by a set of closed arcs. For simple graphics, such as rectangles, triangles, circles, parallelograms and trapezoids, and composite graphics that can be decomposed into these simple graphics, the measurement of area is relatively simple ; however, the shape of geospatial targets is usually not a simple composite graph, such as undulating mountains, irregularly shaped lakes, etc. , and its area calculation is very complicated. In general, the polygon boundary is decomposed into upper and lower halves, and the area is the difference between the integral value under the upper half boundary and the integral value under the lower half boundary. Let the contour boundary of a planar object be represented by a sequence of points $P_1(x_1, y_1), P_2(x_2, y_2), \cdots, P_n(x_n, y_n)$, and its area is:

$$S = \frac{1}{2} \sum_{i=1}^{n} \begin{vmatrix} x_i & y_i \\ x_{i+1} & y_{i+1} \end{vmatrix} \tag{2.16}$$

In the raster data structure, determining the area of a certain region is to select the grid unit with common attributes and calculate the number of grid units occupied by this region. In practice, as long as the data in the coverage area is tabulated and the total number of grid units with specified attributes is read from the generated table, the area of the region can be obtained, as shown in Figure 2. 14.

2.1.6 Volume measurement

The so-called volume usually refers to the volume between the space surface and a reference plane, and its calculation method is different due to the different space surfaces. It is easy to measure the volume of spatial entities with regular shapes, such as cuboids, cylinders, cones, etc. , or some spatial entities that can be decomposed into simple shapes. Taking the common bungalow in northern rural areas as an example, its main body is a cuboid, the roof can be regarded as a triangular prism, and the chimney can be regarded as a cylinder. As long as the volume values of each part are summed, the volume of the whole house can be calculated. If the shape

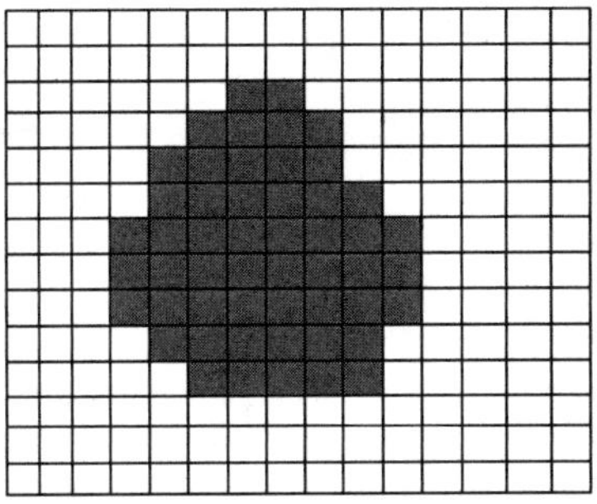

Figure 2.14 Area expression in raster form

of the space entity is more complex, the measurement of the volume will become more complicated. For example, the volume calculation of the complex mountain can use the contour method to connect the points with equal elevation Z values in the space to form a one-dimensional arc segment. Multiple sets of different one-dimensional surfaces are divided into a series of sections distributed in a specific direction, and multiple sets of sections can constitute a complete description of the three-dimensional surface, as shown in Figure 2.15.

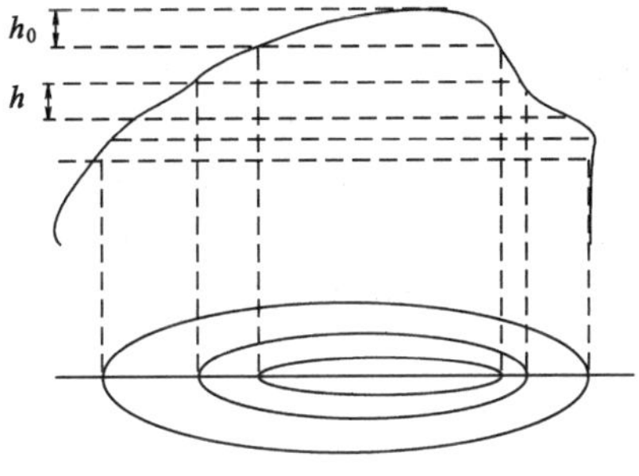

Figure 2.15 Terrain volume calculation

The basic steps are as follows: ① generate contour map ; ② measure the area enclosed by each contour line, set to f_0, f_1, f_2,…, f_n; ③ Let the distance between the isolines be h, then the volume is:

$$v = \frac{1}{3} f_0 \cdot h_0 + \frac{1}{2} \sum [f_0 + 2f_1 + \cdots + 2(n-1) \cdot f_n] \cdot h \tag{2.17}$$

Where, f_0 and h_0 are the area enclosed by the highest (or lowest) contour line and the corresponding elevation difference.

In addition to the contour method, the volume can also be calculated by using the spatial surface expressed in the three-dimensional Euclidean space and the mean value of the surface height. The basic idea is to multiply the reference area (triangle or square, etc.) by the average height of the grid point surface to obtain the volume of the basic grid. The sum of the volume accumulation of each basic grid is the total volume of the region.

(1) Volume algorithm based on triangular grid

Figure 2.16 shows the volume algorithm based on triangle grid whose basic grid volume is:

$$v = S_A (h_1 + h_2 + h_3)/3 \tag{2.18}$$

Where, S_A is the area of the base grid triangle A.

(2) Volume algorithm based on square grid

Figure 2.17 shows the volume algorithm based on square grid whose basic grid volume is:

$$v = S_A (h_1 + h_2 + h_3 + h_4)/4 \tag{2.19}$$

Where, S_A is the area of the square A of the base grid.

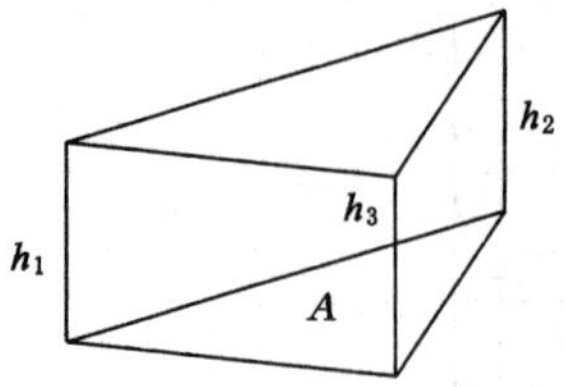

Figure 2.16 Volume algorithm based on triangular grid

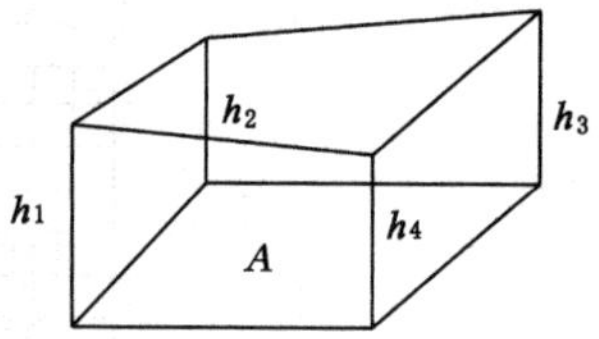

Figure 2.17 Volume algorithm based on square grid

In most cases, the datum plane is a horizontal plane whose height is not fixed. When the height rises, the height of the spatial surface may be lower than the reference plane, and a negative volume appears. In the processing of terrain data, when the volume is positive, it is called "excavation" in engineering; when the volume is negative, it is called "fill".

2.2 Geospatial pattern measurement

For the analysis of space objects, in addition to measuring its basic geometric parameters, it is also necessary to measure its spatial shape. The point space target is a zero-dimensional space body, without any spatial form; as super-zero-dimensional space objects, line and surface space objects have different geometric forms, and their spatial forms become more complex with the increase of spatial dimension. In spatial analysis, it is necessary to measure the specific and quantitative morphological information of spatial targets in order to reflect the characteristics of objective things and better serve spatial decision-making.

2.2.1 Linear features

In the form of geospatial elements, many are expressed in linear form. Linear objects are shown as straight lines and curves in shape, and the shape measurement of curves is more important. The description of the curve usually involves two parameters: Curvature and bending. Curvature reflects the local bending characteristics of the curve. The curvature of the linear feature is defined by mathematical analysis as the rotation rate of the tangent direction angle of the curve relative to the arc length. Assuming that the form of the curve is $y=f(x)$, the curvature of any point on the curve is:

$$K = \frac{y''}{(1+y^{2\prime})^{\frac{3}{2}}} \tag{2.20}$$

In order to reflect the overall bending characteristics of the curve, the average curvature of the curve is often calculated. The curvature has engineering and management significance. For example, the curvature of the river will affect the patency of the river during the flood season; the construction of the highway requires a certain curvature, and the size of the curvature affects the speed and travel distance of the car.

Bending degree (S) is another parameter to describe the bending degree of the curve, which is the ratio of the length of the curve (L) to the length of the line segment at both ends of the curve (l). The formula is expressed as:

$$S = L/l \tag{2.21}$$

In practical applications, the curvature S is mainly used to reflect the circuitous characteristics of the curve. In transportation, this circuitous feature increases transportation costs, reduces transportation efficiency, and improves the maintenance difficulty of transportation systems, which has become a focus of corporate economic research. In addition, the measurement of curve curvature is of great significance for reducing accidents at sharp turns of highways.

2.2.2 Planar features

Most spatial planar objects are irregular and complex, such as the shape of cities, lakes and the surface shape of mountains. The description of them needs to be measured by various means from multiple angles.

2.2.2.1 Simple graphic generalization

Complex planar objects sometimes need to be described by simple shapes, including the maximum inscribed circle, the minimum circumscribed circle and the minimum convex hull.

In the raster data structure, the calculation of the maximum inscribed circle is simpler than in the vector data structure. The calculation method is to rasterize the polygon first, and then transform the polygon by the Euclidean distance transformation method. The grid with the maximum value is the center of the maximum inscribed circle, and the value of the grid is the radius of the inscribed circle. Usually, inscribed circles are not necessarily unique. For example, there are infinitely many maximum inscribed circles in a rectangular region.

The minimum outer circle can be applied to the analysis of the distribution pattern of a planar point set. The algorithm for the minimum external circle can be used either to find the center of the minimum external circle of a polygon by a direct calculation method or to calculate the compactness, compactness index, convexity and concavity of the measured polygon based on the convex hull of the polygon.

2.2.2.2 Spatial integrity

A large area of corn planting area is planted with several small soybean areas, thus forming an empty area. In this area, the corn planting area is completely separated into small pieces due to the planting of soybeans, which is called the fragment area. Spatial integrity is a measure of the number of holes and fragments in planar objects. Euler function is usually used for measurement (Figure 2.18), which is expressed as:

$$\text{Euler number} = \text{number of voids} - (\text{number of fragments} - 1) \tag{2.22}$$

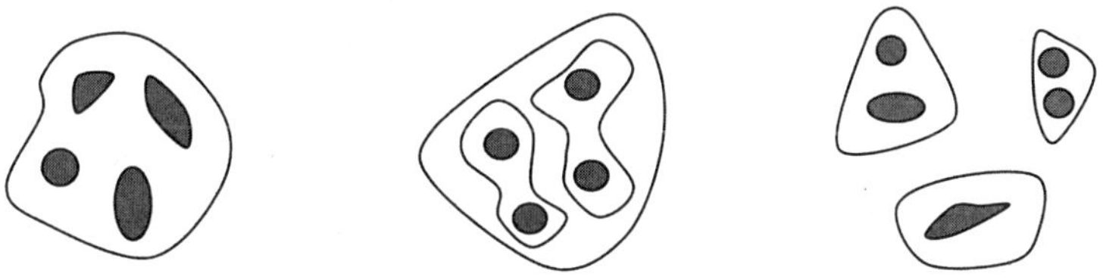

(a) Euler number=4 (b) Euler number=3 (c) Euler number=3

Figure 2.18 Euler number

2.3 Spatial distribution calculation and analysis

In the analysis of spatial targets, in addition to considering their geometric shape and object properties, their spatial distribution characteristics should be studied from a macro perspective. The research content of spatial distribution mainly includes two aspects: distribution object and distribution area. The distribution object refers to the spatial object and object studied, and the distribution area refers to the spatial domain and definition domain occupied by the distribution object. Different spatial distribution objects have different spatial distribution characteristics and corresponding spatial distribution parameters.

2.3.1 Spatial distribution types

According to the different combinations of spatial distribution objects and spatial distribution regions and the different distribution modes of distribution objects in the region, the basic types of spatial distribution can be summarized as the following (Table 2.1).

Table 2.1 Classification of basic types of spatial distribution

Distribution area	Point		Polyline		Polygon	
	Discrete	Continuous	Discrete	Continuous	Discrete	Continuous
Polyline	Boats in the river, cars on the road, gas stations on the roadside	Trees on both sides of the street	Protective levees on rivers, city streets, boulevards, bus routes			
Polygon	The distribution of towns, the distribution of volcanoes	Precipitation	River network, traffic network, boundary line on the map	Diffusion of pollution	Distribution of lakes, distribution of buildings in residential areas	Census area, administrative divisions

The classification in Table 2.1 combines the three sets of elements with examples respectively, which can clearly see the idea and basis of classification and make the classification more intuitive. The spatial distribution type is the same as the traditional map, which is based on different uses and accuracy. Therefore, there are different geometric forms of distribution objects. In the small-area large-scale map, the city is regarded as a planar object. In the large-area small-scale map, the city is regarded as a point-like element, which is based on the user's different requirements for the required information. For example, in the map of China, Taiyuan is a point. Under this scale, it emphasizes the information of Taiyuan's geographical location in the country and its traffic network relationship with other cities, while the plane shape and area of the city are no longer important.

2.3.2 Spatial distribution of point patterns

The point pattern is a relatively common spatial distribution state, such as the distribution of towns, populations, and residences in different regions. The description parameters of point pattern usually include distribution density, distribution center, distribution axis, dispersion and so on.

(1) Distribution density

Distribution density is the number of distributed objects in a unit distribution area. It is a ratio. Its molecules are the measurement of distribution objects, and denominators are the measurement of distribution areas. For the calculation of molecules, there are usually several possibilities: ① the calculation of the frequency of occurrence of distribution objects ; ② the calculation of geometric metrics of distributed objects, the point elements are calculated by frequency, and the lines and surfaces are calculated by length and area respectively. ③ calculation of a certain attribute of the distribution object, such as calculating the number of urban population distributed along the river. The distribution area as a denominator can only be linear and planar, and its length and area are calculated respectively.

Each point pattern has a specific set of standards. If the point density of each smaller sub-region in a region is equal, this mode is called uniform distribution mode; if the points in the whole range are distributed on equidistant grids, this uniform distribution pattern is called regular distribution pattern. When the points in the whole study area are scattered in random positions, it is called random distribution mode; when the points are closely arranged in groups, it is called the cluster distribution pattern, as shown in Figure 2.19.

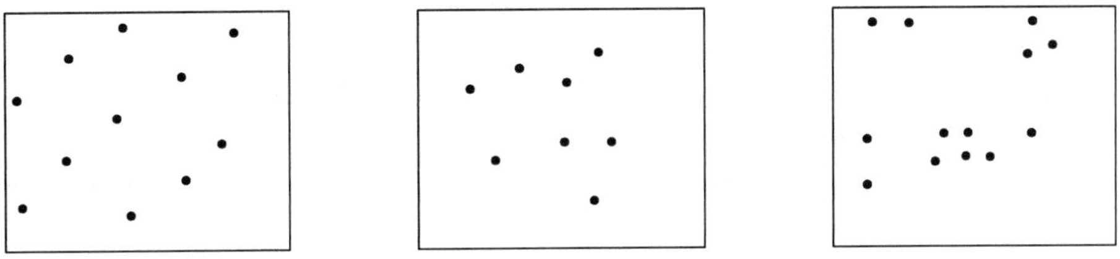

(a) Regular distribution (b) Random distribution (c) Clustered distribution

Figure 2.19 Three point pattern distribution types

(2) Quadrat analysis

The quadrat analysis explores the spatial distribution pattern of points through the change of point distribution density in space. It divides the study area into regular square grids, each grid unit is called the quadrat of the study area, and assumes that the number of points in each quadrat is roughly equal. The ratio of the number of all data points to the number of samples is calculated to obtain the average number of points in each quadrat. If it has uniform distribution characteristics, this value is the expected distribution value. These data are estimated by χ^2 mathematical test, and the formula is expressed as:

$$\chi^2 = \sum (Q - E)^2 / E \tag{2.23}$$

Where, Q is the number of actual points in each quadrat; E is the expected distribution value. The larger the χ^2 value, the smaller the possibility of uniform distribution of points.

Variance-mean ration (VMR) is a specific method for analysis based on quadrats. It is an index that reflects the relationship between the frequency of sub-region changes and the average number of points in each quadrat. The value is equal to the variance of the frequency of points in the sub-region divided by the average number of points in the sub-region. If the value is large, it shows a cluster distribution, that is, the number of points distributed in each sub-region is quite different from the average number of points in the sub-region of the whole study area; if the value is small, it shows uniform distribution; the moderate value indicates that the distribution state is random.

(3) Nearest neighbor analysis

The nearest neighbor analysis first measures the distance between each point and its nearest point, and then compares the measured value with the mean value of the measured distance. Because the distance between the point objects is too close to cause conflicts, the nearest neighbor analysis has high utilization value in the study of the activity habits of animal individuals and populations. For example, monkeys are a kind of gregarious animals. Monkeys in different groups have their own range of activities, and their space must not allow other monkeys to invade; tigers, leopards and other individual activities of the beasts, also have their own living areas, they hunt within a certain range, rest, generally will not violate other similar areas of activity, and will not be allowed to be disturbed by others. Other information extracted from the nearest neighbor analysis will be more effective. For example, in the quadrat analysis, the nearest neighbor point spatial index can be compared with the regular distribution pattern, the random distribution pattern, and the cluster distribution pattern.

(4) Distribution center

Distribution center is an important parameter to describe the typical characteristics of the spatial distribution of geographical objects. It can roughly represent the overall distribution characteristics, center location, aggregation degree and other information of point distribution objects. For example, in the analysis of regional economic characteristics, the distribution center has an important impact on the location analysis results of towns, industry and commerce. The research objects of spatial distribution center can be geometric center, median center, extreme value center, weighted average center and so on.

(5) Distribution axis and dispersion

The distribution axis can be used to represent the distribution trend or direction of discrete point groups in space. The distribution axis is a fitting straight line, which describes the overall trend of the discrete point group, and the distance between the point group and the axis reflects the degree of dispersion of the discrete point group in the direction of the point group. The determination of the axis of the distribution is related to the degree of dispersion of the point group relative to the axis. The degree of dispersion of the point group relative to the axis can be measured by three different distances: vertical distance d_v, horizontal distance d_h, and orthogonal distance d_p, as shown in Figure 2.20.

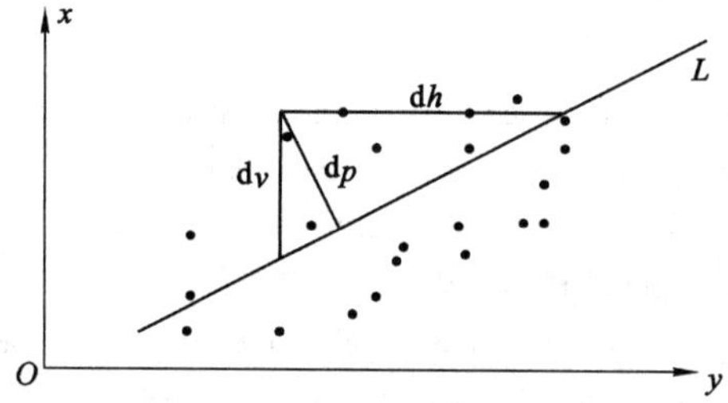

Figure 2.20 Distribution axis

Dispersion is a spatial distribution parameter that reflects the degree of aggregation of distribution objects. It is a supplement to the distribution center and distribution axis. In the case of having the same or similar distribution center and distribution density, different dispersions can be used to reflect the spatial distribution characteristics. Dispersion can be measured by average distance, standard distance, extreme distance and average proximity distance. However, when the point group is not concentrated at a certain point (distribution center), such as regular distribution, random distribution or several distribution centers, the calculation of dispersion is meaningless.

2.3.3 Spatial distribution of line patterns

The distribution of line elements in space, some are specific distributions, such as common transmission lines, water supply pipelines, river networks, road networks, etc., some are abstract distributions, such as contour lines representing mountains, isothermal lines representing temperatures, etc. Compared with point elements, the spatial distribution of line elements is more complex than that of point elements because of the increase of length and direction, as shown in Figure 2.21.

(1) Line density

The linear density of a region can be obtained by dividing the sum of the length of the inner line of the region by the sum of the area of the region. The unit is m/m^2 or km/km^2. Linear density is often used in GIS spatial analysis. For example, when analyzing the development degree of a certain urban road, the road network density can be obtained by dividing the total road length of the city by the area of the city. In many cases, the line density value is also used to compare with other values in different regions or in different periods of the same region to obtain the required information.

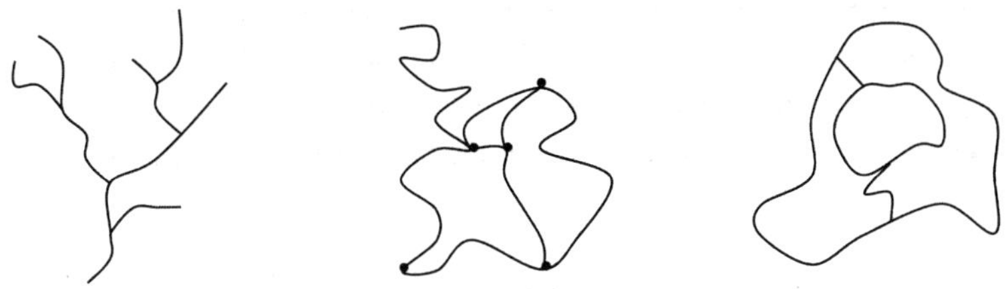

Figure 2.21 Spatial representation of line elements

(2) Nearest neighbor analysis

The nearest neighbor analysis of points is also applicable to the spatial distribution analysis of line patterns. Usually, the nearest neighbor analysis replaces the line with the position of the midpoint of the line, ignores the length of the line, and performs nearest neighbor statistics on each center point. However, the difference between the line element and the point element is that the line element has a length. If the length is ignored, the analysis will lose the unique significance of the line element and cannot reflect the true distribution of the line itself. Therefore, the line element can be analyzed by random sampling of the line, and then the nearest neighbor distance is counted. The specific methods are as follows: ① select a random point on each line of the map; ② use a straight line to connect the nearest two points, as shown in Figure 2.22; ③ measure the distance of these lines and calculate the average nearest neighbor distance. ; ④ test to determine whether to obey the random distribution.

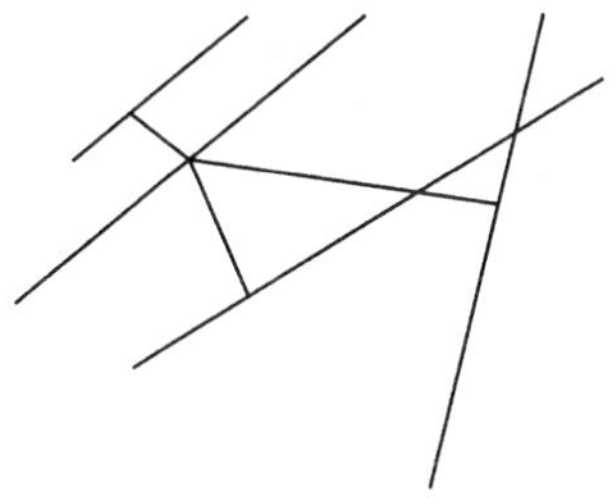

Figure 2.22 The nearest neighbor distance of line element

If the lines in the layer are much curved and the direction is constantly changing, this method is not applicable. In addition, the premise of applying this method is that the line length should be at least 1.5 times the average distance between lines. If the number of lines in the layer is very small, the density estimate used in the nearest neighbor analysis should be multiplied by the weight coefficient $(n-1)/n$ (n is the number of lines in this mode), so the correction formula can be expressed as:

$$\text{Density Estimation Value} = \frac{(n-1)L}{nA} \tag{2.24}$$

Where, L is the sum of the lengths of each line; A is the area.

The corrected linear density value improves the accuracy of nearest neighbor statistics.

(3) Orientation of linear objects

One-dimensional linear elements have directionality, and linear objects distributed in two-dimensional and three-dimensional space also have directionality. Things such as roads, glacier scratches, shelter forests, etc. have obvious directionality; in the process of planning the urban road network, in addition to considering the distribution of residential operation areas and the distribution of commercial points, people's travel direction should also be considered in order to better meet people's needs for roads. In particular, some roads in large cities will set up some one-way lines, so that the driving of vehicles on the road is one-way, as shown in Figure 2.23. Protective forests in agricultural areas are always planted against the main wind direction; the glacial scratches reflect the direction of the glacier movement, etc. For the spatial analysis of these geographical elements, the direction becomes an important aspect and makes the spatial analysis practical.

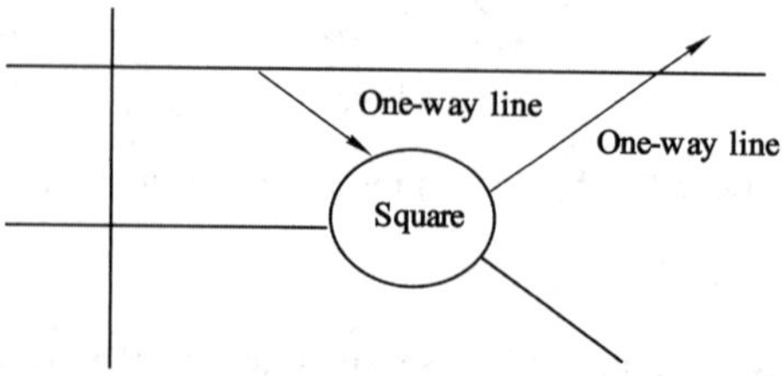

Figure 2.23 Direction of linear elements

The direction of the linear object is generally analyzed by the "wind rose diagram". The basic steps are: ① determine the distribution center of the line elements ; ② draw a straight line with this center as the center to represent the observed line elements ; ③ vector synthesis ; ④ divide the coordinate value of the composite vector by the total number of line objects.

(4) Connectivity

Linear objects form networks in space, so it is very important to study the connectivity between linear objects. The connectivity of linear objects refers to the connectivity of line elements in the network and the degree of connectivity from one place to another. It is a measure of network complexity. If in a tourist area, from one tourist attraction to another tourist attraction can be directly reached without a third party, the connectivity of the scenic spot is very high ; on the contrary, the tourist attraction needs to go through a long distance, and is not a straight road, then the regional connectivity is relatively low. Usually, r index and α index are used to measure the connectivity of linear objects.

The r index is equal to the ratio of the number of connections (L) of a given spatial network body node to the number of all possible connections, that is, the ratio of the given number of connections to the maximum number of connections, It is expressed by the calculation formula as:

$$\gamma = \frac{L}{L_{\max}} \tag{2.25}$$

In the formula, the value of r ranges from 0 to 1, 0 when there is no node connection, and 1 when all possible node connections actually exist. The key of the algorithm is to determine the maximum number of connections, which is easy to implement in vector GIS and difficult to implement in raster GIS.

Connectivity does not fully characterize network characteristics. Loops can provide alternative paths between nodes and provide more choices for paths from one point to another. If you want to cross a city, the provision of a highway around the city may avoid traffic jams. The α index is used to measure the loop performance, indicating the degree to which nodes are connected by alternate paths. The value is the ratio of the current number of loops (L) to the possible maximum number of loops ($L_{\max}$). The calculation formula is expressed as

$$\alpha = \frac{L}{L_{\max}} \tag{2.26}$$

In the formula, the value range of α is also 0~1, 0 is taken when there is no loop in the network, and 1 is taken when the actual number of loops is equal to the maximum number of loops. The α index is an alternative measure of connectivity.

The r index and the α index reflect two different aspects of the network model. Combining the r index and the α index can provide a comprehensive measure of network complexity. These two indexes are based on the topological structure, so the calculation of α value and r value in GIS must be based on vector GIS system.

2.3.4 Spatial distribution of regional models

The regional pattern and the point pattern are similar, so some research methods of the point pattern can be used to study the regional pattern. Such as the method of calculating the polygon density in the study area, one is the number density of polygons exactly the same as the point pattern; one is the area density which is slightly different from the point pattern. By calculating the ratio of the area of each type of polygon to the total area of the study area, the result is the percentage rather than the density ratio of the point pattern. The regional model is a two-dimensional spatial distribution, which has information that zero-dimensional and one-dimensional spatial distribution do not have. Its distribution pattern mainly includes two modes: discrete regional distribution and continuous regional distribution.

2.3.4.1 Discrete domain distribution model

Discrete regional distribution is common in geological and mineral research, such as metal deposits, oil and gas zone distribution maps, etc. The discrete region distribution is divided into cluster, scattered and random according to the different discrete states. Extended adjacency method and Lorentz curve are important methods to study the distribution of discrete regions. This book focuses on the extended adjacency method.

The extended adjacency method is a statistical method for the number of connected edges. Because binary maps are simple and easy to convert with other types of maps, the extended adjacency method mainly analyzes binary polygon maps, but this statistical method is not limited to binary maps. According to the definition, a connected edge refers to the edge or boundary shared by two polygons. By calculating the number of connected edges in the polygon pattern and characterizing the connection structure of each layer, the distribution state of the graph is determined. For the homogeneous region, the number of connected edges of the polygon is determined according to the binary division polygon; for heterogeneous regions, the statistics are carried out according to the number of connected edges between homogeneous and heterogeneous regions. If the number of connected edges between homogeneous regions is greater than the number of connected edges between heterogeneous regions, the distribution is clustered. In vector GIS, each common edge is easy to be identified and counted, so this method is easy to implement in vector GIS.

There are two methods to obtain the expected mode and random mode of the connection edge and test the observed value: one is the free sampling method; other one is the non-free sampling method. The free sampling method first assumes that the expected frequency of the connection edges between the same class and the two classes can be determined, and then compares these models to observe their similarities and differences; the non-free sampling method does not need to assume the known theory, nor is it based on the comparison of the number of connected edges between the sub-region and the large region. It compares the number of connected edges with the estimated value of the connected edges of the polygon random pattern.

2.3.4.2 Continuous regional distribution pattern

Continuity means that the distribution of spatial phenomena is closely related to the ground. The distribution of continuous areas on the map is often represented by contour lines. Ridges, valleys and depressions are often used in terrain research. At present, the continuous regional distribution has involved all types of contours, such as "population density surface" "land value surface" "rainfall surface" and so on. Some "planes" are not spatially continuous phenomena, but in spatial analysis, they can be approximated by continuous contours in order to find general rules from various seemingly messy distributions.

In the analysis of continuous regions, the elevation curve is a common method. It is an accumulation curve, expressed as a percentage of a region higher or lower than different heights, and is usually used to analyze the spatial distribution of the basin. As shown in Figure 2. 24, the contours of the Cocker and Lathkill basins are represented, and their percentages at different heights are calculated by area, and a statistical map is drawn with the vertical axis as the absolute height and the horizontal axis as the cumulative percentage. It can be seen from Figure. 2. 24 that Lathkill has a large height, and most of the heights of the basin are close to the maximum height. The Cocker basin is at a height of no advantage.

If all the heights are converted into relative heights (based on the lowest point of the basin), and their values are converted into the ratio of the maximum height (absolute height) of the basin, so that the vertical axis of the two lines in the map is equivalent, it is easier to compare. The value of each contour is calculated by the Formula (2. 27):

$$l = (h - b)/(H - b) \tag{2.27}$$

Among them, h is the altitude of the contour line, b is the altitude of the lowest point in the basin (Lathkill is 153 m), and H is the altitude of the highest point in the basin (Lathkill is 305 m). Therefore, the Lathkill 244 m contour is represented as:

$$(244 - 155)/(305 - 153) \approx 0.6 \tag{2.28}$$

The vertical axis takes values from 0 to 1; the scale of the horizontal axis is the ratio of the area of the watershed above a certain contour (a) to the area of the entire watershed (A), i. e. , a/A, which also takes values from 0 to 1 (Figure 2. 25).

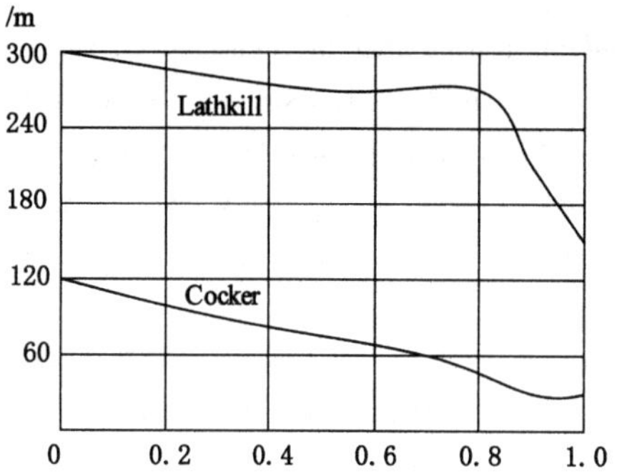

Figure 2. 24 Elevation curves of two watersheds

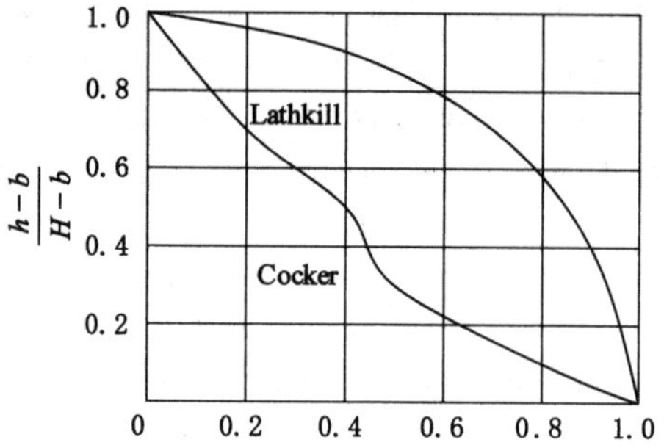

Figure 2. 25 Elevation curve of relative height

The Cocker elevation curve is approximately a straight line, and Lathkill is an outer convex curve. This is not to say that the slope of the latter is convex, but the topography of the Lathkill basin is compared with the erosion datum, which does not reach the development degree of the Cocker basin. Furthermore, each elevation curve can be compared with the area surrounded by the coordinate axis. This is the so-called elevation integral, which is usually expressed as the ratio of the small rectangular area divided by the adjacent edges of the two coordinate axes. The length of each side is 10 units and the rectangular area is 100 square units. The area of the Lathkill curve is 70 square units, and the Cocker curve is about 50 square units, so the former is 0. 7 and the latter is 0. 5. The elevation curve and elevation integral are very valuable for describing the comprehensive watershed situation, and are also image methods and quantitative indicators for comparing watershed topography. Therefore, the elevation curve can be used to analyze the development stage of the basin.

In the analysis of other continuous regional distribution phenomena, such as population density and regional average output value, elevation curves are often used. In addition, the measurement of the spatial distribution of regional patterns includes the measurement of isolated polygons, the measurement of polygon connectivity, the measurement of polygon interaction and polygon dispersion.

Review thinking questions

1. How to describe the spatial location of spatial objects? What is the difference between the position description in vector data structure and raster data structure?

2. Examples illustrate the significance of spatial object center and center of gravity measurement.

3. What are the forms of spatial distance measurement? Examples are given to illustrate what different distance measures are suitable for?

4. The application of curve shape description in practice.

5. What are the parameters for describing the shape of planar features?

6. How to define spatial distribution? What are the types of spatial distribution? What are the characteristics of each one?

7. What are the description parameters of point mode and line mode?

8. An example is given to illustrate the spatial distribution of point pattern. Which methods can be used to describe the spatial distribution characteristics of point patterns?

9. The spatial distribution description method of discrete region and continuous region is briefly described.

Chapter 3 Analysis of spatial geometric relations

Spatial geometric relationship analysis mainly studies the relationship between spatial targets caused or determined by basic geometric features such as position, shape, orientation, connectivity and similarity, including proximity analysis, overlay analysis, topology analysis, network and position analysis. For raster data, the relevant knowledge of raster computing is introduced.

3.1 Proximity analysis

Proximity analysis is a spatial analysis method that uses spatial distance as the main metric to determine the degree of spatial proximity between geographical entities. Through proximity analysis, it can be used to find other geographical entities within a certain distance or travel range of geographical entities, and to define the scope of services that geographical entities can provide or the impact on the surrounding environment.

3.1.1 Distance measure

Distance relationship is the most abundant relationship in spatial geometric relationship. Proximity analysis is to use distance relationship as the basis for measuring the degree of proximity between geographical entities. The distance used in the distance relationship includes not only the natural distance that only considers the spatial location difference between geographical elements, but also the functional distance that considers the path structure, traffic difficulty, and environmental factors. For example, the commonly used natural distances include Euclidean distance, block distance, chessboard distance, spherical distance and geodetic distance; the commonly used function distance includes time distance, cost distance, conditional distance and so on.

(1) Euclidean distance

Euclidean distance, also known as Euclidean distance, is a linear distance in Euclidean space. Euclidean distance can maintain the invariance of the coordinate axis after translation or rotation. Let $A(x_A, y_A)$ and $B(x_B, y_B)$ be two points on the two-dimensional plane, then the Euclidean distance between two points is the formula:

$$d_E = \sqrt{(x_A - x_B)^2 + (y_A - y_B)^2} \tag{3-1}$$

(2) Block distance

The block distance, also known as Manhattan distance, is the path distance between two points along the block direction. Let $A(x_A, y_A)$ and $B(x_B, y_B)$ be two points, then the block distance formula between two points is:

$$d_M = |x_A - x_B| + |y_A - y_B| \tag{3-2}$$

(3) Chessboard distance

The chessboard distance, also known as the Chebyshev distance, is the maximum difference between the coordinates of two points in any coordinate dimension. The chessboard distance on the two-dimensional plane can be regarded as the cumulative distance of the neighborhood generated by one step when the king of any place in chess moves in its eight directions. Suppose there are two points $A(x_A, y_A)$ and $B(x_B, y_B)$, then the chessboard distance formula between two points is:

$$d_C = \max(|x_A - x_B|, |y_A - y_B|) \tag{3-3}$$

(4) Spherical distance

The spherical distance is the arc distance of the large arc formed by the intersection of the two points on the sphere and the plane of the center of the sphere with the sphere at the two points. Let R be a sphere with radius R. The points $A_1(\theta_1, \lambda_1)$ and $A_2(\theta_2, \lambda_2)$ given by latitude and longitude are distributed on the sphere. Then the distance between the two points on the sphere is:

$$D_s = R \cdot \arccos[\sin\theta_1 \cos\theta_2 \cos(\lambda_1 - \lambda_2) \pm \sin\theta_1 \sin\theta_2] \tag{3-4}$$

Where $\pm$ is positive when the two points are located on the equatorial side and negative when they are located on both sides of the equator.

(5) Ground line distance

Geodetic line, also known as geodesic or short-range line, is a three-dimensional space curve on the rotating ellipsoid. The geodetic distance, also known as the great circle distance, refers to the shortest distance between two geographical entities along the geodetic line on the rotating ellipsoid. Obviously, the geodesic distance is different from the two-dimensional distance such as Euclidean distance and block distance, and it is also different from the spherical distance on a perfect sphere in three-dimensional space. It is the spatial curve distance that takes into account the irregular shape of the earth and is closest to the shape of the earth. Geodetic line distance is mostly used for distance calculation in aviation, navigation and other fields. This distance metric can be used when dealing with large space span problems on a small scale. The geodetic line distance formula can be referred to the relevant books of geodesy, which will not be repeated here.

(6) Time difference distance

The time difference distance is the x-direction distance between two points on the plane. When x is longitude, the distance represents the time difference. Let $A(x_A, y_A)$ and $B(x_B, y_B)$ be two points, then the time difference distance formula between two points is:

$$d_T = |x_A - x_B| \tag{3-5}$$

(7) Grid distance

The distance of the grid data is the distance between the center of one grid unit and the center of another grid unit, and the measurement accuracy is affected by the size of the grid unit. The grid distance can be calculated according to the related methods of mathematical morphology and map algebra.

3.1.2 Proximity query

By calculating the distance between geographical entities, it can be used to analyze the proximity relationship between two groups of geographical entities, and then determine other geographical entities adjacent to some geographical entities. In the adjacent element search problem, geographical entities in the range can be found according to the nearest distance or distance interval. For example, when calculating the nearest distance according to the point element, a distance metric can be selected, a distance unit consistent with the geographic entity data can be set, and the minimum or maximum distance value used to limit the distance interval can be set. The proximity analysis process will obtain the proximity elements within the set distance range according to the relevant information set by the distance (Figure 3.1).

Proximity analysis can also be used to find other relevant geographic entities closest to a certain type of geographic element when spatial point elements are extended to lines or planes. For example, analyze the distribution of garbage removal stations adjacent to rivers (Figure 3.2), find the river closest to a group of wildlife observation stations or the bus station closest to tourist attractions, etc.

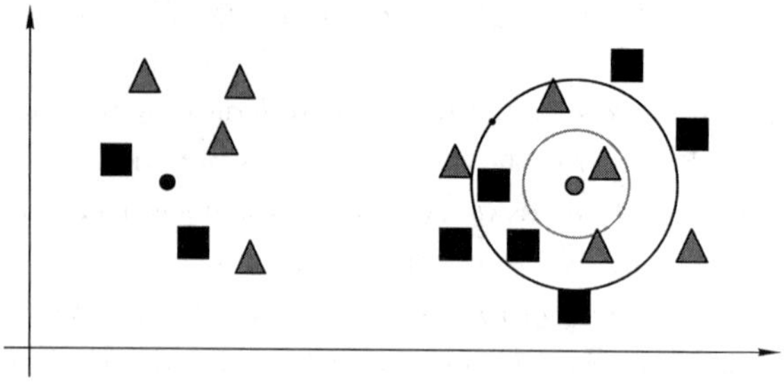

Figure 3.1 Search range determined by nearest distance and distance interval in finding adjacent features problem

Figure 3.2 Finding the point elements within a certain distance near the line elements in the proximity analysis

3.1.3 Buffer analysis

3.1.3.1 Concept of buffer

Buffer analysis is a spatial analysis method based on distance calculation. It is used to describe the influence range of geographical entities by establishing a certain size of adjacent polygons around one or more groups of geographical entities as buffers. By superimposing the buffer zone with other elements, the proximity or spatial influence of different geographical features can be analyzed. From the perspective of spatial composition, the buffer zone is formed by the equidistant point trajectory surrounded by a certain buffer radius based on the boundary points of geographical elements. The distance between the points inside the buffer zone and the geographical entity itself is less than or equal to the buffer radius. Therefore, buffers intuitively represent the influence or scope of geographical entities. It should be noted that the buffer zone established by the geographic entity does not contain the entity itself, but surrounds the surrounding strip area. The buffer analysis process usually includes the generation of buffer geometry and query or statistical analysis in the buffer area.

Buffer analysis is usually used to analyze and model the proximity relationship between different geographic entities. Buffer analysis can be used to answer questions such as " which areas around the river may be affected by the proposed development project?" or "what is the distance between the proposed road and the wildlife reserve?" For example, the buffer analysis of a certain range of factory locations along the river can obtain the possible pollution sources that affect the water quality of the river and the ecological situation of the basin; in the process of urban road widening and reconstruction, buffer zone analysis can be used to obtain which units and residents should be relocated, as well as the change of the influence degree of the new road range on the existing ecological community. Buffer analysis provides a scientific basis for further quantitative research on these practical problems by using spatial technology.

According to the form of set theory, the buffer can be defined as a set of points within a certain range around a given geospatial entity. Therefore, the set of buffers of the geographic entity O_i is:

$$B_i = \{x \mid d(x, O_i) \leqslant R\} \tag{3-6}$$

Where, B_i is the set of all points whose distance from O_i is less than or equal to R, d is the distance from any point to the geographic entity O_i, and R is the buffer radius to determine the buffer range. For the buffers composed of multiple geographical entities, the set form is the union B of the buffers of each geographical entity, that is:

$$B = \bigcup_{i=1}^{n} B_i \tag{3-7}$$

3.1.3.2 Geometric shape of buffer

Buffer analysis is usually based on point, line and surface elements on vector data, and its basic geometric form is generally a banded graph around the elements. The buffer zone of the point element is a circle with the point element as the center and the buffer distance R as the radius. When the buffers of different point elements overlap, you can choose to retain the independent buffers of each element or merge the overlapping parts (Figure 3.3).

Figure 3.3 Buffer geometry shape constructed by vector data points, lines and surface elements

The buffer zone of the line element is based on the line element as the axis, and the buffer distance R is used as the translation amount to make parallel broken lines on both sides. Two semi-circular arcs are constructed at both ends of the axis to form a round head buffer zone. When the buffers of different line elements overlap, you can choose to retain different buffers or merge different buffers.

The buffer zone of the surface feature is a polygon formed by taking the boundary line of the surface feature as the axis and taking the buffer distance R as the translation amount to the outer or inner side of the boundary line as a parallel broken line. For the case where the buffers of different surface elements overlap, similar point elements and line elements can be fused.

When the buffer radius R is a variable, a multi-level buffer can be generated for point, line, and surface elements. For example, the noise source position that can be used as a point element can use different buffer radii to determine the corresponding impact level for the noise pollution of the surrounding environment. The main stream and tributaries of the river in the river system can use different buffer radius to distinguish the range of nourishment capacity in the basin; for planar areas such as nature reserves, multi-level protection ranges of different radii can be established using corresponding buffer radii (Figure 3.4).

Figure 3. 4 Multi-level buffer constructed by vector point, line and surface elements

3. 1. 3. 3 Buffer establishment method

The buffer of the point element is to generate a circular buffer for the selected target point according to the set buffer distance. There are two commonly used generation methods: one is the direct circle drawing method, which takes the point target as the center and the buffer distance as the radius to draw the circle directly; the second is the arc fitting method based on step fitting, which divides the central angle of the circle into several equal parts, replaces the arc with an equal length string, replaces the curve with a straight line, and uses n equally spaced discrete points on the arc with a buffer distance R as the radius to approximate the buffer circle. In addition, for point elements in special analysis problems, special forms such as triangles, rectangles, or sectors can also be used to generate corresponding buffers.

The buffer generation process of line elements and surface elements is the generation of buffer boundary points and the merging of multiple buffers. In some cases, different buffer widths of different line elements can also be specified. The buffer widths on both sides of the same line element can also be different, and even the buffer widths of the same line element in different segments can also be different to generate bilateral symmetric, bilateral asymmetric or unilateral buffers. The generation of buffer boundary points includes various algorithms such as angular bisector method and convex arc method.

(1) Angular bisector method

The basic idea of the angular bisector method is to make parallel lines on both sides of the line according to a certain buffer distance, and to determine the shape of the buffer boundary line at the intersection of the parallel lines at the turning point (Figure 3. 5). The basic steps of the buffer generation algorithm based on angular bisector are as follows:

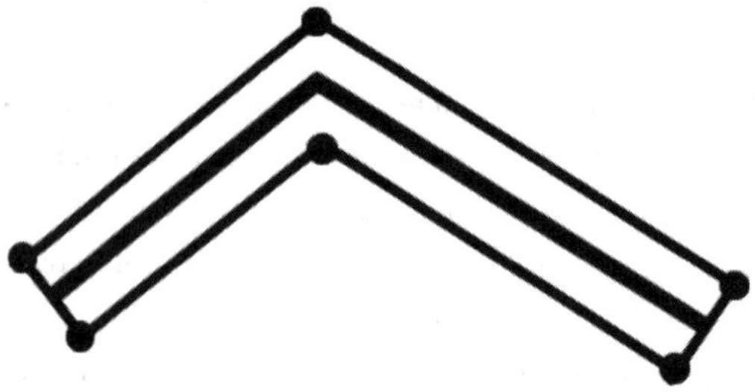

Figure 3. 5 The buffer diagram of the line element generated by the corner line method

① The starting point and the end point of the online feature are respectively perpendicular to the line segment that constitutes the line feature, and the starting and ending nodes of the buffer boundary lines on both sides of the line feature are obtained by intercepting the buffer distance on the vertical line.

② The forward direction of the feature axis along the line is to make parallel lines on both sides of each line segment with the buffer distance as the offset, and the intersection of each parallel line is used as the buffer boundary point near the turning point of the line feature.

③ Connecting the two starting nodes on both sides of the line element as the boundary line of the buffer zone at the starting point of the line element, starting from the starting node, connecting the intersection points in the forward direction in order until the termination node, forming the buffer zone boundary line on both sides of the line element; the two termination nodes on both sides of the line element are connected as the boundary line of the buffer zone at the starting point of the line element.

The disadvantage of the angular bisector method is that at the turning point of the online feature, the equal width of the double line cannot be guaranteed. At the sharp corner, the corner point on the convex side becomes sharp with the turning angle and is away from the axis vertex along the angular bisector of the corner. When the parallel line at the convex corner has a long sharp corner, there will be a problem of exceeding the specified buffer distance. Therefore, in the process of practical application, the sharp corners should be removed and replaced by semicircles.

(2) Convex arc method

The convex corner arc method improves the defects of the angle line method and maximizes the equivalence of the double line (Figure 3. 6). The basic steps of buffer generation algorithm based on convex arc method are as follows:

① The two ends of the online feature are fitted with a circular arc with a radius of the buffer distance.

② At each turning point of the online feature, the concavity and convexity of the point are first judged. On the convex side, the arc with a radius of the buffer distance is used to fit, and on the concave side, the intersection of the two buffer lines associated with the point is the corresponding buffer point.

③ Connect each buffer point on both sides of the line element in sequence to form the boundary line of the buffer zone.

The advantage of this algorithm is that it can ensure that the buffer line on the convex side is equal to the axis, and the corresponding buffer point on the concave side is located on the angular bisector of the concave angle, so it can ensure the equal width relationship between the buffer boundary and the axis to the greatest extent.

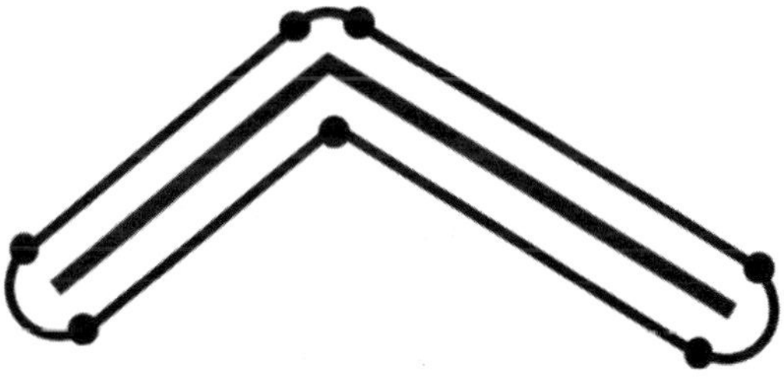

Figure. 3. 6 Buffer diagram of line elements generated by convex arc method

(3) Grid buffer

The buffer in the form of grid can be divided into two kinds: one is to make the vector element buffer first and then rasterize it; the second is to generate a buffer directly on the raster data. The advantage of the vector buffer is that it can generate a buffer with the grid unit as the basic unit for the elements, and the degree of influence continues to change. In the grid buffer, the value of the grid unit in the buffer range is determined by the selected buffer distance or the function value that changes with the distance. The accuracy of the grid buffer is limited by the size of the grid unit (Figure 3. 7).

3. 1. 4 Thiessen polygon

Voronoi diagram is a spatial segmentation algorithm established by Russian mathematician Georgi

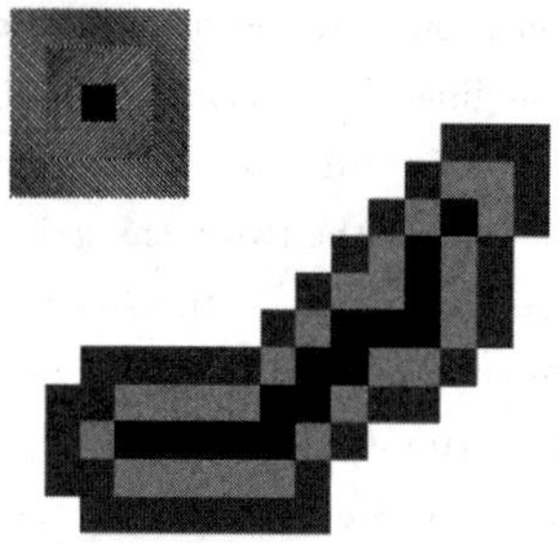

Figure 3.7　Point line of the grid buffer diagram

Voronoi. The Voronoi diagram has a wide range of applications in geography, meteorology, spatial informatics and other fields. In the application of meteorology, in order to calculate the average precipitation in a certain place according to the precipitation data of discrete distribution weather stations, the Dutch climatologist A. H. Thiessen proposed in 1911 that all adjacent weather stations were connected into a triangle, and the vertical bisectors on each side of the triangle were made. A number of vertical bisectors around each weather station form a polygon, and the precipitation intensity of the only weather station contained in this polygon is used to represent the precipitation intensity in this polygon area. The formed polygon is called Thiessen polygons. Therefore, the Thiessen polygon is a polygonal element of the Voronoi diagram.

As shown in the Figure 3.8, the Thiessen polygon is a convex polygon, and the point at the center of the polygon is the control point or centroid that forms the shape of the Thiessen polygon. Let $P=\{P_1, P_2, \cdots, P_n\}$ be a set of discrete points on the plane, P is any point on the plane, $V_{(Pi)}$ is the polygon where the known point P_i is located, $d(P, P_i)$ is the distance from any point P to the known point P_i, then the mathematical form of the Thiessen polygon defined by the point set is:

$$V_{(P_i)} = \{P \mid d(P,P_i) < d(P,P_j),\ j \neq i,\ j = 1,\cdots,n\} \tag{3-8}$$

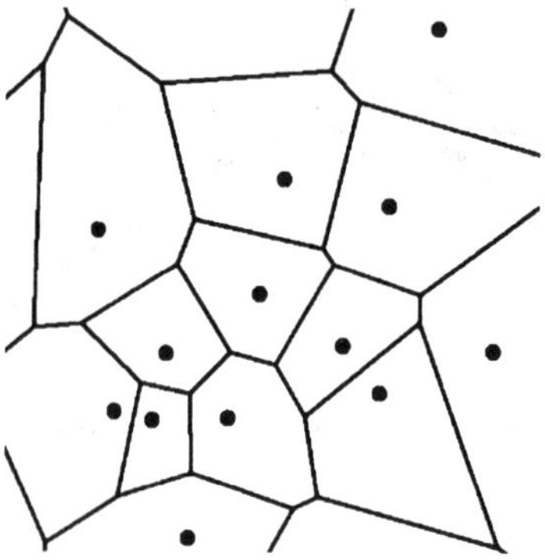

Figure 3.8　The Voronoi diagram established by discrete points

It can be seen from this definition that the Thiessen polygon where a known point is located is a set of all points whose distance to the point is less than the distance to other known points, and the boundary of the adjacent Thiessen polygon is the vertical bisector of the line connecting the adjacent known points.

The Thiessen polygon has the following characteristics: ① each Thiessen polygon contains only one control point; ② the distance from the point in the Thiessen polygon to the corresponding control point is the closest; ③ the distance between the points on the boundary of the Thiessen polygon and the control points on both sides is equal; ④ when judging which control points are adjacent to a control point, it can be concluded directly from the Thiessen polygon, that is, if the Thiessen polygon is an n-gon, it is adjacent to n discrete points.

The Thiessen polygon can be applied to spatial analysis processes such as proximity analysis and spatial statistical analysis. For example, when the value of any unknown point in the space is consistent with the value of the nearest known point, the Thiessen polygon can be generated by using the known point, and the unknown point located inside the Thiessen polygon can be quickly assigned. Or based on the Thiessen polygon, the properties of the polygon region are described by the properties of the known points, and the internal region of the Thiessen polygon is quickly assigned. Due to the possible mutation of the nature of the Thiessen polygon on both sides of the boundary, it is not appropriate to use only known points for direct assignment of geographic entities that present continuous spatial distribution characteristics. At this time, the region interpolation method can be used to smooth the value of the adjacent Thiessen polygon with the common boundary as the center, so that the value in the adjacent region presents a uniform transition state.

3.2 Overlay analysis

Geographic information system stores and manages graphics and attribute data of different topics in the form of layers. Overlapping analysis is a spatial analysis method that overlays two or more geographic elements of the same area in a unified spatial coordinate system to generate new spatial and attribute features in overlapping intersection areas. Overlay analysis requires multiple overlay layers to have the same geospatial range, the same spatial reference information, a unified scale or resolution.

Overlay analysis can extract information hidden in multi-layer thematic data and analyze the differences and connections between spatial and attribute features of multiple layers. The data layer used in the overlay analysis can be either a vector structure layer of points, lines, and surfaces, or a grid structure layer. For example, by superimposing the vector distribution map of meteorological monitoring stations with the administrative division map, a new layer is obtained, which not only retains the point-like graphics and attributes of meteorological monitoring stations, but also appends the information of administrative divisions. According to this, it can be queried which administrative unit the meteorological stations belong to, or how many meteorological stations there are in an administrative unit; the land use type map of a certain area is superimposed with thematic maps such as soil pH map, groundwater depth map, and vegetation coverage map to generate a new layer and form an attribute discrimination standard according to the definition of wetland, so as to determine whether a certain area is wetland.

3.2.1 Overlay analysis of vector data

(1) Overlay of points and polygons

The overlay of points and polygons is to superimpose a layer containing a point on another layer containing a polygon to determine that each point falls within that polygon. The result of overlapping analysis of points and polygons is usually to obtain a layer with intersecting points in space, and a new attribute table containing the original attributes of the point layer and the polygon layer is obtained on the attribute. The attribute table generally contains the identification of which polygon it falls on.

Through the results of point and polygon overlay analysis, we can calculate which points are contained in each polygon and the attribute information of these points (Figure 3.9). For example, by superimposing the mine location point layer with the administrative division layer, we can obtain the identification code and name of the administrative division in addition to the attributes of the mine itself, and then count the mine situation in each administrative division.

(2) Overlay of lines and polygons

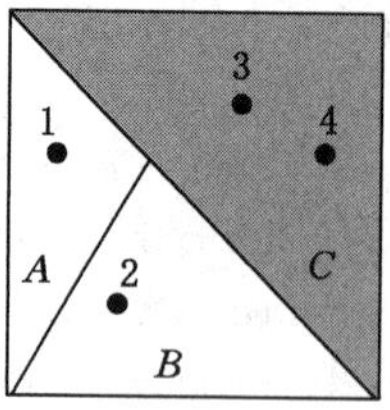

Point identification	Attribute information
1	Region *A*
2	Region *B*
3	Region *C*
4	Region *C*

Figure 3.9 Points and polygon overlay analysis results are illustrated

The overlay of lines and polygons is to superimpose the layers of lines on the layers of polygons to determine which or which polygons the lines fall in. When a line crosses multiple polygons, the intersection of the line and the polygon boundary can be performed first, the line is cut by the boundary, and the newly formed multiple line segments are renumbered, and a corresponding attribute table is generated to record the attribute information of the original line and the polygon.

As shown in the Figure 3.10, the line spans three polygons, intersects with the boundaries of two polygons, and is cut into three arcs. According to the results of overlay analysis, we can determine which polygon each arc is in, and query the length or number of arcs in a polygon. For example, the overlay analysis of the Yellow River water system layer and the national administrative division map can determine the administrative units through which the Yellow River flows and the length of the river within each administrative unit.

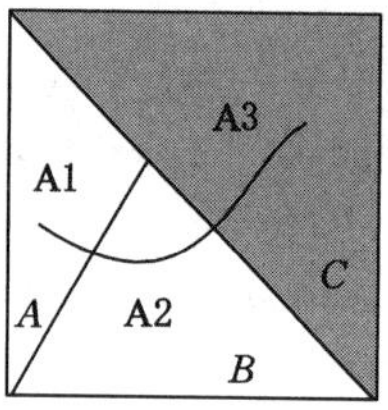

Line identification	Attribute information
1	Region *A*
2	Region *B*
3	Region *C*

Figure 3.10 Line and polygon overlay analysis results are illustrated

(3) Overlay of polygons and polygons

The overlay of polygons and polygons is to intersect the boundaries of two layers of polygons, and the boundaries are cut into new arcs. According to the spatial distribution between arcs, the topological relationship is reconstructed to form a new polygon layer, and the attribute information of the original two polygon layers is synthesized (Figure 3.11).

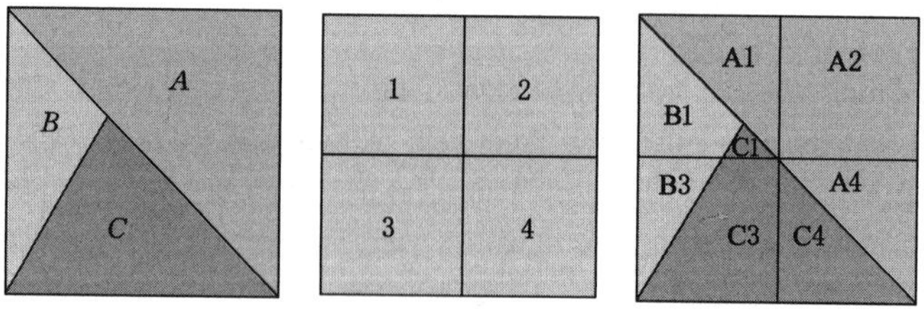

Figure 3.11 Polygon and Polygon Overlay Analysis

The overlapping analysis of polygons and polygons can be divided into two steps: geometric intersection and attribute assignment. The geometric intersection process is to first find the intersection points of all polygon boundary lines, and then perform the polygon topology operation again according to these intersection points. Each object of the newly generated topological polygon layer is given a unique identifier code, and a one-to-one attribute table corresponding to the new polygon layer is generated. For the case where the boundary space positions of the two polygons in the two layers are similar, the overlay analysis results may have some detrital polygons recombined by similar boundary arcs. These debris polygons often have no statistical significance and can be eliminated by setting a certain fuzzy tolerance.

The results of overlapping analysis of polygons and polygons usually include three different types: union, overlap and intersection (Figure 3. 12). Consolidation preserves the spatial graphics and attribute information of the two superimposed layers. Often a polygon of the input layer is divided into multiple polygons by the polygon boundary in the superimposed layer, and the output layer synthesizes the attributes of the two layers. The superposition is bounded by the input layer, and all the polygons of the two polygons in the boundary are retained. The polygons after the input layer segmentation are also given the attributes of the superimposed layer. The intersection only preserves the spatial graphics of the common parts of the two layers, and synthesizes the attributes of the two superimposed layers.

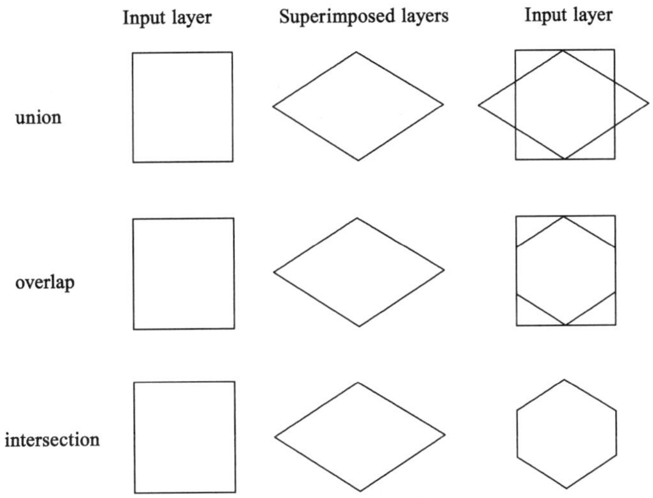

Figure 3. 12 Polygons of different overlay operation results are illustrated

3. 2. 2 Overlay analysis of raster data

Raster data includes remote sensing image data, aerial photogrammetry data, aerial radar data, as well as digital and grid thematic map data, geophysical and chemical data generated by professional image data and other sources. Raster data structure has the characteristics of obvious attributes and implicit location. The overlay analysis of raster data is to calculate the logical intersection, logical union, logical difference operation and its combination operation of each raster unit in the raster data after determining the logical expression of the overlay operation. Finally, each raster value is assigned to the result of the operation to obtain the result raster matrix. Through the mathematical operation of the corresponding grid unit values on different layers, the complex overlay operation of multiple grid layers can be realized.

The overlay analysis of raster data can be applied to many aspects. For example, the correlation analysis of pollution can be carried out by superimposing the pollution source distribution map with the pollution index distribution map; the relationship between soil and vegetation distribution can be obtained by superimposing the soil map in grid form with the vegetation map. The obtained discrete original data such as various materials and geochemical exploration can be converted into raster data by spatial interpolation, and then applied to comprehensive geological analysis.

3.3 Topological analysis

Topology originated from geometry and is an important branch of modern mathematics. Topology studies the properties of geometric figures that remain unchanged under continuous deformation. After continuous deformation, the shape and size of the geometric figure often change, and the connection relationship of the geometric figure does not change. These invariant properties are topological invariants. Topological invariants are applied to describe the relative positional relationship between geographical entities, which constitutes an important type of spatial relationship. With the help of the topological relation type given by the topological relation description model, a variety of topological relations that are common among geographical entities can be modeled, and the allowed topological relations are defined as topological rules.

3.3.1 Topological relations

In geographic information spatial cognition model, the spatial features of geographic entities can be expressed in the form of points, lines and surfaces. In the topological analysis, three topological elements of node, arc and surface domain are used to replace the point, line and area geographic entities in the topological relationship (Figure 3.13).

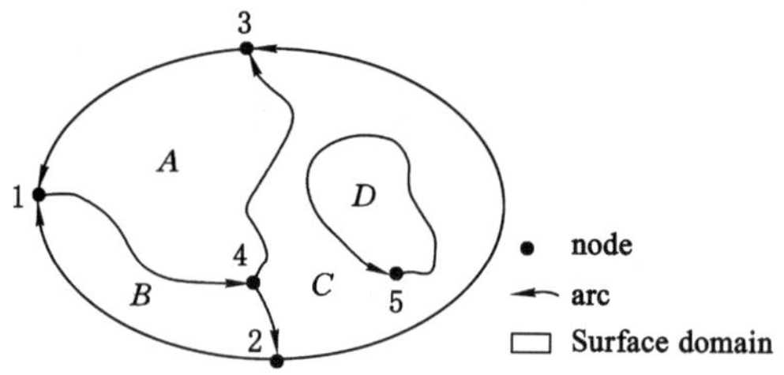

Figure 3.13 The topological elements in the geometry

According to different topological relation description models, the specific types of topological relations are also different. In general, topological adjacency, topological association and topological inclusion are the three most basic topological relations. Topological adjacency refers to the topological relationship between elements of the same class. Topological association refers to the topological relationship between elements of different classes. Topological inclusion refers to the topological relationship between elements of different classes. The complex topological relations also include the adjacency, intersection, separation, inclusion and coincidence between nodes, arcs and surface domains. Therefore, in the topological analysis work, one is to determine the topological relationship between the geographical entities, and the other is to use the topological relationship to establish the corresponding topological rules, and deal with the geographical entities according to the rules.

3.3.2 Topological rules

Topological rules can control the relationship between elements in the same type of geographical entity, between elements in different types of geographical entities, and between sub-types of geographical entities. In the defined topological rules, geographic entities are expressed as point elements, linear elements or planar elements, and the rules are expressed as statements that use topological relation predicate constraints between these same or different elements.

(1) Topological rules of points

The topological rules of point elements refer to the constraints required to be satisfied in the topological relationship between points and other elements. These elements can be point elements, or line or surface elements. The topological rules of points can correspond to many scenarios of practical applications. For example, in the process of cadastral management, it is required that the boundary point must be on the boundary of the parcel, and at the same time must be on the boundary line; the sewage outlet must be located at the end of the sewage pipeline; the capital station must be located within the country; border marking points must be located on the national border. According to the topological relationship description model, the topological rules of point elements and other elements are shown in Table 3. 1.

Table 3. 1 Topological rules of point elements

Rules	Description
It must overlap	The point must coincide with the point
Must be separated	The point must be separated from the point
Must be covered by endpoints	The point must be covered by the endpoint of the line
Must be covered by a line	Points must be covered by lines
Must be in the surface	The point must be located inside the surface
Must be covered by the boundary	The point must be covered by the boundary of the surface

(2) Topological rules of line

The topological rules of the line elements refer to the constraints that the topological relations between the line and other elements are required to satisfy. The topological rules of the line are used to limit the topological relationship between the violation line elements and other elements (Table 3. 2). For example, the parcel boundary line cannot have a hanging point and must be connected to other boundary lines; there must be no pseudo-nodes inside the river except for merging with other rivers; rivers and streets cannot overlap with each other; multiple contour lines cannot intersect, and the same contour line itself cannot intersect; the railway lines can overlap, but can not intersect; railways and roads cannot overlap; the bus line must be located on the road route.

Table 3. 2 Topological rules of line elements

Rules	Description
Must not contain false nodes	There are not false nodes in the interior lines except for the nodes of other intersecting lines
Must not contain suspension points	The end of the line must be connected to the line without breaking point
Must not overlap	The line must not overlap with itself
Must not overlap	The line must not overlap with other lines
Must not intersect.	The line must not intersect with itself
Must not intersect	The line must not intersect with other lines
must be covered	The line must be covered by other lines

Table3. 2(Continued)

Rules	Description
Must not intersect or contact the interior	The line must not intersect with other lines or overlap internally
Must be covered by the boundary	The line must be covered by the boundary line of the surface
Must be located inside	The line must be inside the surface
Must be a single part	The line must contain only one part
The endpoints must be covered	The endpoints of the line must be covered by other points

(3) Topological rules of surfaces

The topological rules of the surface elements refer to the constraints that the topological relations between the surface and other elements are required to satisfy (Table 3. 3). For example, parcels or administrative divisions cannot overlap; elevation and other variables showing a continuous distribution state, there can be no holes inside the surface elements; the scope of the school campus must be within the educational land; the ground elements of the same building must be within the scope of the parcel; under the same classification system, different types of ground objects cannot overlap; the range of soil layer should be consistent with that of geological layer. There must be prefecture-level boundaries on the provincial boundary line.

Table 3. 3 Topological rules of face elements

Rules	Description
Must not overlap	The surface must not overlap with other surfaces
There must be no gap	The face must not contain holes
Contains points	The surface must contain points
Contains a single point	The surface must contain a point
Must be covered	The face must be covered by other faces
Must be covered by some part	The surface must be covered by some part of the other surface
Must not be covered	The face must not be covered by other faces
The boundary must be covered	The boundary of the surface must be covered by other lines
Boundary must be covered by boundary	The boundary of the surface must be covered by the boundary of the other surfaces
Must cover each other	The range of surface must be covered by the range of other surfaces

3.3.3 Topology processing

In geographic information system, whether the topological relationship of geospatial data is correct or not is the key to spatial data management and integrity, which determines the ability of spatial analysis and decision-making. Topology processing refers to the topological inspection of point, line and surface elements of geographical entities according to the established topological rules, and the processing of topological errors that violate the rules.

In the process of collecting and editing geospatial data, topological errors caused by data errors are often very common. For example, the same node or the same line is digitized twice; the adjacent planar elements have a common boundary line, but there are cracks or overlaps in the collection process; the polygon is not closed due to the coding error of the boundary line point; the edges of the polygon are hanging lines and so on, which leads to the generation of false nodes, redundant nodes, hanging lines, repeated lines and other error data. Therefore, the topological processing of various elements is achieved by editing the topological elements of spatial elements that cause topological errors.

The main steps of topology processing include: topology rule establishment, topology checking, error repair, etc. Among them, topology checking is the key link of topology processing. Topology checking can be used to find topology errors that violate topology rules, and point out the type and location of the errors. The common topology errors are: ① suspended nodes, which are isolated nodes connected to only one line element; ② pseudo node, that is, two elements connected or shared nodes; ③ debris polygon, that is, the position of the same element is not completely consistent due to multiple entries; ④ irregular polygon, that is, the input line node because of the wrong order or position. Generally speaking, topology error repair is carried out by using different methods to repair various types of errors. For example, for overlapping errors between elements, the overlapping elements can be moved or deleted according to the situation; for the problem of partial overlap of elements, the elements can be edited, and the boundary of the overlapping part and the original boundary can be interrupted and deleted to reconstruct the topological relationship. For the problem that the point element does not coincide with the end point of the line element, a certain tolerance range can be set to automatically capture the point element and place it at the end point of the line element.

3.4 Raster computing

Raster computing is a multi-level map algebra calculation of raster data, which includes the transformation of a single raster data layer, as well as the analysis and calculation of the relationship between two or more raster data. The calculation method has both mathematical functions and logical functions. Most of them can be completed based on raster calculator of ArcGIS.

3.4.1 Map algebra

Raster computing analyzes the relationship between the sum and difference of pixels through a variety of different calculation methods. In the raster model, geographic entities and phenomena are similar with matrices in algebra. Algebra defines a series of matrix operation rules, such as addition, subtraction, multiplication, division, comparison and logical operation of matrices. Grid computing corrects these matrix operation rules and adapts to the operation of spatial data. Raster computing is very similar to matrix operations in algebra, so the calculation of raster data is called map algebra. Map algebra creates spatial operation rules in the sense of algebra, and establishes many types of operation functions according to the needs of geographical elements and phenomenon operations. Like general computer languages, map algebra also has corresponding variables, operators, operation functions, control structures and other basic elements of computer languages.

Map algebra not only provides a variety of basic arithmetic operations for raster data, but also supports Boolean operations, relational operations and other logical operations, as well as statistical calculations. Arithmetic operations can achieve the most basic operations such as addition, subtraction, multiplication, division and modulo (MOD) of raster layer pixels. These operators can be applied to integer and floating-point values. The results of the operation depend on the numerical type of the input grid layer, as shown in Table 3.4.

Table 3.4 Operator classifier

algebra	arithmetic	+	-	*	/	MOD
	accumulation	+=	=	*=		
logic	relation	<	>	==	>=	<=
	boolean	AND	OR	NOT	XOR	

The pixel values in raster data sometimes cannot be represented by numerical characters, and it is also difficult to represent different thematic elements with a unified quantization system. Therefore, logical operations are used. The calculation examples are shown in Table 3. 5. Binary logic superposition is a method of grid superposition. It uses "0" to represent false (not qualified) and "1" to represent true (qualified). It is not enough to describe a variety of states in the real world only by binary. Using binary logic superposition often requires the establishment of multiple binary graphs, and then Boolean logic operations of each layer are performed, and finally the superposition result graph is generated.

Table 3.5 Examples of Boolean logic operations

A	B	A AND B	A OR B	A NOT B	A XOR B
0	0	0	0	0	0
1	0	0	1	1	1
0	1	0	1	0	1
1	1	1	1	0	0

Statistical calculation is based on mathematical statistics rules and statistical functions, and in-depth analysis of quantitative and qualitative data. In the multi-layer local transform, the statistical function can be used for the attribute value statistics of the multi-layer pixels at the corresponding position. In the neighborhood transformation, the statistical function is used for the statistical calculation of the pixel attribute values in the neighborhood. Table 3. 6 lists the basic uses of commonly used statistical functions.

Table 3.6 Statistical function

Statistical function	Interpretation	Meaning
sum	sum	The sum of values
max	max	The maximum value
min	min	The minimum value
mean	mean	Arithmetic mean value
std	std	Standard deviation of the value
range	range	The difference between the maximum and minimum
median	median	The values in the middle are arranged according to the size
majority	majority	The value with the highest frequency of occurrence
minority	minority	The value with the lowest frequency of occurrence
variety	variability / type	Number of different values

Taking the location of garbage dump as an example, this textbook expounds the construction of arithmetic operation and logical operation model of map algebra calculation.

It is assumed that a municipal government should choose an ideal location within its jurisdiction to establish a garbage dump. The site selection conditions of the garbage dump are as follows: ① The regional surface material should have low permeability to prevent the rapid infiltration of soluble substances into groundwater. ② Keep a certain distance from the existing municipal area. ③ The area does not belong to the environmental sensitive area. ④ The region should belong to agricultural area, not municipal area or industrial area. ⑤ The average surface slope of the region is stable and less than a certain limit value. ⑥ There is no flood in the area. Of course, there may be other conditions for the choice of waste disposal sites, such as whether it is located at the tuyere, the price of land and so on. Here only the above conditions are listed to illustrate the application principle of the binary logic superposition model. The first step is to organize relevant map data according to the site selection conditions of the garbage dump, including surface soil permeability map, urban area map, ecological sensitivity distribution map, urban and rural zoning map, surface slope map and flood area distribution map. The second step is to establish a model of landfill site selection. The model combines the above layers for Boolean logic operation, and the result is a binary graph. The location with a value of 1 indicates that all the conditions for the location of the above garbage dump are satisfied, and the location with a value of 0 indicates that all the conditions for the location of the garbage dump are not satisfied.

(1) Binarize each layer [(TRUE, FALSE) or (1,0)]. According to whether the data classification level of each layer of graph meets the corresponding Boolean logic conditions, the layer data graph is converted into a binary graph. If a certain classification level of the graph data meets the corresponding Boolean logic conditions, the classification level is TRUE (=1), otherwise it is FALSE (=0). In this example, the Boolean logic conditions of each layer of data are as follows:

C1= surface permeability level is low; C2 = the distance from the urban boundary > 1km; C3 = ecological sensitivity not sensitive level; C4= Land use type agricultural land; C5=surface slope<2°; C6= does not belong to the flood area.

(2) Logic and operation are performed on the Boolean logic condition variables of each input data layer. If the condition variables of all data layers are the required values at a certain point in the region, the result variable OUTPUT is "1", and in other cases it is "0".

OUTPUT=C1 AND C2 AND C3 AND C4 AND C5 AND C6

(3) Generate a binary image. The location that satisfies the condition is the location with a value of "1" in the binary image. In the above example, the Boolean set value includes only two categories, either "1" or "0". However, in practical applications, the values of many Boolean sets are not simple "0" or "1", but other values between "0" and "1". In addition, the binary non-weighting logic model is applied to the location of the garbage dump. In the Boolean logic operation of multi-layer data, when the influence degree of each data layer is different, different weight levels need to be given according to the influence degree of each data layer. The binary weight Boolean logic model is multiplied by a weight factor for each binary layer, and then the Boolean logic combination operation of the binary graph of multiple layers is performed.

3.4.2 Types of raster computing

Based on different operation forms, raster computing can be divided into four types: local transformation, neighborhood transformation, and global transformation.

3.4.2.1 Local transformation

Local transformation is a one-to-one correspondence operation between pixels. Each pixel is based on its own operation, regardless of other adjacent pixels. In the process of local transformation, the output value of each pixel after local transformation is only related to the attribute value of the pixel position, and has nothing to do with the other pixel attribute values around the pixel position. Local transformation is divided into single-layer grid local transformation and multi-layer grid local transformation.

(1) Local transformation of single layer grid

If a single-layer grid is input, the local transform calculates each pixel value of the output grid by the function of the input grid pixel value. The process of local transformation is very simple, such as multiplying the pixel value by a constant as the pixel value at the corresponding position in the output grid, as shown in Figure 3. 14(a). The local transformation of single-layer grids is not limited to basic algebraic operations. Other operations such as trigonometric functions, exponentials, and logarithmic idempotents, including hierarchical functions, can be used to define the functional relationship of local transformations. Local transformation can also be applied to integer functions, such as converting floating-point pixel values into integers.

Input grid

2	0	1	1
2	3	0	2
3		2	3
1	1		2

×3=

Output grid

6	0	3	3
6	9	0	6
9		6	9
3	3		6

(a) **Single layer local transformation**

Input grid

2	0	1	1
2	3	0	2
3		2	3
1	1		2

×

Multiplier grid

1	1	2	2
1	2	2	2
2	2	3	3
2	3	3	4

=

Output grid

2	0	2	2
2	6	0	4
6		6	9
2	3		8

(b) **Multilayer local transformations**

Figure 3. 14 Local function transformation

The method of applying the hierarchical function for local transformation is also called reclassification or recoding. The attribute values in the input grid can be re-assigned by the hierarchical function. For example, the pixel value in the input grid data represents the elevation, and the pixel with the elevation range of 0～50 m is re-assigned to 1, and the pixel with the elevation range of 51～100 m is re-assigned to 2 to obtain the reclassified output grid. Reclassification can usually achieve the purpose of simplifying data. For example, the pixel values of the input grid are simplified into type values or order values by classification to generate new raster data.

Reclassification is simply to replace the original grid input value with the output of the new grid value. The input data can be any supported grid format. Reclassification is a very important class of applications in local transformation. Under interactive control of the user, a single grid or a set of grids for reclassification can be selected. The goal of applying reclassification is summarized as follows. ① Replace the old data values with new information. For example, the vegetation distribution in a certain area has changed, and the original image needs to be updated with new remote sensing satellite images. ② Combine some values. For example, some locally subdivided feature types are summarized. ③ Reclassify the values into a unified scale. In the evaluation of soil potential, it is necessary to transform the raster data sets of various organic matter contents into a unified evaluation scale. For example, 1 indicates the worst potential, 0 indicates the highest potential. ④ Set a specific value to the no data type or set a value to the grid of the no data type. In order to analyze, sometimes some values in the grid need to be removed. For example, a certain land use type has limiting factors, and these pixels need to be assigned to be worthless, so as to eliminate interference in subsequent analysis. In other cases, it may be necessary to give a value to the grid of the valueless type so that it can participate in subsequent calculations to obtain potential information.

(2) Local transformation of multi-layer grids

In the above local transformation method, the constant as a multiplier can be replaced by another grid layer with the same geographical range, and the operation between multi-layer grids is performed. This is the local transformation of multi-layer grids, as shown in Figure 3. 14(b). The local transformation of multi-layer grids is similar with the superposition of vector data that combines space and attributes, but it is more efficient. Multi-layer grids can be used for more local transformation operations. The pixel values of the output grid layer can be measured by the pixel values of multiple input grid layers or their frequencies. Basic statistics (including maximum, minimum, range, sum, mean, median, standard deviation, etc.) can also be used for the measurement of grid pixels. For example, a maximum precipitation data can be calculated from 20 input grid layers representing 20-year precipitation changes by using the local transformation operation of the maximum statistics. Each pixel in these 20 input grid layers takes the annual precipitation as its pixel value.

The local transformation of multi-layer grids can be regarded as the superposition analysis based on grid data, which is the core of grid computing. It is widely used in vegetation cover change research, soil loss, soil erosion and other ecological environment problems. For example, the general soil loss formula is:

$$A = f(R, K, L, S, C, P) \tag{3-9}$$

Where, R is rainfall intensity; K is soil erosion; L is slope length; S is the slope; C is the corp factor; P is the factor of water conservation measures; A is the average soil loss.

If each factor is used as the input grid layer, the output grid of the average soil loss can be obtained by local transformation operation.

3.4.2.2 Neighborhood transformation

The neighborhood transform, also known as the focus operation, is to calculate the value of the surrounding pixels with a pixel as the center (called the focus pixel), and the calculation result is used as the new value of the pixel. That is to say, the pixel value of the output grid layer of the neighborhood transform is related to its adjacent pixel value. If you want to calculate the value of a pixel, the pixel is regarded as a center point, and the pixels around it within a certain range can be regarded as its radiation range (neighborhood). The value of the center pixel depends on the shape of the neighborhood and what kind of calculation method is used to assign the value of the surrounding pixels to the center pixel, where the neighborhood range can be customized. If the input grid defines the neighborhood of 3×3 pixels around each pixel during the neighborhood summation transformation, the pixels at the edge cannot obtain the standard neighborhood range, and the neighborhood is reduced to 2×2 grids, as shown in Figure 3.15. Then, the pixel value of the output lattice is equal to the sum of itself and the pixel value in the neighborhood. For example, the output value of the upper left corner grid is equal to the sum of it and its surrounding pixel values 2, 0, 2, and 3; the attribute value of the grid in the second row and the second column is 3, and the values of the adjacent pixels around it are 2, 0, 1, 0, 2, 0, 3 and 2, respectively. The value of the pixel in the output grid layer is the sum of the above 9 numbers 13. The value of the center point, in addition to the sum, can also take the average, standard deviation, maximum, minimum, range frequency and other statistics. For example, the number of different unit values in the neighborhood area of the center pixel is counted and assigned to the center pixel, and the obtained output grid represents the number of species of a certain element (such as vegetation type, wild species, etc.).

In order to complete the operation of a grid layer, the center pixel is moved from one pixel to another until all pixels are accessed. The neighborhood in the neighborhood transformation is generally a regular rectangular range, which can also be circular, annular and fan-shaped of any size. The circular neighborhood is based on the center point pixel as the center of the circle and extends with the specified radius; the annular neighborhood is composed of an annular region between a small circle and a large circle. The fan-shaped neighborhood refers to a part of the circle with the center pixel as the center (Figure 3.15).

An important use of neighborhood transformation is to smooth data. For example, the moving average method can be used to reduce the fluctuation level of pixel values in the input grid layer. This method usually uses a 3×3 or 5×5 shape as the neighborhood. As the neighborhood moves from one central pixel

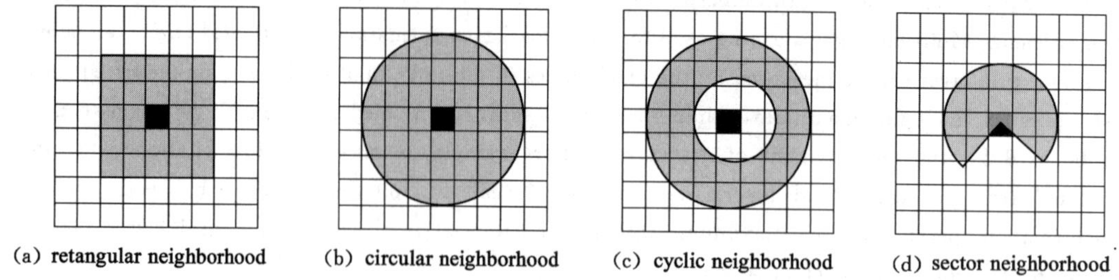

Figure 3.15 Neighborhood shape

to another, the average value of the pixels in the neighborhood is calculated and assigned to the central pixel. The output grid of the moving average is a smoothing of the initial unit value. Terrain analysis is another important application of neighborhood transformation. The calculation of slope, aspect and surface curvature used in terrain analysis depends on the neighborhood transformation of elevation grid.

3.4.2.3 Global change

The global transformation is based on the operation of all grids in the region, including distance analysis and density analysis.

(1) Distance analysis

The grid distance analysis is used to calculate the distance between each pixel and the source pixel (the object of interest), including two types of linear distance and cost distance, and generate the corresponding direction grid and distribution grid. The operation of each pixel value in the output grid is based on the whole region pixel. In addition, according to the direction grid and the distribution grid, the shortest path from the target to the source can be analyzed. Raster distance analysis has important application value in the fields of urban planning, transportation and tourism, and the design of various pipe networks and routes. Here, the linear distance is also called Euclidean distance (as shown in Figure 3.16), and the source refers to the location of the target of interest. In the global transformation, the source refers to those grid pixels with values, and other non-source pixels have no values.

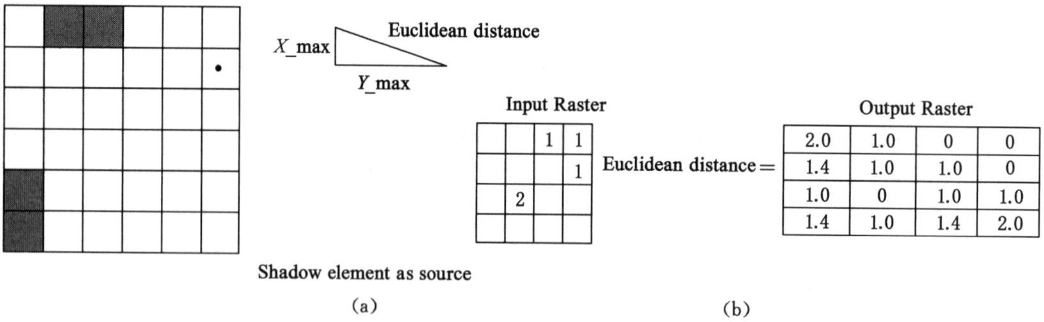

Figure 3.16 Euclidean distance operation

(2) Density analysis

Density analysis is an analysis method that extends the observations of some known phenomena to the entire research area based on the observations of each position and the spatial relationship of the position. Density analysis can calculate the number aggregation of the whole region according to the input spatial object and its measured value, so as to generate a continuous density surface, which can intuitively show and mine the distribution of discrete measured values in the continuous region. For example, according to the number of people staying in each building in a block, the population distribution around the block is calculated by density analysis, and then applied to store location decision-making, crime rate estimation, etc. (Figure 3.17).

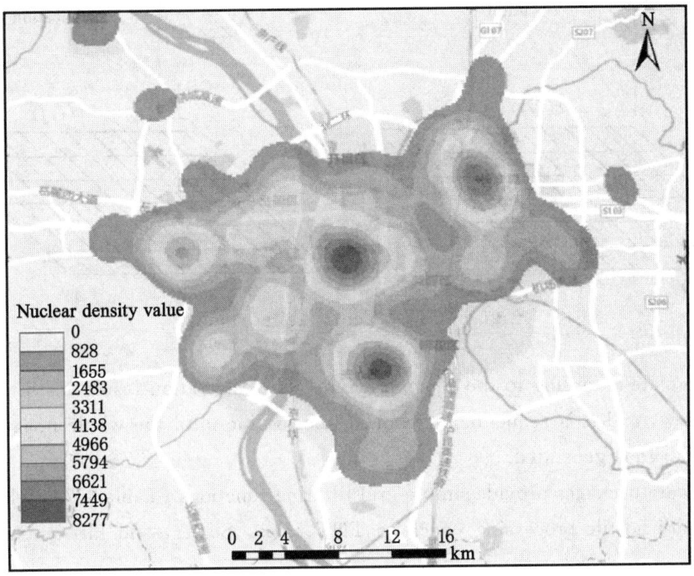

Figure 3.17 Based on the kernel density function, the spatial aggregation of commercial districts is analyzed

Density analysis mainly includes two methods: simple density calculation and nuclear density analysis. The simple density calculation is the density calculation of point feature and line feature. Kernel density analysis uses kernel function to calculate the unit area observation value in the neighborhood area of points or lines, and obtains a smooth surface with a large intermediate value and a small peripheral value. The value at the neighborhood boundary is 0.

3.4.3 Linear spatial filtering

The radiation enhancement of contrast expansion is to improve the quality of the image overall through the operation of a single pixel. The purpose of spatial filtering is to highlight some features on the image, such as highlighting edges or textures. Therefore, through the relationship between the pixel and its surrounding adjacent pixels, the neighborhood processing method in the spatial domain is adopted, which is also called "spatial filtering".

Image convolution is an operation of local detection of images in the spatial domain to achieve the purpose of smoothing and sharpening. The specific approach is to select a convolution function, also known as "template", which is actual an $M \times N$ image, as shown in Figure 3.18. The two-dimensional convolution operation is realized by using a template in the image. The operation method is shown in the figure. An active window of the same size as the template is opened from the upper left corner of the image. The brightness values of the image window and the template pixels are multiplied and then added. Assuming that the size of the template is $M \times N$, the window is $\Phi(m, n)$, and the template is $t(m, n)$, then the template operation is:

$$r(i,j) = \sum_{m=1}^{M} \sum_{n=1}^{N} \Phi(m,n) t(m,n) \tag{3-10}$$

The calculation result $r(i, j)$ is placed in the pixel position in the center of the window to become the gray value of the new pixel. Then the active window moves one pixel to the right, and then does the same

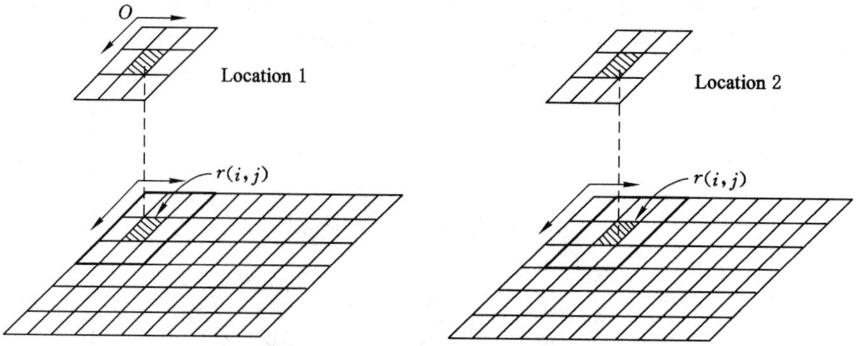

Figure 3.18 Template movement

operation as the template according to the above formula. The calculation result is still placed at the center of the moving window, and it is sequentially scanned line by line until the whole image is scanned again. The end, the new image is generated.

Most GIS software packages provide simple grid filtering functions (Table 3.7), while those that favor image processing and grid file processing (such as TNT Mips, Surfer, and Idrisi) tend to provide more extensive functions.

Table 3.7 Spatial filter

Filter type	Filter	Sample 3×3 kernels	Description
Low-pass (symmetric)	Averaging	$\begin{bmatrix} a & a & a \\ a & b & a \\ a & a & a \end{bmatrix}$, $\begin{bmatrix} 0 & a & 0 \\ a & b & a \\ 0 & a & 0 \end{bmatrix}$	Smoothing, noise reduction or blurring filter (focal mean)
	Gaussian	$\begin{bmatrix} c & a & c \\ a & b & a \\ c & a & c \end{bmatrix}$	Smoothing, noise reduction or blurring filter (focal weighted mean)
High-pass (Symmetric)	sharpening	$\begin{bmatrix} -a & -a & -a \\ -a & +b & -a \\ -a & -a & -a \end{bmatrix}$, $\begin{bmatrix} 0 & -a & 0 \\ -a & +b & -a \\ 0 & -a & 0 \end{bmatrix}$	Mean effect removal/sharpening filter (focal sum). Provides limited edge detection. Typically, entries sum to 1 but may be greater. 3 × 3 Laplacian kernels typical add to 1. Larger Laplacian kernels (e. g. 7 × 7) may be more complex and sum to >1
Gradient (asymmetric)	Edge detection	$\begin{bmatrix} a & b & a \\ 0 & 0 & 0 \\ -a & -b & -a \end{bmatrix}$, $\begin{bmatrix} -a & 0 & a \\ -b & 0 & b \\ -a & 0 & a \end{bmatrix}$	Applied singly or as a two-pass process. These kernels highlight vertical and horizontal edges. When used in combination they are known as Gradient or Order 1 derivative filters. Typically, $a=1$ and $b=1$ or 2 and entries sum to 0. A variant known as the Roberts method has row 3 all zero and column 1 zero for the first pass and column 3 zero for the second pass (i. e. a 2×2 filter)

Table3. 7 (Continued)

Filter type	Filter	Sample 3×3 kernels	Description
	Embossing	$\begin{bmatrix} 0 & +a & +a \\ -a & +a & +a \\ -a & -a & 0 \end{bmatrix}$	Edge detecting filters that enhance edges in a selected compass direction to provide an embossed effect. The example here shows a sample north-east kernel
Gradient (asymmetric)	Direction	$\begin{bmatrix} -1 & 1 & 1 \\ -1 & -2 & 1 \\ -1 & 1 & 1 \end{bmatrix}$, $\begin{bmatrix} 1 & 1 & 1 \\ 1 & -2 & 1 \\ -1 & -1 & -1 \end{bmatrix}$ $\begin{bmatrix} 1 & 2 & 1 \\ 0 & 0 & 0 \\ -1 & -2 & -1 \end{bmatrix}$	Simple computation of gradient in one of 8 compass directions. East and north directional derivatives are illustrated in the first two examples here. Note that the third example shown corresponds to derivative calculation for the north/south component. Compare with Edge detection filtering. A non-linear variant of this procedure is to compute all 8 values and select the maximum absolute value of these as the output

The most common provided functions are so-called low-pass spatial filters and high-pass spatial filters. These operations are implemented by a kernel or a focus function determined by the $M \times N$ neighborhood around each pixel and grid location. The grid elements "covered" by the kernel are multiplied by the matched kernel elements, and then the weighted average is calculated and used as the value G of the central element. The form of a 3×3 symmetric nucleus may be as follows:

$$\begin{bmatrix} a & a & a \\ a & b & a \\ a & a & a \end{bmatrix} \text{ or } \begin{bmatrix} c & a & c \\ a & b & a \\ c & a & c \end{bmatrix}$$

In the first example, a and b are usually positive integers. If $a = b = 1$, then the kernel provides a simple average or smoothing operation, and when $a = 1$ and $b = 4$, more weights are applied to the filtered grid cells. In both examples, the weighted average is divided by the sum of the kernel elements. If the sum of kernels is equal to 0 or 1, division is not done.

Such filters are sometimes referred to as low-pass filters. For example, consider filters:

$$\begin{bmatrix} 1 & 1 & 1 \\ 1 & 4 & 1 \\ 1 & 1 & 1 \end{bmatrix} \text{ and grid partial value } \begin{bmatrix} 98 & 176 & 200 \\ 90 & 187 & 188 \\ 124 & 170 & 175 \end{bmatrix}$$

The value G (2, 2) = 187 at the central grid is replaced by the weighted average of itself (assigned weight 4) and the surrounding 8 units (each unit is assigned weight 1). The adjusted value is 164 after rounding. In the second example, if a, b and c are positive and $b > a > c$, the kernel is called a Gaussian kernel and is centrally weighted symmetric. For example:

$$\begin{bmatrix} 1 & 2 & 1 \\ 2 & 4 & 2 \\ 1 & 2 & 1 \end{bmatrix}$$

Using the same data grid as above, the filtered value is $G = 162$. More generally, if $\{C\}$ is the coefficient set of a $m = N \times N$ kernel matrix, and $\{P\}$ is the target grid value set in the kernel neighborhood, then the filtered grid value G is defined as:

$$G = \sum_{i=1}^{m} C_i P_i / \sum_{i=1}^{m} C_i + B$$

The additional B is usually set to 0. It is an offset factor, which generates offset by increasing or decreasing a fixed value of the obtained filter value.

The high-pass spatial filter emphasizes the difference between the core center point and the value in its direct neighborhood. In general, these nuclear elements are a mixed form of positive and negative values, but the sum of the elements is still 1:

$$\begin{bmatrix} -a & -a & -a \\ -a & +b & -a \\ -a & -a & -a \end{bmatrix}$$

These values are often used for image sharpening before further image processing. Table 3. 7 gives examples and summarizes the linear spatial filters often used in GIS and image analysis. Basic linear image filtering operations are divided into many classes.

Sharpening: The sum of the elements of the kernel matrix is 1, and the matrix is symmetric. The elements in the matrix are a mixture of positive, negative and zero.

Blur: Also known as smoothing, averaging, or low-pass filtering, because this method reduces or eliminates extreme values. In this case, the sum of the elements of the kernel matrix is greater than 1, where each element is usually positive and the matrix is symmetric.

Boundary detection: where the sum of the kernel matrix elements is 0, and the matrix is usually asymmetric. Like sharpening, the elements in the matrix are a mixture of positive, negative and zero.

Relief: where the sum of the kernel elements is 0 like the boundary detection, but the matrix is asymmetric. Usually, the relief version is calculated by the basis of the grayscale image, and the average value of the band is calculated. For example, the average value of the three components of red(R), green (G), and blue(B) of each pixel is $x=(r+g+b)/3$, and then the obtained value is assigned a gray scale in the range [0, 255] (where "0" represents black and "255" represents white).

Many common features of such filters should be noted:

If the allowable range of values in the grid is limited (e. g. , RGB values within the range of [0, 255]), then the calculated values that fall outside this range must be truncated. This results in some computational (contrary to user definition) deviations during processing. The multi-band image data filter should be applied to each band. For example, the sharpening filter for RGB images needs to be applied to the three components of R, G, and B respectively.

The size of the kernel may be any combination of square, but the most common used are 3×3 and 5×5 odd matrix; occasionally even squares are used, but in this case, the central part of the kernel is a 2×2 grid, rather than an independent pixel. Rectangular kernels can also be used, but rarely used.

Filtering can be performed multiple times (single-pass or multi-pass). The same or some filters are reapplied to the target grid or image (layer or band) each time.

At the image or grid boundary, it is impossible to use the kernel symmetrically. For larger nuclei, this effect is particularly obvious, and this will occur in all instances. There are many methods to solve the boundary effect. The common methods are: keeping the boundary pixels unchanged; the boundary pixels are blank (this will cause the grid to shrink); the use of asymmetric (i. e. partial) kernels will lead to artifacts; mirror, where the grid value inside the core is used to replace the missing value outside the core.

User-defined kernels are widely supported by image processing and GIS software packages. Users can choose a predefined filter and modify it as needed, or create their own $N\times N$ kernel. All examples are linear operations, essentially weighted averages (sometimes called linear convolutions). Nonlinear filtering is also widely used. When the transformation function is nonlinear, it is a nonlinear transformation. There are many functions of nonlinear transformation, and exponential transformation and logarithmic transformation are commonly used. When the transformation function of the variable exponent transformation is shown in the figure, its meaning is to expand the brightness interval in the part x_a with higher brightness value, which belongs to stretching, while in the part a with lower brightness value, the brightness interval is reduced, which belongs to compression. The mathematical expression is:

$$x_b = be^{ax_a} + c \tag{3-11}$$

Where, a, b, c are adjustable parameters, which can change the shape of the exponential function curve, so as to achieve different stretching ratios.

Contrary to exponential transformation, its meaning is to stretch in the part with lower brightness value and compress in the part with higher brightness value. Its mathematical expression is:

$$x_b = b\lg(ax_a + 1) + c \tag{3-12}$$

Where, a, b, c are still adjustable parameters, whose values are determined by the user.

In addition to filters operated in the spatial domain, filters in the pure frequency domain can also be applied. The frequency domain filter does not refer to the spatial pattern and directly operates on the grid value set in the image.

3.4.4 Non-linear spatial filter

For linear filtering, the value of G at each grid position is changed by using a simple kernel as a weight matrix. For nonlinear filtering, kernels are usually not used. On the contrary, the value at G is determined by some other methods different from the weighted average. For example, the value of G can be determined by the statistics (not the mean) based on the $N \times N$ neighborhood of G. $N \times N$ is usually 5×5 or larger, and almost any basic statistic can be used. A typical example may be the minimum value in the neighborhood, or the most common (most common) unit value in the neighborhood. Other values that are typically supported include variance, standard deviation, coefficient of variation, and inter quartile range. In each case, the computation is based on the defined neighborhood.

ArcGIS refers to this operation as neighborhood operation, including focus or block statistics, and the definition of neighborhood is more general than that of typical filtering software (such as rectangle, ring or wedge). Many other software insists on using image processing terms and square or rectangular neighborhoods in filtering. ArcGIS also provides a special function to deal with the "majority" problem (mode filter) in an integer-valued grid containing additional spatial proximity constraints. The applied rule is that half or at least half of the element values in the 3×3 neighborhood must be the same as the values at the location, and these values must satisfy the 4-direction or 8-direction proximity constraints. This filter can be multi-pass filtered and will be stabilized in a fixed mode.

For nonlinear filtering, several nonlinear filters need to check the local deviation in the grid. In addition to the standard statistical values, the median difference and the average threshold can be used. The radiation enhancement of contrast expansion is to improve the quality of the image overall through the operation of a single pixel. The purpose of spatial filtering is to highlight some features on the image, such as highlighting edges or textures. Therefore, through the relationship between the pixel and its surrounding adjacent pixels, the neighborhood processing method in the spatial domain is adopted, which is also called "spatial filtering". It still belongs to a kind of geometric enhancement processing, mainly including smoothing and sharpening.

3.4.4.1 Smoothing

When there are some areas with excessive brightness changes in the image, or when there are bright spots that should not be there, the smoothing method can reduce the changes, make the brightness gentle or remove unnecessary noise points. The specific methods are as follows.

(1) Mean smoothing

In order to remove the sharp "noise" and smooth the image, each pixel is averaged in the area centered on it to replace the pixel value. When the range of region is taken as $M \times N$, the mean value formula is:

$$r(i,j) = \frac{1}{MN}\sum_{m=1}^{M}\sum_{n=1}^{N}\Phi(m,n) \tag{3-13}$$

In the specific calculation, a 3×3 template is often used for convolution operation. The template is:

$$t(m,n) = \begin{bmatrix} \frac{1}{9} & \frac{1}{9} & \frac{1}{9} \\ \frac{1}{9} & \frac{1}{9} & \frac{1}{9} \\ \frac{1}{9} & \frac{1}{9} & \frac{1}{9} \end{bmatrix} \quad \text{or} \quad t(m,n) = \begin{bmatrix} \frac{1}{8} & \frac{1}{8} & \frac{1}{8} \\ \frac{1}{8} & 0 & \frac{1}{8} \\ \frac{1}{8} & \frac{1}{8} & \frac{1}{8} \end{bmatrix}$$

(2) Median filter

In order to achieve the purpose of removing sharp "noise" and smoothing the image, each pixel is replaced by the intermediate brightness value in the neighborhood centered on it. The specific calculation method is similar with the template convolution method, and the active window scanning method is still used. When the value is taken, all the pixels in the window are arranged according to the size of the brightness value, and the intermediate value is taken as the value of the intermediate pixel. So the odd number of $M \times N$ is good.

3.4.4.2 Sharpening

In order to highlight the edges of the image, linear targets or some parts with large brightness change rates, sharpening methods can be used. Sometimes the needed information can be extracted directly by sharpening. The sharpened image no longer has the characteristics of the original remote sensing image and becomes an edge image. There are many ways to sharpen, only several commonly used are introduced here.

(1) Robert gradient

The gradient reflects the brightness change rate of adjacent pixels, that is to say, if there are edges in the image, such as the boundaries of lakes, rivers, mountains and roads, there is a large gradient value at the edge. For the smooth part of the brightness value, the brightness gradient value is small. Therefore, finding the position with larger gradient will find the edge, and then use different gradient calculation values to replace the value of the pixel at the edge, which also highlights the edge and realizes the sharpening of the image.

Robert gradient method can also be calculated approximately by the template, and its formula is expressed as:

$$|\text{grad}f| \approx |t_1 + t_2| \tag{3-14}$$

Specifically expressed as:

$$|\text{grad}f| \approx |f(i,j) - f(i+1,j+1)| + |f(i+1,j) - f(1,j+1)| \tag{3-15}$$

There are two templates, showed by:

$$t_1 = \begin{pmatrix} 1 & 0 \\ 0 & -1 \end{pmatrix}; t_2 = \begin{pmatrix} 0 & -1 \\ 1 & 0 \end{pmatrix}$$

It is equivalent to the size of the window 2×2, and the absolute value calculated by the template t after convolution calculation is added to the absolute value calculated by the template t_2. The calculated gradient value is placed in the position of the pixel $f(i, j)$ in the upper left corner and becomes $r(i, j)$. The significance of this algorithm is to use the cross method to detect the difference between the pixel and its field between the upper and lower or between the left and right or between the oblique directions, and finally produce a gradient image to achieve the purpose of extracting edge information. Sometimes, in order to highlight the main edge, it is necessary to blur the other brightness differences of the image. Therefore, the method of setting positive threshold is adopted, and only the larger gradient value is retained to improve the sharpening effect.

(2) Sauber gradient

The Sobel method is an improvement of the foresaid method, which is as follows:

$$t_1 = \begin{bmatrix} 1 & 2 & 1 \\ 0 & 0 & 0 \\ -1 & -2 & -1 \end{bmatrix}; t_2 = \begin{bmatrix} -1 & 0 & 1 \\ -2 & 0 & 2 \\ -1 & 0 & 1 \end{bmatrix}$$

Compared with the Robert method, this method considers more the relationship between neighborhood points, so that the window is expanded from 2×2 to 3×3, so that the detection boundary is more accurate.

(3) Laplace algorithm

In the template convolution operation, the template is defined as:

$$t(m,n) = \begin{bmatrix} 0 & 1 & 0 \\ 1 & -4 & 1 \\ 0 & 1 & 0 \end{bmatrix}$$

That is, the values of the four adjacent points are added and subtracted by 4 times the pixel value as the new value of the pixel.

The significance of the Laplace algorithm is different from the above two algorithms. It does not detect uniform brightness changes, but detects the change rate of the change rate, which is equivalent to the second-order differential. The calculated image highlights the location of the brightness value mutation.

Sometimes, the value of the original image is also used to subtract the integer multiple of the template operation result, which is:

$$r'(i,j) = f(i,j) - kr(i,j) \tag{3-16}$$

In the formula, $r(i,j)$ is the result of Laplace operation; k is a positive integer; $f(i,j)$ is the original image; $r'(i,j)$ is the final result.

The calculation results retain the original image as the background, and the edges increase the contrast and highlight the boundary position.

(4) Directional detection

When purposefully detecting edges, lines, or texture features in a certain direction, a specific template convolution operation can be selected for directional detection. The commonly used templates are as follows.

When detecting the vertical boundary:

$$t(m,n) = \begin{bmatrix} -1 & 0 & 1 \\ -1 & 0 & 1 \\ -1 & 0 & 1 \end{bmatrix} \text{ or } t(m,n) = \begin{bmatrix} -1 & 2 & -1 \\ -1 & 2 & -1 \\ -1 & 2 & -1 \end{bmatrix}$$

When detecting horizontal boundaries:

$$t(m,n) = \begin{bmatrix} -1 & -1 & -1 \\ 0 & 0 & 0 \\ 1 & 1 & 1 \end{bmatrix} \text{ or } t(m,n) = \begin{bmatrix} -1 & -1 & -1 \\ 2 & 2 & 2 \\ 1 & 1 & 1 \end{bmatrix}$$

When detecting the diagonal boundary:

$$t(m,n) = \begin{bmatrix} 0 & 1 & 1 \\ -1 & 0 & 1 \\ -1 & -1 & 0 \end{bmatrix}, \begin{bmatrix} 1 & 1 & 0 \\ 1 & 0 & -1 \\ 0 & -1 & -1 \end{bmatrix}, \begin{bmatrix} -1 & -1 & -2 \\ -1 & 2 & -1 \\ 2 & -1 & -1 \end{bmatrix}, \begin{bmatrix} 2 & -1 & -1 \\ -1 & 2 & -1 \\ -1 & -1 & 2 \end{bmatrix}$$

In the median difference filtering, the value at G is replaced by $G-B$, where B is the local median. This filtering attaches importance to gross error. In the average threshold, if the value at G is within the absolute value range of the local mean (the value at G is not included in the calculation), then the value at G is retained, otherwise the value at G is replaced by the local mean. The function of the filter is to eliminate gross error. This is a form of "noise reduction", a method supported by many image processing software packages and some GIS software. For example, six noise suppression filters provided by TNT Mips use local statistics to adjust data sets or images. They are mainly based on local medians or modulus values (various calculated values), but also contain a trimmed mean (olympic filter), where one or more high-end or low-end values in the local permutation value set are discarded, and the mean of the calculated subset is used as the output value.

A nonlinear filter can be used to achieve simple rendering. It can be realized by horizontal, vertical or diagonal difference filtering. This method subtracts all the values of the first row from the second row, and assigns a value like −1, 1 or 0 to the result according to the symbol of the result according to the need of the result representation. The color grading map of the output grid produces a shading effect.

3.4.5 Erosion and dilation

In the context of grid operations, erosion and dilation refer to morphological operations applied to binary and grayscale images. These nouns are commonly used in image processing, in this context only in a small number of GIS software packages appear. Erosion refers to the removal (change) of boundary pixels, such as changing 1 of the binary value to 0, while dilation is the opposite process, which refers to the outward growth of the region from the boundary. The buffer zone is a form of expansion.

These two methods are usually implemented using kernels called structural elements. The structural element is an $N \times N$ kernel, in which the elements are classified according to a binary scheme, usually 0 or 1. If the encoding of all elements is 1, then the structural element is a solid square whose center is superimposed on each pixel of the source image in turn. The pixels encoded as 1 in the structural elements and the shapes extending beyond the boundary in the source image form the extended or expanded elements. The shape of a structural element can be changed, such as a vertical bar, a horizontal bar, a cross, or a user-defined shape.

We selected some DEM data and carried out corrosion and expansion operations. The results are shown in Figure 3.19. If expansion first and then corrosion is called open operation, otherwise corrosion first and then expansion is called closed operation. This operation is asymmetric and usually irreversible. The open operation removes the smaller and subtle features, resulting in a smooth boundary area, while the closed operation also smooths the shape, but amplifies the fine and narrow features and eliminates the small holes and narrow cracks. These changes are the result of intentional morphological modifications to the source data file. However, similar effects can also be seen in the results of transformation operations performed manually or automatically for other purposes, such as resampling (changing resolution), rotation, multi-layer stacking, or map algebra operations.

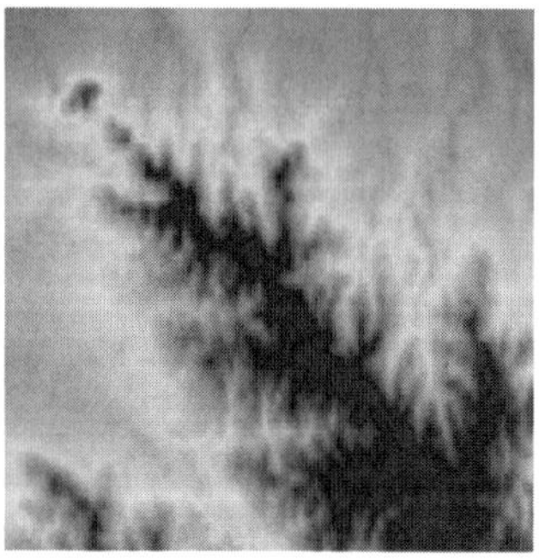

(a) The original DEM partial

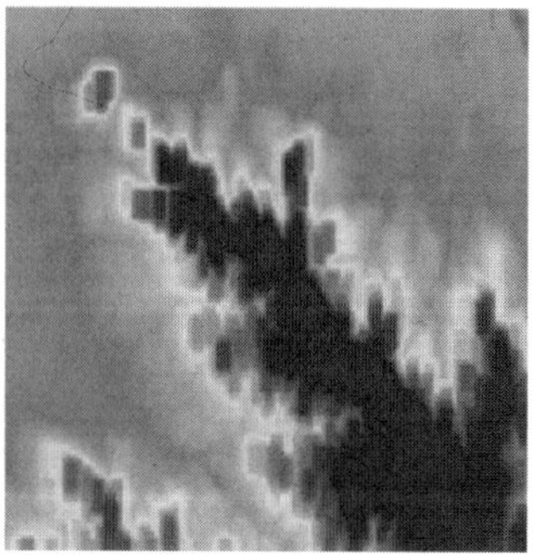

(b) Expansion: 9×9 structural elements, 9×3 vertical bar

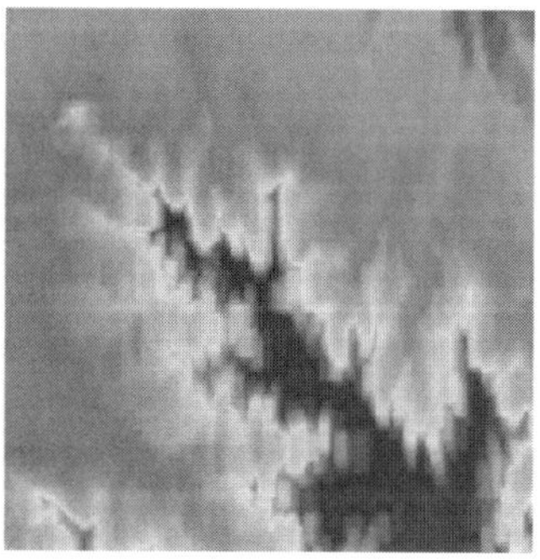

(c) Corrosion: 9×9 structural elements, 9×3 vertical bar

Figure 3.19 Erosion and expansion processing of DEM data

3.5 Network and location analysis

Network and location analysis are two separate but closely related topics. The first topic involves questions regarding preferred routes, include traversing physical (transport) networks or by directly connecting pre-defined locations. The second topic is mainly in the selection of locations and service areas that meet the given standard.

3.5.1 Basic knowledge of network analysis

A set of line segments or broken lines, such as a road or street graph, may not necessarily form a network. In order to implement a variety of network analysis, it is necessary to ensure that there are a series of obvious nodes or vertices (V), and one or more chains to other vertices are defined on each vertex. These connections are called edges (E). At the simplest level, edges can be directed or undirected, and can have one or more related attributes (such as name, length, transit time, or cost, mode of transportation).

Table 3.8 provides some key definitions used in network analysis. These terms are derived from abstract graph theory. Graph theory is an important mathematical tool for the expression and analysis of geographic networks. Graph theory originated from some classical mathematical games, such as the seven bridge problem of Konigsberg, and some game problems widely circulated in the folk, such as maze problem and game problem. In 1847, graph theory was applied to the analysis of circuit networks, which was the earliest application in the field of engineering science. With the continuous development of science and technology, the application fields of graph theory are more and more extensive, involving physics, chemistry, operations research, computer science, information science, transportation science, social science and economics.

Table 3.8 Network analysis terminology

Term	Description
Vertex	A point location considered as a network node. It can be the feature points, endpoints or intersections of lines or broken lines. Note that the middle point on a broken line is usually not a vertex
Edge	A (directed or undirected) link between two vertices that are directly connected is called an edge. An undirected edge is determined by an unordered sequence of vertices, e.g. (3,8), which is the same as (8,3) whereas for a directed edge the order of the sequence matters, with (3,8) being from 3 to 8. An indirect link (via one or more other vertices) is not an edge. Edges are sometimes referred to as links or arcs
Degree (of a vertex)	In an undirected graph the number of edges meeting at a vertex. In a directed graph the degree usually refers to number of edges directed to a vertex (the indegree) minus the number of edges directed from a vertex (the out degree)
Graph	A collection of vertices and edges constitutes a graph. Directed graphs are graphs that include one or more directed edges. If all edges are directed such graphs are known as digraphs. The mathematical study of the properties of graphs and paths through graphs is known as graph theory
Path	A (network) path is a sequence of connected edges between vertices

Table3. 8 (Continued)

Term	Description
Connected graph	If at least one path exists between every vertex and every other vertex in a graph it is described as connected. A fully connected graph is one in which every vertex is directly connected to every other vertex. In such a graph, if there are n vertices there are $N(N-1)/2$ edges, assuming all edges are undirected
Connectivity	Network connectivity is the minimum number of nodes or links that must fail in order to partition the network (or sub-network) into two or more disjoint networks. The larger the connectivity for a network the better the network is able to cope with failures. In the real world network nodes and links do fail (e. g. roads require maintenance or an accident may block a link or junction). When nodes or links fail the network should continue to function with reduced capacity. Network connectivity is a measure of the resiliency of a network and its ability to continue to support traffic flows despite such problems
Planar graph	If a graph can be drawn in the plane (embedded) in such a way as to ensure edges only intersect at points that are vertices then the graph is described as planar
Network	A collection of vertices and edges together with associated attribute data that may be represented and analyzed using graph theoretic methods. A network is often defined as a graph that has at least one real-valued attribute or weight (e. g. length) associated with every edge
Diameter	The maximum number of links that must be traversed to reach any node along a shortest path. Networks with small diameters are generally faster to traverse
Cycle	A path from a given vertex to itself that traverses other vertices is a cycle. A graph that has no cycles is called acyclic
Tree	An n-vertex acyclic network or subnetwork in which every vertex is connected, for which the number of edges is $n-1$. A unique path exists between every pair of vertices in a tree

3.5.2 Key problems in network and location analysis

Table 3. 9 provides a simple list of some key issues we used in network and location analysis. The solution of many important practical problems is based on these core optimization problems and many different programs (algorithms) used for them. Examples include: generation of optimal paths and vehicle load plans, multimodal traffic problems, driving time zone identification, network segmentation and layout determination, facility location in the network, and travel demand analysis.

Table 3. 9 Key issues in network and location analysis

Problem	Description
Hamiltonian circuit (HC)	If a cycle exists from a given vertex that passes through every other vertex exactly once it is called a Hamiltonian circuit. Testing for the existence of Hamiltonian circuits in a graph is known as the Hamiltonian circuit problem (HCP). It belongs to NP complete problem
Eulerian circuit (EC)	A circuit in a directed graph that visits every arc exactly once. A condition that a graph contains an Eulerian circuit is that the number of arcs arriving at every included vertex, i, must be the same as the number of arcs leaving vertex i

Table3. 9 (Continued)

Problem	Description
Shortest path (SP)	A path between two vertices that minimizes a pre-defined metric such as the total number of steps, total distance or time, is called a shortest path. Hence this term is relative to the metric applied and even then may not be unique for any given network. Determination of shortest paths is often described as shortest path analysis (SPA). This is perhaps the central computational problem in network analysis. There are many variants of this problem, including finding the 2nd, $3^{rd} \cdots n^{th}$ shortest path, finding the shortest path from a given node to all other nodes, and finding the longest path. Can be solved in linear time or better
Spanning tree (ST)	Given a fixed set of vertices, find a set of edges such that every vertex is connected and the network contains no cycles. Many spanning trees are possible for a given vertex set
Minimal spanning tree (MST)	Find a (Euclidean) spanning tree of minimum total length. Typically this will be unique, but uniqueness is not guaranteed. Solvable in near linear time
Steiner MST, Steiner tree	As per the MST but with additional nodes permitted that are not co-located with the original vertex set. In the (spatially) constant cost model, each additional point (known as a Steiner point) will be placed intermediate to three existing vertices and will provide a connection between these via three branches that are equally spaced (i. e. at 120 degrees) about the Steiner point. Steiner points are added to the MST, replacing MST links, if the total network length is reduced by their inclusion. NP-complete (for both Euclidean and Manhattan metrics)
Traveling salesman problem (TSP)	Given a set of vertices and symmetric or asymmetric distance matrix for each pair of vertices, find a Hamiltonian circuit of minimal length (cost). Typically the start location (vertex) is pre-specified and the vertices are not necessarily assumed to lie on a pre-existing network. If certain nodes must be visited before others, the task is known as a sequential ordering problem (SOP). It belongs to NP complete problem
Vehicle routing problem (VRP)	This class of problems relates to servicing customer demand (e. g. deliveries of fuel to retail garages) from a single depot, where each vehicle may have a known capacity (CVRP). If capacity is not restricted the problem in known simply as a vehicle routing problem (VRP). The number of vehicles and the number of tours of subsets of nodes are variables. The customer locations, depot location and customer demand levels are assumed to be known. The problem is to minimize the overall length of the tours, subject to the constraints. There are many variants of this problem, notably those in which there are pre-defined time windows for deliveries, problems involving pickups and deliveries, problems involving a series of depots, problems where demand is dynamically variable, problems in which link capacity constraints exist and hence may become congested, and problems where customer locations are generalized rather than fixed. Most such problems are classified as NP-hard
Transportation problem, Trans-shipment problem	The general problem of completely servicing a set of target locations with given demand levels from a set of source locations with given supply levels such that total costs are minimized is known as the transportation problem. The unit cost of shipping from each supply point to each demand point is a key input to this problem specification. This problem is an example of a Minimum Cost Flow Problem (MCFP). A generalization of the transportation problem is the trans-shipment problem. In the latter case flows from sources to targets can go via trans-shipment points, e. g. factories to warehouses to customers, rather than simply direct to customers

Table3.9(Continued)

Problem	Description
Arc routing problem (ARP)	Given a network (typically a street network or subset of a street network) find a route that completely traverses every edge, generally in both directions, that has the least cost (distance or time) subject to selected constraints (e.g. cost of turning). This problem applies to street cleaning, snow-plowing, postal deliveries, meter reading, garbage collection etc. The capacitated version of the problem is known as CARP. NP-complete
Facility location: *p* median/*p* center / coverage	A collection of problems where the objective is to optimally locate one or more facilities within a network in order to satisfy customer requirements (demand, service level). The most commonly cited problem is minimization of total (or average) travel cost/time to or from customers (the *p*-median problem). Minimization of maximum distance or time is known as a *p*-center problem. A related set of problems seeks to ensure that all customers can be served within a fixed upper time or cost, or at least, as many as possible are served within a fixed time or cost. These are known as coverage problems

3.5.3 Network structure optimization

(1) Minimum spanning tree

Given a set of vertices (vertices, nodes), many possible connections between vertices can be used to generate a directed or undirected network between vertices. A connected set that minimizes the total edge length while ensuring that each point is reachable from other points is called a minimal spanning tree (MST), as shown in Figure 3.20. There is an accurate solution to this kind of problem. The construction or growth process involved in the algorithm is as follows: ① connect each point and its nearest point, which usually results in a set of unconnected subnetworks; ② connect each subnetwork with its nearest subnetwork; ③ repeat step ② until each subnetwork is connected to each other. 2. Gabriel network.

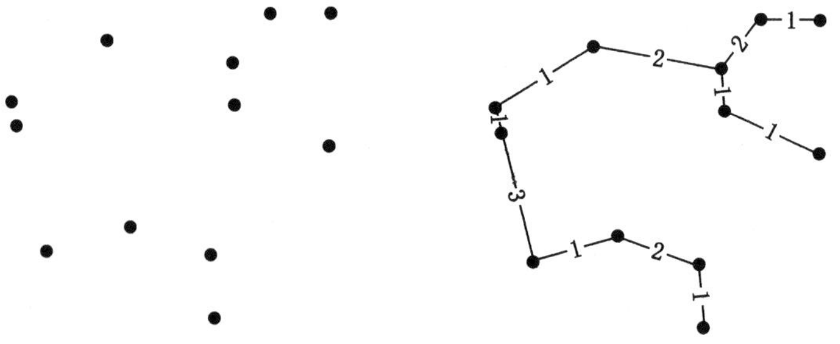

(a) Point set (nodes or vertices) **(b) Point set (nodes or vertices)**

Figure 3.20 Minimum spanning tree

(2) Gabriel network

A superset of the minimum spanning tree and a network form with a large number of applications is the Gabriel network, which is named after its main founder K. R. Gabriel. Figure 3.21 (a) shows a Gabriel network of a point set, which is created by adding edges between the point pairs of the source set if and only if no other points in the set are contained in a circle whose diameter passes through these two points [see the black dots in Figure 3.21 (a)]. In this example, the circle shown contains another point in the point set, so the chain connecting the two points that create the circle will not be included in the final solution (line). This process continues until all point pairs are tested in this way and connected when the conditions are met [Figure 3.21 (b)].

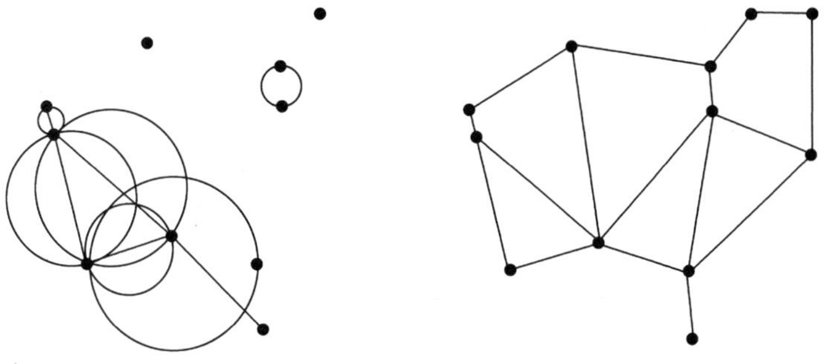

(a) Gabriel network construction (b) Gabriel network construction

Figure 3.21 Gabriel network construction

The Gabriel network provides a network form that contains more links than the minimum spanning tree, so it provides greater connectivity, especially between adjacent points that are not actually adjacent. The Gabriel network is the only way to define the proximity of the point set, so that any other point will not be located within the connected point pair. Gabriel network has a large number of applications. It has a good expression of connectivity and can be binarized or edge-weighted. This method is used to determine the spatial weight matrix in autocorrelation analysis.

(3) Steiner tree

A feature of the solution of the minimum spanning tree is that they minimize the network length of a spanning tree, rather than the length of a network that connects all vertices and allows straight segments including intermediate points. Increasing the intermediate point can reduce the total network length. For the L2 measure, the reduction factor is about sqrt (3)/2, and for the L1 measure, the reduction factor is 2/3. For example, any three adjacent points may be connected by an intermediate point (or Steiner point) that reduces the local minimum spanning tree if and only if the angle between the two edges of the local spanning tree is less than 120° [Figure 3.22 (a)] and all points are unweighted. In this example, the optimal position of the intermediate point is that the angle between each chain from the selected point to the other three points and the chain to the other two vertices is 120 °, that is, they are equally spaced [Figure 3.22 (b)].

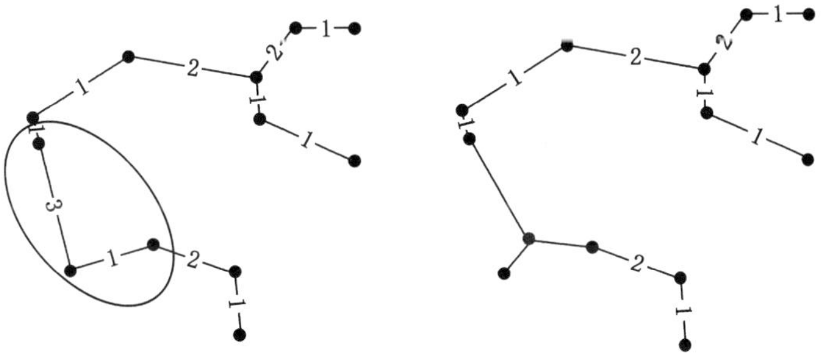

(a) MST (b) MST with 1 Steiner point

Figure 3.22 Steiner MST construction

At the same time, the minimum spanning tree may be systematically modified by this method and accept the solution of reducing the total network length, but this does not necessarily generate a minimum length Steiner tree. Algorithms that examine a wider range of options from the initial point set will likely produce improved solutions.

3.5.4 Best path analysis

Here, "best" contains many meanings, not only refers to the shortest distance in the general geographical sense, but also can be the least cost, the shortest time, the largest resource flow (capacity), the highest line utilization rate and other standards. Many network-related problems, such as the most reliable path problem, the maximum capacity path problem, the accessibility evaluation problem and various path allocation problems, can be included in the scope of the optimal path problem. No matter how the judgment criteria and the constraints in practical problems change, the core implementation method is the shortest path algorithm. The shortest path problem is to find the shortest path between two nodes in all paths. Such a path is called the shortest path between two nodes. The expression of the shortest path problem is relatively simple. From the perspective of algorithm research, the shortest path problem can usually be summarized into two categories: one is the shortest path between all point pairs, and the other is the shortest path problem between single source points. The different implementation methods are as follows.

(1) Dijkstra algorithm

Dijkstra algorithm is an algorithm proposed by E. W. Dijkstra in 1959 to generate the shortest path in the order of increasing path length. This algorithm is considered to be a classic and effective algorithm to solve the shortest path problem between single source points. The basic idea is: assume that each point has a pair of labels (d_j, p_j), where d_j is the length of the shortest path from the origin point s to the point j [the shortest path from the vertex to itself is a zero path (no arc path), and its length is equal to zero]; p_j is the first point of j in the shortest path from s to j. The shortest path algorithm from the origin point s to the point j is also known as the labeling method or the staining method. The basic process is as follows:

① Initialization. The origin point is set to $d_s = 0$, p_s is empty, and the origin point s is marked, denoted by $k = s$, and all other points are set to unlabeled points.

② Examine the distance from all marked points k to its directly connected unlabeled point j, and set:

$$d_i = \min[d_j, d_{jk} + l_{kj}] \tag{3-17}$$

where l_{kj} is the direct connection distance from point k to j.

③ Select the next point. Select the smallest i in d_j from all unmarked nodes:

$$d_i = \min[d_j, \text{all unmarked points } j] \tag{3-18}$$

Point i is selected as a point in the shortest path and set as a marked point.

④ Find the first point of point i. Finds the point j^* directly connected to point i from the marked point as the preceding point, denoted by:

$$i = j^* \tag{3-19}$$

⑤ Mark point i. If all the points have been marked, the algorithm is fully launched, otherwise, mark $k = i$, repeat step ②③④.

Figure 3.23 is a weighted directed graph. If Dijkstra algorithm is applied to it, the shortest path from V_0 to the remaining vertices and the change of distance during the operation are shown in Table 3.10.

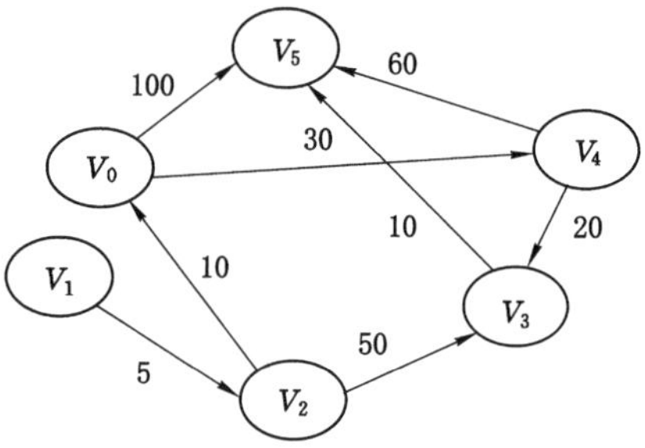

Figure 3.23 Weighted directed graph

Table 3.10 Dijkstra algorithm examples and calculation process

End point	Solution process of the distance value and the shortest path from the source point V_0 to each end point				
	$i=1$	$i=2$	$i=3$	$i=4$	$i=5$
V_1	∞	∞	∞	∞	∞
V_2	$10(V_0, V_2)$				
V_3	∞	$60(V_0, V_2, V_3)$	$50(V_0, V_4, V_3)$		
V_4	$30(V_0, V_4)$	$30(V_0, V_4)$			
V_5	$100(V_0, V_5)$	$100(V_0, V_5)$	$90(V_0, V_4, V_5)$	$60(V_0, V_4, V_3, V_5)$	
V_j	V_2	V_4	V_3	V_5	
S	$\{V_0, V_2\}$	$\{V_0, V_2, V_3\}$	$\{V_0, V_2, V_3, V_4\}$	$\{V_0, V_2, V_3, V_4, V_5\}$	

Through the above examples, it can be seen that in the process of solving the shortest path from the origin point to a specific endpoint, the shortest path from the origin point to other points can also be obtained. Therefore, the time complexity of this calculation process is O (n^2), where n is the number of nodes in the network.

(2) Freud algorithm

The Freud algorithm can obtain the shortest path between each pair of vertices. The basic idea is to assume that the shortest path from the vertex V_i to V_j is obtained. If there is an arc from V_i to V_j, then there is a path from V_i to V_j with a length of d_{ij}, which is not necessarily the shortest path and requires n trials. Firstly, the existence of arc (V_i, V_1) and arc (V_1, V_j) is determined [that is, the existence of path (V_i, V_1, V_j) is considered]. If it exists, the path lengths of (V_i, V_j) and (V_i, V_1, V_j) are compared, and the shorter one is the shortest path with the serial number of the middle vertex from V_i *to* V_j not greater than 1. If a vertex V_2 is added to the path, if the path $(V_i, \cdots, V_2)$ and the path $(V_2, \cdots, V_j)$ are the shortest paths with the ordinal number not more than 1 of the currently found intermediate vertex, then the subsequent path $(V_i, \cdots, V_2, \cdots, V_j)$ may be the shortest path with the ordinal number not more than 2 of the intermediate vertex from V_i to V_j. Comparing it with the shortest path from V_i to V_j with the serial number of the middle vertex not greater than 1, after selecting the shortest path with the serial number of the middle vertex not greater than 2, a vertex V_3 is added to continue the trial. By analogy, after n comparisons, the shortest path from V_i to V_j must be obtained. According to this method, the shortest path between each pair of vertices can be obtained at the same time. The algorithm requires a total of three cycles, and the total time complexity is $O(n^3)$.

(3) Matrix algorithm

The algorithm is to use the matrix to find the shortest distance matrix of the graph. Let $\mathbf{A}=(a_{i,j})_{n\times n}$ be the adjacency matrix of a weighted undirected graph, then $\mathbf{A}^{[2]}=(a_{i,j}{}^{[2]})_{n\times n}$, where $a_{i,j}=\min\{a_{i1}+a_{1j}, a_{i2}+a_{2j}, \cdots, a_{ik}+a_{kj}\}$, where $a_{i1}+a_{1j}$ denotes the path length from node i through intermediate point 1 to node j, $a_{i2}+a_{2j}$ denotes the path length from node i through intermediate point 2 to node j, the rest of the items have the same meaning, they all denote the path length from node i through an intermediate point to node j, ai. j takes the minimum value of them, which means the shortest path from node i to node j through at most one intermediate point. Similarly, in $\mathbf{A}^{[k]}=(a_{i,j}{}^{[k]})_{n\times n}$ denotes the shortest path from the node i through at most $(k\text{-}1)$ intermediate points to the node j. The order of the graph is n, and the simple path from i to j passes through at most $n-2$ intermediate nodes, so it is only necessary to go to $\mathbf{A}^{[n-2]}$, and then compare $\mathbf{A}$, $\mathbf{A}^{[2]}$, $\mathbf{A}^{[3]}, \cdots, \mathbf{A}^{[n-2]}$, and take the smallest item of which is the path with the smallest length from node i to node j. The algorithm steps can be expressed as:

① The adjacency matrix $\boldsymbol{A}$ of the known graph;

② Determine $\boldsymbol{A}$, $\boldsymbol{A}^{[2]}$, $\boldsymbol{A}^{[3]}$, …, $\boldsymbol{A}^{[n-2]}$;

③ $D = \boldsymbol{A}\boldsymbol{A}^{[2]}\boldsymbol{A}^{[3]}\cdots\boldsymbol{A}^{[n-2]} = (d_{i,j})_{n\times n}$。

The resulting $\boldsymbol{D}$ is the shortest distance matrix of the graph. Each value in the matrix needs to be calculated n times, and the value of all elements in the matrix needs to be calculated n^2 times, and finally n times need to be compared, so the time complexity of the algorithm is $O(n^4)$.

(4) Algorithm comparison

The above three algorithms have their own advantages and disadvantages. The following is only a comparison of the scope of application, function, time complexity, and ability to solve sub-short paths, so as to choose a method that is more conducive to problem solving in use.

Dijkstra algorithm and Freud algorithm can be applied to undirected graphs or directed graphs, while the matrix algorithm itself is only applicable to undirected graphs, but it can also be used for directed graphs after improvement. The Dijkstra algorithm can only find a path from the origin point to the rest of the points at a time, and both the Freud algorithm and the matrix algorithm can find the shortest path between all vertices. The time complexity of these three algorithms is $O(n^2)$,$O(n^3)$,$O(n^4)$; in addition, the matrix algorithm can also find the sub-short path, while the other two algorithms cannot.

3.5.5 Traveling salesman problem (TSP)

The optimal path described above is a subset of a more general problem, the Traveling Salesman Problem (TSP). TSP involves selecting a route through each point in a given set of points and returning to the starting point to minimize the length of the route. The applications of TSP include seller visiting customers, garbage truck service business needs, truck service retail outlets, security personnel patrols, etc. There are also many non-geographic applications, such as from VLSI design to DNA sequence analysis. Most geographic applications involve an appropriate number of access locations (such as cities, shops), but changes in the problem (such as the requirement to assign multiple vehicles from the central warehouse on the route to visit the branch) can significantly increase the complexity of the problem. The GIS software package does not support pure TSP (i. e. , based on a set of points without a pre-determined network). When the network is defined, a few GIS software packages support the TSP function.

Since each TSP journey needs to visit each location once, deleting a chain from the journey will form a spanning tree. The tree is at least MST, usually longer (the upper bound for symmetric planar graphs is 1.5 times the length of MST). For a symmetric (i. e. , undirected) graph consisting of n vertices, the number of possible itineraries t is $t = (n-1)!/2$. The number increases rapidly with n, and the larger n cannot be estimated systematically in reality. For example, when $n = 10$, t is 181440. Therefore, solving the problem correctly will be an $O(n!)$ problem and NP complete problem.

A formal statement of the basic TSP is:

1: $\min\sum_{i=1}^{n}\sum_{j=1}^{n}c_{ij}x_{ij}$, $i \neq j$

2: $\sum_{i=1,i\neq j}^{n} x_{ij} = 1, j = 1,\cdots,n$

3: $\sum_{j=1,j\neq i}^{n} x_{ij} = 1, i = 1,\cdots,n$

4: $X_{ij} \in \{0,1\}$

Where c_{ij} is the travel cost from point i to point j (e. g. , distance weighted cost). If there is a directed chain between point i and point j in a route, then $x_{ij}=1$, otherwise it is 0. Here n is the number of sites in the journey, $i=1$ is the starting point of the route (such as a warehouse), $i=2,3,\cdots,n$ is the site visited (such as customers).

There is a close relationship between the generation of Delaunay triangulation, the generation of MST and the solution of Euclidean (plane) TSP. To illustrate this connection, we use a test data set consisting of $n=130$ points in TSPLIB. Figure 3.24 illustrates several aspects of these relationships. Figure 3.24 (a) shows the source point set, and Figure 3.24 (b) gives the Delaunay triangulation of the point set. The total length of the edges in the triangulation is 30 157 units.

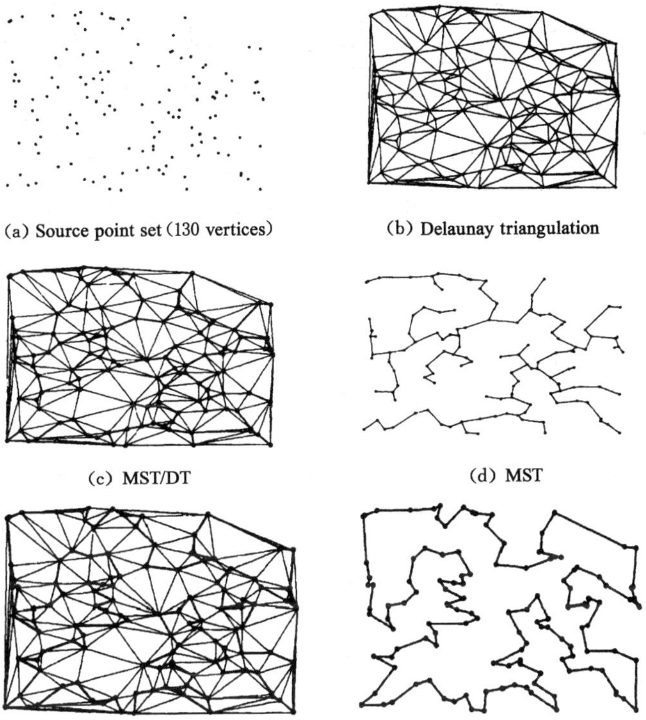

(a) Source point set (130 vertices)

(b) Delaunay triangulation

(c) MST/DT

(d) MST

(e) TSP/DT

(f) TSP-solution

Figure 3.24 MST, TSP and related problems

Figure 3.24 (c) and Figure 3.24 (d) illustrate the minimum spanning tree (MST) of the point set generated by concorde software and superimposed on the Delaunay triangulation. The minimum spanning tree consists of 129 edges, with a total length of 5 166 units. Figure 3.24 (e) and Figure 3.24 (f) show the same combination, but in this example the exact TSP solution obtained using the linear programming and tangent plane method implemented in Concorde is shown. It takes a few seconds to complete the processing in a medium-performance desktop computer. In this example, the total number of edges is 130, and the total length is 6110 units.

Finally, Figure 3.25 (a) illustrates the solution quickly generated by using the heuristic LK method for this problem. Note that the upper right corner of this solution is slightly different from the upper right corner of the exact solution in Figure 3.24 (f). The method also has 130 edges, but the length is slightly larger, which is 6124 units.

Figure 3.25 (b) provides an example of solving a more general problem, that is, determining $t > 1$ optimal route sets for a given set of points. This kind of problem is called Vehicle Routing Problem (VRP), or Capacitated VRP (CVRP) when the problem expression contains vehicle capacity constraints. In this example, the point set is simply divided into left and right parts, and the optimal path is generated for each subset. The combined length of these routes is 6349 units, but the total length of the route may well be less than the length of a single route.

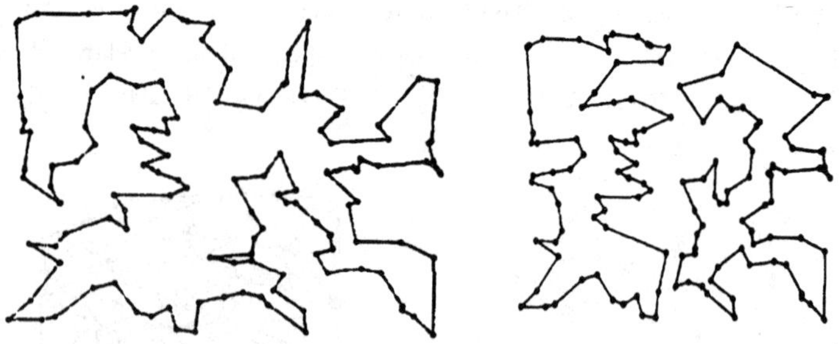

(a) TSP-LK solution (b) Dual TSP

Figure 3.25 Heuristic solution and dual circuit TSP examples

3.5.6 Position analysis

3.5.6.1 Location problem

The site selection function involves selecting the location of service facilities in a specified area, such as determining the best location of suburban store areas, fire stations, factories, airports, warehouses, etc. The location problem in network analysis generally requires that the facility must be located at a certain node or on a certain network line, or limited to select a location among several candidate locations. There are many kinds of site selection problems, and the methods and techniques to realize them are also varied. Different GIS systems have their own characteristics in this regard. The main reason is that there are different interpretations of the "best location" (that is, what criteria are used to measure the advantages and disadvantages of a location), and the requirements for the number of positioning facilities are different.

(1) Establish a mathematical model

Given a geographic network $D=(V,E)$, where V denotes the set of geographic network nodes and E denotes the set of geographic network edges. Let $d(p,q)$ denote the distance from vertex p to vertex q. Let $\boldsymbol{R}$ be a matrix. The p_{th} and q_{th} elements of the matrix are $d(p,q)$, and the elements of the matrix $\boldsymbol{R}$ are called Vertex-vertex Distance (VVD). $d(f\_(i,j),q)$ is the distance from $f\_$ point on the network edge (v_i,v_j) to node q, which is called point-vertex distance (PVD). $d'(p,(i,j))$ denotes the maximum distance from the vertex p to the network edge (v_i, v_j), which is called Vertex-arc Distance.

$$\text{MVV}(p)=\max_{q}\{d(p,q)\} \tag{3-20}$$

Formula (3-20) represents the maximum distance from vertex p to any vertex.

$$\text{SVV}(p)=\sum_{q} d(p,q) \tag{3-21}$$

Formula(3-21) denotes the total distance from a vertex p to all vertices.

$$\text{MVA}(p)=\max_{(i,j)}\{d'(p,(i,j))\} \tag{3-22}$$

Formula (3-22) represents the maximum distance from vertex p to all arcs.

$$\text{SVA}(p)=\sum_{(i,j)}\{d'(p,(i,j))\} \tag{3-23}$$

Formula (3-23) represents the total distance from the vertex p to all arcs.

$$\text{MPV}(f\_(i,j))=\max_{q}\{d(f\_(i,j)),q\} \tag{3-24}$$

Formula (3-24) represents the maximum distance from the $f\_$ point on the network edge (v_i, v_j) to any node.

$$\text{SPV}(f\_(i,j))=\sum_{q} d(f\_(i,j),q) \tag{3-25}$$

Formula (3-25) represents the total distance from the $f\_$ point on the network edge (v_i, v_j) to all nodes.

MPA($f\_(i,j)$) and SPA ($f\_(i,j)$) can also be defined as the maximum distance or total distance from each network edge to all network edges.

Based on the definition of the above variables, the concepts of the central point and the central point are given. The position that minimizes the maximum distance is called the center point of the network, and the position that minimizes the sum of the maximum distances is called the midpoint of the network. The center points of a geographic network mainly include center, general center, absolute center and general absolute center. The medians of a geographic network mainly include medians, general medians, absolute medians, and general absolute medians. The mathematical expressions of the center points of various geographical networks are shown in Formulas (3-26) to (3-29).

The center point of the geographic network is the nearest node v_x from the farthest node in the network, namely:

$$\mathrm{MVV}(x) = \min_i \{\mathrm{MVV}(i)\} \tag{3-26}$$

The general center of the geographic network is the nearest node v_x from the farthest point, namely:

$$\mathrm{MVA}(x) = \min_i \{\mathrm{MVA}(i)\} \tag{3-27}$$

The absolute center of the geographic network is any point v_x closest to the farthest node, namely:

$$\mathrm{MPV}(f\_(i,j)) = \min\{\mathrm{MPV}(f\_(r,s))\} \tag{3-28}$$

The general absolute center of a geographic network is any point v_x closest to the farthest point, namely:

$$\mathrm{MPA}(f\_(i,j)) = \min\{\mathrm{MPA}(f\_(r,s))\} \tag{3-29}$$

Similarly, the mathematical expressions of various types of medians are shown in Formulas (3-30) to (3-33).

The median point of the geographic network is a node v_x with the minimum total distance from this point to other nodes, namely:

$$\mathrm{SVV}(x) = \min_i \{\mathrm{SVV}(i)\} \tag{3-30}$$

The general median of a geographic network is a node v_x with the minimum total distance from this point to other nodes, that is:

$$\mathrm{SVA}(x) = \min_i \{\mathrm{SVA}(i)\} \tag{3-31}$$

The absolute median point of a geographic network is any point with a minimum total distance from that point to all nodes, that is:

$$\mathrm{SPV}(f\_(i,j)) = \min\{\mathrm{SPV}(f\_(r,s))\} \tag{3-32}$$

The general absolute midpoint of a geographic network is any point with the smallest total distance from that point to all edges of the network. that is:

$$\mathrm{SPA}(f\_(i,j)) = \min\{\mathrm{SPA}(f\_(r,s))\} \tag{3-33}$$

(2) Example analysis

There is a designated post area, and it is necessary to select a city as the location of the central office among the five cities within the post area. The city is represented by the vertices of the graph, and the connection between the vertices represents the relationship between the entry, exit and transit of the mail between the cities. The weight of the connection is set to the cost of transporting the mail between the two cities. The cost of mail delivery includes factors such as the length of the distance, the postal transportation tool, the size of the business volume, the flow direction of the mail, and the number of turns. The importance of each factor is different, and the weighting will be

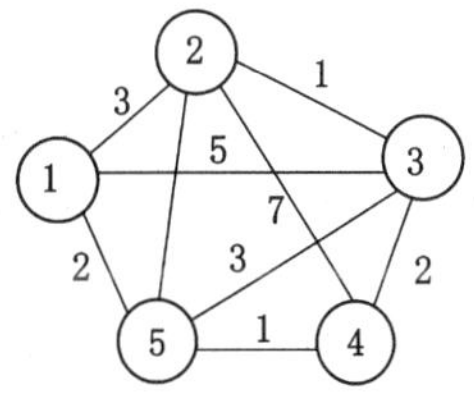

Figure 3.26 Postal city schematic diagram

different. Of course, the obtained values must be normalized, and the specific data are shown in Figure 3. 26.

The most important thing in the location problem is to determine the selection criteria, that is, whether the location process is based on the central point method or the median point method. In this case, the vertex obtained by the central point method refers to the fact that the maximum cost of mail transactions between the city represented by the vertex and other cities is the smallest; the vertex obtained by the midpoint method indicates that the total cost of mail transactions between the city and other cities is the smallest.

No matter which method is selected, the ***R*** matrix must be obtained first. ***R*** matrix can be obtained by Floyd algorithm or Dantzig algorithm:

$$\boldsymbol{R}=\begin{bmatrix}0&3&5&3&2\\3&0&1&3&4\\5&1&0&2&3\\3&3&2&0&1\\2&4&3&1&0\end{bmatrix} \tag{3-34}$$

If you choose the center point method as the standard, according to the mathematical expression of the center point given above, the maximum cost of mail delivery from city 1 to other cities can be obtained first, and then the maximum cost of mail delivery from city 2,3,4,5 to other cities can be obtained in turn. The calculation process is as follows:

$$\begin{cases}\mathrm{MVV}(1)=\max\{0,3,5,3,2\}=5\\\mathrm{MVV}(2)=\max\{3,0,1,3,4\}=4\\\mathrm{MVV}(3)=\max\{5,1,0,2,3\}=5\\\mathrm{MVV}(4)=\max\{3,3,2,0,1\}=3\\\mathrm{MVV}(5)=\max\{2,4,3,1,0\}=4\end{cases} \tag{3-35}$$

The maximum distance from vertex 4 to other vertices is 3, and the actual meaning is that the maximum cost of transporting mail from city 4 to other cities is the smallest. It can be seen that the address of the post office is set in the city, which can ensure that the maximum delivery cost of mail from the post office to other receiving and sending points in the post office is the smallest.

If the median method is selected as the standard, the practical significance of the calculated median indicates that the total cost of shipping mail from this point to other cities is the lowest. Similarly, according to the mathematical expression of the midpoint, SVV(i) should be obtained first.

$$\begin{cases}\mathrm{SVV}(1)=3+5+3+2=13\\\mathrm{SVV}(2)=3+1+3+4=11\\\mathrm{SVV}(3)=5+1+2+3=11\\\mathrm{SVV}(4)=3+3+2+1=9\\\mathrm{SVV}(5)=2+4+3+1=10\end{cases} \tag{3-36}$$

Therefore, $\{\mathrm{SVV}(x)\}=\min\{13,11,11,9,10\}=9=\mathrm{SVV}(4)$, that is, vertex 4 is the midpoint of the post area, and the total cost of shipping mail from city 4 to other cities is the smallest.

In the above site selection, only the central office is considered to be located on the vertex of the representative city. In practical applications, there will also be small-level delivery points. These points appear as points on the connection line. In this case, the general center method will be selected as the standard. The general center represents the minimum transportation cost of the farthest mail delivery point from the center to the post area. The specific solution method is similar to the above example, which is not explained in detail here. In addition, the mathematical model of the location problem should be improved according to the need. How to express the given geographic network in the form of a graph, how to determine the route between each point, how to determine the direction of the network line, how to determine the weight of the connection and other issues should be considered in practical work. In the application of the location problem, several locations will be selected from multiple candidate points to meet certain demand conditions. The solutions to such problems will be elaborated in the P-center location and allocation problem.

3.5.6.2 Resource allocation issues

In real life, the allocation problem is reflected in the determination of the service scope of the facility and the allocation scope of its resources. The allocation of resources can determine the nearest school for students on each street in the city, and provide its water supply area for the reservoir.

The allocation of resources is to simulate how resources flow between the center (schools, fire stations, reservoirs, etc.) and the surrounding network lines (streets, waterways, etc.), nodes (intersections, car transfer stations, etc.). When calculating the service scope of the facility and the allocation scope of its resources, the attributes of each element of the network will also have a great impact on the actual allocation of resources. The main attributes include the supply and maximum resistance of the center, the demand and maximum resistance of the network edge and network node, and sometimes the corner attributes are also used. According to the center capacity and the demand of network lines and nodes, the network lines and nodes are allocated to the center, and the allocation is carried out along the optimal path. When the network elements are assigned to a center, the amount of resources owned by the center is reduced according to the needs of the network elements. When the center's resources are exhausted and the allocation stops, the user can control the allocation range by assigning the center's hindrance strength.

(1) Determine the service scope of the center.

In real life, many industries and departments are involved in the use of service facilities to provide related services. The common service scopes are as follows: ① the shortest distance to the service facility or center does not exceed a certain range of coverage areas, such as a water supply station within 50 kilometers of the area, which constitutes the water supply area of the water supply station; ② to the service facilities or the center of the shortest time does not exceed a certain limit of the coverage area, such as a fire station 10 minutes can reach the scope of the fire station in 10 minutes of service. As a basic network analysis function, center service scope analysis provides a favorable tool for evaluating the location and accessibility of service centers.

The central service area of a geographic network refers to the area that a service center can reach within a given time or range. The strict definition can be expressed as follows: Let $D = (V, E, c)$ be a given geographical network with a center, V denotes the set of geographical network nodes, E denotes the set of geographical network edges, and c denotes a center of the geographical network. Let c_w be the resistance value of the center, w_{ij} denotes the cost of the network edge e_{ij}, r denotes a path between any node on the geographic network and the center (v_i, v_c), r_{ic} denotes the cost of the path. Without considering the supply and demand of goods, the service scope of the center is defined as the set F of network edges and network nodes that meet the following conditions:

$$F = \{v_i \mid r_{ic} \leqslant c_w, v_i \in r\} \cup \{e_{ij} \mid r_{ic} + w_{ij} \leqslant c_w, v_i \in r\} \tag{3-37}$$

The resistance value c_w of the center can be understood as the maximum value of the total cost allocated by the resource from the center along a certain path. The cost of any path from the center within the service scope of the center cannot exceed the resistance value of the center. For example, when students are required to be at school for no more than 15 minutes, the resistance value of the school is 15 minutes, and the resistance value of the center has different meanings for different applications.

The basic idea of determining the service scope of the center is to find out the paths whose service cost does not exceed the center resistance value in turn, and the set of network nodes and edges that make up these paths constitutes the service scope of the center. The specific processing is to use the breadth-first search algorithm to start the geographic network from the center. According to the resistance value of the center and the cost of the network edge, from near to far, in turn, access the nodes that are connected to the center and the path cost does not exceed the central resistance value. Determine the shortest path to be reached. The main steps are:

① According to the topological relationship, the maximum number of adjacent nodes of the geographic network is calculated.

② Construct adjacency node matrix and initial judgment matrix to describe geographic network structure.

③ Breadth-first search algorithm is applied to determine the service scope of geographic network center.

(2) Determine the scope of the allocation of central resources

Resource allocation reflects the supply and demand relationship of resources in the real world network. "Supply" represents a certain amount of resources or goods, which is located in the center of the facility, and "need" refers to the use of resources. Usually, the center of the geographic network is used to simulate the service facilities such as schools and fire stations, and the serviced side is used to simulate the students living along the street with network edges and network nodes. The relationship between supply and demand leads to the transportation and flow of resources in the network. Resources are either sent from the supply side to the demand side or obtained from the demand side to the supply side. There is a many-to-many relationship between the supplier and the demander. For example, a student can go to many schools, and multiple power stations can serve multiple customers in the same area. There is a problem of optimal configuration. The purpose of optimization is: On the one hand, it requires the supplier to provide sufficient resources to the demander, for example, the power station should have enough power to provide to the customer; on the other hand, for both parties that have established a supply and demand relationship, it is necessary to achieve the lowest cost of supply and demand. For example, in the case of the shortest time for students to go from home to school, determine which students go to which school.

Resource allocation is the process of allocating the edges or network nodes of a geographic network to a center according to the supply of the center and the demand of the network edges and network nodes. Determining the distribution range of center resources is to determine which network edges and network nodes in the geographic network are composed of regions that accept the resource allocation of the center. When processing, it is necessary to consider both the demand for network edges and network nodes, and the total demand for the center. That is to say, the path that the cost to the center does not exceed the maximum resistance value of the center, and the total demand of the network does not exceed the supply quantity of the center, the set of network nodes and edges that make up these paths constitutes the scope of resource allocation of the center.

The definition of resource allocation range can be expressed as follows: Let $D=(V, E, c)$ be a given geographical network with a center. Let the supply of the center be c_s, the resistance of the center be c_w, and d_{ij} and w_{ij} represent the demand and cost of the network edge e_{ij}, respectively. r represents the shortest path from any node on the geographic network to the center (v_i, v_c), r_{ic} is the cost of the path, and m is the current total demand of the network. Then the resource allocation range is the set P of network edges and network nodes satisfying the following conditions:

$$P=\{v_i \mid r_{ic} \leqslant c_w, m \leqslant c_s, v_i \in r\} \cup \{e_{ij} \mid r_{ic}+w_{ij} \leqslant c_w, m+w_{ij} \leqslant c_s, v_i \in r\} \tag{3-38}$$

The specific solution of the allocation range of the center resource is similar to the search method of the service range. The main steps of the algorithm are as follows:

① The node where the center is located is taken as V_0, placed in the marked node set S, and the relevant variables are initialized.

② If the entire network has been allocated, then stop; Otherwise, perform step 4.

③ if the total supply has been allocated, then stop; Otherwise, perform step 4.

④ In the unassigned node set $\overline{S}$, find the node V_n with the shortest path from the center V_0, assume that the former point of V_n is V_m, and take (V_m, V_n) as the edge of the current processing.

⑤ Judging the operation of the network flow on the edge (V_m, V_n).

a. The traffic received by the edge from the V_m point: $LR_{mn} = \min\{LL_{mn}, PO_m\}$;

b. The flow consumed by the edge: $LF_{mn} = \min\{LD_{mn}, LR_{mn}\}$;

c. The flow from this side to V_n: $LO_{mn} = LR_{mn} - LF_{mn}$;

Among them, LD_{mn} and LL_{mn} are the demand and capacity of (V_m, V_n) edges, respectively, and PO_m is the traffic flow from V_m.

⑥ If the flow from (V_m, V_n) edge to V_n is 0, then the edge stops transporting. If the flow of the (V_m, V_n) side to the V_n point is less than the demand of the side, then a part of the side is allocated to the center and the transportation is stopped. If the flow of (V_m, V_n) edge to V_n is greater than the demand of the edge, then the acceptance PR_n, consumption PF_n and emission PO_n of the network flow at V_n are investigated.

⑦ Judging the operation of network flow on the node is similar to that on the edge:

(a) The traffic received by node V_n from (V_m, V_n): $PR_n = \min\{PL_n, LO_{mn}\}$;

(b) Flow consumed by node V_n: $PF_n = \min\{PD_n, PR_n\}$;

(c) Flow from node V_n to adjacent edges: $PO_n = PR_n - PF_n$;

Among them, PD_n and PL_n are the demand and traffic capacity of the node V_n respectively.

⑧ If $PO_n \leqslant 0$, the point stops transportation; if $PO_n > 0$, then consider the edges adjacent to the node V_n.

⑨ If there is an edge (V_n, V_r) adjacent to V_n, the edge has not been allocated and the point V_n of the edge has been allocated, then the amount LD_{nr} required by the edge is allocated to the edge. At this time, the flow from V_n to other adjacent edges that have not been allocated at the other end is $PO_n = PO_n - LD_{nr}$.

⑩ Record the assigned node V_m, edge (V_m, V_n) or edge (V_n, V_r), and subtract these elements from the unassigned set of nodes and edges $\overline{S}$ and $\overline{Q}$, and take the node V_n as the current node.

Finally, the total consumption LET, PET, the number of points or edges LNT, PNT and the total consumption TF of the whole network are calculated.

Review thinking questions

1. What are the types of distance measures available in proximity analysis?
2. Summarize the morphological differences of buffers established by point, line and planar entities.
3. Description of the algorithm and steps used to establish a buffer for linear entities.
4. Summarize the main characteristics of Thiessen polygon.
5. Summarize the processing of attributes and graphics in the overlay analysis of point, line, surface entity and surface entity.
6. Summarize the main content of topology analysis and common topology errors.
7. Examples illustrate the application of map algebra.
8. Different types and differences of grid computing.
9. Difference and connection between linear filtering and nonlinear filtering.

10. Key issues in network and location analysis.

11. Differences and connections among minimum spanning tree, Gabriel network and Steiner tree.

12. The comparative analysis of Dijkstra algorithm, Freud algorithm and matrix algorithm in optimal path analysis.

13. Construction and application of TSP.

14. The types and differences between the central point and the central point.

15. Definition and application of resource allocation.

Chapter 4 Spatial statistical analysis

Statistical analysis is the main means of spatial analysis. Spatial statistical analysis is the statistical analysis of spatial data, so as to draw conclusions or establish connections. It includes the statistical analysis of spatial data and the spatial statistical analysis of data. The statistical analysis of spatial data is to use mathematical statistical models to describe and simulate spatial phenomena and processes. Spatial statistics of data is the study of spatial dependence and spatial heterogeneity of spatial data.

4.1 Exploratory spatial data analysis

Before modeling or in-depth analysis of data, it is necessary to understand the statistical distribution properties of data and make a general summary, that is, exploratory data analysis. Exploratory data analysis is essentially a data-driven idea. It does not impose prior assumptions on the data or imposes as few prior assumptions as possible. It visually displays the characteristics of the data in the form of graphs and tables, or uses mathematical methods such as formula fitting and calculation of feature quantities to reveal the characteristics of data distribution, outliers and global trends. The purpose is to provide prior guidance for subsequent analysis, such as feature variable selection, model construction and test hypothesis.

When the exploratory data analysis method is combined with spatial data, it constitutes exploratory spatial data analysis. It is the extension of exploratory data analysis ideas to the field of spatial data. It is composed of a series of spatial data analysis methods and techniques, and is the forerunner of spatial analysis. Exploratory spatial data analysis takes spatial correlation measurement as the core. By describing and displaying the spatial distribution of geographical elements, it discovers the outliers of spatial data and reveals the spatial dependence and spatial heterogeneity patterns. Exploratory spatial data analysis is based on the null hypothesis, that is, the spatial uncorrelated hypothesis, and uses a combination of statistics and charts to describe and summarize spatial data. The basic methods of exploratory spatial data analysis are mainly divided into two categories: spatial data visualization and numerical calculation.

4.1.1 Spatial data visualization

Visualization is an important means of exploratory data analysis. There are two main methods of spatial data visualization, one is the traditional statistical map, and the other is to combine it with the map. This paper mainly introduces histogram, scatter plot, box plot, quantile-quantile plot, and the combination of statistical map and map.

(1) Histogram

The histogram is used to describe the data distribution pattern, which is divided into two categories: frequency histogram and frequency histogram. The observation value is represented by the horizontal axis and divided into several equal and non-overlapping intervals. The vertical axis represents the frequency or frequency of the observations falling in the corresponding interval, and the height represents the frequency of a set of sampling points or the frequency within the group, as shown in Figure 4. 1. The histogram shows the relative probability of different numerical ranges, prompts the center of the data, clarifies the distribution characteristics of the data, and judges whether the data contains outliers.

(2) Scatter plot

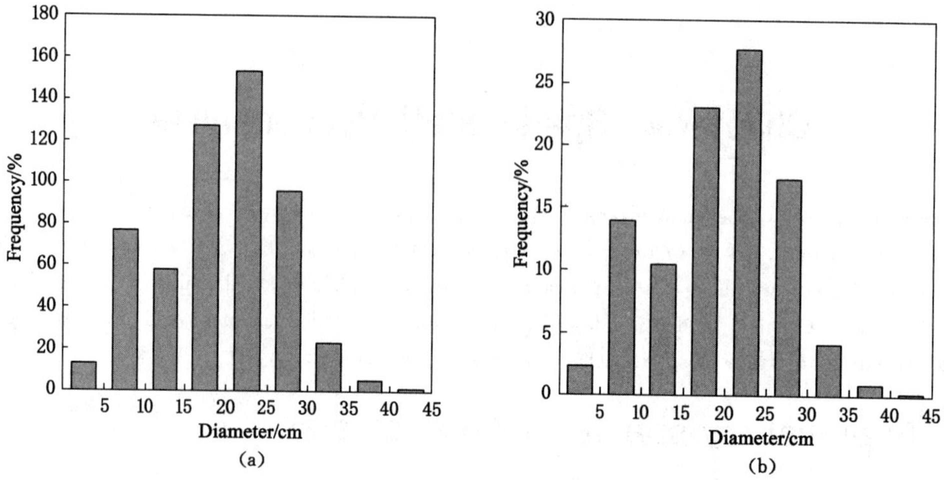

Figure 4. 1 Histogram of tree DBH frequency (a) and frequency (b)

The scatter plot is to draw the values of the two observation variables on a two-dimensional plane, which can visually display the relationship between the two variables, as shown in Figure 4. 2. In the scatter plot, according to the distribution characteristics of the data, the correlation between variables and the distribution of outliers can be displayed. In addition, the correlation between the variables shown in the scatter plot is also of great value for regression analysis.

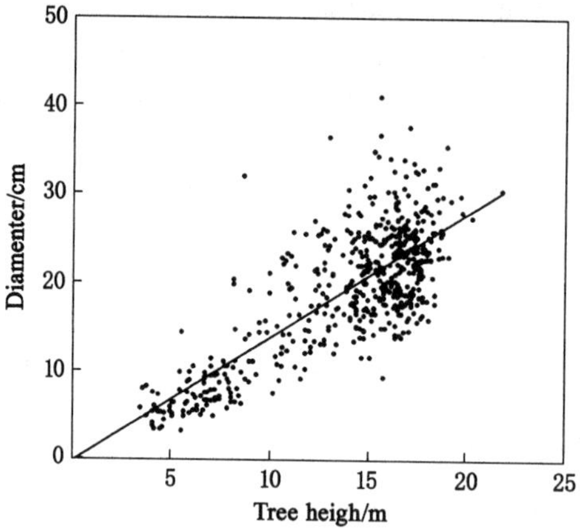

Figure 4. 2 Scatter plot of tree height-diameter relationship

(3) Box diagram

The box plot, also known as the box whisker plot and the box line plot, shows the data characteristics through five descriptive statistics, including the minimum value, the lower quartile, the median, the upper quartile and the maximum value, as shown in Figure 4. 3. The box plot can show whether the data has information such as concentration, discreteness, and outliers, and can compare the differences between different sample data. The flatter the box is, the shorter the whisker is, indicating that the numerical distribution of variables is more concentrated.

(4) Quantile-Quantile plot

The quantile-quantile plot, namely the QQ plot, is used to observe the proximity of a single observation data to the standard normal distribution, and can also be used to test whether the distribution of

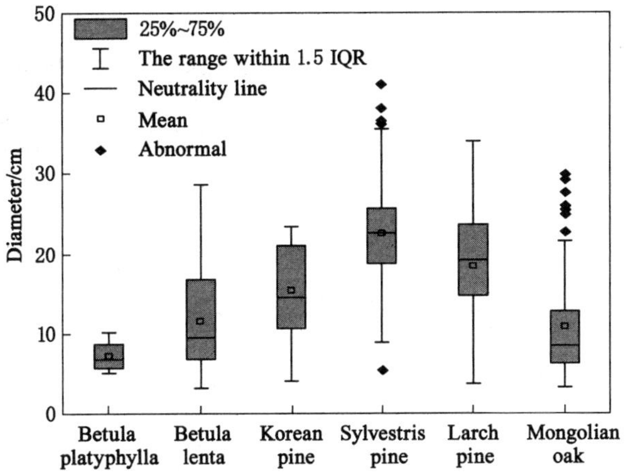

Figure 4. 3 Box diagram of diameter at breast height of different tree species

the two sets of observation data is the same. You can draw a QQ diagram of the original data, or you can draw the original data after logarithmic or Box-Cox transformation, such as Figure 4. 4. When drawing the QQ diagram, it is necessary to rearrange the observations in the order from small to large, and calculate the mean and standard deviation of the observation data. Then the quantile and cumulative distribution values of each value are calculated. The cumulative distribution value gives the proportion of data below a specific value. If the QQ diagram is close to the 1:1 line, it shows that the observation value conforms to the standard normal distribution. For the two sets of observation data, it shows that the two have the same distribution.

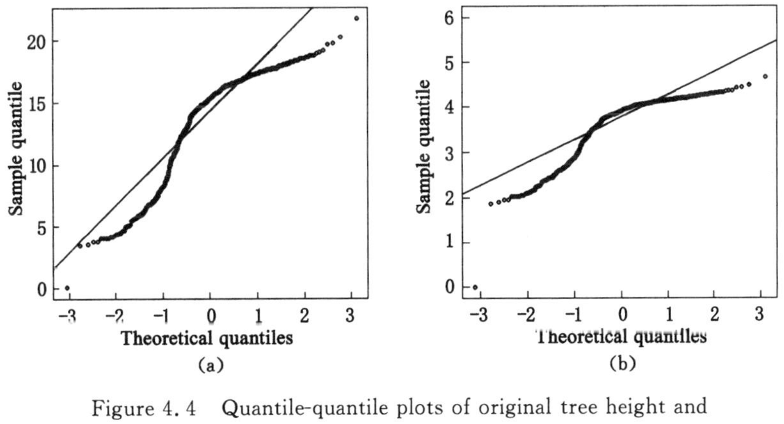

Figure 4. 4 Quantile-quantile plots of original tree height and tree height (a) after logarithmic transformation (b)

(5) Combination of statistical maps and maps

Map is an important means of spatial data visualization. When it is necessary to understand the spatial distribution characteristics and attribute characteristics of all data, the spatial data can be visualized by map, as shown in Figure 4. 5. Through the interactive method of GIS software, the map is combined with various statistical maps to establish the relationship between geospatial location and data attribute characteristics. The traditional exploratory data analysis method is closely integrated, and the geographical phenomenon can be comprehensively analyzed from space to attribute.

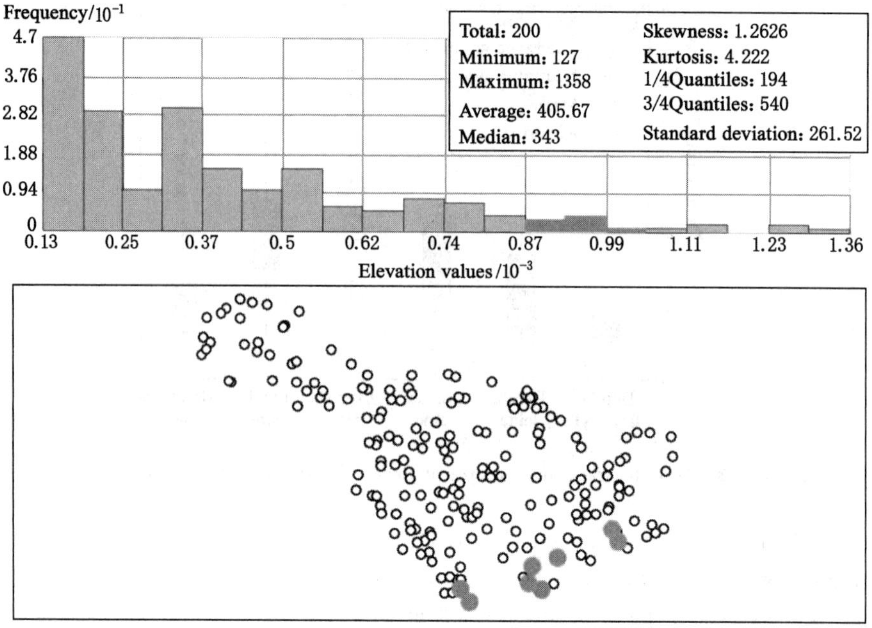

Figure 4.5 Interactive expression of map and statistical map

4.1.2 Numerical calculation

(1) Regression analysis

Regression analysis is a statistical analysis method to determine the quantitative relationship between two or more variables. Regression analysis is divided into univariate regression and multiple regression analysis according to the number of variables involved. According to the number of dependent variables, it can be divided into simple regression analysis and multiple regression analysis. According to the type of relationship between independent variables and dependent variables, it can be divided into linear regression analysis and nonlinear regression analysis.

In the linear regression analysis, the original data pair (x, y) is usually drawn on the rectangular coordinate system, and then the regression line and the corresponding linear formula that can represent the distribution trend of each data point are obtained by mathematical method. The linear formula describing the regression relationship of the data variable (x, y) is:

$$y = ax + b \tag{4.1}$$

In formula 4.1, a and b are two constant terms in the linear formula, which are obtained by fitting the measured data points with the least square method. Similarly, explanatory variables can be multiple.

(2) Principal component analysis

Principal component analysis is a dimension reduction method. With the help of orthogonal transformation, the original random vector related to its component is transformed into a new random vector unrelated to its component. Geometrically, the original coordinate system is transformed into a new orthogonal coordinate system, so that it points to the p orthogonal directions where the sample points are most open. Then the multi-dimensional variable system is reduced in dimension, and then the low-dimensional system is further transformed into a one-dimensional system by constructing an appropriate value function.

$$\begin{cases} Z_1 = c_{11}x_1 + c_{12}x_2 + \cdots + c_{1m}x_m \\ Z_2 = c_{21}x_1 + c_{22}x_2 + \cdots + c_{2m}x_m \\ \vdots \\ Z_m = c_{m1}x_1 + c_{m2}x_2 + \cdots + c_{mm}x_m \end{cases} \tag{4.2}$$

In Formula (4.2), x is the standardized variable of the original variable X (that is, each original variable minus the sample mean and then divided by the sample standard deviation), c_{ij} $(i, j=1, \cdots, m)$ is a linear combination coefficient, which is called factor loading, its size and the positive and negative signs directly reflect the closeness and direction of the relationship between the principal component and the corresponding variables. The principal component reflects the total information of all samples, and the amount of information gradually decreases from Z_1 to Z_m. The contribution rate of the i th principal component is $\frac{\lambda_i}{m \times 100\%}$. λ_i is the eigenvalue corresponding to the i th principal component, it can be solved by the characteristic formula $|\boldsymbol{R}-\lambda\boldsymbol{I}=0|$, where $\boldsymbol{R}$ is the covariance matrix of the normalized variable (that is the correlation matrix), and $\boldsymbol{I}$ is the unit matrix of the same order as the correlation matrix. Therefore, the cumulative contribution rate of the first P principal components is $\left(\sum_{i=1}^{p} \frac{\lambda_i}{m}\right) \times 100\%$. In application, the first P principal components corresponding to the cumulative contribution rate of 70 % to 85 % or above are generally obtained. Sometimes, (Z_1 to Z_2) can explain 70 % ~ 80 % of the variance of ($x_1, \cdots, x_m$).

In the study of complex problems, the use of principal component analysis method, often only need to consider a few principal components, and will not lose most of the information. In this way, it is easier to grasp the main contradiction, reveal the law between the internal variables of things, simplify the problem and improve the efficiency of analysis.

4.2 Fundamentals of spatial statistics

The spatial data of geographical phenomena or geographical processes are different from the general random variables. They generally have spatial autocorrelation characteristics, which are contrary to the hypothesis of sample independence in classical statistics, and the spatial data samples are generally non-reproducible. When using classical statistical methods to analyze spatial data, the results are often biased and non-optimal. Therefore, there is a significant difference between spatial statistics and classical statistics. Spatial dependence and spatial heterogeneity are the two most important properties of geographical variables.

4.2.1 Spatial dependence and spatial heterogeneity

The first law of geography proposed by American geographer Tobler, that is, everything is related, but similar things are more closely related. Its essence is that the relationship between geographical phenomena is not random, there is a certain correlation, similar or similar geographical phenomena will gather together. The proposition of the first law of geography has paid full attention to the spatial dependence of geographical phenomena. It is a qualitative description of spatial dependence, and its connotation needs to be explained according to the specific background. The most basic nature of dependent spatial data in space is also the essential reason for the special nature of spatial statistics. Generally, spatial autocorrelation index is used to measure the spatial dependence of geographical phenomena. There are many methods to calculate spatial autocorrelation, the most commonly used are Moran's I, Geary's C and Getis.

Geographical phenomena are affected by spatial dependence, and the spatial distribution patterns can be divided into three modes: aggregation, dispersion and random, as shown in Figure 4. 6. Aggregation pattern refers to the spatial distribution of geographical phenomena, the dispersed pattern means that the distribution is relatively uniform and far away from each other, indicating that there may be a mutually exclusive spatial relationship between adjacent geographical phenomena. The random pattern refers to neither aggregation nor dispersion, indicating that there may not be a systematic structure, mechanism and process that control the distribution.

(a) Gathering pattern (b) Dispersion pattern (c) Stochastic pattern

Figure 4. 6 Spatial pattern diagram

On the basis of Tobler's first law of geography, Goodchild put forward the second law of geography, namely the law of spatial heterogeneity, which is another important property of spatial data corresponding to spatial dependence. Spatial heterogeneity refers to the difference of geographical phenomena caused by different spatial locations, that is, the local particularity of geographical space, which reflects the diversity, complexity and heterogeneity of spatial data. Spatial heterogeneity, also known as spatial nonstationarity, means that the relationship or structure between geographical phenomena will change with the change of spatial location.

4. 2. 2 Expression of spatial proximity relationship

In spatial statistical analysis, it is usually necessary to describe the relationship between the locations of geographical objects, that is, whether there is proximity.

(1) Spatial neighborhood

Spatial proximity can be defined by distance or connectivity. When measuring the spatial proximity of planar elements by distance, the distance between the centroid and the geometric center of the planar elements is generally measured. If the distance between the elements is less than the proximity threshold, it can be considered that the two are spatially adjacent, and the size of the proximity threshold has a direct impact on the number of neighbors of the geographical object. The connectivity can also be used to measure the spatial proximity of the elements, and the judgment is based on whether there is a common boundary between the elements. The common boundary is defined as the direct nearest neighbor or the first-order nearest neighbor of the surface element. According to the transfer relationship of the nearest neighbor, the indirect nearest neighbor or the second-order nearest neighbor can be defined, and the n-order nearest neighbor is formed by analogy.

The regular grid is equivalent to a simplified polygonal structure, and its adjacency is divided into three ways, as shown in Figure 4. 7. According to the rules of chess, it can be divided into the walking mode of "car" (common boundary), the walking mode of "elephant" (common vertex) and the walking mode of "queen" (common boundary and common vertex). The center cell is X, and the adjacency in the "car" walking mode is equivalent to the case with a shared boundary. X has four neighbors, which are B, D, G, and E, respectively. In the "Queen" walking mode, the surrounding 8 grid units are the nearest neighbors of X, although some polygons are only connected by points. This is equivalent to the definition of adjacency of distance, assuming that the side length of the network is 1, the grid cell with a distance between the centers no more than $\sqrt{2}$ is defined as the neighbor of X.

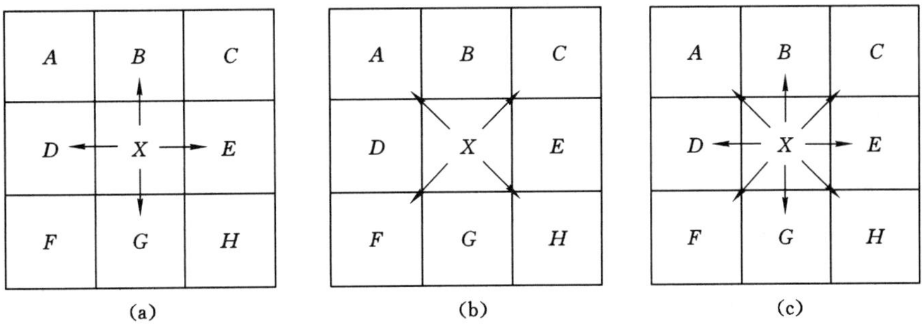

Figure 4.7 Adjacency of regular grids

(2) Spatial weight matrix

When the spatial proximity of geographical objects is clarified, it is necessary to quantitatively express spatial proximity in order to incorporate it into spatial statistical methods. Spatial weight matrix is an important tool to quantify the proximity between elements. For n spatial objects or units, the spatial weight matrix between any two objects in the region of interest usually uses a binary symmetric matrix $\boldsymbol{W}$ to express the proximity relationship between the elements:

$$\boldsymbol{W} = \begin{bmatrix} w_{11} & w_{12} & \cdots & w_{1n} \\ w_{21} & w_{22} & \cdots & w_{2n} \\ \vdots & \vdots & & \vdots \\ w_{n1} & w_{n2} & \cdots & w_{nn} \end{bmatrix} \tag{4.3}$$

In Formula (4.3), w_{ij} denotes the spatial weight coefficients of regions i and j $(i, j = 1, 2, \cdots, n)$. In general, $w_{ij} = 1$ denotes spatial proximity and $w_{ij} = 0$ denotes non-spatial proximity.

4.2.3 Spatial autocorrelation measure—Moran index

Spatial autocorrelation is the use of statistical methods to analyze the correlation between the attributes of spatial units (geographical phenomena) and their surrounding units, and further analyze the spatial distribution characteristics of geographical phenomena. If the spatial autocorrelation degree is high, it indicates that the spatial phenomena with similar characteristics will gather together. On the contrary, if the degree of spatial autocorrelation is low, geographical phenomena may be scattered throughout the space.

Spatial autocorrelation methods are roughly divided into two categories according to their functions: global spatial autocorrelation and local spatial autocorrelation. Global spatial autocorrelation is used to describe the overall distribution characteristics of geographical phenomena, and to determine whether there is spatial aggregation of geographical phenomena. If the spatial autocorrelation statistics of different spatial intervals in the study area are arranged in order, the spatial autocorrelation coefficient map can be further obtained to analyze whether the phenomenon has a hierarchical distribution in space. However, global spatial autocorrelation cannot clarify which regions geographical phenomena gather in. According to the method proposed by Anselin, local spatial autocorrelation can calculate the range of geographical phenomenon gathering places. Moran's index is a widely used spatial autocorrelation measurement method, which is mainly used in geographical phenomena expressed in planar form. Therefore, the global and local Moran's index is taken as an example to introduce the specific calculation method.

(1) Global Moran's I

The calculation formula of global Moran's index is:

$$I = \frac{\sum_{i=1}^{n}\sum_{j=1}^{n} w_{ij} \cdot (x_i - \bar{x})(x_j - \bar{x})}{\sum_{i=1}^{n}\sum_{j=1}^{n} w_{ij} \cdot \frac{1}{n}\sum_{i=1}^{n}(x_i - \bar{x})^2} \tag{4.4}$$

Where, n is the number of spatial units, and w_{ij} is the spatial adjacency matrix. x_i is the attribute data value of i space unit, x_j is the attribute data value of j space unit, $\bar{x}$ is the average value of all space unit attributes, and $i \neq j$.

The range of Moran's index is between -1 and 1. When $I > 0$, it shows that the geographical attributes have spatial positive correlation, that is, the adjacent areas have similar geographical attributes, and the areas with high or low attribute values have aggregation phenomenon. When $I < 0$, the geographical attributes have spatial negative correlation, which means that the attributes of adjacent areas are greatly different, and the spatial distribution of data shows a state of high and low interval distribution. When $I = 0$, the geographical attributes do not have spatial autocorrelation, and the high or low values of geographical phenomena are randomly distributed.

The global spatial autocorrelation statistics generally focus on the spatial distribution of a certain attribute value of the spatial object in the overall research area. Based on the assumption of spatial stability, the null hypothesis of the Moran's index is that the geographical phenomenon does not have spatial autocorrelation. The expected value and variance of the attributes at all locations are constants. The I value uses standardized statistics to test the I value. The formula is:

$$Z(I) = \frac{I - E(I)}{\sqrt{\mathrm{Var}(I)}} \tag{4.5}$$

Where, $E(I)$ is the expected value of I, and Var (I) is the variance of I. At the 5 % significance level, when the $Z(I)$ value is greater than 1.96, it shows that the geographical variables have significant spatial positive correlation. When the $Z(I)$ value is less than -1.96, it shows that the geographical variables have significant spatial negative correlation. When the $Z(I)$ value is between -1.96 and 1.96, it shows that the spatial correlation of geographical variables is not significant.

(2) Local Moran's I

However, the overall spatial distribution of geographical phenomena tends to be non-stationary, and the influence of the attribute values of individual local objects on the global analysis is very obvious. Especially when the amount of data is very large, the assumption of spatial stationarity becomes unreliable. For example, when there is a significant global spatial correlation, it may mask a completely randomized local sample distribution; in the absence of global statistical indicators of spatial autocorrelation, local sample space data may have significant correlation. Therefore, it is necessary to carry out local spatial autocorrelation analysis.

In 1995, Anselin proposed a local spatial autocorrelation index to identify different spatial association patterns that may exist in different spatial locations. Local spatial autocorrelation further considers whether there are high or low values of attribute values in the local spatial agglomeration characteristics, allowing the observation of local instability in different spatial locations, discovering the spatial heterogeneity of geographical phenomena, and providing a basis for the identification of spatial patterns. The calculation method is as follows:

$$I_i = \frac{n(x_i - \bar{x})\sum_{i=1}^{n} w_{ij}(x_j - \bar{x})}{\sum_{i}(x_i - \bar{x})^2} \tag{4.6}$$

The parameter interpretation can refer to the Formula (4.4).

There are two main reasons why the local spatial autocorrelation index can calculate the aggregation range of spatial phenomena: one is to verify whether the spatial autocorrelation of aggregation geographical phenomena is significant relative to the overall research range through statistical significance test. If the significance is large, the distribution pattern of the region is spatial aggregation phenomenon. In addition, it can measure the influence of spatial units on the spatial autocorrelation of the whole study area. The special cases in the region generally have a greater impact, which means that the special cases are abnormal or strongly affected areas of spatial phenomena.

4.2.4 Spatial heterogeneity method—geographically weighted regression

Local spatial autocorrelation statistics reflect the heterogeneity of spatial data in the whole region to a certain extent. When analyzing the relationship between multiple geographical variables, if the ordinary linear regression model is used for analysis, the local characteristics of the relationship between variables will be concealed, and the results obtained are only some "average" in the study area. Therefore, it is necessary to improve the traditional regression analysis method. In order to further consider spatial heterogeneity in spatial regression analysis, Fosslinghamet al. proposed a geographically weighted regression method based on the idea of local smoothing.

Geographically weighted regression is a typical spatial local model. It is considered that the regression coefficient changes with the change of spatial position and has spatial non-stationarity. The spatial position of the data is embedded in the regression parameters, and the local weighted least squares method is used to estimate the point-by-point parameters, where the weight is the distance function between the geographical location of the regression point and the geographical location of other observation points. The expression of geographically weighted regression is:

$$y_i = a_0(u_i, v_i) + \sum_{k=1}^{m} a_k(u_i, v_i) x_{ik} + \varepsilon_i \tag{4.7}$$

Where, y is the dependent variable, a_0 is the constant term of the regression formula, (u_i, v_i) denotes the geographical location of the county unit i, k is the independent variable count, m is the number of independent variables, a_k represents the regression coefficient of the k th dependent variable, x_{ik} denotes the value of the k th independent variable at position i, ε_i is the error term at position i. Through the above formula, it can be seen that the geographically weighted regression model is an extension of the ordinary linear regression model.

4.3 Deterministic spatial interpolation

Spatial interpolation is the process of estimating the value of other positions by using the value of known position points, and forming a spatially continuous surface. Spatial interpolation can be used to simulate the surface of continuous meteorological elements, predict the spatial distribution of air pollutant concentration, and the spatial variation of each element in soil. Spatial interpolation methods can be divided into two types, deterministic and stochastic. Deterministic interpolation assumes that the data is deterministic, error-free, and error-free. This method is used to describe the trend and change of spatial data distribution, and does not provide an error test of the predicted value. This section introduces several common deterministic interpolation methods, including trend surface analysis, spline interpolation, inverse distance weighted interpolation, and natural neighborhood method.

4.3.1 Trend surface method

Trend surface analysis, also known as global polynomial interpolation, models through the trend of spatial data to estimate the value of unknown locations. Based on the principle of regression analysis, this method constructs a two-dimensional polynomial function to simulate the spatial distribution of geographical elements and show the change trend of geographical elements in space. The essence of trend surface analysis is to represent the data distribution by fitting a surface, and use mathematical formulas to express a gradual trend in the region of interest.

Assuming that the actual observation data of a geographical element is $z_i(x_i, y_i)(i=1,2,\cdots,n)$, and the trend surface fitting value is $\hat{z}_i(x_i, y_i)$, then there is:

$$z_i(x_i, y_i) = \hat{z}_i(x_i, y_i) + \varepsilon_i \quad (i = 1,2,\cdots,n) \tag{4.8}$$

Where, ε_i is the residual term (residual value), the least square method is used to fit the interpolation function to obtain the parameters of the trend surface.

According to the data characteristics and actual needs, the order of the interpolation function is determined. The mathematical formulas used to calculate the trend surface are polynomial functions and Fourier series, of which the most commonly used is polynomial function form. In general, the interpolation function used in trend surface analysis is a quadratic or cubic polynomial. The polynomial models of different orders are expressed as follows.

A trend surface model:

$$z = a_0 + a_1 x + a_2 y \tag{4.9}$$

Quadratic trend surface model:

$$z = a_0 + a_1 x + a_2 y + a_3 x^2 + a_4 xy + a_5 y^2 \tag{4.10}$$

Cubic trend surface model:

$$z = a_0 + a_1 x + a_2 y + a_3 x^2 + a_4 xy + a_5 y^2 + a_6 x^3 + a_7 x^2 y + a_8 xy^2 + a_9 y^3 \tag{4.11}$$

The higher the degree of polynomial trend surface is, the higher the fitting accuracy of the model may be, but it may also lead to over-fitting problems. Therefore, it is necessary to select the appropriate degree of polynomial. The commonly used method is cross-validation or information criterion to determine the optimal polynomial degree. In the actual spatial trend surface simulation, factors such as accuracy and computational efficiency are generally considered according to the law of the cognition of things from easy to difficult.

The advantage of the polynomial trend surface is that it can adapt to more complex spatial change patterns, but its disadvantage is that the fitting process is more complex and the calculation amount is larger. At the same time, for irregular data distribution, the polynomial trend surface may oscillate, resulting in unstable fitting results. Therefore, in practical applications, it is necessary to select an appropriate trend surface fitting method based on data characteristics and requirements.

4.3.2 Spline function method

The spline function is an interpolation method widely used in data fitting and smoothing. This method divides the entire region of interest into multiple small regions, and fits a function in each small region to generate an overall smooth curve or surface. These small regions are called spline segments. The essence of spline function is a set of smooth functions (spline functions) to approximate the original data, so as to obtain a continuous and smooth function curve or surface. Based on the smoothness between the surfaces of each spline segment, all the $n-1$ derivatives on the boundary between the n order polynomial surface and its adjacent blocks determined according to the elastic mechanics conditions are continuous. This n-order polynomial is called a spline function. This can ensure the continuity and smoothness of spline function interpolation. In spline interpolation, the predicted value is estimated by minimizing the total surface curvature and a smooth surface is generated. In spline interpolation, not only data fitting, but also smoothness and continuity are considered. Thin plate spline function is one of the most basic types, and its calculation formula is:

$$Z = \sum_{i=1}^{m} A_i d_i^2 \lg d_i + a + bX + cY \tag{4.12}$$

Where, Z is the estimated value, d_i is the distance between the ith known point and the point to be interpolated, m is the number of sample points involved in the calculation, $a + bX + cY$ is the local trend function, $d_i^2 \lg d_i$ is the basic function, which is used to generate the surface with minimum curvature. The coefficients A_i, a, b, c can be obtained by the following linear formulas.

$$Z_i = \sum_{j=1, j \neq i}^{m} A_j d_j^2 \log d_j + a + bX + cY \tag{4.13}$$

$$\begin{cases} \sum_{i=1}^{m} A_i = 0 \\ \sum_{i=1}^{m} A_i X_i = 0 \\ \sum_{i=1}^{m} A_i Y_i = 0 \end{cases} \tag{4.14}$$

Where, Z_i is the observed value of the sample point, X_i and Y_i are the spatial position of the ith sample point, and d_j is the distance between the jth sample point and the ith sample point.

The spline function has a piecewise characteristic, which means that a certain section of the curve can be modified without recalculating the entire curve, thereby achieving efficient interpolation speed and high fitting accuracy. The spline function can obtain a smooth surface and avoid the possible oscillation and fitting error of other interpolation methods. The results are local, and the fitting surface in each rectangular element is only related to the data points in the rectangular element, and is not affected by other spline segment data. Spline function interpolation method also has some limitations. This method has a large amount of calculation, and the interpolation calculation for large-scale data sets is time-consuming. When the number of samples is small, the interpolation effect is not ideal. The spline function interpolation method is only applicable to the interpolation of continuous functions. If the function to be interpolated is discontinuous, the result of spline interpolation may not be accurate.

4.3.3 Inverse distance weighting

The inverse distance weighting method is an interpolation method based on distance weighting. This method assumes that the closer the sample points to the interpolation points, the greater the influence on the prediction results, and the farther the sample points, the smaller the influence on the prediction results. For the point to be interpolated, the estimated value of the point can be obtained by calculating the value of the known point and the distance and weight between them and the point. The weight can be expressed by the reciprocal of the distance or the negative power of the distance to reflect that the closer the sample point is, the greater the impact on the prediction result is. The formula of inverse distance weighting method is as follows:

$$z^*(x_0) = \sum_{i=1}^{n} \lambda_i z(x_i) \tag{4.15}$$

Where, $z^*(x_0)$ is the predicted value at point x_0, $z(x_i)$ is the measured value at point i, n is the number of measured points around the predicted point, λ_i is the weight assigned to each measured point.

The weight formula of the inverse distance weight method is:

$$\lambda_i = \frac{d_{i0}^{-p}}{\sum_{i=1}^{N} d_{i0}^{-p}} \text{ and } \sum_{i=1}^{N} \lambda_i = 1 \tag{4.16}$$

Where, d_{i0} is the distance between the predicted point x_0 and each known point x_i. The power exponent p is the degree of influence of the known points on the predicted points. The distance between the known point and the predicted point increases, the influence of the known point on the predicted point decreases exponentially, as shown in Figure 4.8. If $p=0$, then each weight is the same, and the predicted value is the mean value of all known values. When p increases, the weight of the points far away from each other decreases rapidly. The total weight is 1.

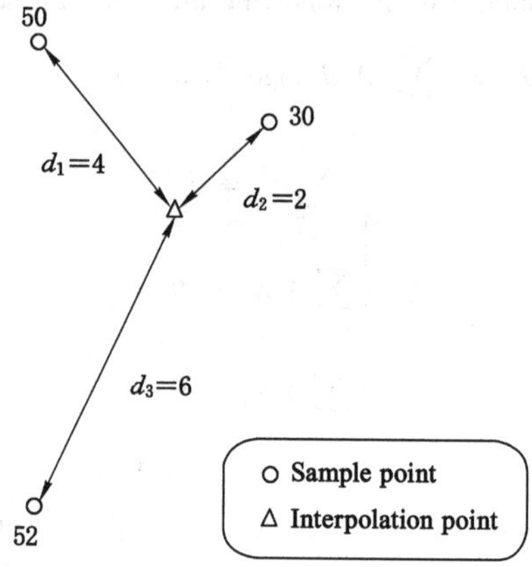

Figure 4.8 Principle of inverse distance weight method

The inverse distance weighting method needs to calculate the weight of each known point according to the distance. The optimal power p-index is usually determined by the minimum root mean square error. The root mean square error is a statistical value obtained by interactive verification. In the cross-validation, the measured value of each sampling point is used to compare with the predicted value of the point. Different power values can be given for the same set of data, and different root mean square errors can be obtained. The minimum root mean square error corresponds to the optimal power value. In practical applications, a distance threshold needs to be set, and the weight of the known point whose distance exceeds the threshold is set to 0 to reduce the influence of noise.

The inverse distance weighting method has the advantages of fast calculation speed and simple parameter setting, and is suitable for various types of spatial data. However, the inverse distance weighting method also has some shortcomings. Firstly, the accuracy of the interpolation results will be affected by the algorithm for data sets with uneven distribution of sample points or singular points. Secondly, the algorithm assumes that the closer the sample points are to the interpolation points, the greater the influence on the prediction results. However, in the actual situation, the sample points that are far away from the interpolation points but similar to them may have a greater impact on the prediction results, so they need to be weighed and adjusted according to the actual situation. In addition, the inverse distance weighting method only considers the distance factor. For data sets with large spatial variability, irregular boundaries or large differences in data density within the region, the effect will be affected.

4.3.4 Natural neighborhood method

The natural neighborhood method uses the spatial proximity relationship of known data points to estimate the value of the unknown position. The natural neighborhood method is different from the inverse distance weighted interpolation method when calculating the interpolation results. The natural neighborhood method only considers the contribution of the nearest point. By determining the natural neighborhood of each unknown position, the distance of the nearest neighbor and other weighting factors are taken into account to improve the accuracy of the interpolation results.

The interpolation of the natural neighborhood method first needs to construct a triangular mesh, and an irregular triangular mesh is generated by the Delaunay triangulation or the Voronoi diagram algorithm. Then, for each point to be interpolated, it is necessary to find its natural neighborhood, that is, a set of data points closest to the surrounding distance. After that, the weight of the data points in the natural neighborhood is calculated, and the estimated value of the points to be interpolated is obtained by weighted average. The interpolation calculation can choose different methods according to the actual needs, such as linear interpolation, polynomial interpolation, and radial basis function interpolation and so on. An important process of the natural neighborhood method is to generate Thiessen polygons, connecting the circumcircle center of the triangle, so as to assign a region to each data point to describe its spatial range.

The calculation process of the natural neighborhood method is simple and easy to understand. It only considers the contribution of the nearest neighbor points, and does not need to carry out complex mathematical operations like other interpolation methods. Therefore, the calculation speed is fast, which is very suitable for the interpolation calculation of large-scale data sets, and can obtain higher interpolation accuracy.

4.4 Geostatistics and Kriging interpolation

Geostatistics is a branch of statistics created by French statistician Mattelon. It was first applied to geology, so it is also called geostatistics. Geostatistics is based on the theory of regional variation, the variogram and covariance function as tools, and the Kriging interpolation method as the main content. It studies both random and structural natural phenomena in spatial distribution. Its application fields have gradually expanded to the fields of soil, meteorology and digital terrain. The aforementioned spatial interpolation method considers less the overall spatial distribution of the observation points. The Kriging interpolation method is based on the spatial autocorrelation characteristics of the sample points.

4.4.1 Regionalized variable theory

When the variables (geographical phenomena) show different quantitative characteristics with different spatial locations and show a certain spatial distribution, they are called regionalized random variables or regionalized variables. The ordinary random variable conforms to the specific probability distribution, and the regionalization variable is the specific value of the ordinary random variable in the region, that is to say, the regional variation is a function related to the location. Randomness and structurality are the most important characteristics of regionalized variables. The regionalization variable is a random function. When the spatial point x is determined, $Z(x)$ is a random variable with local, random and abnormal properties. Structurality means that the values $Z(x)$ and $Z(x+h)$ of the regionalized variables at two different points x and $x+h$ in space have a certain correlation, which depends on the vector $\boldsymbol{h}$ between the two points and the characteristics of the research variables.

Regionalization variables generally only exist in a certain spatial range, so the regional variation shows certain spatial limitations. This space is called the geometric domain of regionalized variables. In the geometric domain, the attribute of the variable is the most obvious. Outside the geometric domain, the attributes of the variables are not obvious or absent. The regionalization variables have different degrees of continuity, which can be described by the variogram between adjacent sample points. In addition, the regionalized variable is called isotropic if the property changes in all directions are the same, if the properties in each direction change differently, it is called anisotropy. Isotropy or anisotropy is mainly judged by the degree of autocorrelation of regionalized variables, and the spatial distribution of data is often analyzed by variogram and covariance function.

4.4.2 Variogram

Due to the special properties of regionalized variables, which are different from pure random variables, it is necessary to adopt a function or model that can not only take into account the randomness of regionalized variables, but also reflect its structural characteristics. For this reason, Matheron proposed the variation function and covariance function. In particular, the variogram is a basic tool unique to geostatistics. It describes the randomness and structure of regionalized variables, and provides a useful tool for strictly analyzing regionalized variables mathematically. It is the computational basis of many geostatistical methods.

4.4.2.1 Definition of the variogram

When the variogram describes the spatial variation characteristics and intensity of the regionalized variable, it is defined as the mathematical expectation of the square of the increment of the regionalized variable. When the spatial point x changes on the one-dimensional x-axis, the variance of the difference between the value $Z(x)$ and $Z(x+h)$ of the regionalization variable $Z(x)$ at the point x and $x+h$ is half of the variation function of the regionalization variable $Z(x)$ in the x-axis direction, which is usually recorded as $\gamma(x,h)$, and its calculation formula is:

$$\gamma(x,h) = \frac{1}{2} Var\left[Z(x) - Z(x+h)\right] \tag{4.17}$$

It can be seen from the formula (4.17) that the variogram $\gamma(x,h)$ is only related to the variables x and h. Among them, 1/2 has no practical significance and is only introduced for the convenience of calculation. The variogram considers the difference between any two samples and represents the difference by half of its variance, so it is also called semivariogram function or semivariance function, and $2\gamma(h)$ is called variogram. In a certain geographical range of natural elements, the calculation formula of semivariogram of any two sample points is as follows:

$$\gamma(h_{ij}) = \frac{1}{2}\left[Z(x_i) - Z(x_j)\right]^2 \tag{4.18}$$

Where, $\gamma(h_{ij})$ is the semivariogram of the known points x_i and x_j, h_{ij} denotes the distance between the two points, and Z is the regional variation. Figure 4.9 is a semivariogram cloud map, and $y(h)$ is drawn at h points relative to the distance h between each pair of known points in the dataset. If there is no spatial correlation in the dataset, the semivariogram between the known points at close distance is very small. On the contrary, the semivariogram between the known points at longer distance is larger.

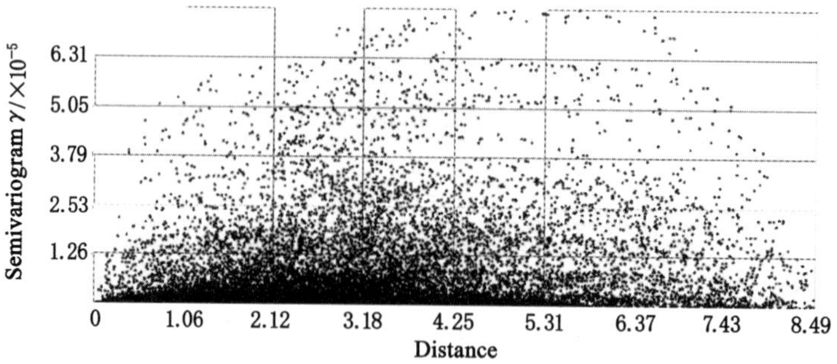

Figure 4.9 Semivariogram cloud chart

4.4.2.2 Parameters of semivariogram

The variograms is usually characterized by the variation curve corresponding to the variation value $\gamma(h)$ and its lag distance h. Figure 4.10 is an idealized variation curve.

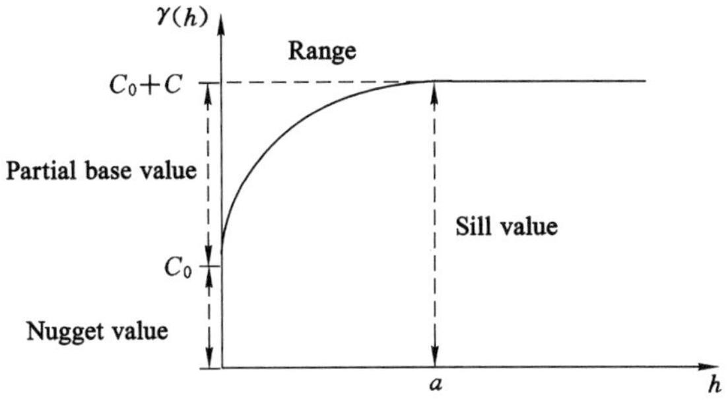

Figure 4.10 The semivariogram curve and its parameters

(1) Nugget value

In theory, the semivariogram curve passes through the origin, but in practice, due to the measurement error and spatial variation, even if the distance h is very close, there are some differences between the samples. When $h=0$, the semivariance function $\gamma(h)\neq 0$, and is equal to a constant C_0. This phenomenon is called the nugget effect. The size of the nugget constant C_0 can reflect the randomness of the regionalized variables.

(2) Sill value

When the semivariogram increases with the sampling point interval distance h from the initial nugget value to a relatively stable constant, the constant is called the sill value, and its value is C_0+C. The base station value is the largest variation in the system or system attributes, which reflects the strength of the variation of a regionalized variable in the study area.

(3) Partial sill value

The partial sill value C is the structural variance, which is the difference between the sill value and the nugget coefficient. The strength of the spatial correlation can be reflected by the ratio of the partial base value to the base value, the larger the value, the stronger the spatial correlation. Correspondingly, the ratio of nugget value to sill value is called base effect, also known as spatial structure coefficient, which represents the variation characteristics between samples. The larger the value, the more the variation between samples is caused by random factors.

(4) Range

When the value of the variogram reaches the base value from the initial nugget value, the interval distance of the sampling points is called the range. Range a is the turning point where the regionalized variable goes from having a spatially correlated state (when $h<a$) to not having a spatially correlated state (when $h>a$). It reflects the scope of spatial autocorrelation of a regionalized variable in the research object, that is, the range is the spatial variation scale or spatial autocorrelation scale of the regionalized variable.

4.4.2.3 Theoretical model of semivariograms

The variogram value is calculated from a limited sample value, which is helpful to analyze the variation characteristics and structural characteristics of regionalized variables. However, due to the limited number of samples, when quantitatively describing the characteristics of variables in the whole region, it is necessary to infer through the theoretical variogram. Common semivariogram theoretical models include:

spherical model, Gaussian model, exponential model, etc.

(1) The spherical model was proposed by Matheron, the founder of geostatistics. Practice has proved that most semivariograms can be fitted by this model. The formula is:

$$\gamma(h)=\begin{cases}0 & (h=0)\\ C_0+C\left(\frac{3h}{2a}-\frac{h^3}{2a^3}\right) & (0<h\leqslant a)\\ C_0+C & (h>a)\end{cases} \tag{4.19}$$

Where, C_0 is the nugget value, C is the partial base value, C_0+C is the base value, and a is the range. When $C_0=0$, $C=1$, it is called the standard spherical model. The slope of the tangent at the origin is $\frac{3}{2a}$, and the abscissa of the intersection point with the base value line is $\frac{2a}{3}$, as shown in Figure 4.11.

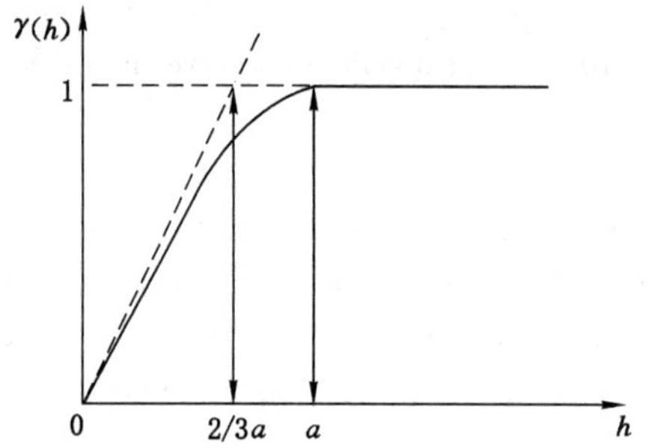

Figure 4.11 Spherical model curve

(2) The formula of Gaussian model is:

$$\gamma(h)=\begin{cases}0 & (h=0)\\ C_0+C(1-e^{-\frac{h^2}{a^2}}) & (h>0)\end{cases} \tag{4.20}$$

Where, a is not the range.

Because of $1-e^{-3}=1-0.05=0.95\approx1$ the range is $\sqrt{3}a$, when $C_0=0$ or $C=1$, it is called the standard Gaussian function model, as shown in Figure 4.12.

(3) The formula of exponential model is:

$$\gamma(h)=\begin{cases}0 & (h=0)\\ C_0+C(1-e^{-\frac{h}{a}}) & (h>0)\end{cases} \tag{4.21}$$

Where, C_0 is nugget value, C is partial sill value, and C_0+C is still value. Since $h=3a$ and $\gamma(h)\approx C_0+C$, the range of the model is about $3a$. When $C_0=0$ or $C=1$, it is called the standard exponential model, as shown in Figure 4.13.

4.4.2.4 Application of semivariogram function

The semivariogram contains the point pairs of all sampling points (Figure 4.9). In the actual operation of the Kriging method, interval grouping is usually used to average the semivariogram information according to distance and direction (Figure 4.14) to facilitate operation and use. The steps are as follows: first, the sample point pairs are divided into interval groups with different sampling intervals; secondly, the sample points are further partitioned according to the direction, such as radial sectors, grid units, etc. (Figure 4.15).

The result of interval grouping is to generate a series of interval groups (such as grid pixels). The interval groups classify all sample points according to distance and direction respectively. Finally, the average semivariogram formula is calculated as follows:

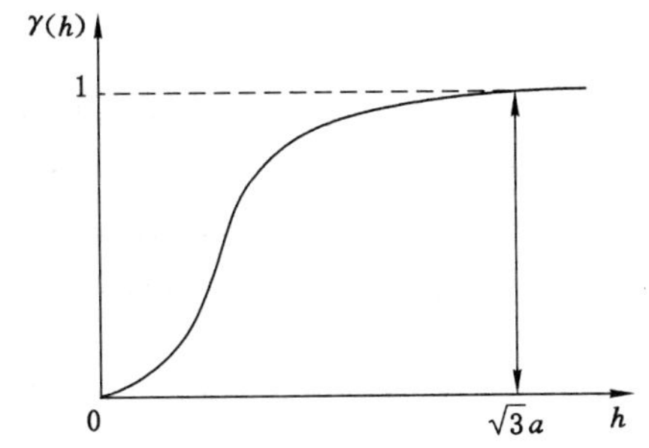

Figure 4.12 Standard Gaussian model curve

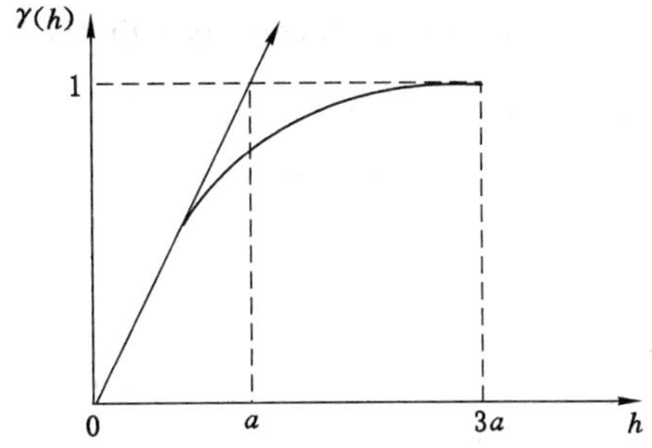

Figure 4.13 Exponential model curve

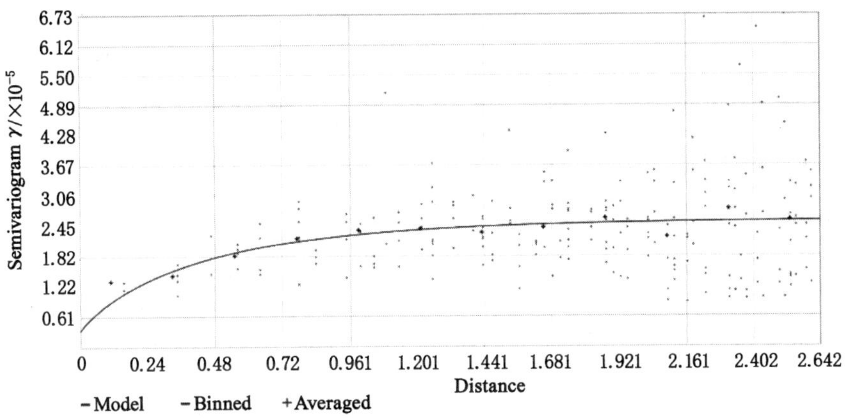

Figure 4.14 Semivariogram after grouping by distance interval

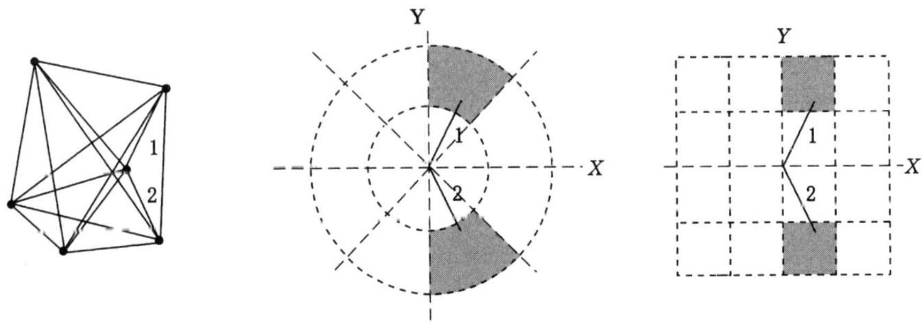

Figure 4.15 Common methods for interval classification of samples by direction, radial sector and grid unit

$$\gamma(h) = \frac{1}{2n(h)} \sum_{i=1}^{n(h)} [z(x_i + h) - z(x_i)]^2 \tag{4.22}$$

Where, $\gamma(h)$ is the average semivariogram of sample points classified by sampling interval h, h is the distance between paired sampling intervals, $n(h)$ is the total number of sample point pairs with sampling interval h, $z(x_i)$ and $z(x_i+h)$ are the values of variables x_i and x_i+h respectively.

4.4.3 Geostatistical theory hypothesis

In practice, geographical variables are non-repeatable, that is, they cannot be repeatedly observed at the same location, so only the same geographical variables can be observed at x and $x+h$. Since there are only a limited number of samples, it is not possible to infer the distribution of random functions on the whole surface. In this case, it is necessary to make the necessary assumptions on random functions.

(1) Second-order stationary hypothesis

The second-order stationary hypothesis also known as the weak stationary hypothesis, it must satisfy two conditions. One is that the regionalized variable in the study area is equal to a constant, and the other is that the covariance of the regionalized variable exists and is the same, that is, it is independent of the position of the variable and only depends on the distance between the variables.

(2) Intrinsic hypothesis

The intrinsic assumption is also called the intrinsic assumption. When the increment $[Z(x)-Z(x+h)]$ of the regionalized variable $Z(x)$ satisfies the following two conditions, one is that $E[Z(x)-Z(x+h)]=0$ for any variable increment in the entire study area, and the other is that the variance function of the increment $[Z(x)-Z(x+h)]$ exists and is stable (independent of z), that is, it only depends on the lag distance and is independent of the location.

4.4.4 Kriging estimation method

Kriging is a spatial interpolation method based on geostatistics theory. Based on the theory of variogram and structural analysis, it is a series of methods for unbiased optimal estimation of the value of regional variation in a limited area. Unbiased means that the mathematical expectation of the deviation is 0 and optimal means that the square sum of the difference between the estimated value and the actual value is the smallest. Kriging interpolation method performs spatial autocorrelation analysis through semivariogram function, and interpolates on the basis of obtaining the autocorrelation degree of variables. Compared with the aforementioned spatial interpolation method, the Kriging method can use the estimated prediction error to evaluate the quality of the prediction, which is more accurate than other methods. Due to the difference between the purpose of use and the assumptions, different Kriging methods have been formed. The main difference is that the assumptions are different. Common Kriging methods include ordinary Kriging, simple Kriging and universal Kriging.

(1) Ordinary Kriging

The assumption of ordinary Kriging interpolation is that the spatial attributes are uniform, and the mathematical expectation of the attribute value in each spatial position is the same constant, which is independent of the spatial position and other attributes. The formula of ordinary Kriging estimation is:

$$\hat{z}(x_0)=\sum_{i=1}^{n}\lambda_i z(x_i) \tag{4.23}$$

Where, $\hat{z}(x_0)$ is the estimated value at point x_0, λ_i is the weight coefficient, $z(x_i)$ is the value of the known point i, and the value of the unknown point is estimated by the weighted sum of the data of the known points. The weight coefficient is a set of optimal coefficients that can satisfy the minimum difference between the estimated value $\hat{z}(x_0)$ at point x_0 and the real value $z(x_i)$, namely:

$$Var[\hat{z}(x_0)-z(x_0)]\rightarrow \min \tag{4.24}$$

At the same time meet the conditions of unbiased estimation:

$$E[\hat{z}(x_0)-z(x_0)]=0 \tag{4.25}$$

Taking the solution of a point A to be predicted as an example, its position is (2.75, 2.75), and the ordinary Kriging method is used to calculate. The known adjacent points are shown in Table 4.1. The fitted semivariogram is a spherical model, as shown in formula (4.26).

Table 4.1 Observations of known points

Number of points in the neighborhood	The number of the original data set points	X-coordinate	Y-coordinate	Observed value
1	1	1	3	105
2	2	1	5	100
3	4	3	4	105
4	6	4	5	100
5	7	5	1	115

$$\gamma(h) = \begin{cases} 86.1 \times (1.5 \times (h/6.96) - 0.5 \times (h/6.96)^3) & (\text{all step sizes} \leqslant 6.96) \\ 86.1 & (\text{all step sizes} > 6.96) \end{cases} \tag{4.26}$$

First, calculate the distance between all known points and two pairs of points. The results are shown in Table 4.2.

Table 4.2 Distance between two pairs of two points

Sample point pair	Distance	Sample point pair	Distance
1,2	2.000	2,4	3.000
1,3	2.236	2,5	5.657
1,4	3.605	3,4	1.414
1,5	4.472	3,5	3.606
2,3	2.236	4,5	4.124

Secondly, the distance between the two pairs of two points is substituted into the calculation theory semivariogram model, that is, the Formula (4.26). The calculation process of the semi-variogram value of point pairs 1 and 3 is as follows:

$$\gamma_{1,3}(h) = 86.1 \times [1.5 \times (2.236/6.96)\text{-}0.5 \times (2.236/6.96)^3] = 40.065 \tag{4.27}$$

Similar to the calculation process, the distance between other point pairs and the corresponding semivariogram value can be calculated. The calculation results are brought into the matrix as follows:

$$\begin{bmatrix} 0 & 36.091 & 40.065 & 60.920 & 71.564 & 1 \\ 36.091 & 0 & 40.065 & 52.221 & 81.855 & 1 \\ 40.065 & 40.065 & 0 & 25.881 & 60.920 & 1 \\ 60.920 & 52.221 & 25.881 & 0 & 67.559 & 1 \\ 71.564 & 81.855 & 60.920 & 67.559 & 0 & 1 \\ 1 & 1 & 1 & 1 & 1 & 0 \end{bmatrix} \begin{bmatrix} \lambda_1 \\ \lambda_2 \\ \lambda_3 \\ \lambda_4 \\ \lambda_5 \\ \lambda_6 \end{bmatrix} = \begin{bmatrix} 32.097 \\ 49.936 \\ 23.390 \\ 45.584 \\ 49.936 \\ 1 \end{bmatrix} \tag{4.28}$$

Through matrix calculation, $\lambda_1 = 0.355$, $\lambda_2 = -0.073$, $\lambda_3 = 0.529$, $\lambda_4 = -0.022$, $\lambda_5 = 0.211$, $\mu = -0.210$.

Finally, the value of point A to be predicted is calculated according to Formula (4.23) and Table 4.1:

$$Z(A) = 0.355 \times 105 - 0.073 \times 100 + 0.529 \times 105 - 0.022 \times 100 + 0.211 \times 115 = 107.59 \tag{4.29}$$

The estimated value of point A by ordinary Kriging method is 107.59.

(2) Simple Kriging

Simple Kriging is a simplified version of ordinary Kriging interpolation. It is assumed that the average value of random variables is known. Therefore, mathematical expectation is added on the basis of ordinary Kriging. The form is:

$$\hat{z}(x_0) = \sum_{i=1}^{n} \lambda_i [z(x_0) - E(z)] + E(z) \tag{4.30}$$

In the formula, $E(z)$ is the mathematical expectation of the attribute value.

In the ordinary Kriging interpolation, it is considered that the attribute value of the unknown point is the weighted sum of the attribute values of the known points. In the simple Kriging interpolation, the deviation of the attribute value of the unknown point relative to the average value is the weighted sum of the deviation of the attribute value of the known point relative to the average value. Although the interpolation form of the two is different, the solution method is the same. The important difference is that the simple Kriging interpolation does not require constraint conditions. Before calculating the unknown point attribute value $\hat{z}(x_0)$, it is necessary to know the attribute value expectation $E(z)$ of the region. In fact, it is difficult to know the true attribute value expectation of this area before interpolation. Some researchers may use the method of simply averaging the observed data to calculate the expected value $E(z)$. Considering that the representativeness of the spatial sampling points may be biased (such as the sampling points are clustered in a small area and not representative), the expectation of the simple average estimation may also be biased, which is the limitation of the simple Kriging method.

(3) Pan-Kriging

The ordinary Kriging method and the simple Kriging method require that the regionalized variables are second-order stationary or intrinsic, at least quasi-second-order stationary or quasi-intrinsic. However, in practice, many regionalized variables are non-stationary in the estimated neighborhood, have non-stationary mathematical expectations (non-constant), and are called drift. At this time, it is not suitable to use the ordinary Kriging method for estimation, but to use the universal Kriging method for estimation.

The Pan-Kriging method assumes that the average value is unknown and not a constant. The mathematical expectation of Pan-Kriging is often composed of first-order or second-order polynomials:

$$m(x) = \sum_{i=0}^{L} b_l f_l(x) \tag{4.31}$$

Where, b_l is the coefficient; l is the order of the polynomial, which can be called the drift coefficient. In the pan-Kriging estimation, both certainty and randomness are considered:

$$Z(x) = m(x) + e(x) \tag{4.32}$$

Where, $m(x)$ is the deterministic part, namely drift; $e(x)$ is the random part, which can be understood as the residual in linear regression.

(4) Other Kriging methods

The above Kriging estimators are linear combinations of sample data and belong to linear geostatistics. For some sample data with special characteristics and some actual needs, nonlinear geostatistics can be used. In practical work, for regionalized variables that do not conform to the normal distribution, if they are normal distribution or near normal distribution after logarithmic transformation, the geostatistical method for accurate estimation of regionalized variables in this case is called logarithmic normal Kriging method. When the probability distribution of the research object in the study area is greater than a given threshold, or there are outliers in the sampling data, the indicator Kriging method can be used. It is shown that the Kriging method can deal with different phenomena and give the probability distribution of random variable $Z(x)$ at a point x without removing the important and actual high-value data. The disjunctive Kriging method is a nonlinear statistical method for estimating the value of the point to be estimated or the probability that the value of the point to be estimated exceeds the given threshold under the assumption that the two-dimensional probability distribution of any regionalized variable is known.

The above Kriging method is aimed at single variables, and does not consider the influence of the relationship between regionalized variables on the research. In the study of natural phenomena such as meteorology, mining, soil and ecology, some regionalization phenomena can be studied by several correlated variables. In order to solve this problem, multivariate geostatistics came into being. Co-Kriging method is one of the basic methods of multivariate geostatistical research. Based on the theory of co-regionalized variables, using the cross-correlation between multiple regionalized variables, the cross-covariance function and cross-variation function model are established, and the variables that are easy to observe and control are used to locally estimate the variables that are not easy to observe.

Review thinking questions

1. List some visualization and numerical calculation methods that are not introduced in this chapter but can be applied to exploratory data analysis.

2. Compare the Pearson correlation coefficient formula and the global Moran's index formula, and explain the similarities and differences between the two.

3. Explain the internal relations and differences between spatial dependence and spatial heterogeneity.

4. Among the four deterministic spatial difference methods introduced in this chapter, is there a method that is only applicable to the interpolation of geographical elements?

5. If the deterministic spatial interpolation methods are divided into global methods and local methods, what are the types of interpolation methods introduced in Section 4.3?

6. What role do the structural and randomness of geographical phenomena play in the Kriging interpolation method?

7. When applying the Kriging interpolation method, under what circumstances should anisotropy be considered? An example can be given.

Chapter 5 Three-dimensional space analysis

Three-dimensional geospatial data analysis is an important part of GIS spatial analysis. It is a hot research field of GIS technology and application, and also an important technical basis for the construction of digital earth and smart city. Three-dimensional geospatial data involves digital terrain analysis, three-dimensional GIS analysis and three-dimensional analysis of urban space. Combined with three-dimensional visualization technology, virtual reproduction of real geographical environment can be realized.

5.1 Digital terrain analysis

Digital terrain analysis refers to the digital information processing technology for terrain attribute calculation and feature extraction on Digital Elevation Model (DEM). The main content of digital terrain analysis has two aspects. One is to extract the factors that describe the terrain attributes and characteristics, and use various related technologies to analyze and explain the landform morphology and divide the landform morphology. The second is the visualization analysis of DEM.

5.1.1 Terrain surface properties calculation

5.1.1.1 Surface distance

Two different points are randomly selected on the DEM model with the mouse. The distance S between the two points is the sum of the distances $D_{i,i+1}$ between the two points and a series of intersections (X_i, Y_i, Z_i) of the model. The three-dimensional coordinates of a series of intersections between the line and the model are obtained. The following formula can be used to calculate the distance between two points in space:

$$S = \sum D_{i,i+1}, D_{i,i+1} = \sqrt{(X_{i+1} - X_i)^2 + (Y_{i+1} - Y_i)^2 + (Z_{i+1} - Z_i)^2} \tag{5.1}$$

Obviously, the distance length calculated in this way is the length calculated along the terrain surface, rather than the plane distance in the general sense, so the value is in good agreement with the actual length.

5.1.1.2 Topographic surface area

The terrain surface area can be regarded as the sum of the surface area of each grid contained in it. If there are characteristic elevation points or ground lines in the grid, the small grid can be decomposed into several small triangles, and the sum of their slope area can be obtained. The sum of the terrain surface area of the grid is obtained. If there is no ground line in the grid, the elevation at the intersection of the diagonal lines of the grid can be calculated, and the sum of the area of the oblique triangles with four common vertices is used as the terrain surface of the grid.

The calculation formula of spatial triangle area is as follows.

Three side lengths of oblique triangle is:

$$S_i = \sqrt{\Delta x^2 + \Delta y^2 + \Delta z^2} \tag{5.2}$$

The area of oblique triangle is:

$$A = \sqrt{P(P - S_1)(P - S_2)(P - S_3)} \tag{5.3}$$

Where, $P = (S_1 + S_2 + S_3)/2$.

5.1.1.3 Volume

The volume of the three-dimensional model DTM or DEM is accumulated by the volume of the quadrangular prism (featureless grid) and the triangular prism. The upper surface of the quadrangular prism is fitted with a parabolic hyperboloid, and the upper surface of the triangular prism is fitted with an oblique plane. The lower surfaces are horizontal planes. The calculation formulas are as follows:

$$\begin{cases} V_3 = (Z_1 + Z_2 + Z_3)/3 \times S_3 \\ V_4 = (Z_1 + Z_2 + Z_3 + Z_4)/4 \times S_4 \end{cases} \tag{5.4}$$

Where, S_3 and S_4 are the bottom areas of triangular prism and quadrilateral prism, respectively.

According to the above two formulas, the excavation, filling and soil loss in the project can be calculated. After the model DEM is excavated or filled, the volume is obtained by subtracting the volume of the new DEM from the volume of the original DEM, that is:

$$V = V_{\text{Old DEM}} - V_{\text{New DEM}} \tag{5.5}$$

When $V>0$, it means excavation; $V<0$ means fill; when $V=0$, it means neither excavation nor filling.

5.1.1.4 Surface curvature

In the application of GIS in hydrological research, it is often necessary to calculate the surface curvature to determine whether the surface at a unit position is convex or concave. A common method of CURVATURE command in ARC / INFO is to fit a 3 × 3 window with a second-order polynomial formula, that is:

$$z = Ax^2y^2 + Bx^2y + Cxy^2 + Dx^2 + Ey^2 + Fxy + Gx + Hy + I \tag{5.6}$$

Among them, the coefficient $A \sim I$ can be estimated by the elevation value and the size of the grid unit in the 3 × 3 window. Then, three curvatures can be calculated from these parameters:

$$\text{profile curvature} = -2[(DG^2 + EH^2 + FGH)/(G^2 + H^2)] \tag{5.7}$$

$$\text{plane curvature} = 2[(DH^2 + EG^2 - FGH)/(G^2 + H^2)] \tag{5.8}$$

$$\text{surface curvature} = -2(D + E) \tag{5.9}$$

The profile curvature is the estimated value along the direction of the maximum slope, and the plane curvature is the estimated value in the right angle direction with the direction of the maximum slope. The surface curvature is the difference between the above two, that is, the surface curvature = profile curvature-plane curvature. If the surface curvature of the unit is positive, the surface of the unit is convex upward, the negative value represents the surface is concave, and the 0 represents the surface is flat.

5.1.1.5 Slope and aspect

Slope and aspect are important variables to describe surface characteristics. The slope is a measure of the height change ratio of a specific area on the ground, and the aspect is a measure of the slope direction. Slope and aspect analysis plays an important role in many application fields such as site selection of factories and mines, construction of engineering facilities, geomorphological analysis, selection of agroforestry and hidden points, and selection of motorized routes for mechanical equipment.

Generally, slope calculation is carried out for each triangular surface in TIN or each grid unit in raster image. For TIN, the slope is the largest elevation change rate in each triangle; for raster images, the slope is the largest elevation change rate in each raster unit and its adjacent eight raster units. The slope can be expressed in two forms: degree and percentage. The degree is the arctangent of the ratio of vertical distance to horizontal distance, and the slope percentage is 100 times of the ratio of vertical distance to horizontal distance. The two slope representation methods are shown in Figure 5.1. The smaller the slope value, the flatter the terrain; the larger the slope value, the steeper the terrain.

Slope orientation refers to the orientation of each pixel plane in the Grid or TIN, in degrees, from 0° (north) to 360° (back to the north) in a clockwise direction. The calculation of aspect should also be aimed

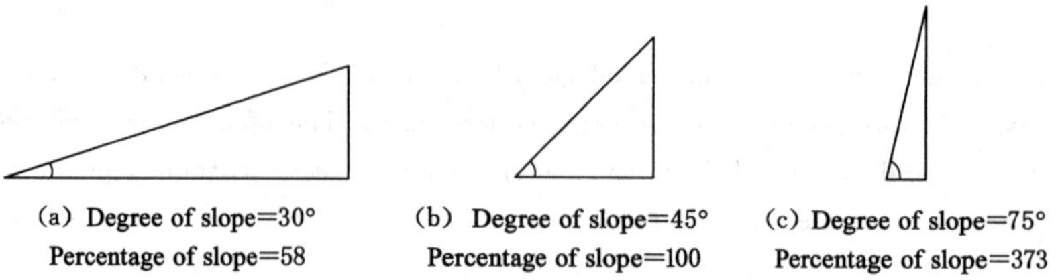

Figure 5.1 Two representation methods of slope

at every triangle of TIN surface or every pixel of raster graphics. The aspect is a circular measure, so the aspect of 10° is closer to 360° than 30°. Users often convert the aspect before making a numerical analysis of the aspect. The commonly used method is to divide the aspect into four basic directions (east, south, west, north) or eight basic directions (east, southeast, south, southwest, west, northwest, north, northeast), and treat the aspect as category data. Another method is to convert the aspect value to obtain the basic direction (as shown in Figure 5.2). For example, the north can be set to 0°, the south is set to 180°, and the west and east are both 90° to obtain the basic direction of south-north.

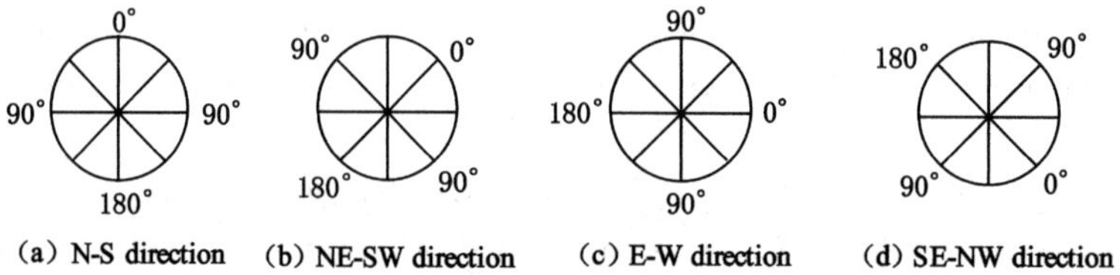

Figure 5.2 Transformation method to obtain the basic direction

(1) The algorithm of calculating slope and aspect based on raster data

When the elevation grid is used as the data source, the slope and aspect of each unit can be measured by the inclination direction and inclination of the unit standard vector, where the standard vector refers to the directed straight line perpendicular to the unit. Assuming that the standard vector is (n_x, n_y, n_z), the formula for calculating the unit slope is:

$$\text{Unit slope} = \sqrt{(n_x^2 + n_y^2)}/n_z \tag{5.10}$$

The formula for calculating the slope direction of the unit is:

$$\text{Unit slope direction} = \arctan(n_y/n_x) \tag{5.11}$$

Most of the calculation methods of slope and aspect use 3×3 moving window to estimate the slope and aspect of the central point unit. The difference is that the number of adjacent units used for estimation and the weight of each unit are different.

The first method is the Ritter algorithm, which uses four units directly adjacent to the center point unit. As shown in Figure 5.3 (a), the slope (S) of C_0 can be expressed as:

$$S = \sqrt{(e_1 - e_3)^2 + (e_4 - e_2)^2}/2d \tag{5.12}$$

Where, e_i is the adjacent element value and d is the element size. The n_x component of the C_0 standard vector is $(e_1 - e_3)$, that is, the height difference of the x dimension, and the n_y component is $(e_4 - e_2)$, that is, the height difference of the y dimension.

The azimuthal angle D of S can be calculated as $D = \arctan[(e_4 - e_2)/(e_1 - e_3)]$.

D is the radian relative to the x-axis, which can be converted into a slope, that is, a degree value of 0° to the north.

The second method is Horn algorithm, which is used in ARC / INFO and ArcView. The Horn

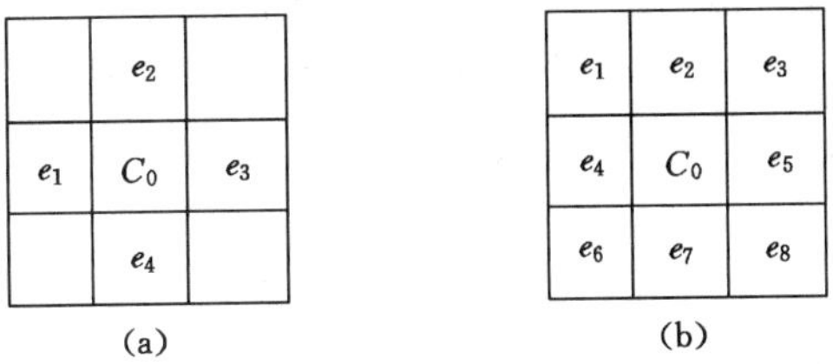

Figure 5. 3 Ritter algorithm (a) and Horn algorithm (b)

algorithm uses eight adjacent units, and assigns a weight value of 2 to the four direct adjacent units, while the weight value of the four corner units is 1. The Horn algorithm is shown in Figure 5. 3 (b). The slope of point C_0 is:

$$S = \sqrt{[(e_1 + 2e_4 + e_6) - (e_3 + 2e_5 + e_8)]^2 + [(e_6 + 2e_7 + e_8) - (e_1 + 2e_2 + e_3)]^2} / 8d \quad (5.13)$$

The slope direction of point C_0 is:

$$D = \arctan\{[(e_6 + 2e_7 + e_8) - (e_1 + 2e_2 + e_3)] / [(e_1 + 2e_4 + e_6) - (e_3 + 2e_5 + e_8)]\} \quad (5.14)$$

Innovative thinking: From Ritter algorithm to Horn algorithm, the method of slope and aspect calculation in regular raster data is improved. This innovation makes the calculation results more realistic and easy to apply.

(2) Algorithm of calculating slope and aspect by irregular triangle network

In the irregular triangulation network, the algorithm for calculating the slope and aspect of each triangle is to use a bidirectional standard vector, that is, the vector is perpendicular to the triangular surface. A triangle is composed of three nodes: $A(x_1, y_1, z_1)$, $B(x_2, y_2, z_2)$ and $C(x_3, y_3, z_3)$. The standard vector is the vector product of vector ***AB*** $((x_2 - x_1), (y_2 - y_1), (z_2 - z_1))$ and vector ***AC*** $((x_3 - x_1), (y_3 - y_1), (z_3 - z_1))$. The three components of the standard vector are:

$$n_x: (y_2 - y_1)(z_3 - z_1) - (y_3 - y_1)(z_2 - z_1)$$

$$n_y: (z_2 - z_1)(x_3 - x_1) - (z_3 - z_1)(x_2 - x_1)$$

$$n_z: (x_2 - x_1)(y_3 - y_1) - (x_3 - x_1)(y_2 - y_1)$$

The S and D values of the triangle can be obtained by $\sqrt{(n_x^2 + n_y^2)} / n_z$ and $\arctan(n_y / n_x)$, and then the D value can be converted into the aspect represented by degree.

(3) Fitting surface method

The calculation methods of slope and aspect can be summarized into five kinds: four-block method, space vector analysis method, fitting plane method, fitting surface method and direct solution method. It is proved that the fitting surface method is the best way to solve the slope. It generally uses the quadric surface, that is 3×3 window:

G_5	G_2	G_6
G_1	G	G_3
G_8	G_4	G_7

Each point is an elevation point, and the slope solution formula of point G is as follows:

$$\text{Slope} = \sqrt{\text{Slope}_{we}^2 + \text{Slope}_{sn}^2} \quad (5.15)$$

The calculation formula of slope direction is:

$$\text{Aspect} = \text{Slope}_{sn} / \text{Slope}_{we} \quad (5.16)$$

In the formula, Slope_{we} is the slope in the east-west direction (x axis), Slope_{sn} is the slope in the north-south direction (y axis). There are four kinds of slope algorithms in x and y axes, among which the algorithm with the highest accuracy and the highest computational efficiency is:

$$\begin{cases} \text{Slope}_{we} = \dfrac{G_1 - G_3}{2\Delta G} \\ \text{Slope}_{sn} = \dfrac{G_4 - G_2}{2\Delta G} \end{cases} \tag{5.17}$$

Where, ΔG is the grid spacing of Grid.

5.1.2 Intervisibility analysis

The intervisibility analysis is a terrain analysis that studies the intervisibility of a certain area with a certain point as the observation point. It belongs to the category of optimizing the terrain. The realization of the intervisibility function refers to the visibility of a viewpoint in multiple directions. Its algorithm principle is to emit a series of rays from a pixel in the DEM to the surrounding pixels, and calculate the slope angle from viewpoint A to each pixel X around it. If the slope angle is greater than the maximum angle in the existing slope angle, the pixel X is visible, otherwise it is not visible. Visual analysis has a wide range of application background, such as laying communication lines, TV transmitting stations and navigation settings.

Static intervisibility and dynamic intervisibility are two ways of intervisibility analysis. Static visibility is to give an observation position in advance, and then mark all the areas that can be seen. Considering that the observation point is not limited to one point, the observation position can be a point or a line; dynamic intervisibility is that the user gives any observation point in the graph and informs the system of the target to be observed. The system will give the intervisibility result in real time. Dynamic intervisibility is suitable for local small-scale intervisibility analysis, which is helpful for the formulation of detailed plans. A typical example of the visibility analysis is the setting of the observation post. Obviously, the position of the observation post should be set in an area of interest that can be monitored, and the line of sight cannot be blocked by the terrain. This is a typical point-to-area visibility problem in the visibility analysis. Through visual analysis, it can also analyze invisible areas. For example, when low-altitude reconnaissance aircraft is flying, it is necessary to avoid the capture of enemy radar as much as possible, and it is necessary to choose radar blind area to fly.

Generally speaking, the problem of visibility can be summarized into three categories: (1) knowing one or a group of observation points to find out the visible area of a certain terrain; (2) to observe all the terrain surface of a certain area, calculate the minimum number of observation points; (3) under the premise of a certain number of observation points, the maximum observation area can be calculated.

According to the output dimension of the problem, the visibility can be divided into point visibility, line visibility and surface visibility. The visibility of points refers to the calculation of the visibility between the viewpoint and the point to be determined; the line visibility refers to the problem of calculating the visual field of the viewpoint when the viewpoint is known. The intervisibility of the region refers to the problem of calculating the set of terrain surface regions that can be visualized by the known viewpoint.

5.1.2.1 Point-to-point visibility

The visibility problem based on grid DEM is more complex, and the grid point can be used as the calculation unit. In this way, the point-to-point visibility problem is simplified to the intersection of a discrete spatial line and a terrain profile line, as shown in Figure 5.4.

The coordinates of the known viewpoint V are (x_0, y_0, z_0), and the coordinates of the P point (x_1, y_1, z_1). DEM is a two-dimensional array $Z[M][N]$, then V is $(m_0, n_0, Z[m_0, n_0])$, P is $(m_1, n_1, Z[m_1, n_1])$. The calculation process is as follows:

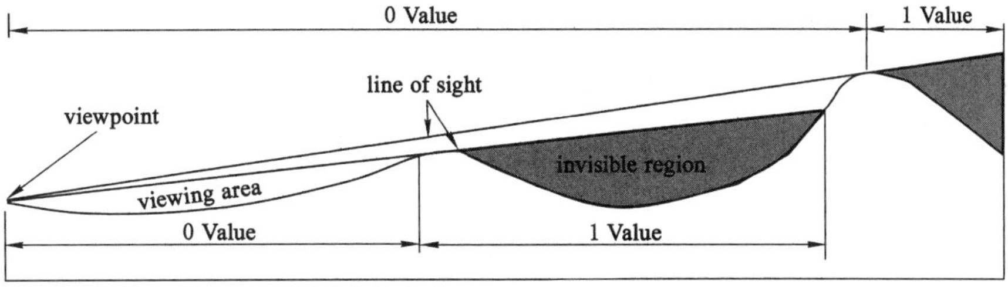

Figure 5.4 Visibility analysis

(1) Bresenham line algorithm is used to generate the projection line point set $\{x, y\}$ from V to P, $K = || \{x, y\} ||$, and the elevation data $\{Z[k], (k = 1, \cdots, K\text{-}1)\}$ corresponding to the line point set $\{x, y\}$ are obtained, so as to form the DEM profile curve from V to P.

(2) Taking the projection line from V to P as the X axis and the projection point of V as the origin, the straight line formula of the line of sight in the X-Z coordinate system is obtained:

$$H[k] = \frac{Z[m_0][n_0] - Z[m_1][n_1]}{K} \cdot k + Z[m_0][n_0] \quad (0 < k < K) \tag{5.18}$$

Where, K is the number of discrete points on the projection line from V to P.

(3) Comparing the values of the corresponding elements in the array $H[k]$ and the array $Z[k]$, if there is $Z[k] > H[k]$, then V and P are not visible, otherwise visible.

5.1.2.2 Point-to-line view

Point-to-line intervisibility is actually a point-to-point vision. It is worth noting that the points on the surface of any terrain outside the line of view are invisible, but the points within the line of view may be visible or invisible. The algorithm is:

(1) Let P point be a point which moves clockwise along the edge of DEM data. Similar to the calculation of point-to-point view, the point set $\{x, y\}$ on the projection line from viewpoint to P point is obtained, and the corresponding terrain profile $\{x, y, Z(x, y)\}$ is obtained.

(2) Calculate the angle between the viewpoint to each $P_k \in \{x, y, z(x, y)\} (k = 1, 2, \cdots, K-1)$, and the Z axis by β_k:

$$\beta_k = \arctan \frac{k}{Z_{pk} \quad Z_{vp}} \tag{5.19}$$

(3) Obtain $\alpha = \min\{\beta_k\}$, the corresponding point is a point of the view field line.

(4) Move P point, repeat the above process until the P point returns to the initial position, and the algorithm ends.

5.1.2.3 Point-to-area visibility

The point-to-area visibility algorithm is an extension of the point-to-point algorithm. Same as the point-to-line intervisibility problem, point P moves clockwise along the edge of the data, and checks whether the points on the straight line from the viewpoint to point P are intervisible point by point. An improved algorithm idea is that the occlusion point of the line of sight from the viewpoint to the P point is most likely to be the point with the largest elevation on the terrain profile line. Therefore, the points on the profile line can be sorted according to the elevation value, and each point is checked in descending order to see whether each point is visible after sorting. As long as one point does not meet the visibility condition, the remaining points are no longer checked. It can be seen that the essence of point-to-area visibility is still point-to-point visibility, which only increases the sorting process.

5.1.3 Hydrological analysis

Water is closely related to human life, so it is of great significance to study the origin, distribution, existence and movement of water. Hydrological analysis is based on DEM data to establish a water system model to obtain data such as watersheds, sub-watersheds and river network systems in the region, which is used to study the hydrological characteristics of the basin and simulate the surface hydrological process, and to estimate the future surface hydrological conditions. Hydrological analysis can help us analyze the scope of floods, locate surface runoff pollution sources, and predict the impact of geomorphological changes on runoff. It is widely used in regional planning, agriculture and forestry, disaster prediction, road design and other industries and fields.

5.1.3.1 Basic concepts and processes

In the hydrological analysis based on DEM data, it is of great significance to understand the concepts related to the basin for the correct understanding and application of hydrological analysis. The schematic diagram is shown in Figure 5.5.

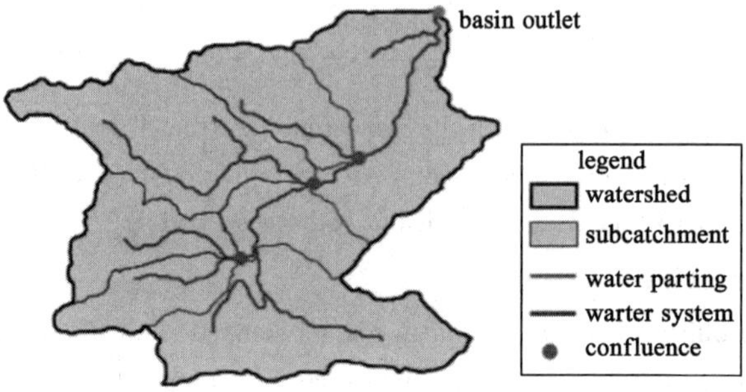

Figure 5.5 Watershed diagram

Based on Figure 5.5, some of the key concepts of a watershed are as follows.

Water system : It refers to the water network system composed of water bodies with the same destination in the basin. The water system is dominated by rivers, and can also include lakes, swamps, reservoirs, etc.

Watershed : Each river system receives water supply from a part of the land area, which is the basin of the river system, also known as the catchment area or basin basin.

Sub-watershed : The river system is composed of several river reaches, each of which has its own watershed, called sub-watershed. Larger basins can often continue to be divided into several sub-basins.

The watershed line: also known as the watershed. The irregular curve formed by the highest point between two adjacent basins is the dividing line of two water systems. The water on both sides of the dividing line flows into different basins. It can also be said that the area surrounded by the water diversion line is the watershed. In the real world, most of the watersheds are mountains or highlands, or may be slightly undulating plains or lakes.

Catchment point: the outlet of water flow in the basin. It is generally the lowest point on the watershed boundary.

The basic process of hydrological analysis is as follows: firstly, the DEM data is filled with depressions, and then the flow direction grid is obtained based on the DEM data after filling depressions, and then the flow accumulation grid is obtained, and the regional river system and sub-watershed are generated.

5.1.3.2 DEM data filling processing

A depression refers to one or more units surrounded by higher altitudes, and thus represents an internal drainage area. Due to the existence of depressions, some flow paths will not flow to the outlet of the basin, but end in depressions. Therefore, before the automatic segmentation of the basin, the DEM data must be filled with depressions, as shown in the following figure (Figure 5.6).

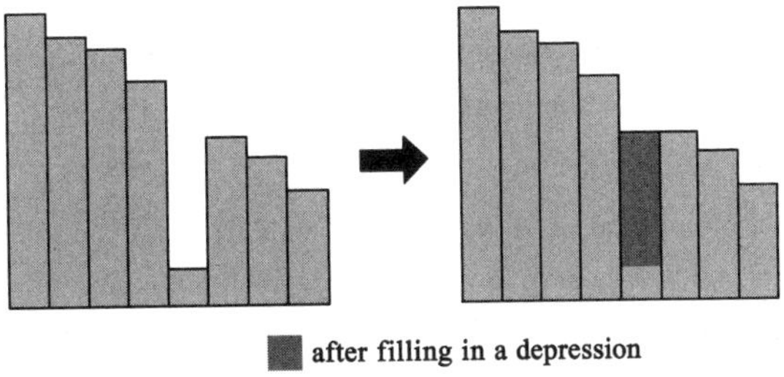

Figure 5.6 Filling process

The basic steps of depression filling processing of DEM data are as follows: searching the adjacent lowest points of all depressions (sometimes there may be multiple lowest points with equal elevations) as the overflow points of depressions, and continuing to search for lower or equal adjacent points than their elevations from the overflow points (the points that have been searched are ignored) to determine whether there is a grid point lower than the original depression. If not, the overflow point of the depression is used as the starting point to repeat the above search process; if a grid point lower than the original depression is searched, the direction of the depression and the lowest neighbor is reversed.

5.1.3.3 Flow to grid

The flow direction grid represents the drainage direction of each unit in the filling elevation grid. The most commonly used method to determine the flow direction is to find the steepest gradient of the eight surrounding elements, as shown in Figure 5.7.

980	981	983
976	977	979
971	973	974

−2.1	−4.0	−4.2
+1.0		−2.0
+4.2	+4.0	+2.1

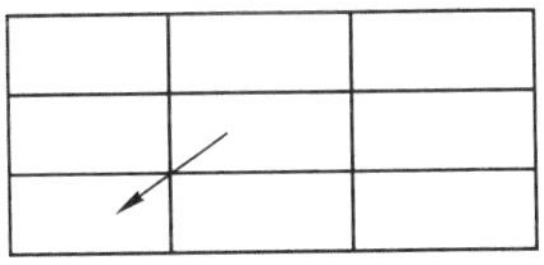

Figure 5.7 Flow analysis

In order to determine the flow direction of the central unit, the gradient with the distance as the weight of each unit in the 8 adjacent units is first considered. For the four directly adjacent units, the gradient calculation is to divide the height difference between the central unit and the adjacent unit by 1. For the four corner units, the gradient calculation is to divide the height difference by 1.414. The results show that the steepest gradient (flow direction) is from the central unit to the lower left corner unit (+ 4.2). This method is adopted by ARC / INFO and ArcView. One of its limitations is that it does not allow water flow to be dispersed into multiple units.

5.1.3.4 Water flow accumulation grid

The flow accumulation grid is to list the number of units flowing to each unit. Units with high cumulative values generally correspond to rivers, while units with zero cumulative values are usually ridge lines. Therefore, a fully connected drainage network can be derived from the flow accumulation grid with a certain critical cumulative value. For the selected point or the whole grid, the watershed can be depicted. A special watershed can be derived from a point by which the flow path can be traced. Taking the minimum scale of each watershed defined by the user and the intersection of the drainage lines as the starting point, the watershed can be depicted on the whole grid.

According to the modified flow chart, given a point, the sum of all the grid points flowing to it is the confluence area of the point. The specific calculation method is to give a point, search 8 adjacent points, record the position of all the grid points flowing to it, and then continue to search and record the grid points flowing to it based on the found grid points until there is no new confluence point. All the recorded grid points constitute the confluence area of the point.

5.1.3.5 Generation of river system

For the constructed flow accumulation grid, the confluence area of the gully is usually larger than the confluence area of other grid points. By setting a threshold, the grid points whose confluence area is larger than this threshold can be identified as gully points, so as to obtain the river network in the form of grid, and assign each river section according to the intersection point to generate river connection. Then the grid-vector format conversion is carried out to obtain the river network in vector form (Figure 5.8), and then smoothing and other processing are carried out to obtain the river system that meets the needs.

Figure 5.8 River network in vector form

At the same time, the river network can be classified based on the grid form of the river network and the cumulative grid of water flow. River network classification is a method of assigning the number of levels to the connecting lines in the river network. This level is a method of identifying and classifying river types according to the number of tributaries. Only by knowing the level of the river, some characteristics of the river can be inferred. The river network classification method is divided into Strahler method and Shreve method, which always assigns level 1 to the upper reaches.

5.1.3.6 Regional sub-watershed division

The sub-basin is a catchment area divided by watersheds. It determines all the grids that are interconnected and located in the same basin basin by analyzing the flow direction and river connection data. Through the grid turning function, the sub-basin division results of the region are obtained as shown in the yellow line in Figure 5.9, and the green line is the generated river system.

Figure 5.9 Results of regional sub-watershed division

5.2 Three-dimensional GIS analysis

Three-dimensional GIS is a GIS based on three-dimensional data model from data structure to spatial query to modeling and analysis. The key to the realization of 3D GIS functions and the development of practical systems lies in the solution of key issues such as 3D data models and data structures.

5.2.1 Three-dimensional model

A three-dimensional model refers to the representation of any three-dimensional object stored as a collection of elements or regular numbers. These elements or regular digital geometry can be rendered into a two-dimensional image. The object can be stored in the form of a wire frame, which is used to define the shape of the object. The wire frame is composed of different geometric primitives (such as line segments, triangles and surfaces). It can also be stored in the form of entities, which are composed of three-dimensional objects defined by parameters or clearly defined, and can perform addition and subtraction operations to generate more complex objects.

The three-dimensional model is based on the development of the point, line, surface and three-dimensional entity photography system of the two-dimensional data model. It is constructed by abstracting the entity into four basic geometric elements : point, line, surface and body in three-dimensional space. These basic geometric elements can be combined into more complex objects. The boundary can be defined by the starting point and the end point, and the shape can be defined by a set of coordinate points. The boundary and shape can also be defined by the outer boundary ring and the inner boundary ring, and the shape can be defined by a set of curves. At the same time, boundaries and shapes can also be defined by a set of surfaces.

Three-dimensional models are widely used in various fields, such as games and virtual reality, film and animation, medicine and biology, automotive and aerospace, industrial design and cultural heritage protection. There are many softwares to build 3D models in the industry, such as SketchUp, 3D StudioMax and Revit. In addition, the 3D model can be generated by a variety of other sources such as 3D scanning (radar, sonar, etc.) or obtained from the analysis steps.

5.2.2 Three-dimensional data structure

Three-dimensional data structure is a collection of data organization, operation method and rule constraints of three-dimensional geometric objects. It uses facial model, volumetric model and mixed model to represent the spatial position, morphological structure and pattern of the target.

The surface model data structure is used to express the surface in three-dimensional space, such as terrain surface and geological layer. It is based on the structural characteristics of the surface to represent the target in three-dimensional space. Although it is convenient for the display and data update of three-dimensional objects, there are still some difficulties in the spatial analysis of three-dimensional objects at this stage. The volume model data structure is used to represent objects in three-dimensional space, such as water bodies and buildings. It focuses on spatial operation and analysis, and has the advantage of large storage space, but the speed of calculation needs to be improved. The hybrid model data structure combines the advantages of the volume model and the surface model, and is a composite data model.

5.2.2.1 Surface model

Three-dimensional data surface model is used to describe the surface of the three-dimensional object model. The planar polyhedron is a relatively simple form of representation and processing in the three-dimensional data surface model. Each surface of it can be regarded as a planar polygon. Some specified geometric and topological information can effectively represent planar polyhedra, such as the position of vertices, the connection relationship of edges and the composition of faces. This method of representing three-dimensional objects by specifying the position of vertices, the connection of edges and the composition of surfaces is called three-dimensional boundary representation. In this representation, an object consists of a surface, an edge, and a point, and the edge can be a curve or a spatial curve.

As shown in Figure 5.10, a triangular pyramid is surrounded by four faces, each face is defined by three boundaries, and each edge is defined by two vertices. In order to store the information of this representation, three tables can be used, which are vertex table, edge table and surface table. The vertex table is used to store the coordinate information of each vertex of the triangular pyramid. The edge table indicates the position of the two vertices of each edge of the triangular pyramid in the vertex table. The surface gives the position of the edge of the triangular pyramid in the edge table. Through this representation, we can easily describe the shape and position information of the object. At the same time, the use of pointers to indicate the storage location of related edges and points can improve the storage efficiency of data.

The three-dimensional boundary model has the following characteristics : it records in detail the geometric information and interconnections that form the shape of the object, so as to directly obtain the definition parameters of each surface, surface boundary and vertex that form the shape. The advantage of this model is that it can perform various geometric operations and operations based on faces, edges and points. The boundary model not only uses three-dimensional objects with simple structure, but also applies to three-dimensional objects with regular shapes, but it is less efficient for irregular three-dimensional objects.

5.2.2.2 Volume model

The volume model is based on voxel segmentation and true three-dimensional entity expression in three-dimensional space. The attributes of voxels can be described and stored independently, so three-dimensional space operation and analysis can be carried out.

(1) Octree data structure

The octree data structure is a method of dividing the three-dimensional space into eight cubes with

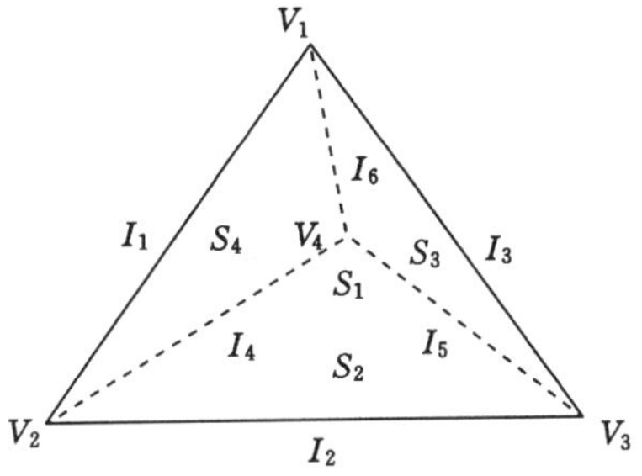

vertex table

V_1	$x_1\ y_1\ z_1$
V_2	$x_2\ y_2\ z_2$
V_3	$x_3\ y_3\ z_3$
V_4	$x_4\ y_4\ z_4$

edge table

I_1	$V_1\ V_2$
I_2	$V_2\ V_3$
I_3	$V_3\ V_1$
I_4	$V_2\ V_4$
I_5	$V_4\ V_3$
I_6	$V_1\ V_4$

surface table

S_1	$I_1 I_2 I_3$
S_2	$I_2 I_4 I_5$
S_3	$I_5 I_3 I_6$
S_4	$I_6 I_1 I_4$

Figure 5.10 Three-dimensional boundary representation

equal shapes. By dividing the three-dimensional space from the middle according to the three directions of X, Y, and Z, it is judged whether each cube needs to be further divided until each cube is filled with a target, does not contain a target, or reaches a non-separable voxel size.

Figure 5.11 shows the spatial object, and the logical structure of its octree can be expressed as Figure 5.12. Assuming that there is a three-dimensional space containing multiple objects, the logical structure can be expressed as the form in Figure 5.12 using an octree. The small circle in Figure 5.12 indicates that the cube is not filled by a certain target and needs to be further divided. A small rectangle with a shadow line indicates that the cube is filled with a target, and a blank small rectangle indicates that there is no target in the cube. Both cases do not require further division.

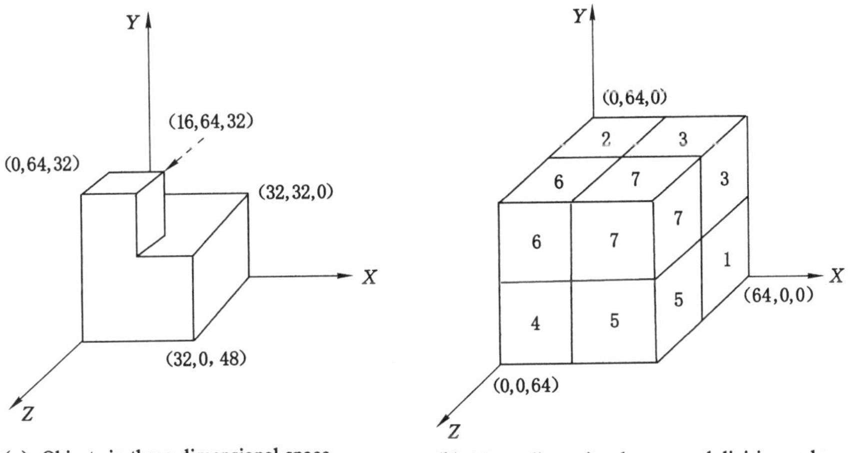

(a) Objects in three-dimensional space (b) Three-dimensional space and division code

Figure 5.11 Three-dimensional space object and its coding

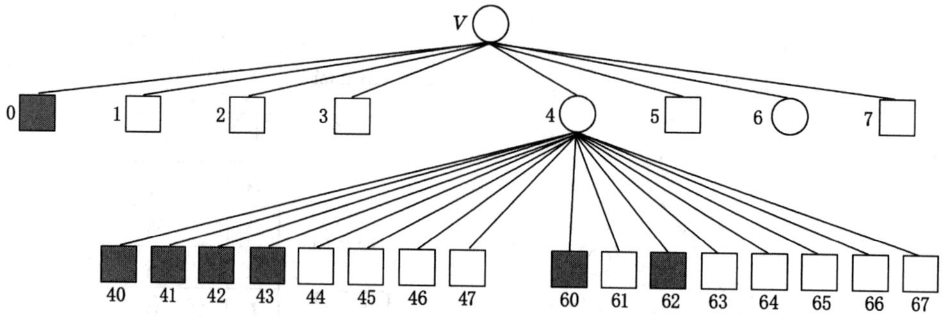

Figure 5.12 The octree logical structure of three-dimensional space object

(2) Tetrahedral grid model

The Tetrahedral Mesh (TEN) model is a three-dimensional extension of the two-dimensional TIN structure. It uses closely arranged and non-overlapping irregular tetrahedral meshes to represent spatial objects. The tetrahedral mesh is composed of four basic elements: point, line, surface and volume. The entire mesh can be geometrically transformed by the transformation combination of each tetrahedron. This feature facilitates the analysis of complex spatial data.

There are two types of tetrahedral mesh : ordinary tetrahedral mesh and constrained tetrahedral mesh. Constraints can be divided into three types : linear constraints, surface constraints and specific constraints. The linear constraint is formed by a series of characteristic lines, such as fault lines on the stratigraphic boundary. The constraint of surface is formed by spatial interfaces of different attributes, such as stratigraphic interfaces. Specific constraints are constraints in specific situations, such as mined-out areas in mine engineering. Linear constraint is a form of spatial constraint, which is composed of characteristic lines such as roads, rivers and ridge lines on the earth 's surface. The surface constraint can be disassembled into a series of spatial constraint lines, which are composed of discrete spatial points.

The tetrahedral grid is automatically generated by the grid algorithm. The main idea is to expand the planar Voronoi grid through continuous structural expansion to form a three-dimensional tetrahedral grid. The space points are transformed into volume elements represented by grids by vector-grid conversion algorithm. Subsequently, the distance transformation algorithm is applied to generate a three-dimensional Voronoi polyhedron. Finally, the three-dimensional Voronoi polyhedron is converted into tetrahedral meshes. This process realizes the conversion from spatial points to tetrahedral meshes. Tetrahedral grid and its data structure are shown in Figure 5.13.

Based on the above research, it is not difficult to find that the octree structure will gradually double the amount of data with the increase of the resolution of the grid pixels, and realize the approximate representation of the data, but it can easily and effectively realize the set operation of two objects. Compared with other data structures, it has the advantages of simple data structure and convenient operation. The tetrahedral grid model not only combines the advantages of volume structure and boundary representation, but also has the advantages of fast geometric transformation and display, and fast topological relationship processing.

5.2.2.3 Three-dimensional hybrid data model and structure

The construction method based on surface model focuses on surface representation, which is suitable for describing entities in three-dimensional space, such as terrain surface and geological layer. This method makes the contour of the space target easy to display and data update. However, due to its main focus on the surface, it has some shortcomings in spatial analysis. In contrast, the volume model-based construction

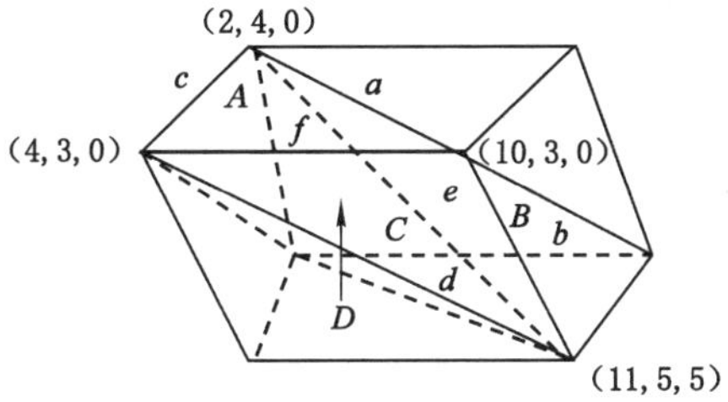

tetrahedron

Bodyno. faceno. attribute
…
1 *A*, *B*, *C*, *D*
…

triangle

face no.	Linesegmentno.	attribute
A	*a*, *c*, *f*	
B	*a*, *b*, *e*	
C	*b*, *d*, *f*	
D	*c*, *d*, *e*	
	…	

line

line no.	origin point	end point	attribute
a	2	3	
b	3	4	
c	1	2	
d	1	4	
		…	

node point

Dotno.	*X*	*Y*	*Z*	attribute
1	4	3	0	
2	2	4	0	
3	10	3	0	
4	11	5	5	
	…			

Figure 5.13 Tetrahedral grid and its data structure

method focuses more on the overall representation, including the boundaries and interiors of the main spatial entities, such as strata, ore bodies, water bodies, and buildings. This method achieves the spatial representation of the three-dimensional target by describing the body. Compared with the surface model, the volume-based model is easier to perform spatial operations and analysis. However, due to the need to store more information, the storage space based on the volume model is large and the calculation speed is slow.

In order to take into account the advantages of surface model and volume model, and make use of the advantages of regular volume element and irregular volume element, the hybrid model came into being. The emergence of the hybrid model aims to integrate the advantages of the two models. By combining the surface model and the volume model, the hybrid model has achieved good results in practice.

(1) TIN-CSG hybrid modeling

TIN-CSG hybrid modeling is a technology that combines two different modeling methods of TIN (triangular irregular network) and CSG (set geometry).

① TIN (triangular irregular network): TIN is a three-dimensional model used to represent terrain or surface. It consists of many irregular triangles, each of which consists of three vertices. TIN is often used in geographic information system (GIS) to represent terrain and landform.

② CSG (set geometry): CSG is a modeling method for describing three-dimensional objects. It uses basic geometry (such as cubes, cylinders, spheres, etc.) to construct complex objects through a series of set operations (such as union, intersection, and difference sets).

TIN-CSG hybrid modeling combines these two methods to give full play to their respective advantages. Through this hybrid modeling technology, complex three-dimensional spatial data can be better represented and processed. For example, in terrain modeling, TIN can be used to represent the terrain surface more accurately, and CSG can be used to add buildings or other complex structures to form a more complete 3D scene. This hybrid modeling method has a wide range of applications in geographic information systems, computer graphics, virtual reality and other fields, and can provide richer and more flexible 3D object representation and simulation capabilities.

(2) Wire Frame-Block hybrid modeling

The principle of Wire Frame-Block hybrid modeling is to combine wireframe representation and block representation to combine the advantages of the two representation methods to achieve a more comprehensive and flexible representation of three-dimensional space objects.

① Wireframe representation principle: Wireframe representation is a simplified representation method that defines the shape and structure of an object by connecting a series of geometric primitives (such as line segments, triangles, and surface boundaries). This representation method is suitable for quickly drawing and displaying the contour of the object, but it cannot provide information inside the object, such as volume and surface properties.

② Block representation principle: Block representation is a more complete representation method, which defines the shape and structure of objects by using block entities. These entities can contain the boundary and internal information of the object, such as volume, mass, density and surface properties, such as color, texture and lighting effects.

The principle of Wire Frame-Block hybrid modeling is as follows :

① Combination of wireframe and block representation: In the hybrid modeling, the wireframe representation is first used to define the shape and basic structure of the object, so that the contour of the object can be obtained quickly.

② Supplementary block representation information: The internal structure and surface properties of the object are supplemented by block representation. Add block entities at specific locations and regions to achieve a complete representation of the object.

③ Comprehensive advantages: By combining the advantages of wireframe representation and block representation, we can not only quickly draw and display the shape of the object, but also provide a more comprehensive and detailed object representation. In this way, richer and more flexible 3D object representation and modeling capabilities can be obtained without losing speed.

(3) TIN-Octree hybrid modeling

TIN-Octree hybrid modeling is a technology that combines two different modeling methods of TIN (triangular irregular grid) and Octree (octree).

① TIN (Triangular Irregular Network): TIN is a three-dimensional model used to represent terrain or surface. It consists of many irregular triangles, each of which consists of three vertices. TIN is often used in geographic information system (GIS) to represent terrain and landform.

② Octree: Octree is a kind of tree data structure, which is used for recursive division of three-dimensional space. The octree divides the space into eight equally divided cubes (octrees), and each octree can be further divided into eight smaller octrees, and so on. The octree can be used to quickly represent and query three-dimensional spatial data.

The TIN-Octree hybrid model combines TIN and Octree together, and realizes the mixed representation of three-dimensional objects by embedding TIN into the appropriate position of Octree. In this way, we can enjoy the local details of TIN and the overall structural advantages of Octree at the same time, and effectively process and analyze complex three-dimensional spatial data.

① TIN represents local details: Using TIN to represent the details of local areas, especially in terrain modeling, TIN can provide a more accurate representation of terrain surface. This can preserve local details and avoid unnecessary data redundancy.

② Octree represents the overall structure: Octree is used to represent the overall three-dimensional spatial structure. By recursively dividing the space, the octree can effectively represent complex three-dimensional data and provide fast data query capabilities.

Through TIN-Octree hybrid modeling, we can better deal with complex three-dimensional geographic information data, which can not only retain local details, but also quickly query the overall structure. This hybrid modeling method has a wide range of applications in the fields of geographic information systems, computer graphics, and virtual reality, providing more flexible and comprehensive 3D object representation and modeling capabilities.

The data structure of TIN-Octree hybrid model includes five files (Table 5.1): adjacent triangle file, node file, coordinate file, pointer file and octree file.

Table 5.1 Data structure of TIN-Octree hybrid model

File description entry name	Concept
Adjacent triangle files	The adjacent relationship between each triangle is recorded. Through this file, we can understand the connection between each triangle and other surrounding triangles
Node file	The number of three nodes of each triangle is described. Each triangle consists of three nodes, this file saves the information of these nodes
coordinate file	The three-dimensional coordinates of each node are recorded. Through this file, we can know the position of each node in the three-dimensional space
Pointer file	Each triangle used to locate and store the octree data describing the target body. The octree is a tree structure. This file helps us quickly find the position of each triangle in the octree
Octree file	Contains data describing the overall structure of the target body. The octree divides the three-dimensional space into multiple octrees, and each octree can be further divided into smaller octrees, and so on. Through this file, we can represent and query the target as a whole

These five files constitute the data structure of the TIN-Octree hybrid model (Figure 5.14), which makes full use of the surface details of TIN and the overall structural advantages of Octree to achieve flexible and accurate representation and processing of complex three-dimensional targets.

(4) Octree-TEN hybrid modeling

Although the octree has a large amount of spatial data, it has simple data structure and convenient operation. Compared with this, the tetrahedral grid model can accurately express the target and display complex spatial topological relations. These two models have advantages in characteristics. Based on the advantages of octree model and tetrahedral grid model, academician Li Deren proposed a new hybrid data structure, namely Octree-TEN hybrid model. As shown in Figure 5.15.

The Octree-TEN hybrid model uses Octree to describe the object as a whole, and uses TEN to describe the object locally. Figure 5.16 shows the data organization structure of the hybrid model. Although the model has advantages in solving complex geological modeling problems, such as faults or structural planes, there are some challenges in establishing topological relationships between spatial entities.

In Figure 5.16, the attribute value of an octree encoding is *SX* (73 in Figure 5.16), indicating that the encoding points to a local area in the tetrahedral grid, and the specific content in this local area can be found by the pointer. The corresponding eight vertices can be obtained by octree coding, such as (3, 3, 2) and (3, 4, 2) in Figure 5.15. They are connected with the feature points (such as 201, 202) in the tetrahedral grid to form a local tetrahedral grid.

The hybrid structure data model is a method of combining different data models to represent different geospatial objects. It makes full use of the advantages of various data models to achieve effective and complete expression of three-dimensional spatial entities. Although the hybrid structure data model may have certain limitations, it needs to be converted between different spatial entity expression methods to achieve consistency of expression. However, due to its flexibility and comprehensiveness, the data model

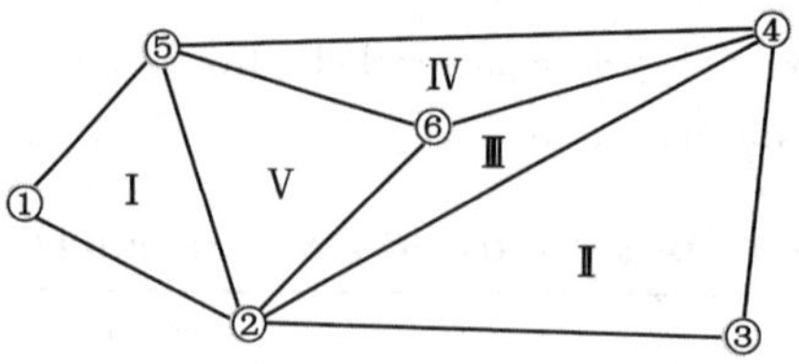

Triangular adjacency list

Triangle numbering	Adjacent
Ⅰ	0, Ⅴ, 0
Ⅱ	Ⅲ, 0, 0
Ⅲ	Ⅴ, Ⅳ, Ⅱ
Ⅳ	Ⅴ, 0, Ⅲ
Ⅴ	Ⅰ, Ⅳ, Ⅲ

Triangular node table

Triangle numbering	node
Ⅰ	1, 5, 2
Ⅱ	2, 4, 3
Ⅲ	2, 6, 4
Ⅳ	6, 5, 4
Ⅴ	2, 5, 6

Node coordinate table

nodenumbering	coordinate
1	X_1, Y_1, Z_1
2	X_2, Y_2, Z_2
3	X_3, Y_3, Z_3
4	X_4, Y_4, Z_4
5	X_5, Y_5, Z_5
6	X_6, Y_6, Z_6

Pointer file structure table

Triangle no.	layer	Octreepointer
Ⅰ	1	160
Ⅰ	2	239 371
Ⅱ	1	6 178
Ⅲ	1	79 103
Ⅳ	1	104 150
Ⅴ	1	151 238
Ⅴ	2	373 516

Octree file storage structure

address	keyvalue	level
1	1	18
2	30	17
3	37	17
4	572	16
5	573	16

Figure 5.14 TIN-Octree hybrid model and its data structure

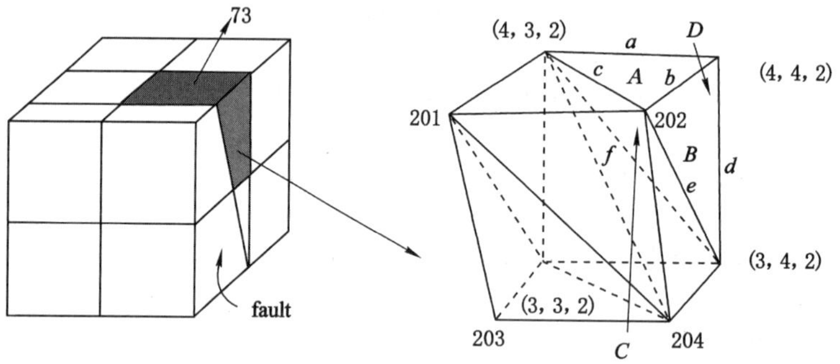

Figure 5.15 Mixed data structure of octree structure and tetrahedral grid

with hybrid structure has become an important direction for the development of 3D geographic information system (GIS) theory and application.

By mixing different data models, we can better process and analyze complex three-dimensional spatial data. This is very important for the application and development of geographic information systems, because different types of geospatial objects may require different data models to represent, and the hybrid structure data model can provide more powerful and flexible expression capabilities, which helps to solve practical problems and application requirements.

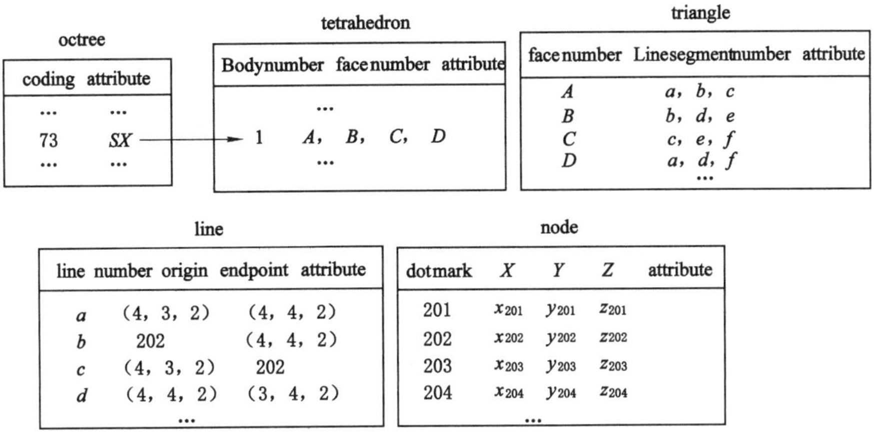

Figure 5.16 Data organization of Octree and TEN mixed data structure

5.3 Three-dimensional analysis of urban space

Urban space can be divided into three parts: surface, ground and underground. Correspondingly, urban spatial data can be divided into surface data, ground data and underground data. (1) Surface data: spatial data describing terrain, vegetation, buildings, roads and other elements. (2) Ground data: spatial data describing elements such as power lines. (3) Underground data: spatial data describing elements such as subways, underground pipelines, and tunnels.

5.3.1 Sunshine analysis

Sunshine analysis refers to the simulation of sunshine shadows of buildings at important time nodes, which provides a qualitative reference for the influence of shadow occlusion between buildings. In the planning and construction industry, it is generally required that the sunshine duration on winter solstice should not be less than 2 hours for residential buildings other than residential buildings. Sunshine analysis should be carried out only when the residence is shaded by buildings with a height of more than 24 m. Therefore, sunshine analysis has become an important and commonly used three-dimensional analysis function of urban space (Figure 5.17).

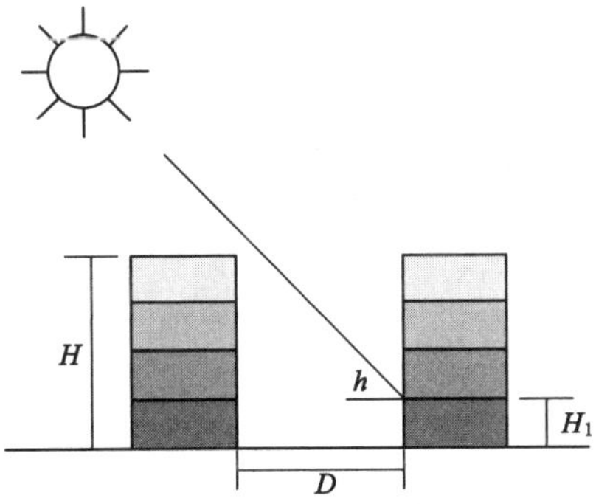

Figure 5.17 Calculation method of sunshine distance

In Figure 5.17, $\tan h = (H - H_1)/D$, thus $D = (H - H_1)\tan h$. In the formula, D is the sunshine interval; h is the solar elevation angle; H is the height from the top of the parapet wall of the former house to the ground; H_1 is the height from the window sill to the ground of the rear building (according to the current design specification, the value of H_1 is generally 0.9m, and when $H_1 > 0.9$ m, it is 0.9 m).

The related sunshine analysis methods are as follows.

(1) Occlusion analysis: Analyze the occlusion and occlusion between buildings. When the occluded building is selected, all the occluded buildings that affect it are automatically analyzed; when selecting the occluded building, it automatically analyzes all the occluded buildings that have occlusion effects on other buildings.

(2) Shadow analysis: Calculate the continuous shadow map of the building group at any time period at any height, the shadow contour range line and the shadow difference set map between adjacent buildings, which can visually observe the influence range of the building shadow contour or the occlusion of other buildings.

(3) Single point analysis: any point in the building group at any time and height of the sunshine time analysis and calculation, analysis of the results of graphic labeling, statistics to generate a single point of sunshine analysis report.

(4) Window analysis: analysis and calculation of building windows full window sunshine (can be set to the left and right side or the center point), analysis of the results of the surface marking and generate statistical reports. The multi-point sunshine digital model diagram of the whole window surface can also be analyzed.

(5) Window hole analysis: equidistant distribution points on the window hole surface, analyze the sunshine situation of each point, and count the proportion of points that meet the standard in the window.

(6) Slope area analysis: select any area in the building group affected by the terrain, distribute points at equal distances on it, analyze the sunshine conditions of each point affected by the terrain and buildings, and visually display the calculation results at each point.

(7) Isochronous line analysis: in the closed area of any shape of the building group, the linear model diagram of the plane equal sunshine or the linear model diagram of the building facade equal sunshine in the single hour or more hours area is automatically generated (Figure 5.18).

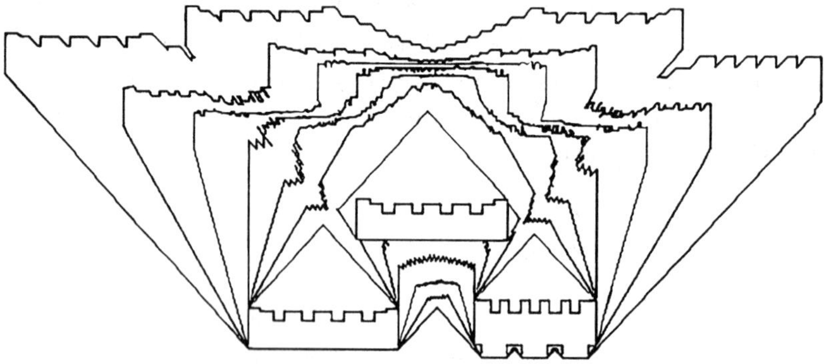

Figure 5.18 Isoline analysis diagram

(8) Sunlight conical surface: according to the sunshine time interval automatically calculate and draw the sun in a certain period of time on the building group or building outline of a point of sunshine formed by the three-dimensional conical trajectory with the vertex of the point, directly reflect the sunshine situation of the point.

5.3.2 Height control analysis

Building height control refers to the building control height, also known as building height limit, which is the maximum height limit value of the ground part of the building in a certain plot. In urban planning, it is usually to protect national secrets, route safety, scenic spots and historic sites, etc. , and to unify the requirements and restrictions on the height of buildings in each region. For example, the Beijing Forbidden City, near the Zhongnanhai, Hangzhou West Lake coast, within the scope of the city route, etc. , have specific building height control requirements. Therefore, height control analysis is mainly used in the field of urban planning. The control height analysis method is divided into the highest point control method, parabolic control method, line of sight corridor control method, skyline control method and line of sight overlooking control method.

(1) Highest point control method

In the protection planning of many historical and cultural cities in China, there is usually a clear limit on the height of buildings and structures. For example, the overall control height within the Xi 'an Ming City Wall is limited to the 36 m height of the bell tower. The height of the building in the old city of Beijing is 45 m high as the upper limit of the control. The height limit of buildings in Lhasa is 117 m high at the top of the Potala Palace. The height of new buildings in the ancient city of Suzhou should not exceed 24 m. The height of all buildings in the ancient city of Anyang is limited to less than 10 m. The highest point control method takes the highest point of important cultural relics as the building height limit, which can effectively guarantee the dominant position of cultural relics in the region. However, this method has a single control content and needs to be used in combination with other methods to achieve good results.

(2) Parabolic control method

Around the cultural relics and historic sites, the core protection area, buffer zone and coordination area are delineated in turn, gradually rising from the inside to the outside, and controlled at different levels. This method is widely used because it can effectively alleviate the contradiction between the height control of buildings around cultural relics and the needs of urban construction. For example, in the "Beijing Historic and Cultural City Protection Plan" in 2002, the old city of Beijing was divided into three high-level control levels: key areas that are highly controlled according to the requirements of historical original protection, construction control zones that follow the requirements of cultural relics and protected area protection planning, and other areas that follow the requirements of the " Beijing Central Area Regulatory Detailed Planning". While this method has achieved results in practice, it also shows problems such as poor visual effects, vague standard determination, and insufficient control. However, if the control range and height standard can be determined scientifically and reasonably, and supplemented by other methods, it is still an effective control idea.

(3) Line of sight corridor control method

In order to preserve the overall historical landscape pattern of the city, a line of sight corridor is opened between the important historical landscape nodes to ensure that the buildings as the background do not affect the smooth line of sight between the two, and form a certain relationship between the cultural relics and historical sites. For example, the old city of Beijing has formed a landscape sight corridor and street-to-scenery relationship between Jingshan, Bell and Drum Tower, Forbidden City, Desheng Gate, Zhengyang Gate, Qinian Hall, Beihai White Pagoda and Miaoying Temple White Pagoda. It also protects the historical landscape buildings and their environment, and controls the height of the surrounding buildings. This method is suitable for macro control at the regional level, especially the construction of sight corridors based on existing roads and rivers, which can not only effectively protect historical landscape corridors, but also achieve the purpose of controlling the height of buildings in the background area.

(4) Skyline control method

The skyline control method is a method to protect the skyline characteristics formed by its natural landscape and limit the height of surrounding buildings in the historical environment formed by cultural relics. For example, when controlling the building height in the lakeside area of Hangzhou West Lake, based on the canopy height of the lakeside area, the basic height (about 18 m) is 1/3 higher than the canopy height of the building, that is, it is allowed at this height, because the building has little effect on the landscape; according to the visual principle of near high and far low, the farther away from the lake shore, the higher the allowable height. In the landscape transition section between the mountain and the urban area, the requirement shall not exceed the basic height; the buildings behind the mountain must not be higher than the mountain, so as not to destroy the mountain line. Based on the above ideas, the Hangzhou Planning Bureau established a system for landscape analysis of high-rise buildings. Any building that exceeds the basic height must be highly analyzed. This method realizes the overall protection of the historical environment by protecting the skyline characteristics formed by the natural landscape in the historical environment, and is suitable for cultural relics and historic sites with significant natural landscape characteristics.

(5) Line of sight control method

The visual law is introduced into the control analysis of building height to control the intrusion of surrounding buildings into the line of sight overlooking area. Identify multiple observation points, usually the most unfavorable point of view in a certain direction or the place where the flow of people in a certain space is the most concentrated; the plane influence area of the line of sight is determined by connecting the viewpoint with the edge of the surrounding occlusion. Determine the critical point of sight and connect the viewpoint with the critical point of sight to find the critical line of sight; the nearest horizontal distance from the affected area of the plane to the observation point is measured, and the building maximum value of the corresponding block is determined according to the trigonometric function.

This method is widely used because it can effectively coordinate the relationship between the city and the natural landscape and historical monuments. Based on the principle and method of line of sight overlooking analysis, the data model of building height is established by using GIS, which can not only calculate the height control standard of the whole target area comprehensively and accurately, but also reflect the influence of terrain change. Combined with this method, it is convenient for relevant departments to effectively control the building height around the target area. In some cases, the calculation is not comprehensive and inaccurate due to many viewpoints and complex terrain, which can be solved by computer-aided means (Figure 5. 19).

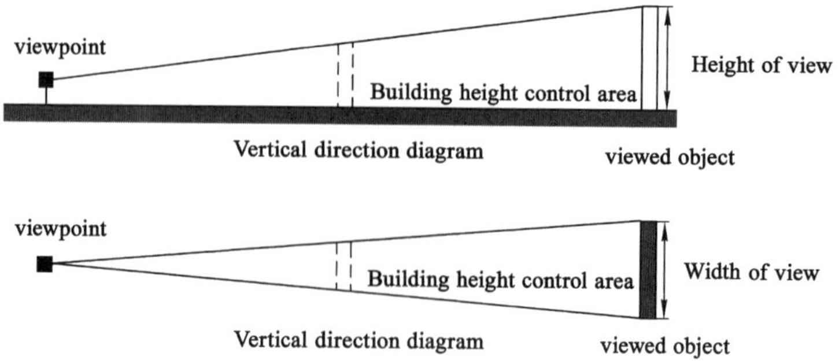

Figure 5. 19 Line of sight overlooking control method

5.3.3 Skyline analysis

Based on the buildings and terrain within a certain distance from the observation point, skyline analysis quickly calculates and generates the skyline contour formed by the occlusion in the current scene window (Figure 5.20). Combined with regional data such as urban buildings and terrain, the skyline of any observation point can be quickly analyzed. This analysis method is widely used in urban planning and plays an important role in protecting urban natural landscape and characteristics. It can not only determine the maximum height allowed for construction in the study area without destroying the skyline, but also adjust the location and height of the planned building according to the skyline outline, so as to save time and effort in urban planning.

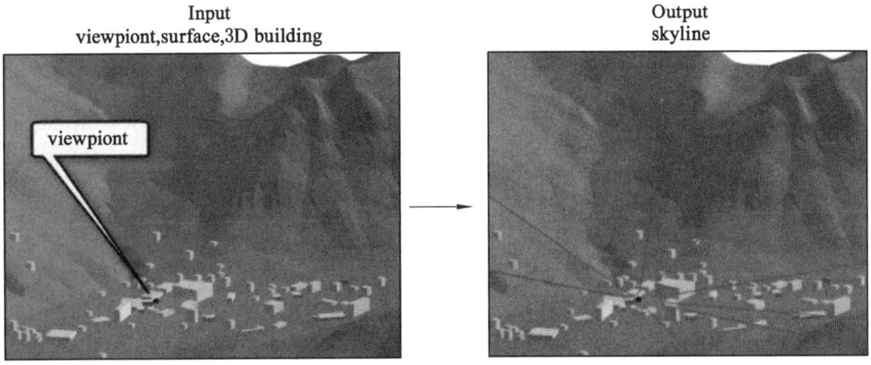

Figure 5.20 Skyline analysis

5.3.4 Three-dimensional analysis of underground pipeline

Urban underground pipelines refer to pipelines and ancillary facilities such as water supply, drainage, gas, heat, electricity, communication, radio and television, and industry within the city. They are important infrastructures and "lifelines" to ensure urban operation. The establishment of perfect underground pipelines can quickly adapt to the development needs of society and improve emergency disaster prevention capabilities. Various types of underground pipe networks and pipelines not only have the characteristics of large scale, wide range, wide variety, complex spatial distribution, large change, fast growth rate and long formation time, but also bear the important functions of information transmission, energy transmission, sewage discharge and other important functions closely related to people's lives, which are related to all aspects of thousands of households. It is the basic guarantee of people's lives and the material basis for the survival and development of cities.

(1) Visual analysis of three-dimensional underground pipeline. The urban underground pipe network is crisscrossed, complex and hidden. The use of three-dimensional visualization technology can intuitively show the actual situation of the underground pipe network, which is convenient for inspection and analysis. The urban three-dimensional underground pipeline data is based on the plane coordinates, buried depth, pipe diameter and other data of the two-dimensional data to generate a three-dimensional pipeline model in batches and associate the attribute database to form the final three-dimensional underground pipeline data. The visual analysis of urban three-dimensional underground pipeline is to integrate the data resources of urban underground comprehensive pipeline in the three-dimensional data environment, and realize the functions of three-dimensional visual browsing, navigation, horizontal ranging, vertical ranging and area measurement of underground pipeline. At the same time, it can also realize the comparative analysis of two-

dimensional and three-dimensional linkage, so that the three-dimensional visualization effect has been greatly improved.

(2) Horizontal and vertical section analysis. The pipeline is cut into a section by using the line segment. On this section, the longitudinal and cross-sectional characteristics of the pipeline and the underground laying status of each pipeline can be analyzed, including the height from the ground and the distance of each pipeline. The transverse and longitudinal section diagram can directly reflect the buried depth of the road surface and the spatial relationship between the pipelines of the road. It is the basis of pipeline engineering design and the important basis of municipal infrastructure construction. The horizontal and vertical section analysis can not only check the horizontal relationship, vertical relationship, pipeline diameter and buried depth relative to the ground between various pipelines of the same data source on the horizontal and vertical sections perpendicular to the ground. It can also directly generate a vertical section view at any specified position, and query the pipeline material, buried depth, pipe diameter, historical age, spacing and other information from the view.

(3) Analysis of covering soil depth. Underground pipelines are affected by environmental factors such as climate and soil. The minimum overburden depth of all kinds of pipelines has strict industry norms and national norms. The overburden depth refers to the buried depth of the pipe top at a specific position (point) on a pipe section. The analysis of the overburden depth can directly view the buried depth information of the underground pipeline relative to the ground. The user draws a line segment at will, and the line segment intersects with multiple pipelines to form multiple intersections. The analysis of the overburden depth is to analyze and calculate the buried depth of the pipe top at such intersections. Engineering pipelines such as water supply, drainage and gas in severe cold or cold areas should determine the depth of pipeline coverage according to the freezing depth of soil. Engineering pipelines such as thermal power, telecommunications and power cables and engineering pipelines outside severe cold or cold areas should determine the depth of pipeline coverage according to the soil properties and the magnitude of ground load. The analysis of the depth of soil coverage provides a reliable basis for the daily management, analysis and statistics, planning and decision-making of urban underground pipeline networks, and provides auxiliary decision-making functions for management departments.

(4) Pipe burst analysis. Pipe burst analysis is of great significance in the construction of urban pipe network. Analysis of the valves that need to be closed after the pipe burst and the downstream pipeline, the phenomenon of pipe burst of urban pressure pipeline is a catastrophic accident that often occurs. If it is not handled in time or in error, it will bring major economic losses to the city and cause great negative impact on society. Therefore, when the pressure pipeline bursts, the close relationship between pipeline design and road design and general layout design should be fully considered, and the affected pipe sections and areas should be quickly analyzed and identified. According to the location of the burst point, the affected pipe sections and areas should be analyzed and displayed by using the pipeline topology information. The valve closing scheme is given, the valve should be closed is highlighted, and the affected voltage regulator area or the affected user situation is displayed. When the water supply, gas and heat pipeline burst accident occurs, this function can be used to search the valve, surrounding pipeline information, surrounding buildings, surrounding roads and other information that need to be closed on the map, which improves the scientific decision-making of urban pipelines and the ability of public infrastructure emergency monitoring, emergency response, command decision-making and so on.

(5) Connectivity analysis. Connectivity analysis is mainly used to check whether the specified two points on the pipeline are connected. Firstly, a section of pipeline or a pipe point is specified, and then another section of pipeline or another pipe point of similar pipeline is selected to determine whether it is connected by depth-first search. Connectivity analysis can analyze the location of the pipeline connection,

the number of connections, the flow direction, the flow rate and the properties of the pipeline in detail. By installing monitors and sensors at different points, the status of the pipeline can be monitored in real time, such as monitoring the flow of the flowing material in the pipeline, water quality, water pressure, etc. Assuming that there are different traffic flows at the two nodes, it is proved that the pipeline has a vulnerability in this section. The threshold is set in advance. Once the threshold is exceeded or lower than the threshold, the system can actively send an alarm to remind the relevant units of the pipeline problems, so as to prevent and deal with emergency accidents more quickly, facilitate the search of location information, and provide an accurate reference for the planning and utilization of pipeline resources and emergency management, and improve the rationality and scientificity of decision-making.

(6) Flow direction analysis. Flow direction analysis is used to query the specific flow direction of the pipeline in a given area. It is mainly aimed at the drainage pipe network. According to the opening and closing of each facility in the pipe network and the topological information of the pipeline, the flow direction of the medium in each pipeline is automatically calculated, and the flow direction is marked in the three-dimensional scene. In the analysis of burst pipe based on flow direction, it is necessary to know where the flow direction changes and where it is stopped, so the pipe section should be defined according to the change of flow direction. The definition of the pipe network section is to abstract the pipe network into an undirected graph that meets the needs of burst analysis and establish a corresponding geometric network.

Review thinking questions

1. What are the elevation calculation methods?
2. Explain the calculation method of slope and aspect.
3. The calculation method of slope change rate and aspect change rate is described.
4. What are the calculation methods of curvature?
5. The main contents and steps of hydrological analysis are described.
6. There are several methods of visual field analysis? Examples are given to illustrate its application.
7. The method of 3D terrain analysis is discussed.
8. What are the methods of three-dimensional sunshine analysis?
9. What are the common methods of height control analysis?

Chapter 6 Geocomputation and spatial modeling

Geographic computing is one of the core contents of GIS. It mainly uses computer methods as the basic scientific tool to process geographic information and analyze geographic phenomena. Geospatial modeling refers to the construction of physical models or mathematical statistical models that represent the status of regional geographic systems or the characteristics of their constituent elements. It is one of the important tools and methods for geographic scientific research.

6.1 Grid GIS

Grid GIS is an organic combination of GIS and grid technology. It is an application of GIS in the grid environment. It will have a variety of computers, spatial data servers, large-scale retrieval and storage systems, geographic information systems, virtual reality systems and other resources which are geographically distributed and heterogeneous. They are connected and integrated through high-speed interconnection networks to form a super-processing environment for user-transparent virtual spatial information resources.

6.1.1 Characteristics of grid GIS

Grid computing realizes the sharing of data, resources, applications and calculations of each node on the grid under certain rules, which is particularly important for the development of large-scale GIS projects, and can improve or change the planning, deployment, operation and management mechanism of the entire GIS application system.

The characteristics of grid GIS are as follows:

(1) The core of grid GIS is to solve the sharing and collaboration of various spatial information processing resources in wide-area environment. Among them, spatial resources include spatial data, spatial information, spatial knowledge and spatial services. Sharing is the sharing of space resources in the grid environment, and collaboration is the collaboration between space services.

(2) Grid GIS can well solve the problem of interoperability between heterogeneous systems. In a grid system composed of spatial database, attribute database, meta-database and GIS software, when a user requests an application, the grid system automatically decomposes the task, then routes to a specific database to extract specific data, and transmits it to a specific GIS software. The processing results are presented to the user in a consistent user interface. Data access and data processing are transparent, that is, users do not need to know which GIS software is used in the process of processing, which database is used for geographic data, etc., so that users can focus on solving domain problems and truly integrate the entire Internet into a huge super GIS server.

(3) The data processed by grid GIS is spatial data, which is the fundamental difference between grid GIS and general grid. The characteristics of spatial data require grid GIS to integrate distributed storage resources and computing resources as a virtual unified system environment as far as possible, and provide metadata management tools and data access services based on spatial information resources. Grid GIS should have the ability to respond quickly when a large number of users access their stored spatial information through the grid at the same time.

6.1.2 Architecture of grid GIS

In the grid GIS system, its architecture determines the stability and scalability of the entire grid, and defines various protocols and APIs within the grid and between grid nodes to guide the operation of the grid system and the corresponding applications.

6.1.2.1 Application-based grid GIS architecture

From the perspective of grid application, the architecture of grid GIS includes five parts: Computation Grid, Spatial Data Grid (SDG), Spatial Information Grid (narrow sense), Spatial Knowledge Grid (SKG) and Spatial Service Grid (SSG), as shown in Figure 6.1.

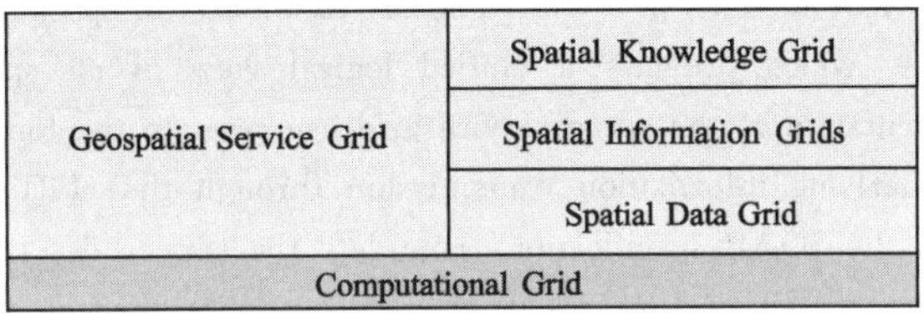

Figure 6.1 Grid GIS application architecture

(1) Computational grid is the foundation of all application grids and grid GIS systems. It provides basic functions and interfaces for other grid applications, including communication mechanism, security architecture, error detection, information architecture and resource management mechanism. At present, the grid community is carrying out research on the computational grid, and has made great progress, such as Globus system software. Basic grid computing services are used to support a unified and secure entry for computing, data, and tool systems. They provide unified permissions for computing, data sources, work management, and security that are geographically and organizationally dispersed. Security includes single signing, secure internal communication, and grid computing management.

(2) Spatial data grid is the foundation of spatial information grid, spatial knowledge grid and spatial service grid. Spatial data grid mainly studies the unified management and efficient access of massive distributed spatial data, including key technologies such as metadata directory and resource agent. Metadata directory realizes various entity objects in the grid, including the unified logical view of all spatial data, which lays the foundation for the unified management and efficient access of spatial data, and is the core of spatial data grid. Its information registration and publishing service supports the registration of new entities and the use of metadata directories for data publishing; the resource agent is used to map the storage and retrieval data requests of high-level users to the underlying operations of the grid.

(3) The goal of spatial information grid is to provide users with an integrated intelligent information service platform based on spatial data grid. On this platform, information processing is distributed, collaborative and intelligent. Users can access all the information through a single entrance. The ultimate goal of the information grid is to achieve service on demand and one clock is enough. Spatial information grid mainly studies spatial meta-information, spatial information representation, spatial information connectivity and spatial information consistency. Meta-information is an abstract description of data objects, so that all kinds of information can be expressed by the relationship between element attributes and values. The representation of information includes two aspects: the representation of information storage and the representation of information display. The connectivity of information refers to the logical connection of information with certain relationships (including semantics and logic), from one information source to any other connected information source without considering security restrictions; the consistency of spatial information mainly refers to the semantic interoperability of GIS, focusing on solving the semantic

conflict of geographic information, that is, the difference of classification geometry description and pattern caused by the difference of object classification definition in the real world, ensuring the accuracy of spatial information in the process of use, as well as the integrity and no loss of semantics in the process of conversion.

(4) Spatial knowledge grid studies the organization and management methods of spatial knowledge, in which knowledge management includes knowledge reuse, knowledge conversion and cognitive process model. The goal of spatial knowledge grid is to build an intelligent, efficient and collaborative problem solving and decision support platform, which is based on spatial data grid and spatial information grid.

(5) Spatial service grid studies the unified management and efficient access of GIS functional services, and provides functional services for other grid GIS. The key technology of space service grid is the metadata directory of space service, which provides a unified logical view of all space services in the grid environment. The implementation of the space service grid can refer to the four-tier architecture of Web Service, complete the underlying information transmission through the HTTP protocol, complete the service triggering through the SOAP specification, complete the service description through the WSDL language, and construct the metadata directory of the space service through the UDDI specification to complete the registration, search and discovery of the service.

6.1.2.2 Technology-based grid GIS architecture

From the perspective of grid technology, the architecture of grid GIS can be divided into five layers: construction layer, connection layer, resource layer, collaboration layer and application layer, as shown in Figure 6.2.

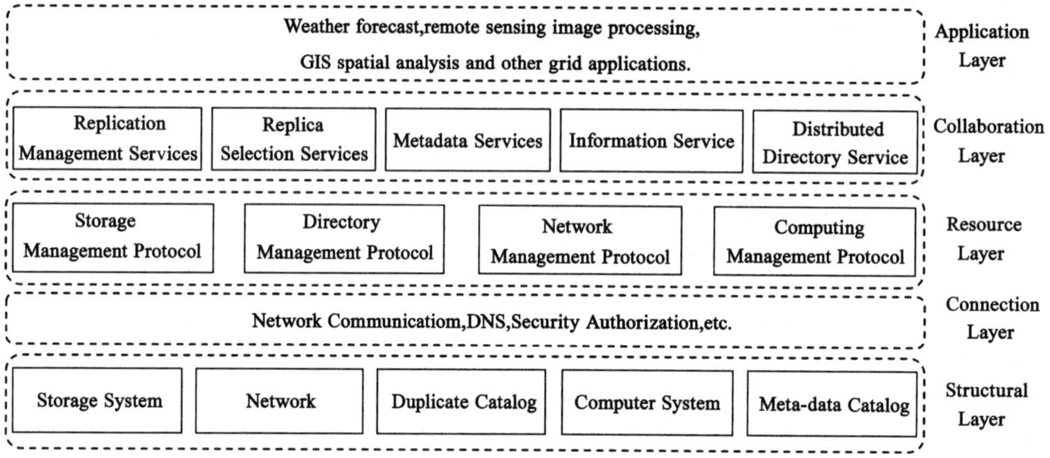

Figure 6.2 Grid GIS technology architecture

(1) Construction layer: The main function is to provide up the resources that can be shared in the grid, which belong to physical or logical entities. Commonly used resources include computing resources, directories, network resources, code bases, and the International Spatial Data Infrastructure. Typical spatial data infrastructure (SDI) includes four parts: data exchange network system, basic data sets, regulations and standards and institutional system. Among them, the data interaction network system is a communication network for basic geographic information systems and spatial data as network nodes; the basic data set includes spatial positioning control data, terrain frame data, land use coverage data, cadastral mapping data, aerial and remote sensing image data, and other basic natural and human information related to spatial location. Regulations and standards include regulations and policies on information sharing

mechanisms, as well as geographic information technology standards; the institutional system includes authoritative spatial data and geographic information coordination leading institutions, backbone production organizations engaged in data acquisition and processing, and units specializing in data maintenance and update.

(2) Connection layer: Define the core protocol of communication and authorization control in the grid. The data exchange between various resources, authorization authentication and security control between various resources submitted by the construction layer are realized under the control of this layer. In this layer, components based on public key protocol should be developed to provide communication protocol, service discovery (DNS), authorization, authentication and other functions.

(3) Resource layer: Application protocol invokes the protocol of connection layer to access and control local resources. In this layer, the resource information protocol, HTTP-based grid access and management protocol and Grid FTP protocol that resource registration, resource allocation and resource monitoring components should comply with can be implemented.

(4) Collaboration layer: The controlled resources submitted by the resource layer are brought together for the application sharing and invocation of the Digital Earth Virtual Organization. In order to manage and control the sharing from the application, the collaboration layer provides directory services, resource allocation, schedule, resource agent, resource monitoring and diagnosis, grid startup, load control, account management and other functions. The directory service allows the participants of the spatial information virtual organization to query the resources of the digital earth virtual organization and other virtual organizations connected through the spatial information grid by using the name, feature and path. This function also calls the API and SDK of the corresponding function of the resource layer; mutual positioning, scheduling, and proxy services allow participants to query the location of resources and schedule tasks based on appropriate resources; the monitoring and diagnosis service is used to monitor the overload of hostile attacks on resources in virtual organizations. Data replication service is responsible for managing the storage, network and computing resources of virtual organizations, so that they can serve the participants of virtual organizations stably, quickly and to the maximum extent.

(5) Application layer: Middleware and services provided by virtual organization are applied in the application layer, such as knowledge base, application development environment, GIS services, visualization, theme products, directory access, image processing and operating system model. These specific applications must be supported by high-performance scientific computing, massive data storage and update technology, and network interoperability technology. ① The high-performance scientific computing and massive data computing functions break through the limitations of basic research and theoretical research. The resource layer provides a large number of shared computing resources. Other corresponding layers provide resource query, location and task allocation functions. GIS members pass authorization and authentication, confirm user identity and use computing resources safely according to grid protocol. ② The spatial information grid solves the problem of interoperability through the protocol, so that GIS members can access and update massive data in a peer-to-peer and secure manner. ③ GIS needs to connect and browse the database in the database group through high-speed network, so interoperability is the core technology to realize multi-agent computing. GIS virtual organization members can call the corresponding service through the API of each layer, and then complete the task by calling the resources on the grid through the service. In the design and implementation process of the whole system, the independence, location independence, security, ease of use and robustness of the system platform should always be guaranteed.

6.1.3 Service-oriented grid GIS

Grid GIS is a service-oriented system, which emphasizes service-centric, including metadata directory services, resource allocation management services and security services.

6.1.3.1 Metadata directory service

Metadata directory service mainly completes the discovery, registration, query and modification of information in the grid computing environment, and provides a real and real-time dynamic reflection of the grid computing environment. The information it processes is mainly the description of various resources (including data resources, computing resources, etc.), services and other entities in the grid computing environment. Metadata directory is a resource directory, including computing resources, storage resources, network resources, software resources, data resources, information resources, knowledge resources and so on. The metadata directory service uses the Lightweight Directory Access Protocol (LDAP) to unify the various system resource information that can be accessed from the grid and establish a unified directory space for grid users.

A good representation, storage, access and use of a large amount of resource information is the basic premise of data grid operation. In the field of GIS, this is more prominent. Information service is the basic service provided by metadata management. It realizes the registration and release of resource entities and supports the release of resource relevance. Therefore, in grid GIS, it is necessary to establish a flexible and extensible information service architecture. This architecture should ensure the wide distribution of resource information providers and the distribution characteristics and security of information services.

(1) Types of metadata directory

Metadata directory provides support for user authentication, data location, access control, data replication and so on. According to function, it can be divided into System Metadata, Replica Metadata and Application Metadata. System metadata is mainly about the structure of the grid itself, such as network interconnection, storage system capacity and usage strategy. Replica metadata is mainly about the information of data copies, such as the mapping information between the file and the specific storage system; application metadata is mainly about the logical structure or semantic information of files related to specific applications, such as the content and structure of data, the necessary conditions for obtaining data, etc.

(2) Implementation of metadata directory service

In implementation, the metadata directory service mainly uses LDAP as a unified interface for grid information access and storage, and uses XML language to describe the application metadata. Lightweight Directory Access Protocol (LDAP) is an open network protocol standard independent of manufacturers and platforms, which is used to access the information stored in the information directory. Just as Sybase, Oracle, Informix, or Microsoft's database management systems are used to process, query, and update relational databases, LDAP servers are used to process, query, and update LDAP directories. The main advantage of LDAP is cross-platform, can be applied to any platform, using LDAP client software to access the LDAP server; LDAP is specially optimized for read operation. The completion speed of LDAP read operation is much faster than that of ordinary database access, which is suitable for occasions where frequent read is needed. The LDAP server can be distributed, and the information accessed by users can be local LDAP server or global. The storage of LDAP is stored in one record, and the attributes of each record are variable.

(3) The standard of metadata directory service

Spatial metadata is used to describe the content, quality, location and other characteristics of geographic information, and help users quickly understand and locate data. Its purpose is to provide relevant data directory information and data exchange and other auxiliary information for data access. Due to the differences in industries and regions, the form and content of metadata are also diversified. In order to facilitate information sharing, it is imperative to study and formulate unified or at least to a certain extent unified metadata standards. At present, the representative metadata standards are FGDC standard, European Geographic Information Standardization Technical Committee (CEN/TC287) standard, China Basic Geographic Information (NFGIS) metadata standard draft and ISO/TC201 (International Organization for Standardization Technical Committee) standard. The standards are basically the same in the overall structure and composition, but slightly different in some aspects due to their own special considerations.

6.1.3.2 Resource allocation management services

The resource allocation management service mainly processes resource requests, performs remote applications, allocates resources and manages activities, and sends resource update information to the metadata directory service according to the computing resources. The resource allocation management service provides APIs to facilitate the upper layer services or users to submit task requests, delete task requests, and check the submission of tasks. Users can issue task requests according to the resource description language RSL (Resource Specification Language) and submit them to the resource allocation management service for processing. The resource allocation management service mainly includes Gatekeeper, task manager and resource manager. The task request execution process is shown in Figure 6.3.

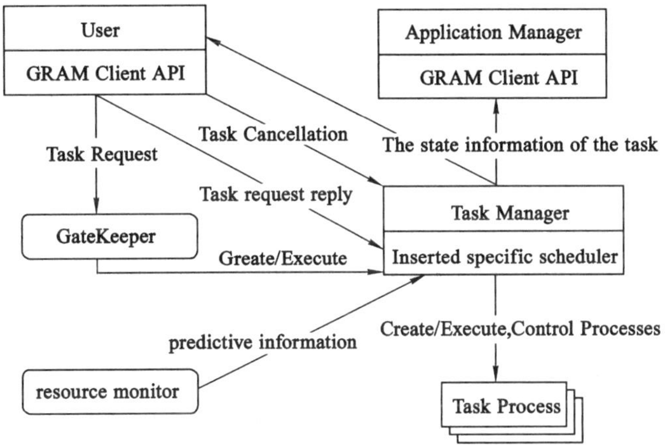

Figure 6.3 Task Request Execution Process

When a user submits a task, a request to execute the task (described in RSL) is sent to the Gatekeeper of the remote computer. Gatekeeper handles this request and creates a task manager for this task. The task manager parses the RSL description in the task request, then starts and monitors the execution of the task, and sends the status information of the task to the user. When the remote task is completed or failed, the task manager also ends the operation.

(1) Transactions handled by resource allocation management service. The main tasks include: parsing and processing the RSL description in the task request, selecting the RSL description of the resource, task processing and task control in the task request, and rejecting or executing the request according to the available resources. Manage the tasks started by remote monitoring; updates resource allocation management services based on the availability of managed resources.

(2) Components of resource allocation management service. The resource allocation management service consists of eight parts: resource, customer, task, task request, Gatekeeper, task manager, resource monitor and application manager. ① Resource refers to the subject that can run one or more processes on behalf of the user. ② A client is a process that invokes the client resource allocation API. ③ Task refers to a process or process group generated according to a task request. Tasks can be grouped so

that when a task generates an error, the entire task group will end up running. If a task is deleted by the user, all processes in the task will end up running. ④ Task request is a request to Gatekeeper, which is used to create one or more task processes. The request is described in RSL language. It mainly gives the description of resource selection, task process creation and task control. ⑤ Gatekeeper refers to a process with root node authority, which is mainly responsible for processing task allocation requests. When Gatekeeper receives the task allocation request sent by the customer, it is responsible for the following operations: mutual security authentication with the customer, mapping the customer to a local user, starting a task manager with local user rights locally, and passing the task allocation parameters parsed according to the RSL description to the newly created task manager. ⑥ The task manager is created by Gatekeeper according to the task request. It is mainly responsible for starting tasks in the local system and processing other Gatekeeper' s communication with users. ⑦ The resource monitor is responsible for monitoring the local scheduling system and local resources, providing the estimated delay time to the task manager. ⑧ An application manager manages an application running on different resources through multiple resource managers. As a centralized manager, it receives response requests from task managers and indicates changes in the status of tasks.

Resource allocation management service mainly provides three types of API, respectively for the client, task and task manager. The main function of the client API is to process requests to the server; the task-related API is mainly responsible for querying the process information in the task; the API related to the task manager provides a unified interface to interact with the underlying local scheduler.

6.1.3.3 Security services

Internet security generally provides access control services and communication security services. The access control service is used to protect various resources from unauthorized use, and the communication security service is used to provide authentication, data confidentiality and integrity, and non-repudiation services on the personal communication side. However, these two aspects of security services can not completely solve the security problems in the grid computing environment. The grid computing environment must be able to meet the requirements of users to safely and efficiently use the resources it provides. At the same time, the grid computing environment must be connected to the Internet and provide easy-to-use services for users. To this end, the grid computing environment must have the ability to resist various illegal attacks and intrusions, and take certain measures to maintain the normal and efficient operation of the system when attacked and invaded, and ensure the security of various information in the system.

Grid security includes a wide range of content, such as authentication, authorization, assurance, accounting, auditing, integrity and confidentiality, etc. Each part of the grid involves security technology. The Globus project provides security authentication and secure communication capabilities in the grid computing environment by proposing the grid security infrastructure GSI. The security service of grid GIS is not exactly the same as that of grid computing. Due to the massiveness and complexity of GIS data, in addition to authorization and access control protocols, it is also necessary to solve the problems of intellectual property rights, mutual trust and compensation for online resource sharing through various protocol measures. At the same time, we must consider solving problems such as information interruption and error handling.

The GSI in the Globus project mainly focuses on the transport layer and application layer of the network, and emphasizes the integration with existing distributed security technologies. Based on the public key encryption system, GSI adopts X. 509 authentication and Secure Sockets Layer (SSL) communication protocol, and extends them to make GSI support single sign-on. The implementation of GSI conforms to the Generic Security Service API (GSS-API), which is a standard for security systems proposed by Internet

Engineering Task Force (IETF). The main security techniques in API. GSI include security authentication, security identity mutual authentication, communication encryption, private key protection, delegation and single sign-on.

(1) Safety certification

One of the key points of GSI certificates is authentication certificate. In the grid computing environment, each user and service need to be authenticated by the authentication certificate, and the authentication certificate can be compared to the national citizen's identity card. In order to prevent the counterfeiting and destruction of authentication certificates, GSI authentication certificates mainly contain four parts of information: the name of the subject, the public key belonging to the subject, the identity of the certification center signing the certificate, and the digital signature of the certification center signing the certificate.

(2) Mutual identification of security identity

If both parties have certificates and trust each other's authentication center, the two parties can clearly identify each other's identity, which is actually a mutual authentication problem. GSI uses SSL (Secure Sockets Layer) protocol as its mutual authentication protocol. In terms of implementation, both parties are required to have the certificate of each other's certification center, and the certificate of the certification center itself contains the public key of the certification center, so as to ensure the legitimacy of the certificate signed by the certification center.

(3) Communication encryption

By default, GSI does not establish an encryption channel between the two sides of the communication. Once the mutual authentication is successful, the GSI is separated, and the communication parties will not have additional encryption and decryption overhead when communicating. If the two parties need to encrypt the communication, GSI can easily establish a shared key for the encryption and decryption of information. Here, the combination of public key technology and symmetric encryption technology is generally used to ensure security while minimizing the overhead of encryption and decryption. Another thing that GSI needs to consider is the integrity of communication. Communication integrity means that the eavesdropper may know the communication content of both parties, but cannot modify the communication content.

(4) Private key protection

In general, GSI requires the private key of a Globus user to be stored in a file on the local computer. In order to prevent other users of the local computer from stealing the private key, this file must be encrypted and protected by a user-known password. When using the authentication certificate in GSI, the user must enter a password to decrypt the encrypted file containing the private key. GSI can also use external media such as encrypted smartcard to save the private key, making it more difficult for others to steal the private key.

(5) Security delegation and single sign-on

In general, users must identify each other before establishing contact between users or between users and resource managers. If a user wants to contact with multiple resource managers, he must access the file that saves the private key multiple times, that is, he needs to enter the password multiple times, and in the process of running the program on behalf of the user, mutual authentication may also be performed, making the process of mutual authentication very cumbersome. Therefore, GSI extends the standard SSL protocol, so that GSI has the ability to securely delegate, reducing the number of times a user must enter a password to obtain a private key. If a grid operation requires multiple grid resources, or requires a proxy on behalf of the user to request resources, then GSI creates a proxy to avoid entering a password, which can form a secure trust chain between different nodes, as shown in Figure 6.4.

A proxy contains a new certificate, which is signed by the user, not the certification center. When the

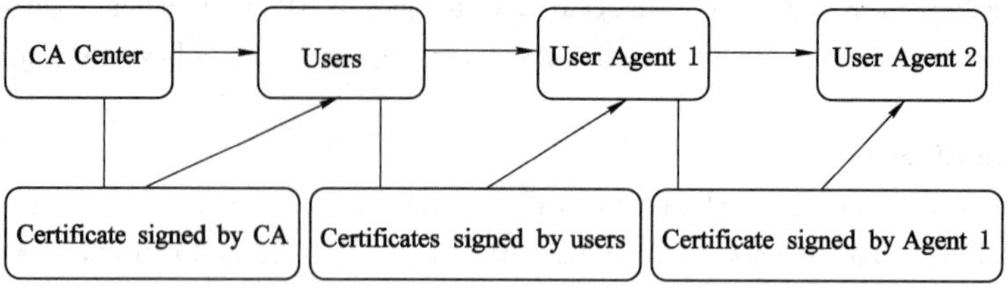

Figure 6.4 Security trust chain based on GSI security agent

proxy is used for mutual authentication, the authentication process is different from the authentication process between the user and the proxy. The requested party will receive the user's certificate and the proxy's certificate (signed by the user). Because in the authentication process, the user's public key in the user certificate is used to confirm the legitimacy of the digital signature in the proxy certificate, which actually forms a 'authentication center-user-agent' trust chain. At present, GSI and its software (including other Globus toolkits, GSI-SSH and GridFTP) are the only SSL that supports delegation extension. Globus project is trying to make the delegation extension of GSI become the standard extension of SSL.

6.2 Geo intelligent computing

With the continuous improvement of GIS application level, more and more complex application problems put forward higher requirements for GIS spatial analysis function. Therefore, the introduction of theories and methods in the fields of mathematics, computational science, statistics and information science into geoscience research, and the combination of artificial intelligence technologies such as neural network, genetic algorithm, cellular automata and deep computing with GIS can enhance the spatial analysis function of GIS and improve the ability to solve practical application problems. Geo computing is one of the core contents of geographic information science, which mainly studies the methodological issues of geographic information science. It applies mathematical computing methods and techniques to describe spatial characteristics, explain geographical phenomena, and solve geographical problems. In essence, it can be considered as a computer-based quantitative analysis of geographical time and space problems. The combination of geographic computing and intelligent mining produces geographic computing intelligence. GIS provides database support for geographic computing, artificial intelligence technology and intelligent computing technology provide computing principles and tools, and high-performance computing service systems provide power.

In recent years, neural network model, genetic algorithm model, cellular automata model and deep computing in intelligent computing technology have been continuously introduced and become the core of geographic computing to solve complex geographic problems. At present, it has been successfully applied to remote sensing classification, land cover change simulation, landscape ecological evaluation, urban dynamic simulation and other fields. Geo-intelligent computing plays an important role in many fields. By integrating and analyzing geographic data, it can provide research insights into various phenomena and processes on Earth. This will help policymakers to formulate more effective policies and decisions, thus contributing to social and economic sustainable development.

Geo spatial Intelligence (GEOINT) refers to the process of analysis, research and decision-making using geospatial information and technology. It combines the knowledge and technology of geography, remote sensing perception technology, GIS, earth observation and other disciplines, and combines geographic data with intelligent computing methods to find an in-depth understanding of phenomena and processes on the earth.

Geo spatial Intelligence can evaluate many fields, including homeland security, environmental protection, urban planning, traffic management, military intelligence, emergency response, etc. It can help decision makers better understand and analyze geospatial data to make more informed decisions.

6.2.1 Definition of intelligent computing

(1) Intelligent computing is inspired by the laws of nature (biological world). According to the principle of imitation, it designs algorithms to solve problems, such as artificial neural network technology, genetic algorithm, evolutionary programming, simulated annealing technology and swarm intelligence technology.

(2) As the second generation of artificial intelligence methods, intelligent computing (such as neural network, evolution, genetics, immunity, ecology, artificial life, agent theory, etc.) is the result of the joint development of connectionism, distributed artificial intelligence and self-organizing system theory.

(3) Intelligent computing is the use of computers to simulate and reproduce some of the human intelligent behavior. From the perspective of methodology, intelligent computing can be roughly divided into three basic types: symbolic mechanism with symbolic operation as the basic feature; connection mechanism represented by artificial neural network; the evolution mechanism represented by genetic algorithm (evolution theory). The symbolic mechanism simulates and reproduces some intelligent behaviors of human beings from the abstract level, and the deductive method constitutes its main logical framework. The connection mechanism simulates and reproduces some intelligent behaviors of human beings from the level of neuron interaction. Induction, especially incomplete induction, constitutes its main logical framework. The evolutionary mechanism explores the formation of intelligence from the perspective of natural evolution, and the adaptive reward and punishment strategy based on trial and feedback constitutes its main logical framework.

(4) In a broad sense, intelligent computing refers to the idea of bionics, which is based on the biological evolution, cellular immunity, neural network and other mechanisms of biological systems. It is a calculation method described abstractly in mathematical language to imitate the intelligent mechanism of biological systems and human beings. From the perspective of methodology and the current research situation, there are five basic types of intelligent computing: fuzzy mathematics and rough set theory suitable for dealing with uncertain information, neural network that reproduces some intelligent behaviors of human beings, evolutionary algorithm characterized by simulating biological evolution, immune algorithm characterized by immune operation, and DNA computing characterized by deoxyribonucleic acid (DNA) replication.

In general, intelligent computing technology is developed from simulating natural biological systems and human intelligence phenomena, and can achieve practical results in various engineering practices that people transform nature.

6.2.2 Intelligent computing features

(1) Intelligence. The intelligence of intelligent computing technology includes self-adaptation, self-organization and self-learning. This self-organization and self-adaptation feature endow the technology with the ability to automatically discover the characteristics and laws of the environment according to the changes of the environment.

(2) Robustness. The robustness of intelligent computing refers to the applicability and effectiveness of the algorithm under different environments and conditions. When using intelligent computing technology to solve different problems, only the corresponding adaptive evaluation function needs to be designed without modifying other parts of the algorithm.

(3) Uncertainty. The uncertainty of intelligent computing technology is accompanied by its randomness, and its main operations contain random factors. Therefore, in the evolution process of the algorithm, whether the event occurs or not has great uncertainty.

(4) Strengthening calculation. Intelligent computing does not require a lot of background knowledge of the problem to be solved, but mainly relies on a large number of fast operations to find rules or rules from the data set. This is a common feature in the field of intelligent computing.

(5) Fault tolerance. Both neural network and fuzzy inference system have good fault tolerance. Removing a neuron from a neural network, or removing a rule from a fuzzy inference system, does not destroy the whole system. Due to the parallel and redundant structure, the system can continue to work.

(6) Global optimization. The traditional optimization method generally adopts the gradient descent climbing strategy, which is easy to fall into local optimum when encountering multi-peak function. Genetic algorithm can search in multiple regions of the solution space at the same time, and can jump out of the local optimum with a large probability to find the overall optimal solution.

6.2.3 Intelligent computing technology

6.2.3.1 Artificial neural network

Artificial neural network (ANN) is a nonlinear analysis model, which has obvious advantages in simulating and revealing complex geographical systems and their laws with nonlinear, self-organizing and open characteristics. Artificial neural network trains and learns to establish the nonlinear mapping relationship between various influencing factors from the accumulated engineering examples, which has high fitting ability and prediction accuracy for nonlinear system data. In addition, it has strong fault tolerance for incomplete or uncertain information, so the ANN model is more suitable for the study of multi-factor nonlinear geographic problems, to a certain extent, it can avoid the embarrassment encountered by traditional mathematical methods. Combining GIS with artificial neural network technology to deal with complex geographical problems can improve the "IQ" of GIS, which has theoretical feasibility and practical value.

Artificial neural network is also called artificial neural system (ANS), neural network (NN), adaptive systems, adaptive networks, connectionism and so on. It is a parallel distributed processing structure, which is composed of multiple processing units and their connected undirected signal channels. These processing units have local memory and can perform local operations. Each processing unit has a single output connection, which can be branched into many parallel connections of the desired number as needed, and these parallel connections output the same signal, that is, the signal size of the corresponding processing unit does not change due to the number of branches. The output signal of the processing unit can be any mathematical model needed, and the operation carried out in each processing unit must be completely local. That is to say, it must only depend on all the inputs that reach the processing unit through the input join.

The basic processing unit of neural network is neuron. Neurons are composed of separated multiple input fibers and an output fiber. Using the electrical pulse information of the active potential on the axon, the electrical pulse is transformed into a chemical signal through this connection of the synapse and is transmitted to the next neuron. In 1943, McCulloch and Pitts defined a simple artificial neuron model, called MP model. Its general model can be described in Figure 6.5.

6.2.3.2 Genetic algorithm

Genetic algorithm is a global optimization method based on Darwin's theory of evolution to imitate the evolution of nature. Different from the traditional search method, the genetic algorithm starts from a set of

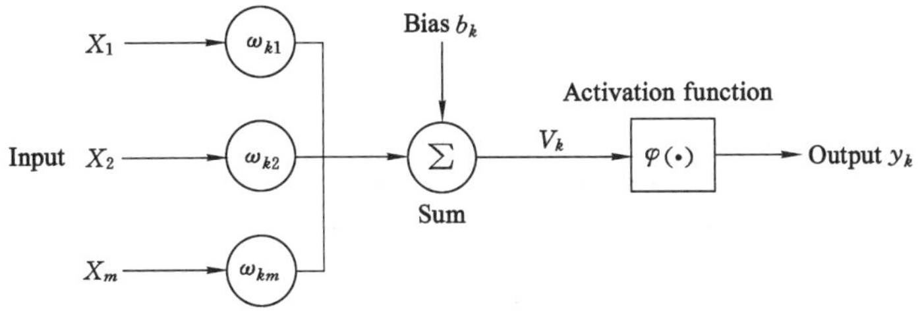

Figure 6.5 MP model

randomly generated initial solutions. After a series of iterative evolution of the "chromosome", the high-quality gene combination of the "chromosome" is inherited to obtain the offspring, and finally converges to the best "chromosome", that is, the optimal or sub-optimal solution of the problem is obtained. Using genetic algorithm to simulate or solve geospatial problems can solve many problems in GIS engineering, improve the ability of GIS to solve nonlinear problems, optimize decision-making for various geographic problems, and finally obtain more reliable results. Genetic algorithm is a powerful tool to realize the decision-making automation of geospatial problems.

Genetic algorithm is a random search algorithm based on natural selection and population genes. The individual in the genetic algorithm is encoded as a chromosome string, and its ability to adapt to the environment is judged by the fitness. The basic genetic algorithm includes three operator selection, crossover and mutation. In the selection process, individuals with high fitness will replicate more individuals in the next generation, while those with weak adaptability will gradually die out. Crossover is a key operator of genetic algorithm. The more vivid crossover operation is to randomly select the parent individual and a crossover point, and exchange the genes on the right side of the point in the parent individual to form two offspring individuals. This operation does not produce new genes, but can combine good chromosomes; mutation is a gene mutation with a very low probability to generate new genes in the population, so that the population jumps out of the local minimum. Although different coding schemes, selection strategies and genetic operators can be combined to form different genetic algorithms, the iterative process of different genetic algorithms in calculation is roughly the same, including coding, selection, crossover, mutation and decoding. The five stages, the basic process can be described by Figure 6.6.

Genetic algorithm is a good optimization search tool, which can automatically complete multiple tasks in optimization decision-making by combining with geographic information system. Taking road planning as an example, GIS can provide attribute information of the area covered by existing roads and road networks, such as rivers, site conditions and attributes related to road cost, calculate related costs and output the results to external programs.

Genetic algorithm can optimize the decision to minimize the total cost. The genetic algorithm randomly generates several points along the road to form a route, which can meet the geometric constraints. The algorithm of geographic information system reads these data and generates a strip area along the center line, calculates the cost related to geographic information and outputs the results to the external program. The external program will calculate other costs, and the total cost will be input into the genetic algorithm program for optimization decision. The genetic algorithm starts with several initial values, and finds better objective function values in the new generation. The algorithm improves the optimization results by generating new variable values and combining several good attributes in the previous generation to generate new individuals. Based on the objective improvement, the individual for further reproduction is selected. The optimization steps are as follows:

(1) Several optional schemes are randomly generated by genetic algorithm, which are input into

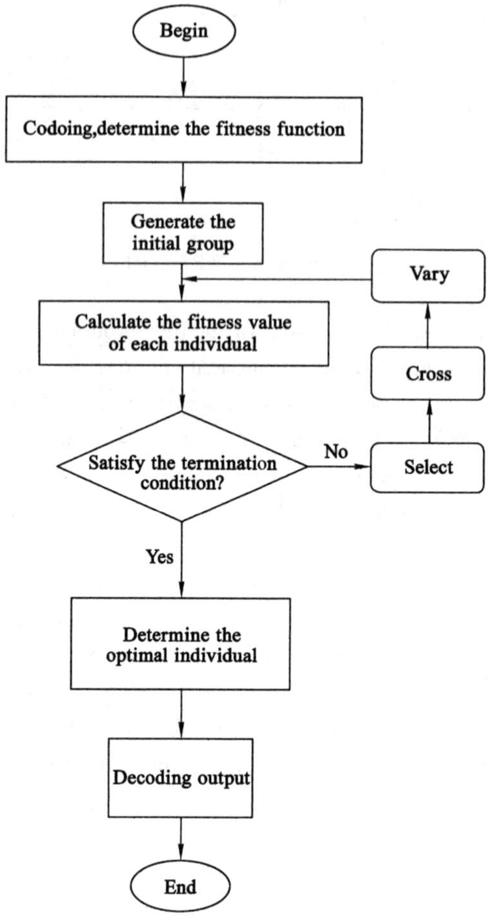

Figure 6.6 The basic process of genetic algorithm

geographic information system, and genetic algorithm generates a new generation.

(2) Calculate the location-related costs by the algorithm of geographic information system.

(3) Output the cost results to the external program including genetic algorithm.

(4) Calculate the length-related costs in an external program, which are part of the optimization model.

(5) Calculate the total cost in an external program and send it to the genetic algorithm subroutine for optimization decision.

(6) Find the best solution in this generation and calculate the change of the objective function.

(7) In the following generations, if the change of the target value is negligible, the optimization stops. Otherwise, the steps (1) to (6) are repeated. "Negligence" and "several" can be determined by decision makers.

6.2.3.3 Cellular automata

Cellular Automata (CA) is a dynamic system composed of discrete cellular spaces with finite states and evolving in a discrete time dimension according to certain local rules. It has the ability to simulate the spatio-temporal evolution process of complex systems. The characteristics of cellular automata are discrete space, time and state. Each variable only takes a limited number of states, and the rules of state change are local in time and space.

CA has the following advantages in natural system modeling:

(1) In the CA model, the connection between the physical and computational processes is very clear;

(2) CA can produce more complex results by using local rules which are simpler than mathematical formulas;

(3) CA can be modeled by computer without precision loss;

(4) CA can simulate any possible natural system behavior;

(5) CA model is very simple.

GIS is often used to solve the complex spatial problems in traditional models. The implementation of these models is mainly realized by GIS operations. For example, the location selection based on multi-factor can be easily completed by GIS spatial analysis. The traditional GIS model can solve some spatial problems well, and can solve the acquisition, storage and update of massive data, but it has certain limitations for the existing functions of complex spatial relationship GIS, and it is difficult to simulate complex spatio-temporal dynamic changes. The spatial and temporal dynamic development process of many geographical phenomena is often more important than the final spatial pattern, such as urban expansion, population migration, economic development and so on. The spatio-temporal dynamic model plays a very important role in the study of complex geographical processes. The combination of GIS and spatio-temporal dynamic models (such as CA model) will greatly enhance the ability of existing GIS to analyze complex natural phenomena and better study the complex spatio-temporal dynamic characteristics of geographical systems. In addition, special algorithms need to be developed in systems where dynamic models are coupled with GIS.

Taking urban simulation as an example, more and more scholars use cellular automata to simulate urban systems, and have achieved many results. The basic principle of urban CA is to simulate the global and complex urban development model through local rules, which reflects the essence of the complexity science of 'the interaction of complex systems from simple subsystems', and provides a reliable basis for urban development theory. City is a typical dynamic spatial complex system, which has the characteristics of dissipative structure such as development, dynamics, self-organization and non-equilibrium. The development and change of city are influenced by many factors such as nature, society, economy, culture, politics and law, so its behavior process is highly complex. Because of this complexity, the urban CA model must consider the impact of various complex factors. By using the general CA model structure, the city can be decomposed into many computable models. Different CA models are used to simulate the different characteristics of the urban system and simulate different morphological structures.

6.2.3.4 Deep learning

Deep learning is a branch of machine learning research that is explained by the creation and simulation of neural networks for analytical learning in the human brain. Data and information. Deep learning is a kind of unsupervised learning, that is, it does not need to label the sample category manually to complete the learning. It combines features and classifiers into a framework, automatically learns features from massive big data, and reduces the huge workload of artificially designing features in use.

The deep learning method includes multiple levels, and each level completes a transformation (usually a non-linear transformation), representing a lower-level feature as a more abstract feature. As long as there are enough levels of transformation, even very complex patterns can be automatically learned. For the task of image classification, the neural network will automatically eliminate irrelevant features, such as background color, object location, etc. , but will automatically enlarge useful features, such as shape. The image is often used as the original input in the form of a pixel matrix, so the learning function of the first layer in the neural network is usually to detect whether the edges of a specific direction and shape exist or not, and the position of these edges in the image. The second layer often detects specific layouts of multiple edges, while ignoring small changes in the edge position. The third layer can combine a specific edge layout into a part of the actual object. Subsequent levels will combine these parts to achieve object recognition, which is often done through the fully connected layer. For deep learning, these features and levels do not need to be manually designed, and they can be obtained through a general learning process. In the case of limited samples and computing units, the shallow structure algorithm lacks the ability to represent complex functions. This defect causes these algorithms to be unable to generalize well in the face of complex classification problems. Deep learning solves the above problems well. It continuously trains and learns through deep nonlinear network structure, so as to realize the accurate representation of complex functions. At the same time, it can also better represent the distribution of input data, and deep learning has the ability to mine the essential characteristics of data sets from a small number of limited samples.

The concept of deep learning originates from the research of artificial neural network. It has a similar hierarchical structure with the neural network. It is a multi-layer network composed of input layer, hidden layer (multi-layer) and output layer. Only the adjacent layer nodes are connected, and the same layer and cross-layer nodes are not connected to each other. Each layer can be regarded as a logistic regression model. This hierarchical structure is similar to the human brain structure. The two are different in training mechanism. The traditional neural network adopts the backward feedback mechanism, that is, the iterative algorithm is used for training, and the middle layer parameters are adjusted until convergence. Deep learning uses layer-by-layer training, because for deep networks, the use of backward feedback mechanisms is prone to gradient diffusion (Figure 6.7).

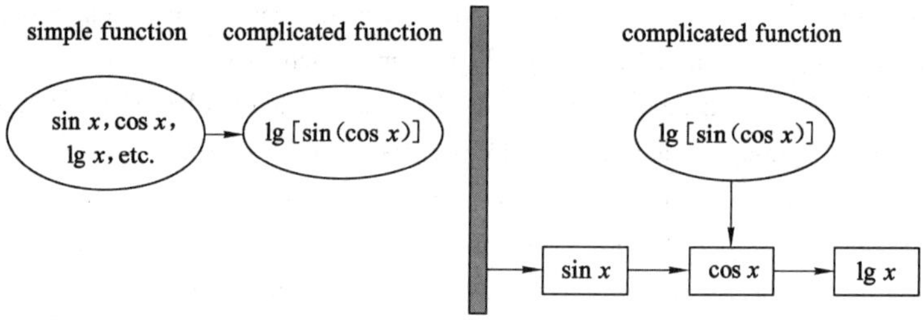

Figure 6.7 An example of deep learning to solve complex functions layer by layer

The training process of deep learning is as follows:

(1) Bottom-up unsupervised learning. This is an unsupervised training process, which is the most different part from the traditional neural network (which can be regarded as a feature learning process). It first learns the first layer of parameters during training, so that the model learns the structure of the data itself and obtains more expressive features. Similarly, the subsequent layer is trained. When the n-1 layer is learned, the output of the n-1 layer is used as the input of the nth layer and the parameters of each layer are obtained after training the nth layer.

(2) Top-down supervised learning. Based on the parameters of each layer obtained in the first step, the parameters of the whole multi-layer model are further fine-tuned, which is a supervised training process. Since deep learning is obtained by learning the structure of the input data, this initial value is closer to the global optimum, which can achieve better results. Deep learning can achieve better results to a certain extent due to the first step of the feature learning process.

The essence of deep learning is to mine the essential characteristics of data by constructing machine learning models with multiple hidden layers and massive training data, so as to improve and optimize the accuracy of classification and prediction. Compared with the traditional shallow learning, the difference of deep learning lies in: establishing 5 layers, 6 layers, or even 10 layers of hidden layer nodes to expand the depth of the deep model structure; through layer-by-layer feature transformation, the sample features in the initial space are mapped to a new feature space, and the feature learning is enhanced by highlighting the features of the samples to finally reduce the difficulty of classification and prediction (Figure 6.8). Different from the traditional artificial rule construction feature method, deep learning has more obvious advantages in mining non-rich internal information of data through big data learning feature method.

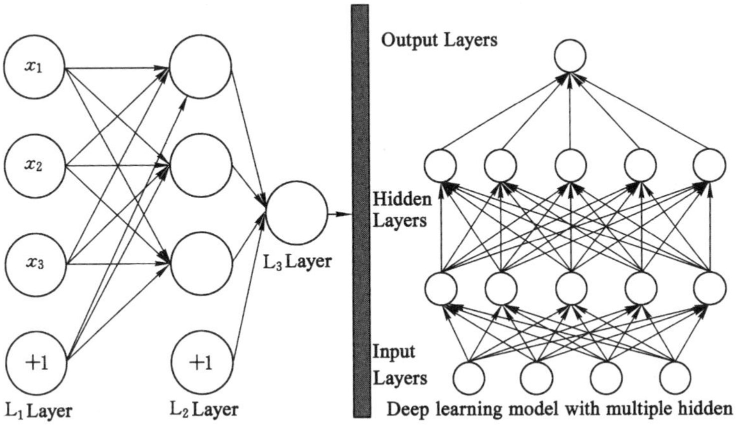

Figure 6.8 Traditional neural network and deep neural network

In the context of the era of big data, complex models with strong expression ability can fully explore the valuable information contained in massive data. With the improvement of computer speed, the rise of large-scale cluster technology based on MapReduce, the application of GPU and the emergence of many optimization algorithms, the training time of massive data (i.e., big data) is greatly shortened, which provides strong software and hardware support for deep learning, so that it can play its main advantages in practice and greatly promote intelligent automation.

6.3 Geospatial model

6.3.1 Overview of geospatial models

Geospatial model is a theoretical framework or mathematical model used to describe and analyze geospatial data. Common geospatial models are as follows.

(1) Point model: Point model is used to represent discrete points or faults on the surface of the earth. Each point can be marked by its latitude and longitude coordinates or other identifiers.

(2) Vector model: Vector model uses geometric objects (such as points, lines, surfaces) to describe geographic entities and the spatial relationship between them. This model can accurately express the geometric shape and topological relationship of geographic phenomena.

(3) Grid model: The grid model divides the earth's surface into regular grid units, and assigns values or attributes to each unit. It widely evaluates and processes remote sensing image data and continuously distributed geographical phenomena, such as surface temperature and seasonal amount.

(4) Geographical network model: Geographical network model describes the network structure in geographical space, such as road network, river network, etc. It is used to analyze the path selection, network connectivity and traffic flow.

(5) Geographical process model: Geographical process model describes the evolution and change process of geographical phenomena. It is based on physical, chemical or socio-economic laws, and clarifies the use of solving mathematics and simulation methods to simulate and predict the development trend of

geographical phenomena.

(6) Geospatial interpolation model: The geospatial interpolation model uses the data of finite sampling points to infer or estimate the attribute values of the unsampled area. In geographic information systems and geographic statistics, it is often used to generate surface models of continuous geographic data, such as elevation models or pollution distribution models.

(7) Geostatistical model: Geostatistical model is used to analyze the spatial correlation and spatial correlation of geographic data. It is based on the principle of statistics, through the spatial proximity between geographical entities to explain and predict geographical phenomena.

These geospatial models are the core tools of geographic information system (GIS) and geospatial analysis. They are used to process, analyze and visualize geographic data, and to have a deeper understanding of geographical phenomena and processes. According to specific application fields and problems, other customized geospatial models can also be used.

6.3.2 Geographical interaction model

6.3.2.1 Geographical spatial interaction

Geographical space is the distribution pattern and pattern of material, energy, information and its behavior in the form, structure, process and functional relationship, and its continuation in time. In geography, it is defined as a set of spatial and temporal locations of geographical entities or geographical phenomena with spatial reference information, which is generally regarded as an abstraction of the earth's surface.

All geographical phenomena, geographical events, geographical effects and geographical processes on the surface of the earth all occur on the basis of the background of geospatial space. Any material in geospatial space can not exist in isolation. Their emergence and development are within a certain range. The result of the interaction between objects, the interaction of material, energy, information, personnel, capital, etc. between geographical entities in this space, that is, geospatial interaction. The geographical spatial interaction is comprehensively manifested in the division of the action space of geographical entities in the geographical space, which can be expressed by the scope of attraction. In the form of action, it is manifested as a kind of exchange, connection and interaction, which can be expressed by the amount of action. The form of spatial function is complex, but it is composed of three basic elements: the place of immigration, the place of emigration and the flow route between the two places. These three elements form tens of millions of spatial interactions, and countless spatial interactions overlap each other, making cities or towns of different levels and sizes and different functional properties in a certain region closely linked, and forming an organic whole with different levels and levels of certain structure and function. In geographic space, each spatial entity object has a specific spatial location. If this spatial entity represents a real-world object such as a resource allocation center, an economic center, a transportation hub, a communication point or a pollution source, the spatial entity will have a certain impact on the surrounding area. And the scope of influence will change regularly with the difference of distance, and eventually reach a certain range of influence.

The spatial interaction of spatial entities must have three conditions: (1) Complementarity. that is, the material provided by the region is lacking in another region, using the superior resources of other spatial entities to make up for their own shortcomings, and providing their own unique functions and functions to other spatial entities. The greater the complementarity, the greater the flow between the two places. (2) Interference opportunities. The original spatial interaction pattern may be changed due to some factors, reducing the long-term interaction. (3) Transportability. Although the current transportation and information tools are very developed, distance is still an important factor affecting the flow of goods and population. Although there is complementarity between the two places, the interaction is also weak. The level of spatial interaction reflects the level of economic development to a certain extent. The level of economic development also reflects the degree of division of labor in the regional economy and the rationality of the economic structure.

6.3.2.2 Geospatial interaction gravity model

The geographical gravity model usually has two forms of expression: one is the impedance function based on the negative power law; the second is the impedance function based on the negative exponential law. The negative power-law function, also known as the gravity model, is widely used because of its relatively simple expression and clear factor meaning. However, because this model is analogous to the universal gravitation model in physics, the gravitational constants in geography are also difficult to calculate. It is often considered as an empirical model and lacks theoretical basis. In this context, the negative exponential law function with certain theoretical basis and theoretical significance is generally welcomed by the geography community. The negative exponential law function, also known as the Wilson exponential function, or the flow distribution model, is derived by Wilson through the maximum entropy method.

The gravity model is the origin of the development of spatial interaction. With the deepening of research, the gravity model has been continuously adjusted and optimized, and is widely used in transportation, urban planning, retail and other fields. In the field of archaeology, the gravity model has helped to identify possible prehistoric trading routes in the western Mediterranean. It has also been used to verify the location and layout of ethnic settlements that rely on hunting and gathering. With the progress of technical means and the need of research, the study of gravity model in spatial interaction shows a trend of integration and application with GIS spatial analysis, network analysis and other technologies. Its coupling with GIS provides new ideas and methods for spatial interaction.

The loose integration of gravity model and GIS can manage and visualize spatial and attribute data more conveniently and flexibly, and display data features intuitively in the form of thematic maps, which can reduce the cost of data collection and update. For example, the traffic system is defined by GIS network. For example, the grade and speed of the highway are represented by the attributes of the line segments in the network, the location of the town is represented by the nodes on the network, and the attributes of the nodes can represent the population, scale, output value, etc., so as to calculate the traffic cost more accurately. Its close integration with GIS has also been widely used in the field of social economy. Based on the spatial interaction model, the GIS platform is used to carry out layout and location, transportation, population migration, business activities, etc., which realizes the functions that the traditional spatial interaction model and geographic information system cannot achieve.

6.3.2.3 Geographical process simulation

The spatio-temporal dynamic development process of many geographical phenomena is often more important than the final spatial pattern, such as urban expansion, disease spread, fire spread, population migration, economic development, desertification, flood inundation and so on. Only by clearly understanding the development process of geographical things, can we make a deep analysis of its evolution mechanism and obtain the law of changes in geographical phenomena. Therefore, the spatio-temporal dynamic model plays a very important role in the study of the complexity of geographical systems.

The geographical system is a complex and open system of natural, social and economic interactions. It is difficult to use mathematical formulas to explain the complex geographical phenomena of nature. Different from physics, chemistry and other disciplines, the phenomenon or process in geography is difficult to obtain logical and rigorous conclusions through precise analysis and reasoning. This makes the construction of the theoretical system of geography difficult. Geographical simulation system is an effective tool to explore and analyze the pattern formation and evolution process of geographical phenomena. It provides an effective means for the simulation and prediction of complex geographical phenomena, and has been widely used in urban expansion, land use change, environmental management and sustainable use of resources.

The geographic simulation system is a complex spatial simulation system that integrates geography, complex system theory, cellular automata, multi-agent system, geographic information system, remote sensing, computational science and computer technology (Figure 6. 9). It has obvious advantages for the study of complex geographic systems.

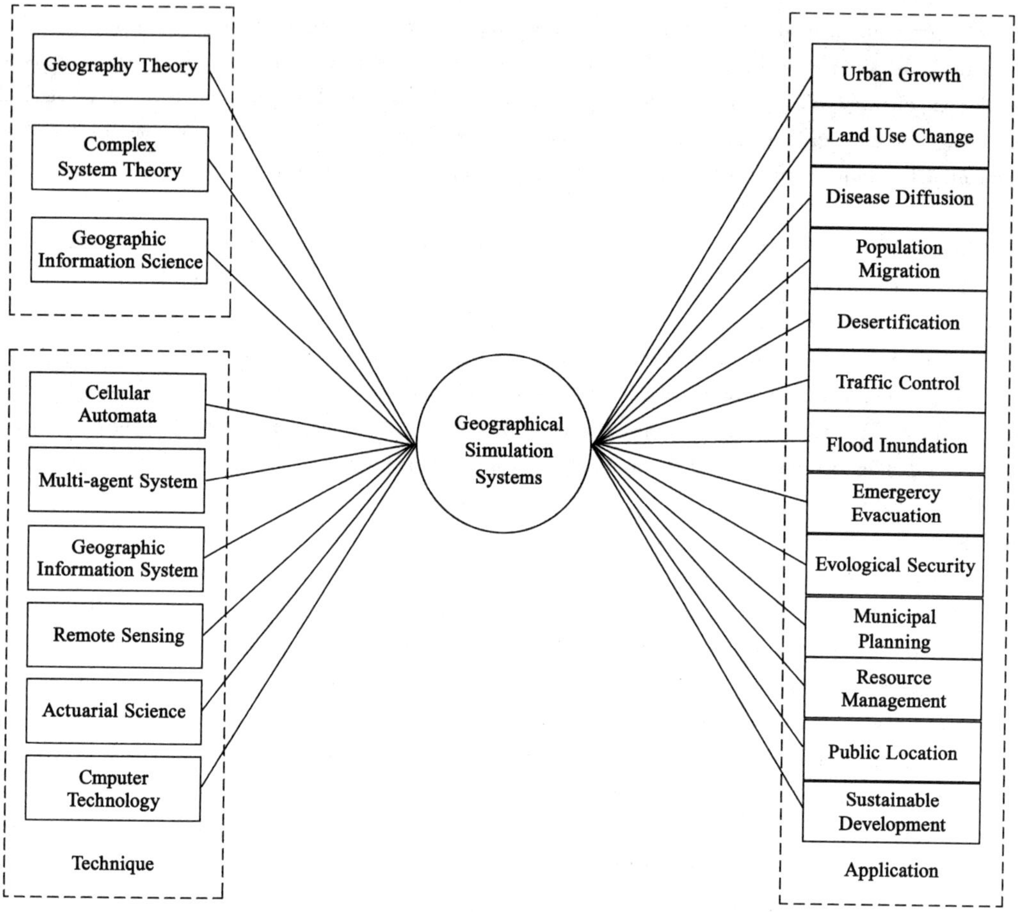

Figure 6. 9 Geographic simulation system architecture

Geographic simulation system can be well coupled with GIS, and this coupling can make up for each other's shortcomings. GIS can provide rich spatial data for the geographic simulation system and serve as a platform for its spatial data processing. GIS can also timely display and feedback the simulation effect of geographic simulation system in various scenarios. More importantly, GIS can also perform spatial analysis and evaluation of the simulation results, while the geographic simulation system greatly compensates for the lack of GIS process simulation capabilities. Figure 6. 10 shows the relationship between geographic information system and geographic simulation system.

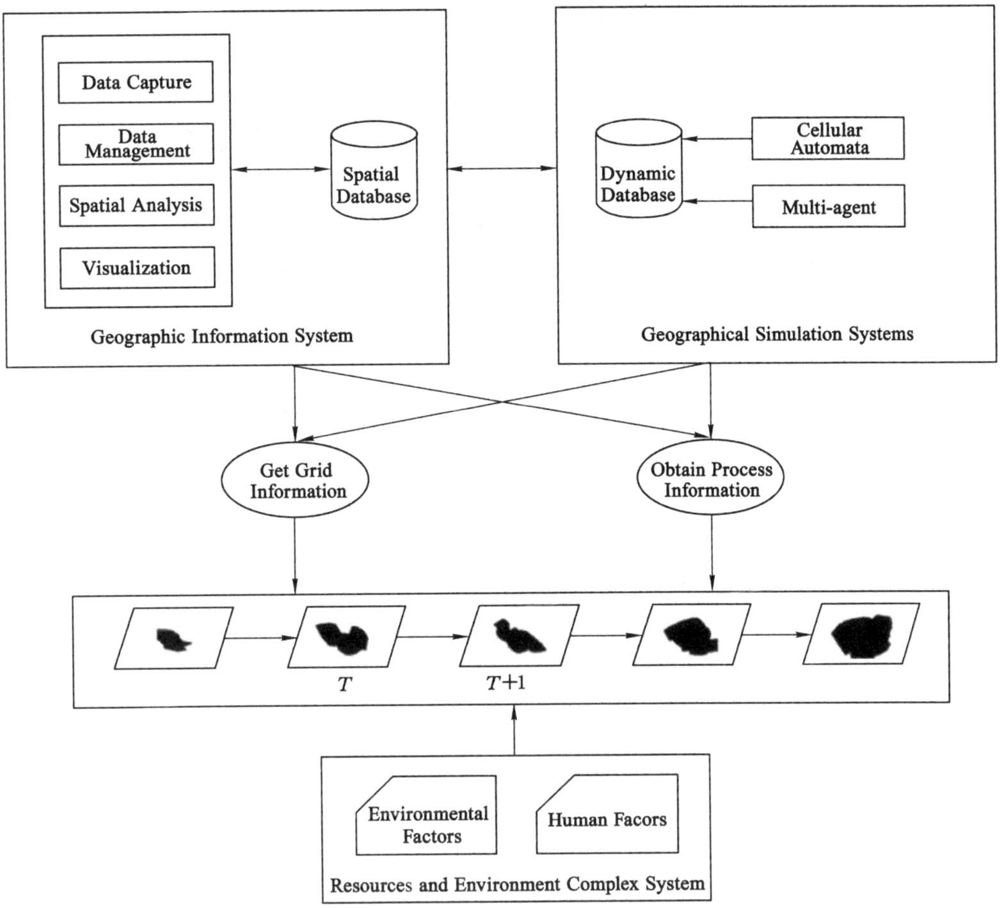

Figure 6.10 Geographic Information System and Geographic Simulation System

Review thinking questions

1. Summarize the content of grid GIS.
2. What is geographic intelligent computing? Compared with ordinary geographic computing, what are the advances? Give an example of an intelligent computing technology.
3. What are the geospatial models?
4. Discuss how to customize geospatial models in areas you are familiar with.
5. What is a geographic simulation system? How to combine with geographic information system?

Chapter 7 Analysis of geographic big data

With the rapid development of information technologies such as mobile Internet, Internet of Things, cloud computing, sensor networks, high-performance computing and storage technologies, massive multi-source data with spatio-temporal information is rapidly precipitated and accumulated, making geospatial big data rapidly rise globally and become a national strategy. Geospatial big data not only provides location and time information, but also provides rich content and connotation, which makes it have unprecedented application value and service ability for governments, enterprises and individuals. The integration of geospatial location data and big data gave birth to the integration of virtual and real world ; the integration of location-based social network spatial big data and artificial intelligence technology expands and enhances the service capabilities of spatial data ; the integration of geospatial big data and cloud computing has changed the operation mode of geographic service industry, giving new opportunities and challenges to traditional geographic services ; the integration of geospatial big data and big data analysis technology has helped to realize the collection, editing, storage, management, processing, analysis and visualization of geospatial big data. The era of big data has produced massive unstructured spatial big data that describe crowd behavior, such as mobile phone data, consumption record data, travel trajectory data, social network relationship data (Weibo, Twitter), etc. These data provide a new means for further quantitative understanding of the socio-economic environment. It has become a research hotspot in GIS spatial analysis to extract the spatio-temporal behavior characteristics of individuals or groups based on geographic big data at different scales, to explore the spatio-temporal cognitive rules and interaction patterns contained in their behaviors, to construct a reasonable explanatory model, and to optimize spatial decision-making.

7.1 Geospatial big data

7.1.1 The overview of geospatial big data

7.1.1.1 The concept of geospatial big data

With the development of mobile positioning technology, wireless communication technology, sensor network, mobile Internet technology and social media, massive individual, group and industry data with location labels are collected, stored, updated and promoted, which makes geospatial information continuously aggregated and integrated. About 90 % of these data are unstructured and semi-structured data. These data are data sets that cannot be captured, managed and processed by conventional software tools within a certain time range. They are massive, high-growth and diversified information assets that require new processing models to have stronger decision-making power, insight discovery power and process optimization capabilities. Such data is called geospatial big data (also known as spatial big data). Geospatial big data has both temporal and spatial attributes, including three-dimensional information such as time, space, and thematic attributes. The rapid growth of geospatial big data has become an important part of geospatial big data processing. Spatial big data solutions mainly include spatio-temporal big data acquisition and processing, spatio-temporal big data storage and management, spatial analysis and mining, and spatial big data visualization.

7.1.1.2 The characteristics of geospatial big data

Geospatial big data has the general characteristics of big data, namely "5V" characteristics, which are as follows:

(1) Large volume (Volume). The scale of geospatial data reaches PB (1 024 TB), EB (1 024 PB, about 1 million TB) or ZB (1 024 EB, about 1 billion TB), and even reaches YB (1 024 ZB) or BB (1 024 YB) in the future, which brings great challenges to the storage and computing capabilities of current physical media.

(2) Fast (Velocity). Based on a large number of intelligent mobile terminal devices and the Internet, massive data information is generated and disseminated every minute and every second.

(3) Multi-source (Variety). Geospatial big data usually has multi-time and multi-space granularity, and has a variety of thematic content, covering social economy, urban management, transportation, ecological environment, e-commerce and other fields. At the same time, it can also be linked with other data to analyze more in-depth information; it has a variety of data forms and storage methods. Structured, semi-structured and unstructured data coexist, such as network logs, video, audio, reports, images, location information, etc.

(4) The authenticity is difficult to distinguish (Veracity). Big data has great uncertainty, such as noise, missing, ambiguity, etc., and this uncertainty is always present.

(5) Great value (Value). The era of big data makes people measure and understand the world in an unprecedented dimension, which contains great value. The ultimate goal of big data is to mine value from data.

Compared with traditional spatial data, geospatial big data also has the following characteristics:

(1) Non-professional. Traditional spatial data emphasizes the accuracy of data, so it is usually collected and edited by professionally trained personnel. The collection methods of geospatial big data are more multi-source, and each individual can become a data provider, rather than a professional work department or personnel.

(2) Real-time. The traditional spatial data is produced by professionals in the traditional way, and the update is relatively slow; spatial big data is generated by each individual at all times and updated in real time. As time goes by, the amount of data increases indefinitely.

(3) Dynamic. The traditional spatial data is mainly relatively static data; spatial big data emphasizes the continuous expression of spatial location and the real-time change of non-spatial attributes. For the location of spatial objects and their attribute information (such as people flow, traffic flow, etc.), it emphasizes the spatio-temporal dynamic association with location as the core.

(4) Unstructured. Traditional spatial data almost does not involve unstructured data; geospatial big data has unstructured data structure due to its multi-source heterogeneous and dynamic characteristics.

(5) No data synthesis. The traditional spatial data is generated by data synthesis of the original data. Geospatial big data presents the original state of data.

(6) Locational implicitness. The location information of geospatial big data is implicitly expressed in most cases. It is usually composed of different data collected at multiple time nodes, and there is no unified and clear data structure.

(7) Data complexity. Geographical spatio-temporal big data contains a large number of heterogeneous data of different types, different sources and different qualities, and there are many complex connections and relationships between data. Therefore, the processing and analysis of geographic spatio-temporal big data requires a variety of complex technologies and algorithms.

Compared with traditional spatial analysis, geospatial big data analysis has the following characteristics:

(1) Full data model. Traditional geospatial data analysis generally uses representative sampling point data to obtain geospatial feature information, and geospatial big data is a full range of data obtained by various active and passive data acquisition systems, most of which are non-sampling data. This makes it necessary to fuse and mine the whole data when analyzing, so as to avoid the inability of single data to describe geographical phenomena comprehensively and objectively.

(2) Uncertainty. The traditional spatial data analysis usually deals with the problem of certainty. The analysis of geospatial big data is more to extract qualitative rules from the accumulated large amount of quantitative data, and then use the spatial data mining algorithm to deal with the uncertainty problem, and find the knowledge and rules contained therein.

(3) Data-driven. Traditional spatial analysis methods mainly use model-driven methods to study the spatial correlation between geographical phenomena; the spatial analysis of spatial big data excavates the correlation between various heterogeneous data in a data-driven way. In the new era, spatial analysis should not only have the ability to establish models, but also have the ability to discover new patterns, new knowledge and new laws.

7.1.2 The acquisition of geospatial big data

7.1.2.1 Space big data sources

The era of big data with the continuous advancement of positioning technology and the explosive development of digital information has expanded the observation dimension of geographical entities or geographical phenomena in the natural and social environment, and enriched the access to geospatial data. Geospatial big data has a wide range of sources, mainly in the following two categories.

(1) Traditional geospatial data

Traditional geospatial data mainly refers to the number, text, graphics and image data that characterize the quantity, quality, distribution characteristics, connections and laws of the inherent elements and materials of the geographical circle or geographical environment. Such as basic geographic information data, geographic census data, thematic survey data, socio-economic statistical data, literature data, remote sensing earth observation data, satellite earth observation data, radar earth observation data, ground sensor monitoring data, etc., are important data sources for geospatial big data.

(2) New mobile Internet data

The mobile Internet mainly refers to the information and service data obtained by wireless network as a means of communication, through spatial positioning and mobile Internet technology, and using smart mobile devices as terminals. It mainly includes positioning and navigation spatio-temporal big data, Internet spatio-temporal big data, and Internet of Things-sensor spatio-temporal big data. Among them, the most common spatio-temporal big data of positioning and navigation include traffic big data vehicle tracking and trajectory data (such as taxi trajectory data, shared bicycles, public bicycles and other public transportation real-time monitoring data) and mobile phone signaling base station positioning data based on mobile phone base station positioning (such as population migration, residents' daily activities, etc.); the most common Internet spatio-temporal big data include network spatio-temporal big data (such as Weibo check-in data, public comment data and house price data, online ordering data, consumption data, medical data, Meituan, Twitter, Taobao, etc.) and geographic information data based on web page text. With the development of artificial intelligence technology, natural language processing technology based on machine learning can extract geographical location and related semantic information from text, which provides the possibility to analyze public opinion, culture and user behavior in all aspects. The Internet of Things-sensors mainly include social-aware spatio-temporal big data (such as traffic smart card data, video surveillance data, economic transaction activity data or personal trajectory, heart rate, pulse, exercise information data, etc.)

and natural environment-aware spatial big data (such as air pollution, temperature, humidity, noise, etc.).

7.1.2.2 Space big data acquisition

(1) Non-crawler means

At present, the owners of geospatial data in China are mainly the government, relevant enterprises and other market entities. The data resources held directly or indirectly by the government account for more than 80 %, but a unified data sharing platform has not been formed. Open free data can be obtained through government agencies, such as data from the state (http://www.stats.gov.cn) or provincial, municipal and county statistical bureaus, and free data from various authoritative departments (Ministry of Water Resources, Ministry of Ecology and Environment, Ministry of Natural Resources, etc.); authoritative geographic information and remote sensing data can be obtained through the national geographic information public service platform (https://www.tianditu.gov.cn), Shuijingzhu, Ovi Map, BIGEMAP and other platforms ; free public data can be obtained through some official websites of companies (https://www.piesat.cn/, etc.), scientific research institutes (http://www.gscloud.cn, https://engine-aiearth.aliyun.com), public platform (Ai Shangyanxiu、Xiaoyuanhou GISer, etc.) ; it can be purchased by commercial authorization.

(2) Crawler means

At present, the Internet has become the largest knowledge base and an important platform for the public to obtain and share information. The Internet contains geospatial data, and the collection target is to obtain the spatial location, scope, semantics and spatio-temporal variation characteristics of geographic objects or phenomena from web page descriptions.

The static data of the structured web page is obtained, and the data information of the web page is stored on the html web page. The crawler code can be written, and the network information is collected in combination with the natural language processing technology. For example, the information you want is selected in the Chrome browser and then right-clicked to check. You can jump to the corresponding label of html, and you can crawl it by writing code through python. If the programming foundation is weak, you can also crawl it through software such as train collector (LocoySpider).

The application programming interface (API) type data acquisition provided by the open platform is registered as a developer on the open platform (Weibo, Baidu, Gaode, etc.), creates an application and obtains an application identification, and obtains the corresponding data through the specified interface provided by the platform. Crawling software can use the train collector.

Dynamic data acquisition of web page. When the web page is accessed by the requests module, the data obtained usually only sees some tags and the corresponding html basic elements, etc., and the required data is basically invisible. This type of data is obtained by opening the browser F12 developer mode to obtain its js request file. In addition to the JS tab or XHR tab, and it can also be used through other packet capture tools (Flidder, Httpwatch, Hping, Ostinato, etc.).

7.1.3 The management of geospatial big data

With the continuous diversification of spatial data sources, the continuous growth of scale and the increasing application, the traditional spatial information infrastructure has serious deficiencies in the storage, management and application of spatial big data. The two key capabilities of spatial big data are distributed computing and distributed storage. Under the ability of efficient computing, distributed and high-performance spatio-temporal big data storage is needed.

7.1.3.1 Space big data cloud computing

Cloud computing is a service delivery model. It provides a " pay-as-you-go " way through distributed computing to achieve access to shared resource pools (including computing resources, network resources, storage resources, application software, etc.) at any time, anywhere, and on-demand through the network. The cloud platform can quickly and flexibly provide resource opening, configuration and corresponding services for applications. Cloud computing provides the following three service models. The first is infrastructure as a service (IaaS), that is, providing resources such as servers, storage and networks in a service manner; the second is platform as a service (PaaS), that is, using computing resources to support the construction and deployment of cloud services; the third is software as a service (SaaS), a visual interface that provides cloud services to users, has specific service capabilities. Amazon web services (AWS), Google app engine (GAE) and Microsoft Windows Azure are some of the most famous cloud computing platforms in the world.

Spatial cloud computing adds data as a service (DaaS) on the basis of traditional cloud computing three-tier services (IaaS, PaaS, SaaS). Spatial cloud computing framework system is shown in Figure 7.1. DaaS supports data collection, import, processing and deletion. The cloud computing data service layer is formed by integrating a data storage, data processing and optimized cloud operation method in the DasS layer, so as to support geographic observation data access, geographical elements extraction, geospatial model calculation, spatial big data mining and decision support. By building DaaS, it can store and manage massive spatial data, and provide scalable and cheap physical resources to ensure sufficient performance to meet the challenges of data storage, processing and application of spatial big data.

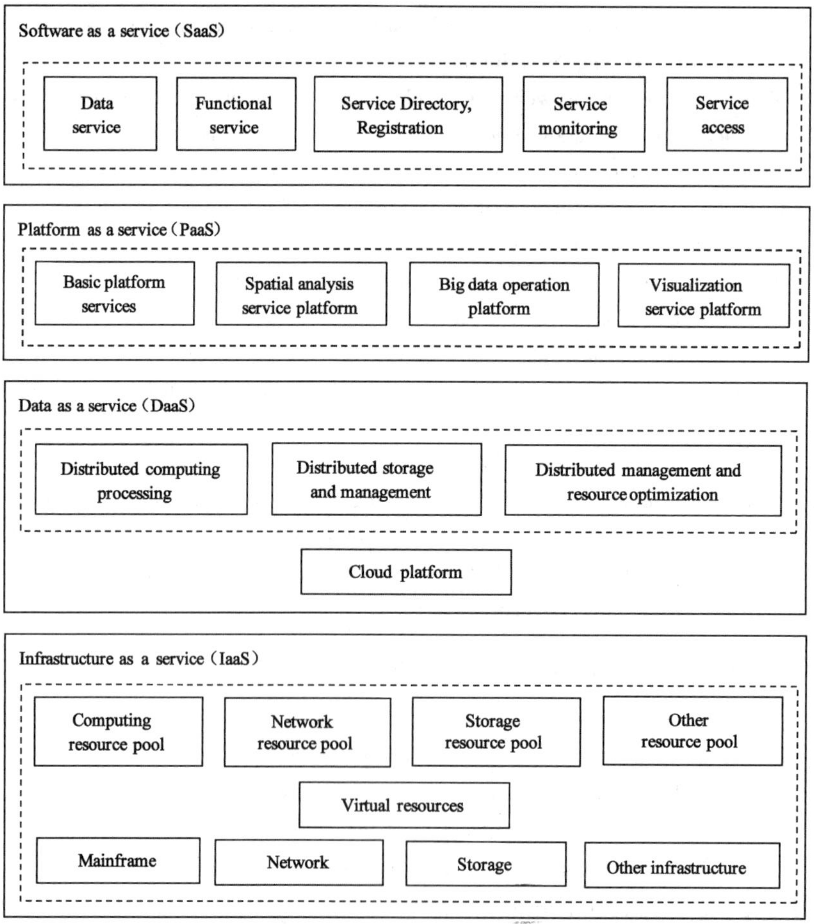

Figure 7.1 Spatial cloud computing framework system

At present, the GIS cloud platform mainly includes Google Earth launched by Google in June 2005, ESRI's common cloud ArcGIS Online products and enterprise-class private cloud GIS products, and Beijing SuperMap Software Company's outstanding cross-platform and virtualized cloud GIS system.

7.1.3.2 Space big data management

The rise of cloud computing technology makes the cloud service model become a technical trend to solve the storage and management of big data. This poses a challenge to the off-site multi-point search and data association and aggregation of spatial big data. At present, the open source cloud platform Hadoop is a common solution in big data processing.

(1) Hadoop

Hadoop is a large open source distributed application framework developed by the Apache Foundation. Apache Ambari is a web-based tool for configuring, managing and monitoring Apache Hadoop clusters. It supports Hadoop HDFS, Hadoop MapReduce, Hive, HCatalog, HBase, ZooKeeper, Oozie, Pig and Sqoop. Ambari also provides cluster status dashboards such as heatmaps and the ability to view MapReduce, Pig, and Hive applications to diagnose their performance characteristics with a friendly user interface. The data management structure of cloud computing platform based on Hadoop is shown in Figure 7.2.

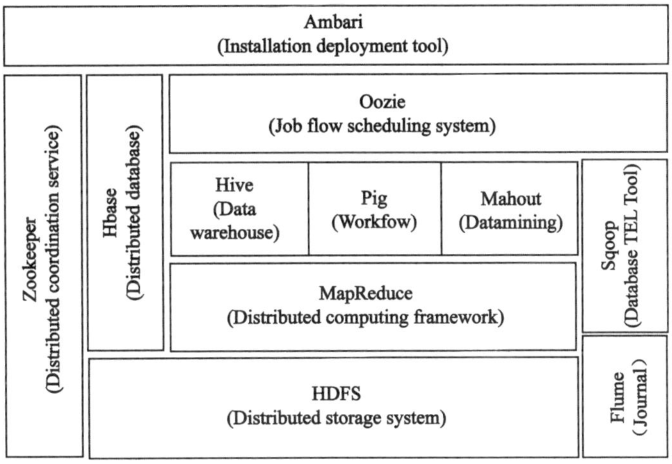

Figure 7.2 The data management structure of cloud computing platform based on Hadoop

HDFS is a distributed file system. You can create, delete, move or rename files. The architecture of HDFS is built on a specific set of nodes, including: NameNode, which provides metadata services within HDFS. DataNode, which provides storage blocks for HDFS.

Oozie is a workflow scheduling management system for managing Hadoop jobs, which can schedule and arrange tasks periodically or regularly. Hive is a data warehouse tool based on Hadoop. It can map structured data files into a database table, and can convert SQL statements into MapReduce tasks for operation, which is suitable for statistical analysis of data warehouse.

Zookeeper is an open source reliable coordination system for large distributed systems, providing configuration maintenance, name service, distributed synchronization, group service and other functions.

Sqoop is mainly used for data transfer between Hadoop (Hive) and traditional database (MySQL). It can import data from a relational database (such as MySQL, Oracle, etc.) into Hadoop's HDFS, and can also import HDFS data into a relational database.

Flume is a highly available, highly reliable, distributed mass log collection, aggregation and transmission system provided by Cloudera. Flume supports the ability to customize various data senders in the log system to collect data, and to simply process the data and write to various data recipients (customizable).

Kafka is a distributed publish-subscribe message system with high throughput, which provides message persistence. Even very common hardware Kafka can support millions of messages per second and support partitioning messages through Kafka servers and consumer machine clusters.

Spark is an open source big data memory computing framework, which can be calculated based on big data stored on Hadoop.

HBase is a distributed, column-oriented open source database. Different from the general relational database, HBase is a database suitable for unstructured data storage.

(2) GIS Tools for Hadoop

Traditional GIS software has been unable to cope with the requirements of massive data storage, management and analysis. Hadoop has obvious advantages in dealing with massive unstructured and semi-structured data due to its high reliability, strong scalability, high efficiency and high fault tolerance. Therefore, the combination of traditional GIS software and Hadoop technology is a feasible solution.

Many international enterprises also use the Hadoop platform as a support as a whole or part. Hadoop's cloud GIS architecture can be divided into four levels, namely infrastructure layer, platform layer, software layer, application layer, and across multiple levels of user management, service management, resource management, monitoring system, disaster backup, operation management and user support.

ESRI launched a complete set of open source spatial big data processing environment GIS Tools for Hadoop based on Hadoop when it launched the ArcGIS10. 2 version, which mainly includes three projects:

(1) A set of API (ESRI Geometry API for Java). This library contains geometric objects (such as points, lines and surfaces), spatial operations and spatial indexes. This class library can be introduced into Hadoop to use Java to build MapReduce program to complete spatial data processing.

(2) A series of frameworks (Spatial Framework for Hadoop). This class library is built on the ESRI Geometry API for Java class library, and further extends the function to Hive. This class library contains a large number of user-defined functions (UDF). Users can construct data processing logic similar to SQL statements. Users can focus on organizing data processing processes and avoid writing complex MapReduce algorithms for data processing.

(3) A set of tools (Geoprocessing Tools for Hadoop) currently integrates CopyfromHDFS, CopyToHDFS, ExecuteWorkflow, FeaturesToJSON and JSONToFeature. This tool realizes the function of data transmission between ArcGIS and HDFS, workflow execution and mutual transformation between elements and JSON format.

(3) Spark

Spark is an open source distributed parallel memory computing framework of UC Berkeley AMP Lab. It is based on the Map Reduce algorithm and has the advantages of Hadoop MapReduce. The intermediate output and results of Job can be stored in memory and no longer need to read and write HDFS. Therefore, Spark has a fast calculation speed and can be better applied to Map Reduce algorithms that need to be iterated, such as data mining and machine learning.

The Spark computing engine is mainly composed of memory manager, TaskSet manager, Task manager, Shuffle manager and so on. Spark extends four core components based on Spark Core.

(1) Spark Streaming, which is essentially micro-batch processing, is mainly used to quickly build scalable, high-throughput, high-fault-tolerant stream processing programs. Supports reading and processing data from HDFS, Flume, Kafka, Twitter, and ZeroMQ.

(2) GraphX is a new component for graphics computing and parallel computing in Spark. At a high level, GraphX extends RDD (an oriented multiple graph with attributes attached to each vertex and edge)

by introducing a new graph abstraction. To support graph computation, GraphX provides a set of basic operators (e. g., subgraph, joinVertices and aggregate Messages) and an optimized Pregel API. In addition, GraphX also includes more and more graph algorithms and builders to simplify graph analysis tasks.

(3) Spark SQL is mainly used for structured data processing. Spark SQL seamlessly mixes SQL queries with Spark programs, allowing structured data to be queried using SQL or the DataFrame API. It supports multiple data sources, including Hive, Avro, Parquet, ORC, JSON and JDBC. It supports HiveQL syntax and user-defined functions (UDF), allows access to existing Hive repositories, and supports standard JDBC and ODBC connections. It supports features such as optimizer, column storage, and code generation to improve query efficiency.

(4) MLlib is Spark's machine learning library. It consists of general learning algorithms and tools. Including ML Algorithms: such as classification, regression, clustering and collaborative filtering; featurization: feature extraction, conversion, dimensionality reduction and selection; pipelines: tools for constructing, evaluating and adjusting ML pipelines; persistence: save and load algorithms, models, pipeline data; utilities: linear algebra, statistics, data processing, etc.

7.1.4 The analysis of geospatial big data

7.1.4.1 The overview of spatial big data analysis

Geospatial big data analysis is the analysis of massive spatial data sets. Through data mining, favorable data is extracted and utilized to mine the potential value of spatial data. The process of spatial big data analysis can be divided into four stages: data screening, data preprocessing, data analysis, data fusion and knowledge evaluation. Data filtering is to define the object of interest and its attribute data. Data preprocessing includes data cleaning, data integration, data conversion and data simplification. The general processing methods include filtering noise, processing missing values or abnormal data, eigenvalue selection, etc. Data analysis is to analyze big data through various high-performance processing algorithms and intelligent calculation methods. At the same time, visualization methods and human-computer interaction methods are used to integrate human cognitive ability into the process of big data analysis. It helps people quickly understand and analyze the patterns, characteristics and connotations of data, assists in the extraction and interpretation of data, and explores new discoveries from complex data to solve time problems such as spatial prediction, optimization and simulation. Data fusion and knowledge evaluation are carried out by human-computer interaction, and the rules are verified by deductive reasoning. However, whether these patterns and rules are valuable or not is ultimately judged by people, and if the results are not satisfactory, the previous steps are returned.

7.1.4.2 Spatial big data cleaning

The process of spatial big data cleaning refers to the removal of erroneous, useless, repetitive, or incomplete data from the original data to screen out valuable data. Data cleaning is a crucial step in geospatial big data analysis. It can improve the quality and reliability of spatial data and make data analysis more accurate and effective. The method of data cleaning involves the collection, verification, conversion and standardization of data. It is the process of converting the original data into data for analysis, including missing value processing, noise data removal, consistency check and so on. Cleaning data with different methods will have different effects on subsequent data mining and data application.

Data cleaning should follow the following three principles: method consistency, processing methods and technical indicators within the same database should be unified; the feasibility of data includes accuracy, integrity, consistency, validity and uniqueness. Accuracy means that the description data is consistent with its corresponding objective entity characteristics. Integrity means that the description data record or field is intact. Consistency means that the same attribute of the same entity should be consistent in different systems. Validity means that the description data meets the conditions defined by the user or within a certain threshold range. Uniqueness means that the description data does not have duplicate records. Data availability, including timeliness, stability, etc., timeliness refers to describing whether the data is current data or historical data, and stability value describes whether the data is stable and within the validity period.

(1) Missing value processing

Missing value means that the value of one or some attributes in the existing data set is incomplete. The causes of missing values are mainly divided into mechanical reasons and human reasons. The missing values can be divided into completely random missing, random missing and completely non-random missing from the distribution of missing values. The processing of missing values mainly includes the following methods.

Deleting: deleting rows or columns containing missing values, which is suitable for the situation where there are not many missing values in the data set.

Interpolation: using mean, median, mode, nearest neighbor value and other methods to fill the missing values.

Regression analysis: using linear regression, polynomial regression and other methods to predict missing values.

Change the data format: convert the missing value into a new variable, representing the missing value.

Data binning: the data is divided into several boxes, the missing value is divided into a box.

Group filling: according to the value of a feature, the missing value is filled as the mode or average of the feature value.

Model prediction: use machine learning models (such as decision trees, random forests, etc.) to predict missing values.

(2) Noise data cleaning

Noise data refers to the interference data in the data set, that is, random errors or errors in the measurement variables. This data will affect the correctness of subsequent data analysis, including error data, false data, and abnormal data.

Noise data removal methods mainly include the following.

Data standardization: ensure the unity of the data, so that the data have better comparability.

Data conversion: the original data is converted into a format that can better express the characteristics of the data.

Data packet: in order to better understand the characteristics of the data.

Data aggregation: aggregate the data into a more advanced representation in order to better understand the characteristics of the data.

Binning: smoothing ordered data values by examining the neighbor values of the data, which is locally smooth. The box mean can be used to smooth, and each value in the box is replaced by the mean in the box; the median of the box can be used to smooth, and each value in the box is replaced by the median of the box; the box boundary can be used to be smooth. The maximum and minimum values in the given box are also regarded as the box boundary, and each value in the box is replaced by the nearest boundary value. In general, the larger the width, the more obvious the smoothing effect. The box can also be of equal width, where the interval range of each box value is a constant. The bin can also be used as a discretization technique.

Regression: a function can also be used to fit the data to smooth the data. This technique is called regression. There are two regression methods, one is single linear regression, and the other is multi-linear regression. Single linear regression is to find the best straight line of two attributes, which can predict another attribute from one attribute. Multilinear regression is to find a lot of attributes, so that the data is fitted to a multidimensional surface, so that the noise can be eliminated.

Outlier analysis: outliers can be detected by clustering. Clustering organizes similar values into groups or clusters. Intuitively, values that fall outside the cluster set are regarded as outliers. These outliers are noise. In this way, the noise can be directly found and then deleted.

(3) Consistency check

Consistency checking mainly includes: checking whether the columns in the data set have the same data type, encoding method, consistent format, and consistent label; whether there are duplicate values, reasonable data range, effective value; whether there is a consistent time and space reference system and a consistent spatio-temporal resolution; whether there is a consistent data source, accuracy, quality indicators, frequency, standards; whether it has consistent semantics, etc.

7.1.4.3 Spatial big data intelligent computing

Spatial intelligent computing not only breaks the limitations of traditional spatial data analysis and establishes intelligent learning forms and theories, but also shows the intelligent processing capabilities of modern problems such as big data, uncertain knowledge, abstract social networks, and complex geographical phenomena. It covers machine learning, deep learning, natural language processing, social network analysis, and complex geographic computing. The spatial intelligent computing analysis methods are mainly divided into the following categories.

(1) Clustering is an unsupervised learning algorithm. Under the premise that the training set has no label and no prior knowledge reference, the computer finds out the rules by itself, and divides the data with similar attributes into a group, each group is also called a cluster. The commonly used methods are partition method (K-MEANS algorithm, K-MEDOIDS algorithm, CLARANS algorithm), hierarchy method (BIRCH algorithm, CURE algorithm, CHAMELEON algorithm), density algorithm (DBSCAN algorithm, OPTICS algorithm, DENCLUE algorithm), graph theory clustering method, grid algorithm (STING algorithm, CLIQUE algorithm, WAVE-CLUSTER algorithm), model algorithm (statistical scheme and neural network scheme).

(2) Classification algorithm. Classification is a supervised learning algorithm, which uses training samples to train, so as to obtain the mapping of sample features to sample labels, and then uses the mapping to obtain the labels of new samples, and finally achieves the purpose of dividing samples into different categories. Several common classification models are: linear model, decision tree model, naive bayesian model, BP neural network model, etc.

(3) Regression algorithm. It is a supervised learning algorithm, which has a reference to verify knowledge first. The purpose of regression analysis is to predict the continuous numerical target value, accept a series of continuous data, and find an formula that is most suitable for the data to predict the specific value. This formula is called the regression formula. Solving the regression formula is to find the coefficients of the formula, and the process of solving these coefficients is regression. Several common regression models are: linear regression, generalized linear regression, decision tree regression, random forest regression, ridge regression, gradient boosting tree regression, survival regression and so on.

(4) Optimization algorithm. It refers to the performance of the algorithm to optimize, such as time complexity, space complexity, correctness, robustness. Because the application scenarios of the algorithm change greatly, algorithm optimization can make the algorithm have better generalization ability. Typical optimization algorithms include: genetic algorithm (GA), tabu algorithm (TS), simulated annealing algorithm (SA), particle swarm optimization (PSO), differential evolution algorithm (DE), biogeography-based optimization (BBO), etc.

(5) Complex decision-making. It refers to the repeated game of uncertain and incomplete problems, as

well as the strategic decision-making of nonlinear, unstructured and multi-dimensional complex problems. The commonly used methods are fuzzy sets, rough sets, fuzzy analytic hierarchy process, grey theory and so on.

(6) Text classification and sentiment analysis. The realization of natural language communication between human and machine can be used for automatic classification of text and sentiment analysis of text, such as organizing and managing a large number of documents, analyzing Weibo and so on. Commonly used methods are dictionary-based weighting method, feature-based matching method, etc.

(7) Social network analysis. It is a research method that comprehensively uses graph theory and mathematical models to study the relationships between social actors or various tangible or intangible things that flow through these relationships, such as information, resources, etc. Common methods include centrality analysis, cohesive subgroup analysis, core-periphery structure analysis and structural equivalence analysis.

(8) Complex geographic computing. That is, the simulation and calculation of complex geographic phenomena with non-equilibrium, self-organization, self-similarity and other characteristics, such as the simulation of land use change, urban expansion, real estate transaction process, geographical cellular automata and multi-agent modeling are commonly used methods.

7.1.4.4 Spatial big data visualization

With the continuous growth of data scale, the main problem faced by geographic information visualization is that a large number of points, lines and surfaces will cause overlapping and visual confusion. For massive point data, the overlap can be reduced by dividing the map into regions or using a reasonable layout algorithm; for massive line data, it can be properly abstracted and aggregated; for massive regional data, how to improve the rendering speed of the region is one of the main problems to be solved in visualization when there are high requirements for computing power. For spatio-temporal data, the stream map visualization method can be used to integrate the time event stream with the map; at that time, the increasing scale of spatio-temporal data makes a large number of graphic elements cross or cover, and when there are many dimensions of spatio-temporal information attributes, spatio-temporal data visualization can be combined with multi-dimensional data visualization methods. At present, multi-dimensional data visualization methods can be divided into geometry-based, pixel-based, icon-based, hierarchy-based and dimension-reduction mapping-based technologies according to different visualization principles.

7.2 Social perception analysis based on GIS

The real world is a dynamic and open network society. In this ternary system of human, land and society, on the one hand, people use field investigation, measurement, mapping, remote sensing and sensor technology to obtain information of the physical world ; on the other hand, people use social surveys, the Internet, the Internet of Things, video surveillance and other tools to obtain information about human social activities and social economy. This information has formed a variety of massive spatio-temporal big data, which has become an important basis for cognition and reasoning of the physical world and human society.

In view of the fact that remote sensing data have been widely and successfully used to perceive the physical characteristics of the world, but cannot effectively perceive the characteristics of human activities and socio-economic environment, the term "social perception" is introduced, because such data have some common characteristics with traditional remote sensing data, which can be used as a supplement to remote sensing and surveying and mapping data to reveal human activities and socio-economic characteristics. Compared with social perception methods, traditional remote sensing technology uses spectral features to obtain ground object information, while social perception data contains rich ground object (such as spatial interaction and spatial semantics, etc.) socio-economic characteristics and crowd space-time behavior information, which is beyond the scope of traditional remote sensing data, forming a parallel earth observation method with traditional remote sensing.

7.2.1 The overview of GIS-based social perception

7.2.1.1 The concept of GIS-based social perception

In the field of information technology (IT), social perception refers to the integration of social networks and sensor networks. From a geographical point of view, the concept of social awareness has expanded from the initial IT meaning to data collection, management, analysis and application.

In the era of big data of mobile Internet and Internet of Things, a large number of spatial big data with spatio-temporal markers, which can describe individual behavior, such as mobile phone data, vehicle trajectory data, bank card data, social media data, etc. Social perception data is an important part of big data. They capture three aspects of behavioral characteristics at the individual level: activity and movement, social relations, emotion and perception. These spatio-temporal big data provide a new means for people to further quantitatively understand the socio-economic environment. Liu Yu et al. proposed the concept and research framework of " social sensing " pointing out that social sensing is the theory and method of studying the characteristics of human temporal and spatial behavior by means of various spatial big data, and then revealing the spatio-temporal distribution, connection and process of social and economic phenomena. The concept of social sensing is based on the concept of human as the smallest granularity of the perception unit, with all kinds of mobile phone positioning, social media, taxi trajectory, bus card and other geographic big data as the data source, based on and extended GIS spatial model and analysis method, through data fusion, machine learning and other means to extract people's spatio-temporal behavior patterns, inversion of human and socio-economic elements of the geographical and spatial characteristics. Compared with socially aware computing, which emphasizes the collection of micro-individual behavior data based on multiple sensing devices, social perception emphasizes group behavior patterns and the mining of geospatial rules behind them.

7.2.1.2 The ways and data of social perception

Social perception data is generated through human social activities, which not only records the characteristics of people's behavior, but also reflects the characteristics of the places involved in people's behavior. Typical social perception data include both static social perception data that reflect the characteristics of the place, such as website-related data; it also includes dynamic social perception data that reflects social activities, such as various trajectory data.

(1) Collaborative map data

Collaborative map data has rich spatial information. Its goal is to create a world map with free content and can be edited by everyone, such as OSM (Open Street Map) open street map. The data is open source and can be downloaded freely, including spatial data and attribute data. Among them, the spatial data mainly includes three kinds: nodes, ways and relations, which constitute the whole map picture.

(2) Interest data

Point of interest is a comprehensive reflection of the interaction between geographical entities and people's daily activities, reflecting the correlation between human activities carried by geographical entities and their geographical location. The generation of point of interest data includes location based service (Location Based Service, LBS) check-in (such as Weibo, public comments, etc.), taxi track points, mobile phone signaling, professional point of interest collection team collection (such as various electronic map platforms), etc.

Area of Interest (AOI) is a planar entity corresponding to a certain interest point or a certain type of interest point, and its attributes include the category (functional use classification) and name of the planar entity. For example, the contour plane of the house corresponding to the POI point of the single house, or the boundary surface of the residential area covering all buildings in a residential area, and the unit boundary surface covering all buildings in a unit (school / hospital, etc.).

(3) Street view data

With the popularity of navigation and positioning, mobile devices and electronic map services, street view images have emerged as a new type of geographic big data for online perception of urban environment. Street view images are mainly real pictures along the urban road network provided by electronic map platforms such as Baidu map, Tencent map and Google map. Street view images not only express the actual state of the urban environment in detail, but also contain the perceived social and economic characteristics. Taking the houses presented in the street view image as an example, it can not only intuitively obtain the physical attributes such as the location and number of floors of the house, but also perceive the social scenes such as its use and style.

(4) Social network data

Social network data reflect the spatial distribution, type and intensity of people's activities, such as Dianping, Weibo check-in, etc. Dianping is a local life information and trading platform for independent third-party consumption. The data can be captured through the API (application programming interface) or web page source code. Weibo check-in data reflects the popularity of a location. Combined with the check-in users, we can build a network of links between locations, evaluate the similarity of locations, and evaluate user preferences.

(5) Location photo data

With the popularity of shooting equipment and the development of social networks, online picture resources with location information are increasingly abundant (such as Flickr). These photos can be used to analyze tourism concerns, urban image space and so on.

(6) Mobile phone signaling data

The mobile phone signaling data is the communication data between the mobile phone user and the transmitting base station or the micro station, which is generated from the location movement of the mobile phone and calls, text messages, regular location requests, etc. These data fields have time and location attributes, as well as call ticket data, reflecting information such as telephone and SMS connections between users.

(7) Positioning data

The positioning data reflects the location information and operation of taxis, buses, online car-hailing, and shared bicycles. It has the characteristics of good continuity, wide coverage, comprehensive information and easy dynamic update, Geo-tagged and time label, and low acquisition cost.

(8) Wisdom footprint data

Smart footprint is based on China Unicom's location and user attribute big data, providing data insight reports, data sets, data visualization systems and other deliverables for various industries.

7.2.2 The computation of GIS-based social perception

Social perception computing is the integration of pervasive computing and social computing. It obtains human behavior and social interaction data through pervasive computing, and uses sociological theories and methods to analyze human behavior characteristics and social interaction rules. Socially aware computing in a narrow sense refers to the perception and response of computer systems to the real world through sensor technology. In a broad sense, social perception computing refers to the theory and method of identifying social individual behavior in real time through large-scale multi-class sensors, analyzing and mining the characteristics and laws of group social interaction, and then revealing the spatio-temporal distribution pattern, connection and evolution process of social and economic phenomena, assisting individual social behavior and supporting group interaction, communication and collaboration. Through place semantic perception, spatial interaction perception and dynamic evolution perception, it fully excavates the rich spatio-temporal behavior information of people contained in multi-source spatio-temporal big data, and complements with remote sensing data.

(1) Social semantics of perceived location. The social semantics of location mainly includes the social information context of location, the frequent interaction scenarios on location, the social emotions of users on location, etc., which is the basis for the formation of location-based personalized information push services.

(2) Perceiving the relationship between human mobility and its social activities. It mainly reveals the inherent law between user location and user social interaction, improves the accuracy of social network structure recognition and link prediction through location factors, and promotes people's social interaction.

(3) Perception and prediction of user's mobile behavior. Through the historical trajectory of users and their friends, we can analyze the user's action rules, predict its possible location and the location that the user is about to arrive.

7.2.2.1 The semantic perception of behaviour

Human activity behavior is directly or indirectly mapped to the geometric and semantic data features of trajectory data. Short-term analysis of the geometric shape characteristics of individual behavior trajectories can reflect individual travel patterns and attribute characteristics. Different trajectory speeds may correspond to different travel patterns, and predict their possible locations and the locations that users are about to arrive. If the trajectory speed is low and the trajectory point dense area may be the point of interest of individual behavior; long-term analysis of individual behavior trajectory data sets shows specific behavior patterns, such as periodicity, frequency, etc. Therefore, behavioral semantic perception needs to integrate the geometric and semantic features of behavioral trajectories at multiple spatio-temporal scales (such as hours, days, weeks, months, quarters, years, etc.), analyze the changing rules of behavioral trajectories, perceive users' social attributes(gender, age, marital status, occupation, family population), users' personal life preferences and habits, activity types and purposes, and behavior patterns.

When a large number of individuals converge to a group, the group samples can represent the pattern rules and their dynamic changes that cannot be observed from the individual perspective at the aggregation level. In a short period of time, the group behavior trajectory shows co-occurrence pattern, encounter pattern, etc., such as the encounter mode of the bus group at a certain time point. In the long time series, the group trajectory better characterizes the change, process and trend of the group pattern, which is manifested as aggregation pattern, periodic pattern, frequent pattern, group event, Flock Swarm pattern and so on. For example, the group migration behavior of animals has a group periodic pattern.

7.2.2.2 The semantic perception of place

Human activities all occur in a certain place space. Analyzing the location semantics of the activity places that people are interested in, the location relationship of the places and their dynamic changes, the coupling interaction characteristics of behavioral events and places, etc., can deeply realize the spatio-temporal semantic perception of people and places. The place semantics mainly include the social information context of the place, the interaction situation that often appears on the place, and the social emotion of the user on the place. It is the basis for the formation of a location-based personalized information push service, and provides data for analyzing the spatial distribution pattern, association relationship, and interaction intensity of the place location.

Place semantic perception can be analyzed from both static and dynamic perspectives. Static place semantic perception is to map the predefined behavior trajectory data identified and extracted into geospatial space, and analyze the static attribute semantics such as the characteristics and scope of a specific place location. Dynamic place semantic perception mines the dynamic changes of static attribute semantics and extracts unknown semantic information from three dimensions of time, space and semantic theme. Based on the time perspective, the change process of semantic topics in the location space in the time dimension is analyzed under the condition that the location of the place is unchanged. For example, using massive social media data to analyze the experience and evaluation of user objects on space places, and analyze the emotional characteristics of specific location places, such as happiness and anger. Based on the spatial perspective, under the condition that the semantic theme is unchanged, the semantic association between different locations is analyzed, and the spatial units with the same semantics are found. For example, by clustering the land use units with the same activity semantic pattern, the semantic classification and recognition of land use in the functional area of the place is realized. Based on the spatio-temporal perspective, from the perspective of spatio-temporal dynamic changes, the changes of semantic topics and behavioral events in location places are analyzed. For example, through the long-term sequence semantic understanding of spatio-temporal events in activity places, it provides suggestions and decisions for emergency response of hot events such as disasters and accidents. By monitoring and extracting the geographical location and semantic data of hot events published by Twitter users in real time, the geographical location, influence range and change process of events can be extracted at the group level, so as to provide decision support for emergency management, trend prediction and situation control of active events.

7.2.2.3 Spatial interaction perception

In the study of geography, spatial interaction refers to the connection between two places. Perceiving the relationship between human mobility and its social activities mainly reveals the inherent law between user location and user social interaction, improves the accuracy of social network structure recognition and link prediction through location factors, and promotes people's social interaction. In spatial big data, the individual's behavior trajectory and the social relationship between individuals can quantify the interaction intensity between the two places at the aggregation level, the former is like the total flow of people between the two cities, and the latter is like the number of good friend pairs that pay attention to each other between the two cities. The spatial interaction intensity is affected by the distance attenuation effect, and the relationship between the two geographical units far away is relatively weak. Therefore, in the study of geography, most of them are based on the gravity model to fit the interaction intensity between places, and the negative power function of distance is used to represent the influence of spatial barrier. At present, the available fitting methods include linear programming method, algebraic solution method, and simulation method and so on. For the movement behavior of residents at the urban scale, the distance attenuation coefficient is between 1 and 2, and for the spatial interaction established by means of mobile phones and social media, although the distance attenuation effect is weak, it still has an impact. By using the spatial interaction between geographical units, a spatially-embedded network can be constructed, and the network analysis method is introduced to study its structural characteristics. In the study of complex networks, the common analysis method is community detection analysis of the network, and the community in the network is composed of more closely related nodes.

7.2.3 The application of GIS-based social perception

According to the concept of social perception, the research on geographic big data can be divided into two levels: " people " and " land ". The level of " people " mainly focuses on the geographical influence of people's spatial behavior and emotional factors. The latter focuses on exploring the behavior patterns and evolution characteristics of human groups based on a certain geographical environment. The perception means of spatial distribution and spatial interaction make the research of the two complement each other.

7.2.3.1 The application of spatial regional distribution

At the urban scale, the same functional plots have similar changes in crowd activities. Based on big data and social perception, it can be used to analyze spatio-temporal behavior patterns. For example, the crowd activity in the urban commercial center area is " high in the day and low at night ", while the trend of crowd activity in the residential area is " low in the day and high at night ". Therefore, fine land use classification of the study area can be carried out based on the time-varying curve of population activity. Figure 7.3 is the active information of people in different regions before 8 a.m. It can be seen that the human activity in residential areas began to rise, and gradually shifted to office areas and commercial areas, so the two showed a significant upward trend. After that, the residential area almost entered a stable state, but the office area and the commercial area entered a short rest state at noon, and entered the peak period of crowd activity again in the afternoon.

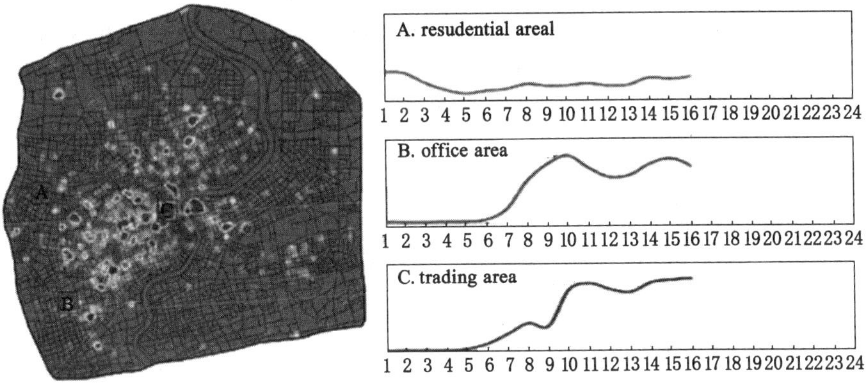

Figure 7.3 Change curve of human activities in different regions of the city based on big data acquisition

Using bus card data, we can extract the extreme travel behaviors of urban residents, such as early departure and late return, long-distance commuting, etc., so as to identify the spatial movement characteristics of low-income people in some cities. Using the check-in location information of social media, we can find regions with higher degree of urbanization in China. Taxi driving records and mobile phone call records can obtain the travel statistics of different urban residents, including the statistical characteristics of travel range, travel time and so on. These characteristics will change with the change of urban area, shape and other factors, which can be used to quantify the spatio-temporal distribution of different people's activities in different regions.

7.2.3.2 The application of spatio-temporal interaction

Social media data can not only provide spatio-temporal information, but also help to obtain individual cognitive and emotional information, so as to construct semantics and emotions associated with different time and place at the group level. For example, Dodds used Twitter data to study the distribution characteristics of " Happiness " in the region. For example, to obtain emotional information related to places or events, to obtain the response to specific events such as disasters, diseases and so on. Combining text and space-time information, we can capture the experience of a geographical place. Taking the Weibo data with location labels as an example, the statistics of the number of Weibo data in the specified range can be used to recognize the vitality of the city. Through the emotional analysis of Weibo text content, it can help to understand the citizens' emotions for different events.

Figure 7.4 uses Sina Weibo data to extract the keywords of Weibo published in Peking University from May to July 2014 and their related perception statistical analysis. Figure 7.4 (a) shows the frequency of keywords in Weibo content, which also reflects the emotional value of some Weibo users. For example, positive words such as " cheer up " and " happy " show that these students do not have any pressure of examination at present, and their learning life is more comfortable; negative words such as " can't" and "don't know " indicate that students may be thinking about employment or further education. In addition, Weibo also has spatio-temporal labels, so it can also analyze the active time distribution [Figure 7.4(b)] and spatial distribution [Figure 7.4(c)] characteristics of the crowd on campus. Figure 7.4 (b) is the distribution curve of Weibo release time. It can be seen that the peak period of Weibo release is from 8 a.m. to 12 p.m., and there is a short rest period at noon. After 6 p.m., the activity begins to decline, but at 10 p.m., it enters a small peak again, which is consistent with the work and rest of the students on the campus of Peking University. Figure 7.4(c) is the area of Weibo punch-in, because the punch-in population is mainly school students in the middle of the semester, and the study is more intense, so the space area of punch-in is mainly concentrated in the dormitory and classroom, while the most beautiful scenery of the Wei Ming Lake is not posted much. If it were the summer holidays, when visitors book into the school at their peak, then you can imagine that the number of Weibo posts from the shores of the Wei Ming Lake would rise dramatically.

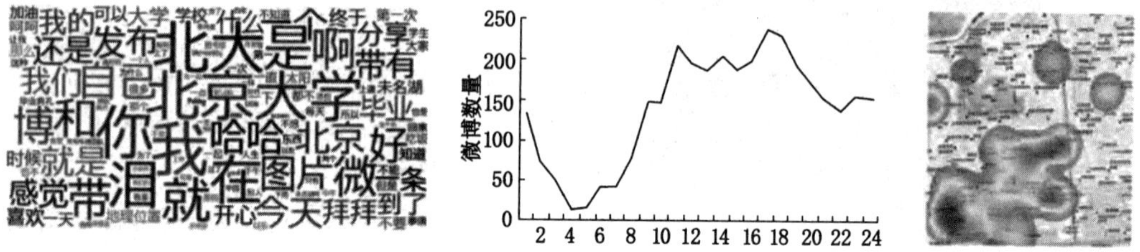

(a) Subject words extracted by Weibo data (b) Time curve of Weibo release (c) Sptical distribution of Weibo releas

Figure 7.4 Expression of associated spatial behavior in a specific place (Peking University) using Weibo data

Geographic big data, with its wide range of sources, provides rich spatio-temporal information and semantic information of geographical places, so that researchers can deeply understand the characteristics of geographical environment and its impact through massive spatio-temporal behavior data of people. In the era of big data, geographers need to further increase the intersection with different disciplines and fields such as computer science and sociology, explore the use theory of geographic big data, and develop new methods and tools, so as to fully tap the information contained in geographic big data, and then reflect its application value.

Review thinking questions

1. How to understand the concept of geospatial big data? What are the characteristics of geospatial big

data?

2. What are the data sources of geospatial big data? Briefly describe its characteristics and describe its access.

3. What opportunities and challenges do the rise and development of artificial intelligence and the emergence of big data technology bring to traditional geospatial data analysis?

4. What is the purpose of geospatial big data cleaning? What are the basic principles of data cleaning?

5. What are the methods of geospatial big data analysis?

6. Access to information, summarize the application fields of GIS-based social perception data analysis.

7. Try to list several geographic information services based on geographic spatio-temporal big data analysis by querying network resources or combining daily life experiences.

8. Get a certain aspect of social network data (such as trajectory data, Weibo text data, etc.), and use tools such as Hadoop for data analysis and expression.

Reference

[1] ATZL C, MITTLBÖCK M, KNOTH L. Design decisions for multidimensional digital and interactive basemaps of urban environments[J]. Cartography and geographic information science, 2022, 49(3): 220-236.

[2] CHEN J F, LIAN L. Introduction to Geographic Information System[M]. Beijing: Electronic Industry Press, 2014.

[3] DODDS P S, HARRIS K D, KLOUMANN I M, et al. Temporal patterns of happiness and information in a global social network: hedonometrics and twitter[J]. PLoS One, 2011, 6(12): e26752.

[4] HAINING R P. Spatial data analysis: theory and practice[M]. Cambridge, UK: Cambridge University Press, 2003.

[5] HUANG X Y, MA J S. Introduction to Geographic Information System[M]. third edition. Beijing: Higher Education Press, 2008.

[6] KANG C G, LIU Y, MA X l, et al. Towards estimating urban population distributions from mobile call data[J]. Journal of urban technology, 2012, 19(4): 3-21.

[7] LIU X N, HUANG F, WANG P, et al. GIS spatial analysis principles and methods[M]. second edition. Beijing: Science Press, 2008.

[8] LIU X X. GIS spatial analysis[M]. third edition. Beijing: Science Press, 2017.

[9] LIU Y, WANG F H, XIAO Y, et al. Urban land uses and traffic "source-sink areas": Evidence from GPS-enabled taxi data in Shanghai[J]. Landscape and urban planning, 2012, 106: 73-87.

[10] LONG Y, LIU X J, ZHOU J, et al. Early birds, night owls, and tireless/recurring itinerants: An exploratory analysis of extreme transit behaviors in Beijing, China[J]. Habitat international, 2015, 57(1): 223-232.

[11] MICHAEL J. DE SMITH, MICHALE F. GOODCHILD, PAUL A. LONGLEY, et al. Geospatial Analysis-Principles, Technologies and Software Tools[M]. DU P, ZHANG H, LENG H, et al (trans.). Second Edition. Beijing: Electronic Industry Press, 2009.

[12] PEI T, SOBOLEVSKY S, RATTI C, et al. A new insight into land use classification based on aggregated mobile phone data[J]. International journal of geographical information science, 2014, 28(9): 1988-2007.

[13] QIN K. The theory and method of GIS spatial analysis[M]. second edition. Wuhan: Wuhan University Press, 2010.

[14] READES J, CALABRESE F, RATTI C. Eigenplaces: analysing cities using the space-Time structure of the mobile phone network[J]. Environment and planning B: planning and design, 2009, 36(5): 824-836.

[15] SHI Z, ZHOU Y. Theoretical analysis and practice of space[M]. Beijing: Science Press, 2020.

[16] TANG G A. Geographic Information System Tutorial[M]. second edition. Beijing: Higher Education Press, 2019.

[17] TIAN Y Z. Basic course of GIS spatial analysis[M]. Beijing: Science Press, 2018.

[18] ZHANG L Z, QING A L. The application of three-dimensional spatial network analysis in pedestrian system of high-density urban centers: a case study of Hong Kong Central[J]. Urban planning international, 2019, 34(1): 46-53.

[19] ZHAO S M. Accuracy evaluation and application of multi-source digital elevation model data[M]. Xuzhou: China University of Mining and Technology Press, 2021.

[20] ZHAO S, LIU J, CHENG W, et al. Fusion scheme and implementation based on SRTM1, ASTER GDEM V3, and AW3D30[J]. ISPRS International Journal of Geo-Information, 2022, 11(3): 207.

[21] ZHENG X Q, LV L N. Geostatistics (spatial statistical analysis)[M]. Beijing: Science Press, 2018.

[22] ZHOU C H, PEI T. Spatial analysis principle of geographic information system[M]. Beijing: Science Press, 2011.

[23] ZHU Q. 3D GIS and its application in smart city[J]. Geo-Information Science, 2014, 16(02): 151-157.